苹果 Mac OS X 10.5 Leopard 终极技巧

[美] Scott Kelby Dave Gales 著
房小然 杨飏 译

人民邮电出版社
北京

图书在版编目（CIP）数据

苹果Mac OS X 10.5 Leopard终极技巧 / （美）凯尔比（Kelby,S.），（美）盖尔斯（Gales,D.）著；房小然，杨飏译.—北京：人民邮电出版社，2009.10
ISBN 978-7-115-21233-7

I. 苹… II.①凯…②盖…③房…④杨… III.操作系统，Mac OS X Leopard IV.TP316.84

中国版本图书馆CIP数据核字（2009）第143910号

苹果 Mac OS X 10.5 Leopard 终极技巧

◆ 著　[美] Scott Kelby Dave Gales
译　房小然　杨　飏
责任编辑　李　际
执行编辑　赵　轩
◆ 人民邮电出版社出版发行　北京市崇文区夕照寺街 14 号
邮编　100061　电子函件　315@ptpress.com.cn
网址　http://www.ptpress.com.cn
北京画中画印刷有限公司印刷
◆ 开本：880×1230　1/24
印张：17.5
字数：519 千字　2009 年 10 月第 1 版
印数：1 – 3 500 册　2009 年 10 月北京第 1 次印刷

著作权合同登记号　图字：01-2009-2885 号
ISBN 978-7-115-21233-7

定价：68.00 元

读者服务热线：(010)67132705　印装质量热线：(010)67129223
反盗版热线：(010)67171154

内容提要

本书作者 Scott Kelby 是美国著名的数码类畅销书作家，在书中，他以别具一格的行文、排版和插图方式，将苹果 Mac OS X 10.5 Leopard 操作系统中的酷炫技巧与大家进行了分享。

从基本的窗口、工具栏和搜索等基本工具的高效应用，到苹果网络生活，如网页浏览、收发邮件、在线聊天的精彩体验；从让娱乐生活更加丰富、更惬意的影音世界，到极大地提升效率，让朋友目瞪口呆的小技巧的另类展示，本书完整地向您展示了苹果电脑与众不同的奇妙世界。

本书适合每一位喜爱苹果电脑，想彻底领略苹果电脑魅力的玩家。无论是刚刚接触苹果的新手，还是曾经的 PC 机用户，亦或熟悉苹果电脑的资深玩家，都能从本书中找到令人心动的内容。

献给我的老友，苹果文化的忠实拥趸 Jim Workman。

Scott Kelby

献给我高中开始的恋人、知己、顾问、理智之声、最好的朋友，我的妻子 Kathy。我们共同拥有的过往时光是我人生中最宝贵的财富和最大的成就。

“才德的妇人是丈夫的冠冕”

Dave Gales

阅读本书前需要知道的5件事：

（1）为何这仅仅是一本关于技巧的书？

想想看，如果你写书时想与读者分享一些自己发现的非常棒的、没有记载的键盘快捷键，或者一个隐秘的技巧，就会希望将它们放在书中的显著位置上，对不对？你希望做点什么使这些技巧能吸引读者的注意，并发出类似“嘿，看看这儿，它们非常酷、非常重要，或是非常特别。”的赞叹，对不对？

所以，多年来作者为此创建了放在书籍页面留白处的侧边栏技巧（如左侧图中所示）。这是一个典型的侧边栏技巧——它有一个醒目的标题，一个带色彩的文字背景，仅仅是它本身就能吸引读者的注意了。

至少对我来说，我对这些侧边栏技巧是非常感兴趣的。每次我在买一本计算机书籍时，如果书中有侧边栏技巧，肯定会先读一下这些技巧，因为我知道这些都是一些平常所不知道的或比较隐秘的技巧。

但是通常这样的侧边栏技巧有以下两个缺点：

- 它们通常不包括图形或照片；
- 更重要的是，数量都太少。

所以我在想：如果整整一本书从头到尾什么都没有，全部都是配有图片的技巧，那岂不是很酷？书中没有用长长的篇幅去解释文件夹的路径，讲述如何设置网络链接，或16种格式化磁盘的方法，而只有一些有趣的东西，只是一些小窍门。事实上你现在拿着的正是这种类型的书，整本书的内容都是侧边栏技巧，只是没有侧边栏而已。

> **TIP**
>
> 这是一个侧边栏技巧。在每本出色的苹果书籍中，都能发现它们的踪影。但是本书中没有别的内容，整本书的内容都是侧边栏技巧，只不过没有侧边栏罢了。

（2）那么究竟什么是“终极技巧”？

“双击打开一个文件夹”可能算是一个技巧，但它已经平常到尽人皆知了，所以这不能算是一个终极秘笈。一个终极秘笈是当你阅读它的时候，你会一边点头，一边会心地微笑。而在读此书时，你肯定会像别克 Park Avenue 汽车（如果这个型号的车还没有停产的话）挡风玻璃上那个点头小狗玩具一样频繁地点头、微笑。本书的目的就是教给你一些非常棒的小技巧，保证会让你没读几页后就兴奋地抓起电话，打给你的朋友，迫不及待地要向他们炫耀。

（3）本书不是写给初学者的，但是……

我不得不说，这本书里的技巧适合那些已经对 Mac OS X 操作系统比较熟悉的使用者，而不太适合于初次接触 Mac 的使用者。然而，如果你是一个苹果计算机的初学者，我有一个特殊的惊喜给你——你可以在因特网上下载我专门为初学者写的初级操作技巧。从技术角度上来讲，这些下载的初级操作技巧并不能与本书的终极技巧相提并论，它们只是采用本书的形式来编排而已，但它们是完全免费的，并且是特意为初学者所准备的。你唯一要做的就是登录 www.kelbytraining.com/books/leopardtips 去下载。

（4）是否需要阅读每章开头的前言？

这需要视情况而定。每章开篇的前言只是为了放松一下读者的精神，坦率地说，对于每章内容来说，这些前言并没有什么实质的内容。事实上，它们没什么用，这只是我写书时的一个习惯（我的每本书籍都是这样的），如果你是那种很“严肃”的人则可以跳过，因为它们很有可能会挑战你的神经。

（5）我该从哪里开始？

你可以从本书中的任何一个章节开始阅读，或者立即读一下自己最感兴趣的技巧。本书可不是一本小说——你可以跳到任何一页开始阅读。读此书时，你无需从第一章开始，然后逐页读到最后（虽然那样读一点错也没有）。

好了，废话少说，你准备好开始阅读了吗？现在你应该已经知道本书的内容是什么，如何使用这本书，是否需要阅读前言，以及在哪里可以下载为初学者准备的初级操作技巧了。你看，我就料到在你阅读本书之前想知道这些。

Soctt Kelby

TIP

当你看到书中侧边栏上有这样的文字框，你会不自觉地被这样的侧边栏技巧所吸引，忍不住想要阅读一下，对不对？那么，让我给你一个真正的提示：如果你喜欢侧边栏技巧，那么就买这本书吧。

目录

Aurora

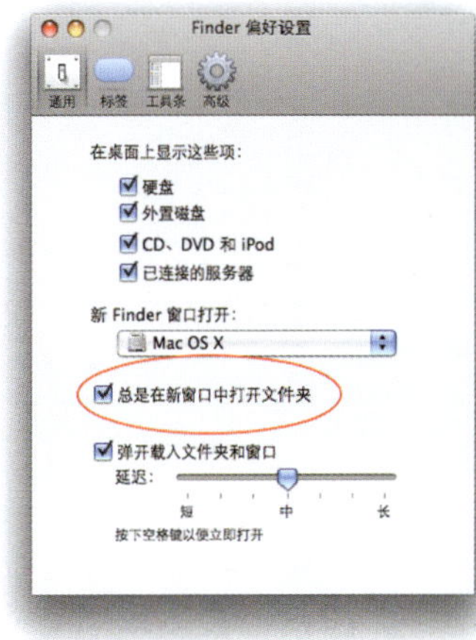

Finder 偏好设置
通用
标签
工具条
高级
在桌面上显示这些项:
硬盘
外置磁盘
CD、DVD 和 iPod
已连接的服务器
新 Finder 窗口打开:
Mac OS X
总是在新窗口中打开文件夹
弹开载入文件夹和窗口
延迟:
短
中
长
按下空格键以便立即打开

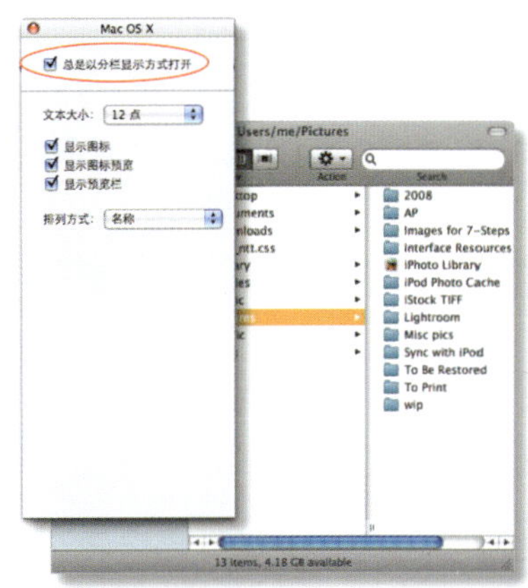

Mac OS X
总是以分栏显示方式打开
文本大小: 12 点
显示图标
显示图标预览
显示预览栏
排列方式: 名称
2008
AP
Images for 7-Steps
Interface Resources
iPhoto Library
iPod Photo Cache
iStock TIFF
Lightroom
Misc pics
Sync with iPod
To Be Restored
To Print
wip
13 items, 4.18 GB available

目录

Desktop
DEVICES
Macintosh HD
iDisk
PLACES
Desktop
Applications
Documents
Pictures
Movies
Music
SEARCH FOR
Today
Yesterday
Past Week
All Images
打开
移到废纸篓
显示简介
压缩"Mac OS X Leopard Book files"
复制
制作替身
拷贝"Mac OS X Leopard Book files"
标签：
更多

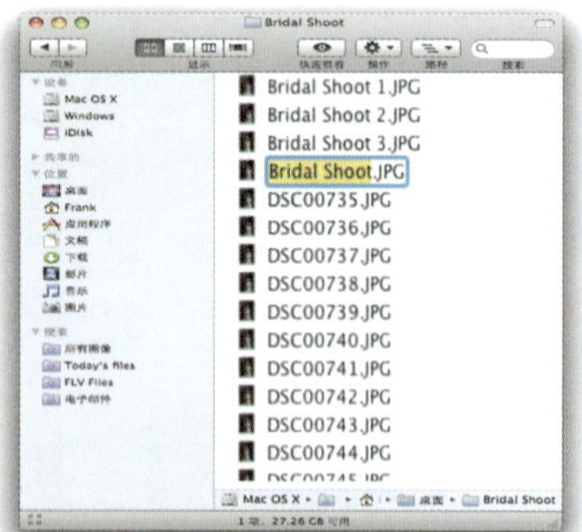
Bridal Shoot
Bridal Shoot 1.JPG
Bridal Shoot 2.JPG
Bridal Shoot 3.JPG
Bridal Shoot.JPG
DSC00735.JPG
DSC00736.JPG
DSC00737.JPG
DSC00738.JPG
DSC00739.JPG
DSC00740.JPG
DSC00741.JPG
DSC00742.JPG
DSC00743.JPG
DSC00744.JPG

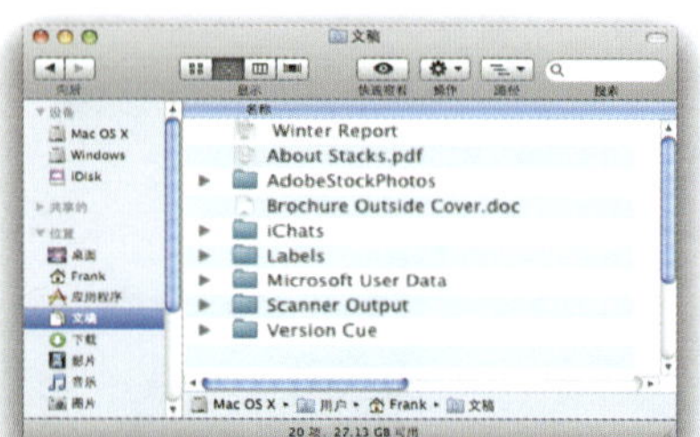
Winter Report
About Stacks.pdf
AdobeStockPhotos
Brochure Outside Cover.doc
iChats
Labels
Microsoft User Data
Scanner Output
Version Cue

Dock
显示全部
大小：
放大比例：
置于屏幕上的位置：
左边
底部
右边
最小化时使用：
神奇效果
自动显示和隐藏 Dock

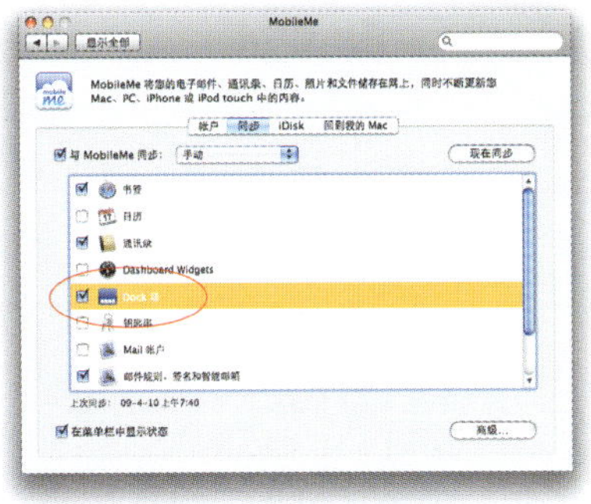

Spotlight
波兰 marriott
显示全部
Top Hit
Portland Marriott
Messages
波兰 marriott
波兰 marriott
波兰 marriott
波兰 marriott
波兰 marriott
Your Nov 12, 2007 - Nov 15...
Your Nov 11, 2007 - Nov 12...
Spotlight 偏好设置...

目录

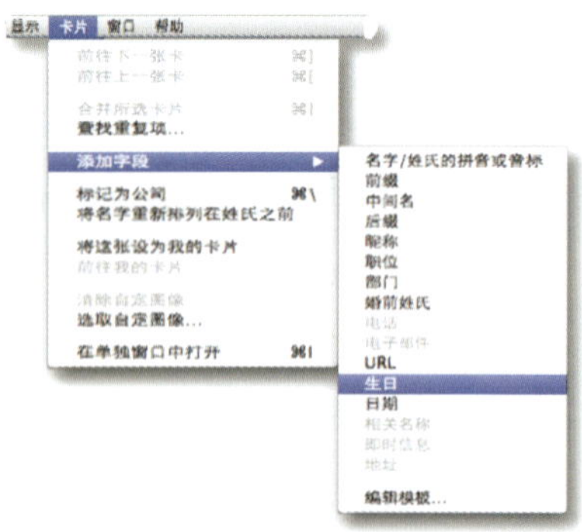

第 5 章 98

您有一封邮件，请查收

电子邮件程序 Mail 的使用技巧

描述文件
提醒
地址卡
mybuddy
AIM
描述
功能
您的备注

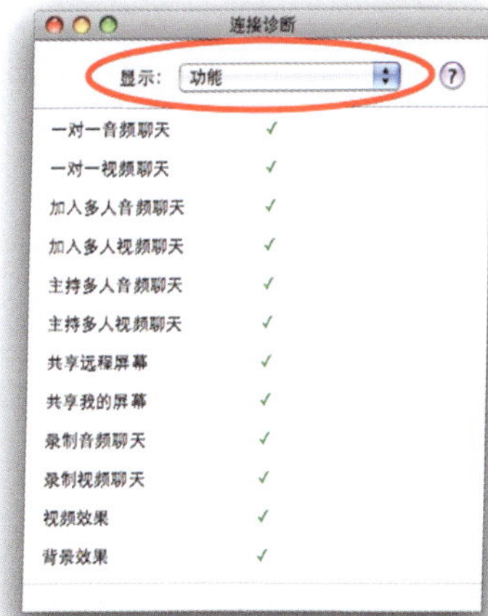
连接诊断
显示：
功能
一对一音频聊天
一对一视频聊天
加入多人音频聊天
加入多人视频聊天
主持多人音频聊天
主持多人视频聊天
共享远程屏幕
共享我的屏幕
录制音频聊天
录制视频聊天
视频效果
背景效果

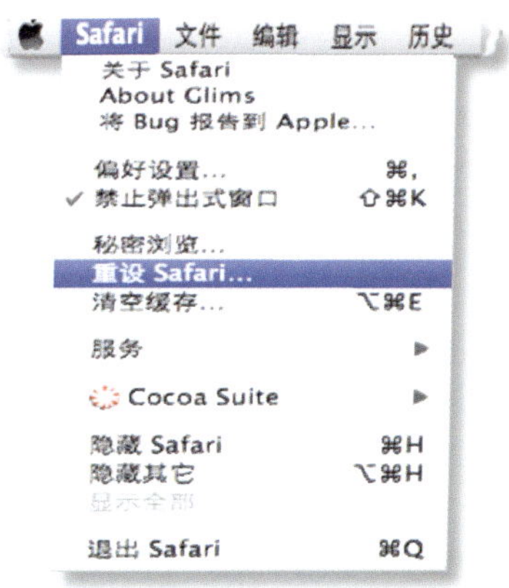
Safari
文件
编辑
显示
历史
关于 Safari
About Glims
将 Bug 报告到 Apple...
偏好设置... ⌘,
禁止弹出式窗口 ⇧⌘K
秘密浏览...
重设 Safari...
清空缓存... ⌥⌘E
服务
Cocoa Suite
隐藏 Safari ⌘H
隐藏其它 ⌥⌘H
显示全部
退出 Safari ⌘Q

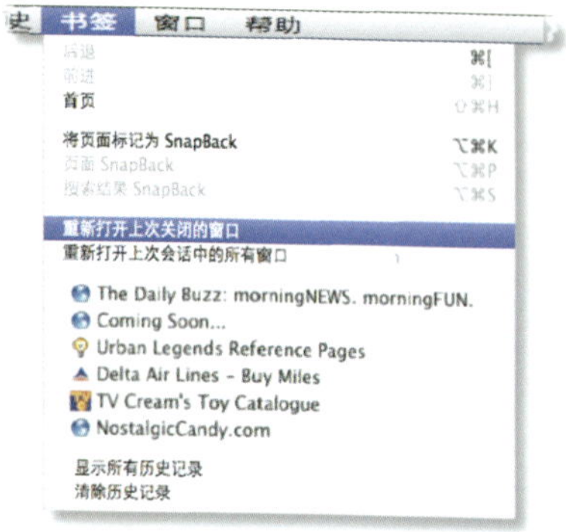
书签
窗口
帮助
首页
将页面标记为 SnapBack
重新打开上次关闭的窗口
重新打开上次会话中的所有窗口
The Daily Buzz: morningNEWS. morningFUN.
Coming Soon...
Urban Legends Reference Pages
Delta Air Lines - Buy Miles
TV Cream's Toy Catalogue
NostalgicCandy.com
显示所有历史记录
清除历史记录

iTunes
文件
编辑
显示
控制
Store
高级
窗口
帮助
播放
空格键
随机播放
重复
推出光盘
Mausam And Escap
Ringa Ringa
Liquid Dance
Latika's Theme
Millionaire
Gangsta Blues

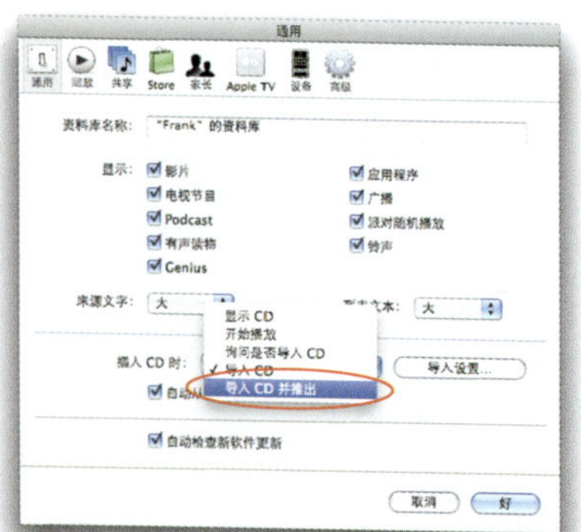
通用
"Frank" 的资料库
Podcast
Genius
显示 CD
开始播放
询问是否导入 CD
导入 CD
导入 CD 并推出
导入设置...
自动检查新软件更新
取消
好

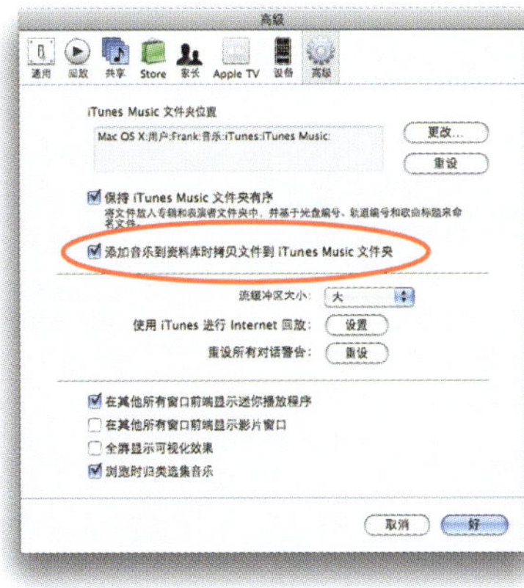
高级
Store
Apple TV
iTunes Music 文件夹位置
更改...
重设
保持 iTunes Music 文件夹有序
添加音乐到资料库时拷贝文件到 iTunes Music 文件夹
设置
重设
取消
好

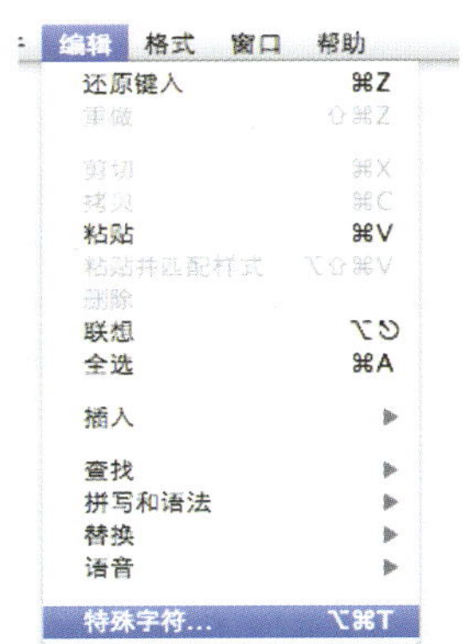
编辑
格式
窗口
帮助
还原键入 ⌘Z
重做 ⇧⌘Z
剪切 ⌘X
拷贝 ⌘C
粘贴 ⌘V
粘贴并匹配样式 ⌥⇧⌘V
删除
联想
全选 ⌘A
插入
查找
拼写和语法
替换
语音
特殊字符... ⌥⌘T

目录

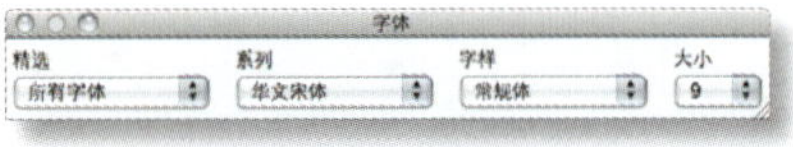

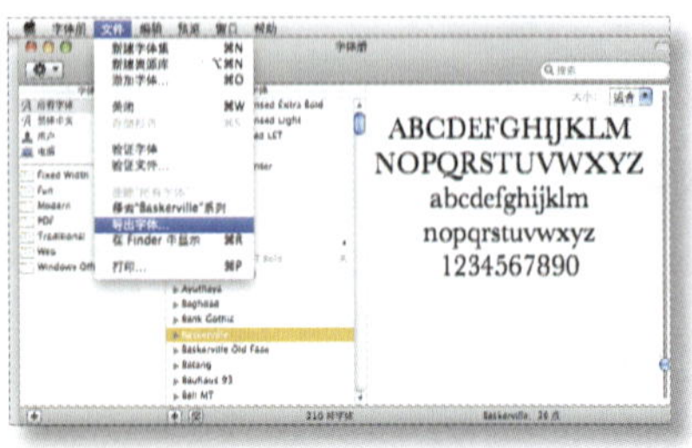

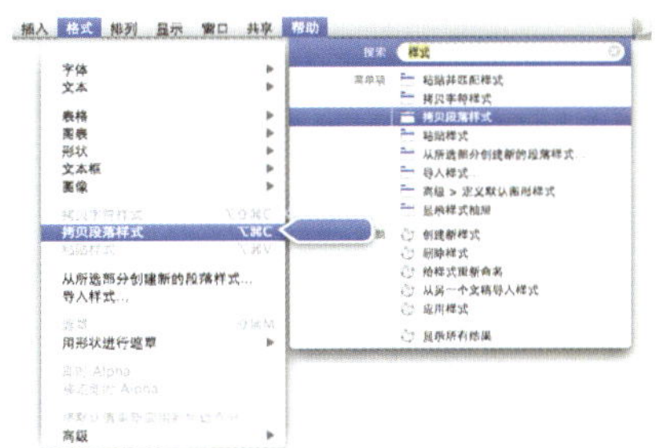

目录

存储为：独立纪念堂
格式：PDF
Quartz 滤镜：无
加密
隐藏扩展名
新建文件夹
取消
存储
DAVE GALES

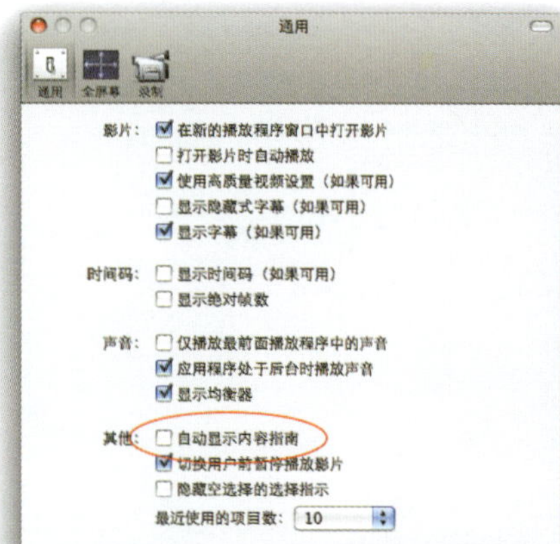
通用
通用
全屏幕
录制
影片：在新的播放程序窗口中打开影片
打开影片时自动播放
使用高质量视频设置（如果可用）
显示隐藏式字幕（如果可用）
显示字幕（如果可用）
时间码：显示时间码（如果可用）
显示绝对帧数
声音：仅播放最前面播放程序中的声音
应用程序处于后台时播放声音
显示均衡器
其他：自动显示内容指南
切换用户时暂停播放影片
隐藏空选择的选择指示
最近使用的项目数：10

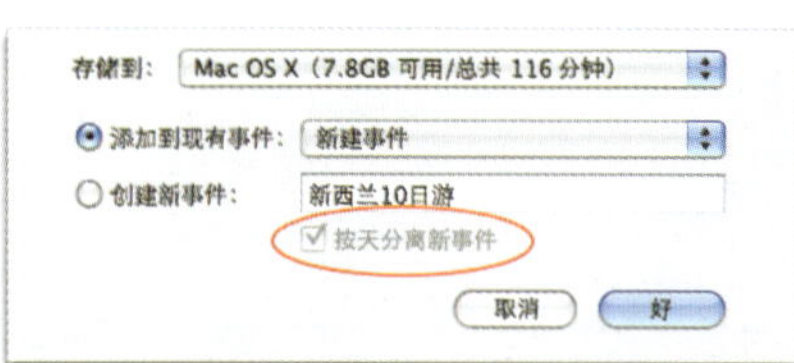
存储到：Mac OS X（7.8GB 可用/总共 116 分钟）
添加到现有事件：新建事件
创建新事件：新西兰10日游
按天分离事件
取消
好

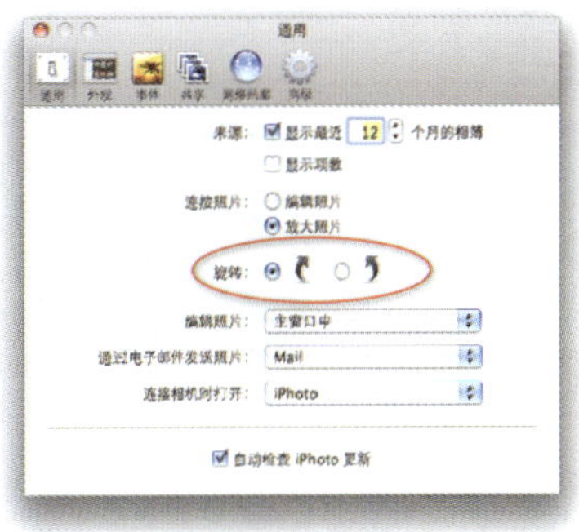

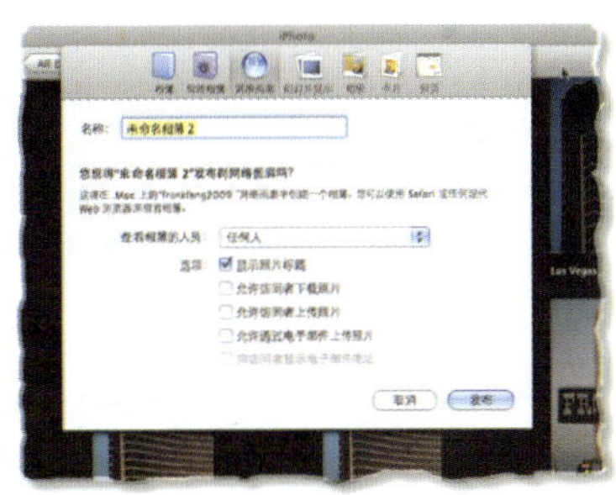

目录

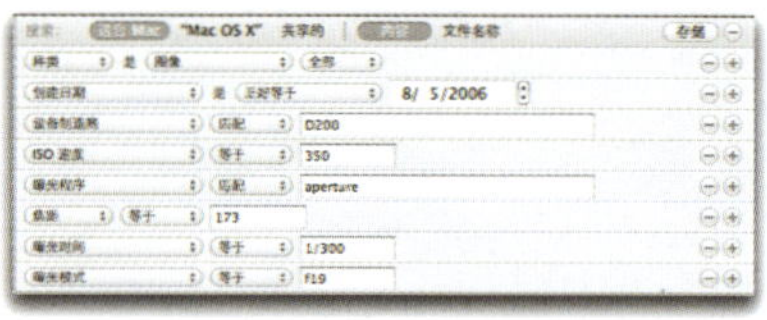

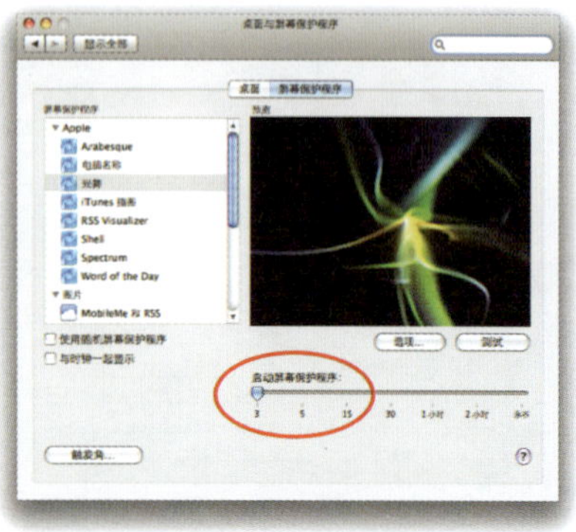

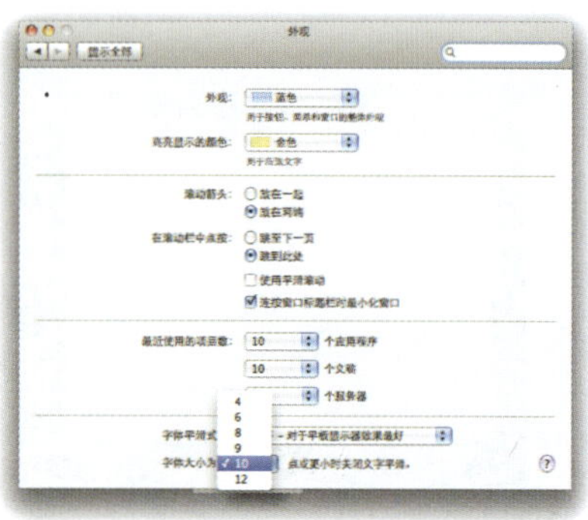

第1章

奇妙的窗口世界

Finder窗口的操作技巧

Mac OS X
KILLER TIPS

奇妙的窗口世界

Finder 窗口的操作技巧

坦白地说，我有点担心本章的副标题会造成读者的误解。有些人可能匆匆一瞥之下，以为本章内容是关于微软公司 Windows 操作系统的使用技巧（本章英文的副标题为 Cool Window Tips, 其中的 Window 很容易被误看成 Windows，而 Windows 是微软操作系统的名称）。当然，本书所涉及的都是关于苹果操作系统的相关内容，因为对于 Windows 操作系统来说，我除了知道开始菜单的位置和如何启动应用程序外（前提必须是我能很容易找到这个程序的位置），至于其他操作，如果不是议会传召我去询问，我只能说是一窍不通。此外 Windows 操作系统怎么可能有什么值得称赞的呢？那么究竟本章的内容是什么？我写本章的目的是……还是先给大家稍微透露一点内幕吧，本章主要介绍了 Finder（文件浏览器）窗口使用的相关技巧，如怎样通过 Finder 窗口进行文件管理，以及其他一些吸引人的技巧，保证能迷住你的朋友、小孩子和家里宠物（当然金鱼除外，因为它们那种对食物永不满足的特性决定了它们对任何东西都不会轻易知足）。

自定桌面壁纸

在苹果 Leopard 操作系统中，其默认的桌面壁纸是一张星云状的图片，该图片是“企业号”宇宙飞船在进行星际旅行时所拍摄的一张照片。但是使用者可根据个人喜好选择其他的图片作为桌面壁纸。按住键盘上的 Control 键，单击桌面上的任意位置，在弹出的快捷菜单中选择“改变桌面背景”，就可以打开系统的“桌面与屏幕保护程序”设置窗口。在设置窗口的左侧列表中，单击选择所需的图片目录，即可使用右侧窗口中出现的该目录中的图片作为桌面壁纸。如果列表中没有欲设置为壁纸的图片目录，单击列表下方的“+”(加号)标志，在打开的选取文件窗口中选择所需图片，然后单击“选取”按钮即可将该图片所在的目录添加到列表中。

关闭任务栏的透明效果

苹果 Leopard 系统所推出的众多新特性中，透明效果是让所有人非爱即恨的一项功能，尤其是任务栏的透明效果。即便在 Leopard 系统还没有正式发布的时候，其已经在使用者中引起了热烈争论，很多人都说很讨厌这种透明效果，因为他们觉得这样会使得任务栏上的项目不易分辨（其实多数人根本还没亲眼见识到实际效果）。苹果公司在 Leopard 系统推出后不久，即发布了版本号为 5.2 的系统更新，并根据使用者的要求添加了关闭菜单栏透明效果的设置选项。就我个人来说，我很喜欢这个透明效果，因为随着屏幕图片的改变，任务栏的颜色也会随其变化，这样看起来更加漂亮。但是，如果使用者不喜欢这个功能，可单击任务栏上的苹果标志，在其下拉菜单中选择“系统偏好设置”，在打开的设置界面中选择“桌面与屏幕保护程序”，在“桌面”选项卡中取消勾选“半透明菜单栏”复选框，然后点击设置窗口左上方的红色圆钮退出设置界面，则屏幕上方的任务栏又恢复到不透明的显示方式。

在新窗口中打开文件夹

系统默认情况下，在 Finder 窗口中以图标和列表方式浏览文件时，双击任意文件夹合，系统会在该文件夹所在的窗口中将其打开。使用者如希望重新回到打开文件夹时的窗口界面，需要单击“向后”按钮。但是，如果你像我一样，希望系统将打开的文件夹内容显示于一个独立的、新的窗口中，以便使用者同时查看原窗口内容，需要在 Finder 的菜单栏上选择“Finder－偏好设置”，在设置界面的“通用”选项卡中勾选“总是在新窗口中打开文件夹”选项前的复选框即可。

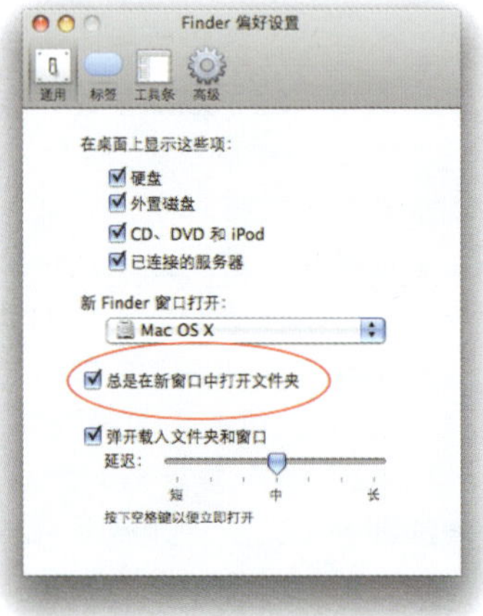

打开文件夹的特殊方法

无论使用者在设置中是选择将文件夹在同一窗口中打开还是在新窗口中打开，按住键盘上的 Command 键，双击任意文件夹，则系统会以设置中相反的方式打开该文件夹。而在任何一个 Finder 窗口中，按住键盘上的 Option 键，双击任意文件夹或文件，则系统会在新窗口中打开所选的文件夹或文件，同时自动关闭该文件夹或文件原来所在的窗口。

隐藏窗口的工具栏和侧边栏

如果你是那种不喜欢在窗口中显示工具栏和侧边栏的人（类似某些人在工作中不喜欢将电脑连接到因特网上，即使因特网没有想像中那么危险），只要单击 Finder 窗口右上角的扁圆按钮，即可完全隐藏窗口的工具栏和侧边栏，再次单击该按钮则窗口恢复到正常显示方式。注意：在已经隐藏了工具栏和侧边栏的窗口中打开文件夹时，显示该文件夹内容的窗口依然是以隐藏工具栏和侧边栏的方式显示。

分辨是否对文件夹有写权限

在苹果的 Mac OS X 操作系统中，提供了多种级别的安全措施来限制使用者对某些文件夹或文件的操作权限。如果使用者的计算机是由网络管理员统一设置的，则使用者很有可能是不具备某些操作权限的。例如，当使用者试图将某文件放在一个文件夹中时，系统会显示类似“你不够资格进行这个操作”的提示信息（此时凝神细听，应该会听见网络管理员的窃笑声）。如想避免让系统提示你是多么渺小的尴尬情况出现，在进行操作前，最好查看一下该文件夹窗口的左下角，看是否有如图所示的铅笔加一斜杠的标志，这个标志表明使用者不具备对该文件夹进行写操作的权限。这也说明了为什么终有一天会有“意外”发生在网络管理员的身上。

让文件尽情地流动显示（耍酷必会技巧）

苹果的操作系统第一个向世界展示了如何以图标方式来浏览文件夹的内容，在第七个版本的系统中推出了以列表查看文件夹内容的方式。当 Mac OS X 版本的系统中允许使用者以分栏方式浏览文件时，所有人都为此狂喜不已（可堪比在现实中能与心仪女人约会的喜悦之情，但前提是这个女人不是你的姐妹、表兄妹或因打赌输了而不得不与你约会的校花）。而苹果在 Leopard 操作系统中又推出了一个更让人赞叹的 Cover Flow 功能，想必使用者在苹果公司最近推出的一系列产品中，如 iTunes、Front Row、Apple TV 和 iPod 播放器中都见识到了该功能的华丽界面。在 Finder 窗口工具栏的左上方，有 4 个设置文件夹显示方式的按钮，单击最右端的按钮，即可启用 Cover Flow 功能。我可以浪费几小时的时间来浏览 Cover Flow 功能中漂亮的文件图标及其倒影在屏幕上的显示效果。Cover Flow 功能是苹果系统中可用来在 PC 用户面前炫耀，使他们嫉妒的多个功能之一（苹果系统这样的功能已经够多了，难道还需要更多吗？）。虽然 Cover Flow 功能效果出众，但我个人认为在以列表方式浏览文件时更容易寻找到所需文件，只是该方式远远不如 Cover Flow 功能那样趣味十足。

DAVE GALES

流动显示的魅力

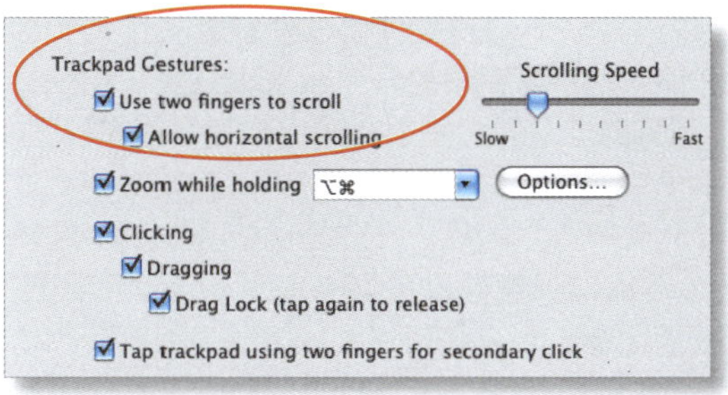

使用者可通过多种方式用 Cover Flow 功能进行文件浏览，如每按键盘上带有方向箭头的方向键一次，可流动显示单个文件，但这种方式会使人感觉像驾驶着法拉利跑车行驶在拥挤的车流中一样，建议使用者按住方向键不放，感觉一下快速流动的顺畅感觉。另外，只有通过笔记本的触控板才能尽情享受 Cover Flow 带来的快感，单击任务栏上的苹果标志后，在其下拉菜单中选择“系统偏好设置”，在打开的设置界面中单击“键盘与鼠标”图标，在其“触控板”选项卡中勾选“使用双向滚动”和“允许横向滚动”两个选项前的复选框。即现在打开一个文件夹并启动 Cover Flow 功能，将双指放在触控板上来回移动即可控制文件进行流动显示。

调整列表显示时分栏的顺序

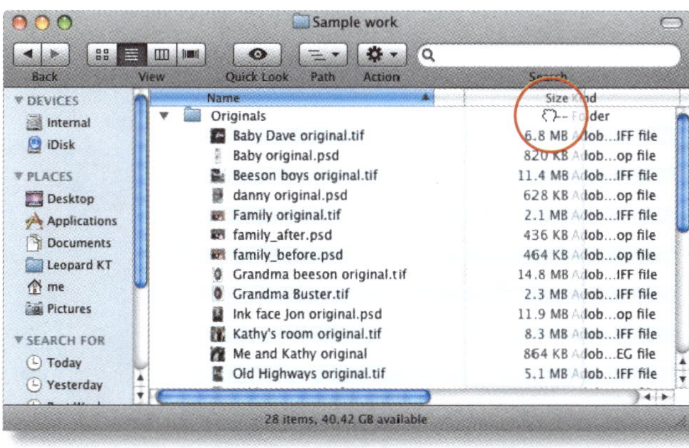

以列表方式浏览文件夹内容时，使用者可根据个人喜好调整分栏的顺序。例如，如希望在“名称”分栏后显示文件“大小”分栏，可单击“大小”分栏，按住鼠标左键不放，将其横向拖放到“名称”分栏后。用同样的方法可移动除“名称”分栏外的所有分栏。

移动图标到指定位置（暂时性移动）

在设定了以图标方式浏览桌面和窗口中内容后，使用者可通过多种方式排列图标以保持界面的整洁。按住键盘上的 Control 键，单击窗口中的任意位置，在弹出的快捷菜单中选择“整理”，则系统会自动按照不可见的默认网格将图标成行成列地整齐排列。而在快捷菜单中的“排列”命令的子菜单列表中选择一种文件的排列方式，则文件会按照选择的方式顺序排列。此外，按住 Control 键单击某图标，在弹出的快捷菜单中选择“整理所选内容”，则系统只会按网格将所选图标排列整齐，而保持其他图标位置不变。但需要注意的是：此方法虽然可以快速地整理图标，但只是暂时性的，使用者可随时单击图标，按住鼠标左键不放将图标拖放到任意位置上。

让图标排列井然有序

上个技巧中介绍了如何使图标整齐排列。但是此方法只是暂时的，只要稍不注意图标又有可能变得杂乱不堪，使用者可在任一 Finder 窗口中，通过按键盘上的组合键 Command + J 键，调出窗口的“查看显示选项”的设置界面，在该界面中的“排列方式”下拉菜单中选择一种排列方式，则图标就会乖乖地以固定的排列方式进行排列，并一直保持这种状态不变。

双击调整文件名的显示

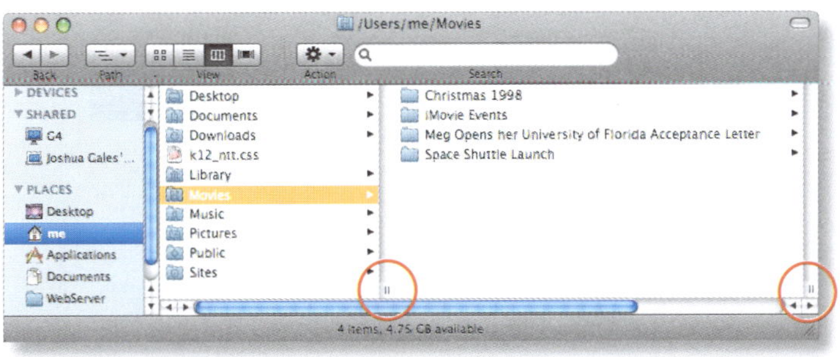

以分栏方式浏览文件时，经常会出现文件名称长于分栏造成文件名称无法完全显示的情况。默认情况下，系统会以省略号来代替无法显示完全的文件名称。通常情况下，这样显示对使用者的操作没有影响，但当两个文件的名称分别为“Grandma Ford Final Portrait”和“Grandma Ford Un-retouched Portrait”时，两个文件名在短分栏中显示的名称都是“Grandma Ford...Portrait”，从而根本无法区分两个文件。此时，可双击分隔栏垂直下方的分栏调整按钮（两条竖线标志），则系统会自动扩展分栏，完整显示出文件的名称。反之，当分栏太宽时，双击调整按钮，则系统会自动缩小分栏到合适的大小，非常方便。

无需调整分栏大小即可查看长文件名的方法

上个技巧中介绍了通过调整分栏大小来查看长文件名的方法。但是，如果窗口中仅有一个文件名显示不全的文件，又觉得调整分栏大小太麻烦，可将鼠标光标停放在该文件上，几秒钟后屏幕上就会显示出该文件的全名。这种方法的缺点是需要几秒钟的等待时间。其实使用者可按住键盘上的 Option 键，然后将鼠标光标放在文件上，则屏幕上会马上显示该文件的全名，而无需等待。

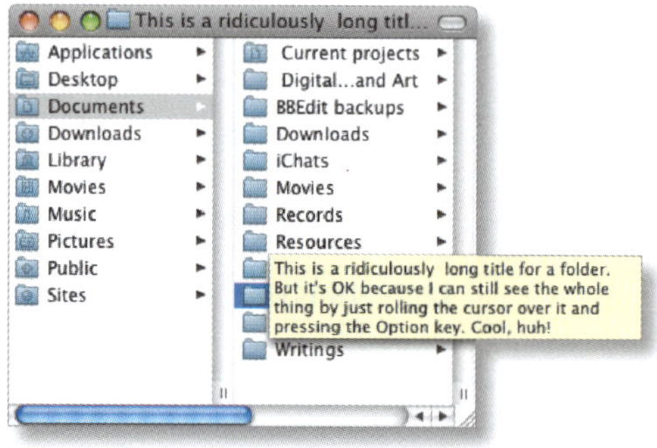

取消预览分栏

在 Finder 窗口中以分栏方式浏览文件时，单击某个文件，该文件右侧会出现一个预览分栏，在分栏中使用者可看见该文件的预览大图。如果选择的是图片文件，则预览分栏中马上会放大显示该图片的预览图，但这个功能对某些人来很麻烦，所以在以分栏方式浏览时，通过按键盘上的组合键 Command + J 调出"查看显示选项"设置窗口，在该窗口中取消"显示预览栏"复选框的勾选，则在窗口中将不会再显示任何文件的预览图。

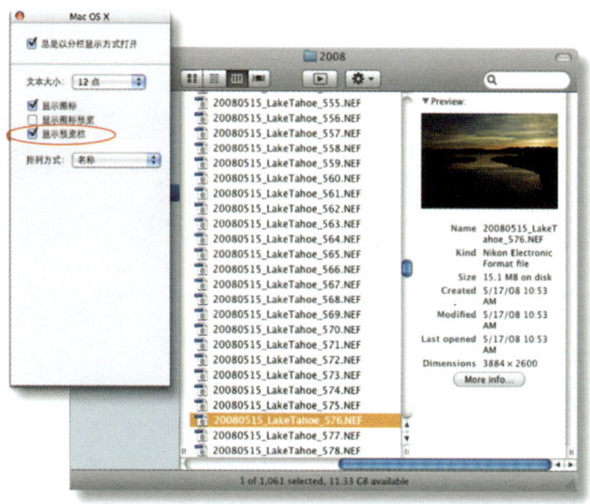

为窗口设置固定的显示方式

在苹果的Leopard系统中，打开一个新的Finder窗口时，系统默认情况下会自动采用使用者最后所使用的显示方式来显示该窗口的内容。例如，当屏幕上的10个窗口都是采用分栏方式浏览文件时，将其中一个窗口改成以Cover Flow方式显示后，将所有窗口逐一关闭，再打开一个新窗口，则该窗口会以Cover Flow方式显示窗口内容。我喜欢以分栏方式浏览文件，所以希望每次打开窗口时都能以该方式显示，其设置的方法是；首先在Dock上单击Finder图标以打开一个新窗口，在Finder窗口工具栏中选择一种浏览方式（本例中为分栏浏览方式），然后通过按键盘上的组合键Command + J调出“查看显示选项”窗口，勾选该窗口上方“总是以……显示方式打开”选项前的复选框（本例中该窗口中的选项会显示为“总是以分栏方式打开”），即可将当前所选择的显示方式作为查看窗口内容的永久性设置。如果该设置窗口中的复选框已经勾选，需要先取消其勾选，待复选框变为当前选择的显示方式后，再勾选即可。以后无论何时，所打开的Finder窗口都会以个人所选择的方式进行显示。

图标预览

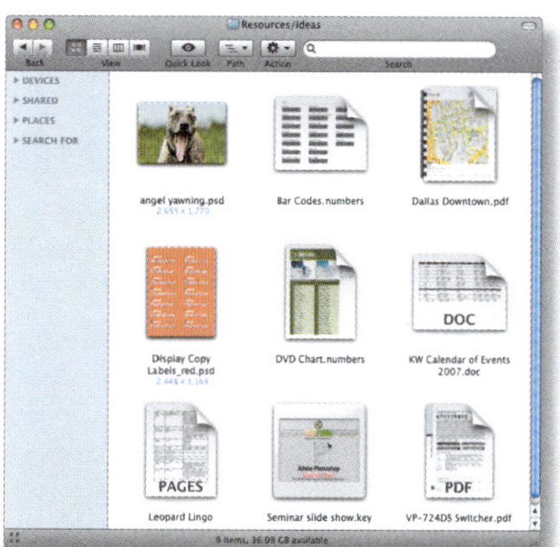

在Leopard系统中的任何Finder窗口中，通过按键盘上的组合键Command + J（或在Finder窗口的菜单栏上选择“显示－查看显示选项”）调出“查看显示选项”设置窗口。在该窗口中勾选“显示图标预览”复选框，即可以文件的预览缩略图来替代该文件的默认图标。当Finder窗口中的文件以图标方式显示，且图标大小设置为128×128格式时，其效果最佳。

为窗口设置不同的显示方式

多数情况下我喜欢以分栏方式浏览文件，但浏览全是图片的文件夹时，以 Cover Flow 方式浏览是最好的选择，毕竟以大图预览方式观看图片要比在列表中看着含义不清的文件名直观得多。针对不同的文件夹，使用者可自定打开该文件夹时窗口的显示方式。本例中以应用程序文件夹为例，但该方法适用于任何文件夹。双击打开任一文件夹，在该文件夹窗口的工具栏上选择一种显示方式，接下来通过按键盘上的组合键 Command + J 调出“查看显示选项”设置窗口，如果使用者曾将该文件夹设定为以某种固定显示方式浏览，则该界面上方的“总是以……方式”复选框已勾选（参见上页内容），先取消勾选，待复选框变为当前选择的显示方式后，再勾选即可。

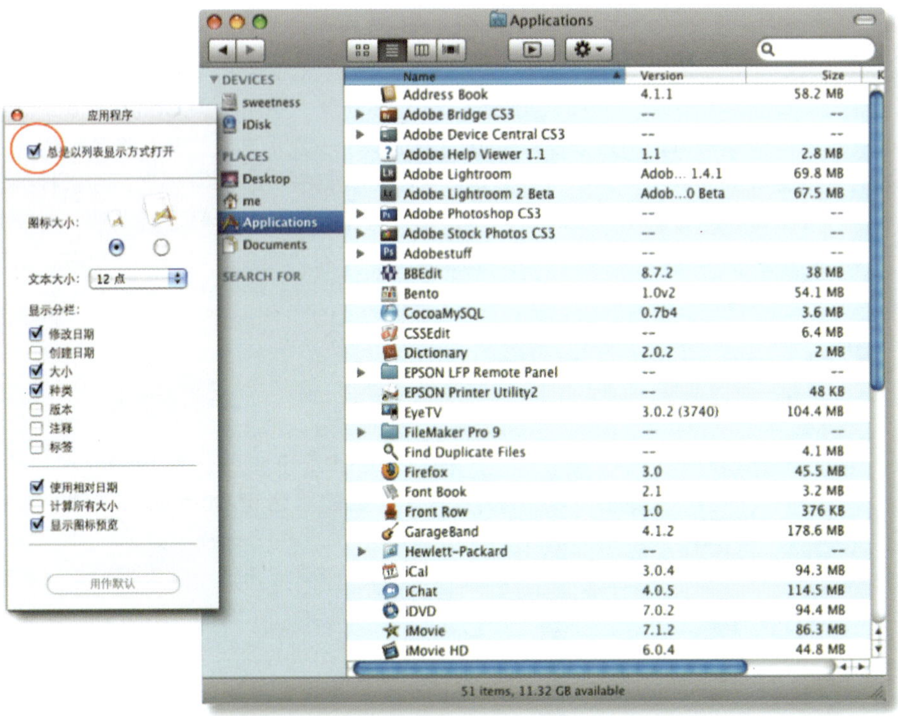

对后台显示窗口进行滚动操作

看到这个标题时，你可能会想：作者是拿这个技巧来滥竽充数吧，为什么要对后台窗口这样操作？有这个必要吗？我相信当你试过这个技巧后，就会称赞我是一个真正的天才（请允许我自夸一下），因为我确定，从此以后你每天都会使用到这个技巧。假设你要购买一辆兰博基尼跑车（我现在允许你也自夸一下），正在网上搜索相关信息，对比不同车型的数据，此时屏幕上显示有两个窗口，一个窗口显示的是网页，另一个窗口显示的是数据参数。因为系统中仅允许一个窗口在前台显示，所以必然有一个窗口要隐藏在后台，调整两个窗口的位置以便同时能看到两个窗口内的内容。正常情况下，如后台窗口中有未显示内容，使用者需首先点击后台窗口以激活该窗口，然后滚动窗口找到所需内容，再点击激活另一个窗口才能查看另一个窗口的内容。但在苹果 Leopard 系统中，使用者只需将鼠标放在后台窗口上，上下滚动鼠标滚轮（购买一个好鼠标的又一个理由）即可控制后台窗口滚动显示其内容。相信我，即使这个方法听着似乎没什么大不了的，但用过几次后你就会体会到该技巧的好处了。

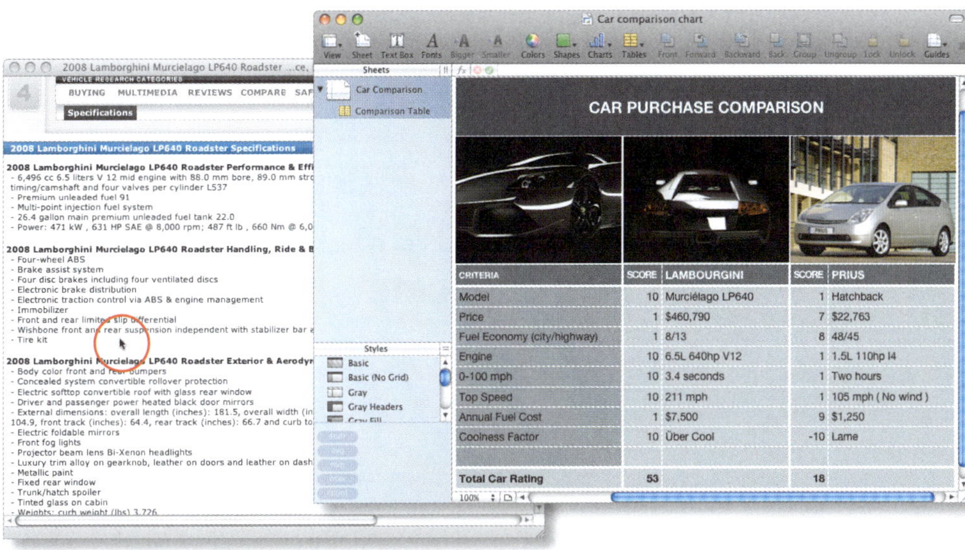

一键关闭所有打开的窗口

同时进行多项工作时，屏幕上很快就布满了各种程序的窗口。工作结束时，如果需要一个一个窗口地逐一关闭是件恼人的工作。此时，使用者按住键盘上的 Option 键单击任一窗口上的关闭按钮（即窗口左上方的红色圆钮），即可瞬间关闭当前屏幕上所有已经打开的窗口。

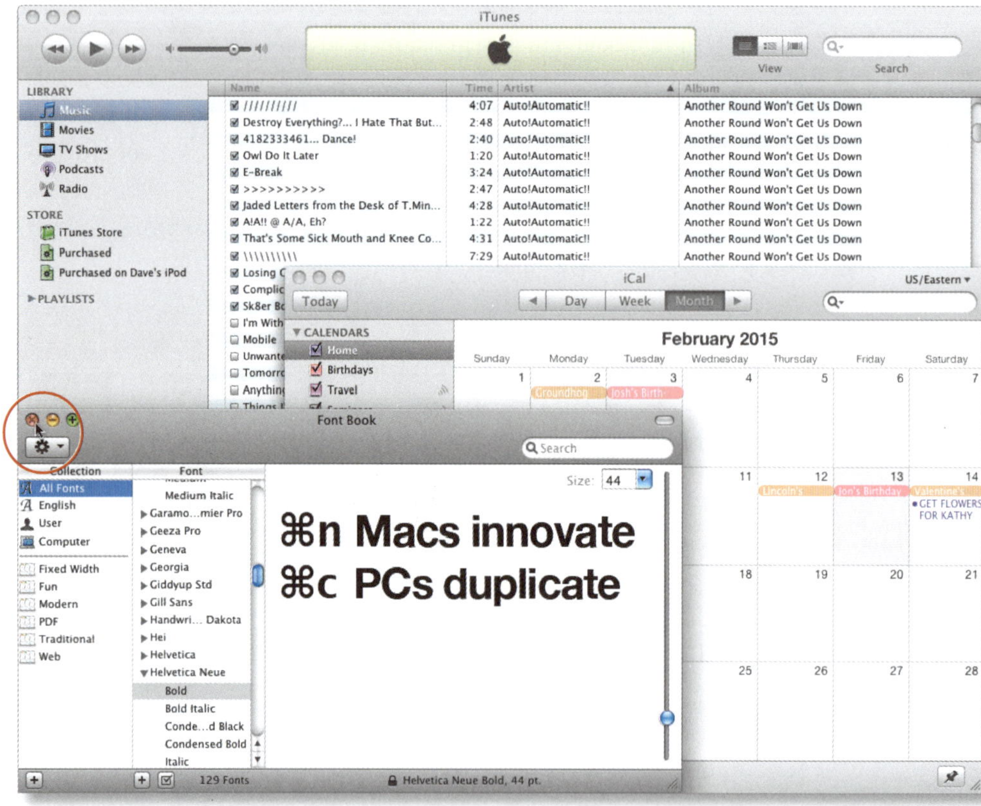

一键最小化窗口

按住键盘上的 Option 键，双击同一程序所打开的任一窗口，即可将该程序的所有窗口最小化到 Dock 上。在 Mac OS X 系统的前几个版本中，如果通过这个方法将 50 个窗口最小化到 Dock 上以后，使用者只能通过退出程序或依次选择最小化到 Dock 上那 50 个窗口的图标才能将窗口从 Dock 上去除。鉴于这样做实在是太痛苦了，苹果公司在 Leopard 系统中加入了更人性化的操作，针对某些程序，只需按住键盘上的 Option 键，单击某一程序最小化到 Dock 上的任一个窗口图标，即能将该程序所有窗口重新最大化显示在屏幕上。不按住 Option 键，单击一次依然只能最大化一个窗口。注意：一键最大化所有窗口的方法只适用于打开的程序窗口，对 Finder 窗口来说，依然只能一次恢复一个最小化的 Finder 窗口。

快速隐藏打开的程序窗口

在这里我需要表明一下自己的立场，我既不鼓励，也不纵容在工作期间与工作无关的个人行为，如在工作时查看 eBay 购物网站上的出价情况，为即将到来的休假预定宾馆和航班，或搜索在 51 区关押了多少个外星人等类似行为。如果使用者坚持要这么做，那么下面将要讲到的技巧将会非常实用。按住键盘上的 Option 键，单击桌面上的任意位置，则当前前台程序所有打开的窗口都会消失得无影无踪。这些窗口并没有隐藏在其他打开的窗口后面，缩小到 Dock 上或被关闭。至于藏到哪里去了，也许没人知道，但只要老板来到屏幕前发现所有程序都不见了，谁会在乎这些窗口隐藏到哪里了呢？要再次查看隐藏的窗口，只需在 Dock 上单击该程序图标，则所有窗口又再次回到屏幕上。

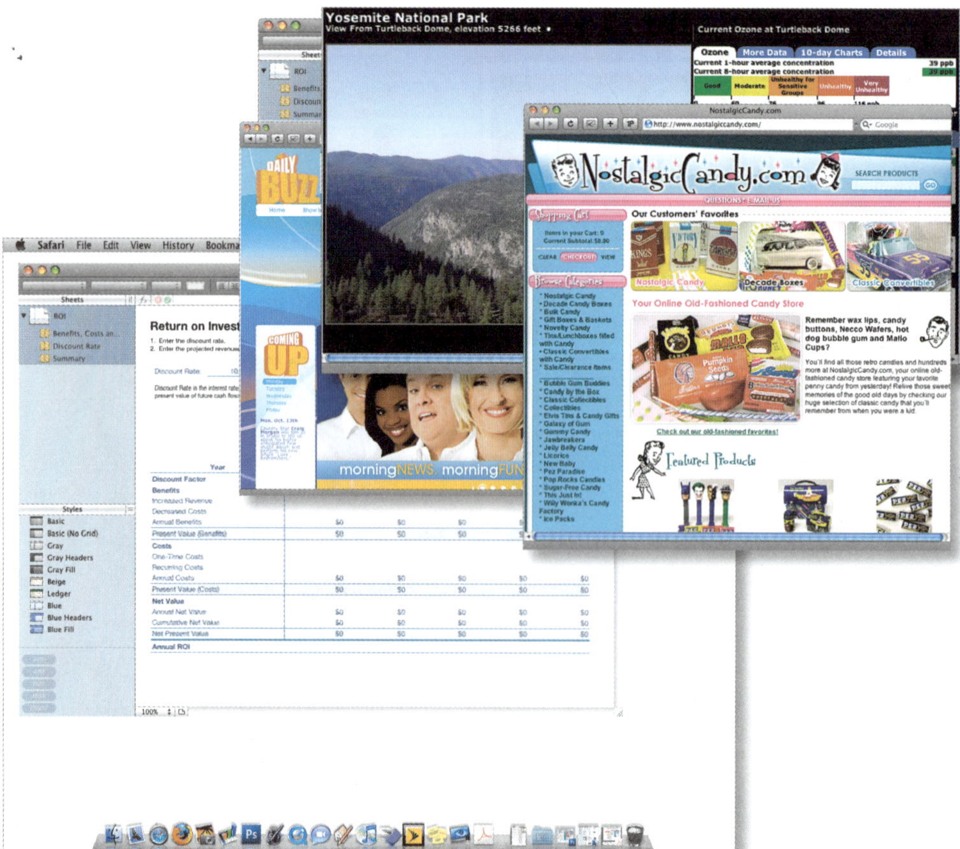

一次只查看一个程序所打开的窗口

当屏幕上显示多个程序窗口时，暂时不使用的窗口会一直出现在后台中，这样很容易让使用者分心，从而无法集中精神工作。此时，使用者可以按住键盘上的 Command + Option，然后在 Dock 上单击需要使用的程序图标，则只有该程序的窗口保留在屏幕上，而其他程序的窗口会自动隐藏起来。按住 Option 键，然后在 Dock 上单击窗口被隐藏的程序图标，则该程序窗口又会出现在屏幕上，而当前程序窗口会隐藏起来。

DAVE GALES

自定（或取消自定）工具栏

在 Finder 窗口中，按住 Command + Option 键，同时单击窗口右上角的扁圆按钮，在出现的自定工具栏对话框中单击所需的工具按钮，按住鼠标左键不放将其拖放到 Finder 窗口工具栏中，然后按回车（Return）键，即可将所选工具按钮添加到 Finder 窗口的工具栏上。如果自定工具栏后，工具栏显得杂乱不堪，使用者可用上面所说方法，将出现的自定工具栏对话框中最下方的一组默认工具按钮拖到窗口工具栏中，则工具栏又恢复到系统默认状态。

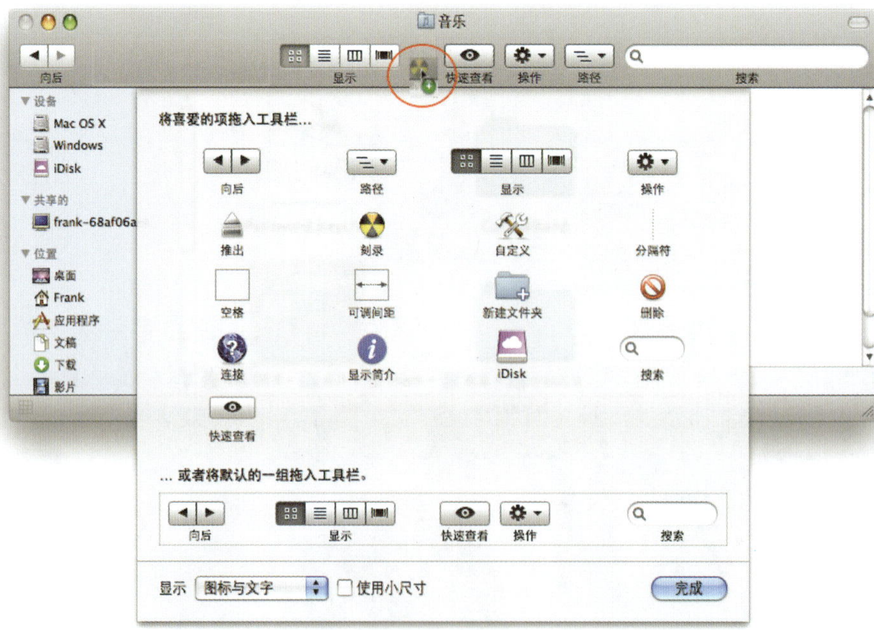

设置工具栏上图标的显示方式

Finder 窗口的工具栏上的图标尺寸相对较大，无论是横向还是竖向排列都占据了一定的空间，如果使用者又添加了一些自定按钮，则很有可能在工具栏上无法同时显示所有的按钮。这时，使用者可以按住键盘上的 Control 键单击工具栏上的任意位置，在弹出的快捷菜单中选择“仅图标”，这样工具栏上的按钮将仅以图标方式显示，不再显示对应的文字；如果选择“仅文字”选项，则可以更加节省按钮所占的空间。此外，按住键盘上的 Command 键，然后单击窗口右上角的扁圆按钮，每单击一次，工具栏上按钮就会变换一种显示方式，使用者可根据自己的喜好选择适合的工具按钮显示方式。

设定工具栏上的按钮为一直可见

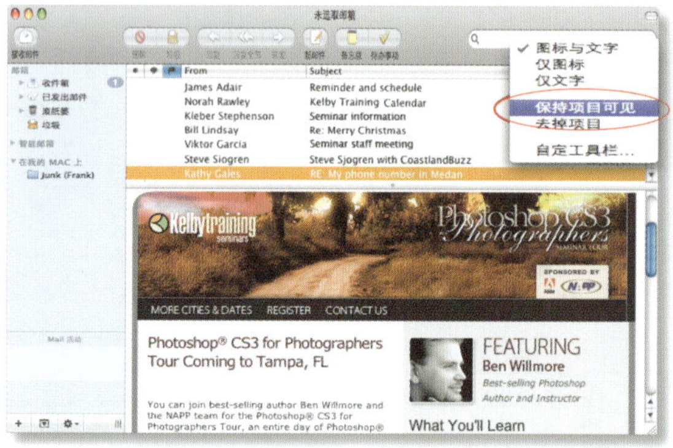

缩小一个应用程序，如Mail、Safari和文本编辑等程序的窗口时，随着程序窗口尺寸的减少，则窗口右上角的工具按钮会隐藏起来，使用者需要通过下拉菜单才能选择隐藏起来的工具按钮（即使工具按钮没有隐藏，所有按钮也会紧紧地挤在一起）。有的按钮隐藏起来无所谓，但使用者也许希望某个工具按钮能一直显示在工具栏上（例如，当缩小Safari程序窗口时，其窗口工具栏上的搜索框肯定会第一个被隐藏起来，而我希望该搜索框能一直显示在工具栏中），其实使用者可以按住键盘上的Control键，同时单击某个工具按钮，在弹出的快捷菜单中选择“保持项目可见”，则在程序窗口缩小时，系统也会保持该按钮一直显示在工具栏中，而选择将其他的工具按钮隐藏起来。

将侧边栏变成Dock

大家肯定都很喜欢Dock的自定义功能，其实Finder窗口的侧边栏也具备类似Dock的自定义功能，通过设置可以使其功能更加强大。例如，如果使用者需要经常使用Photoshop程序，打开该程序所在的文件夹，然后单击Photoshop程序的图标，按住鼠标左键不放将其拖放到任意Finder窗口的侧边栏上，此时时间侧边栏上的其他图标会自动让出位置，便于使用者添加。添加后，侧边栏就如同Dock一样，使用者可直接单击侧边栏上的Photoshop程序图标以启动该程序或将图片文件拖放到侧边栏上的Photoshop程序图标上，使用Photoshop进行图片编辑。注意：此方法的唯一限制是使用者只能将图标添加到侧边栏的“位置”分类列表中。

调整 Finder 窗口侧边栏的大小

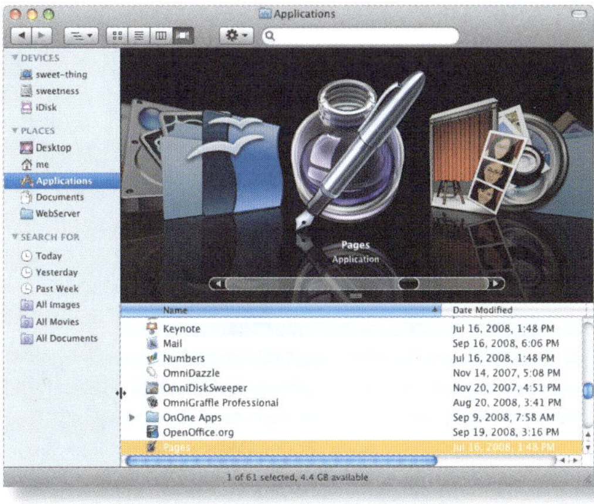

将鼠标放置在侧边栏右侧分隔线的边缘，待鼠标光标变成左右方向拖拽标志后，按住鼠标左键不放，左右拖动鼠标光标可调整侧边栏的大小，以为右侧窗口中长文件名的文件提供足够的显示空间。

快速预览文件

SCOTT KELBY

我的机器中经常会出现“未命名-1”，“未命名-2”和“未命名-2副本”等类似名称的文件。如果每次都需要逐个打开文件以查看是否为所需文件，那将是一个相当痛苦的过程。所幸在 Leopard 操作系统中，苹果公司推出了一项用户非常喜欢的特性——快速查看功能。单击任一文件后，按空格键，即可马上弹出窗口预览该文件的内容。此功能最值得称赞的地方是，不需打开任何程序即可预览文件的内容，而且预览时不是以缩略图那种小尺寸进行预览，而会以大尺寸格式进行预览。此外，如果使用者是在午夜前订购的机器（开玩笑），快速查看功能还可以预览绝大多数格式的文件，如图片格式文件（包括后缀为 JPEG、TIF、PSD 和 NEF 的文件）、图表、PDF 格式文件、文本文件、电子表格、影片、音乐等类型的文件。对于像我这样懒得不愿意给文件命名，又不知道系统自动生成的名称为“未命名-17”的文件是什么内容的用户来说，这个功能是非常实用的。

以幻灯片方式快速预览多个文件

SCOTT KELBY

使用快速查看功能预览单个文件非常省时，但如果用这种方法逐个预览50张图片文件，则堪称是一种折磨。使用者可用以下方法来预览多个文件：首先打开需要预览文件的文件夹，按Command + A组合键选择该文件夹中的所有文件，或按住键盘上的Shift键单击排列在一起的文件中的第一个文件，接下来再单击（继续按住Shift键）排列在一起的文件中的最后一个文件，系统会自动选定两次单击范围中的所有文件。此外还可以按住Command键，通过单击选择不相连的多个文件。文件选定后，按Command + Option + Y组合键，就可以欣赏由所有选定文件组成的幻灯片了。

快速查看时，显示所有文件的缩略图

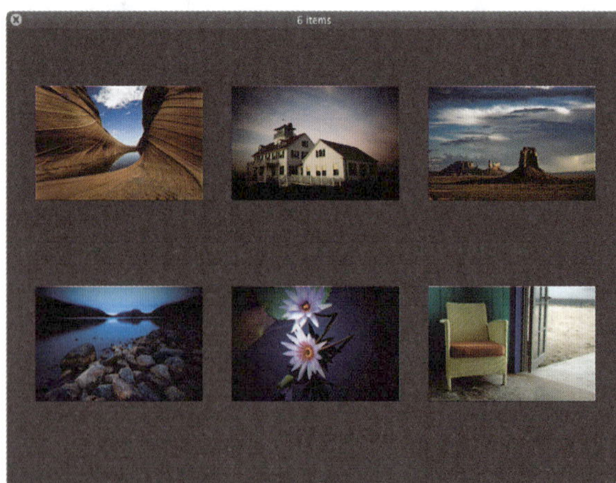

SCOTT KELBY

启用快速查看功能预览多个文件时，单击预览窗口下方有4个方框图案的按钮，即“索引表”按钮或按Command + 回车键（Return），可以使用缩略图方式查看所有预览的文件。

Exposé 功能

启动 Safari 程序，登录网站 www.Photoshopuser.com，享受该网站所提供的创意无限、让人叹为观止、无法置信的精美内容（没见过这么赤裸裸的广告宣传吧），打开 Mail 接收电子邮件，更新 iCal 中的日历，使用 iTunes 倾听音乐，所有这些操作至少要打开一个程序窗口，众多窗口堆挤在屏幕上，只能不时移动窗口找寻所需程序。其实，使用 Exposé 功能就可以轻松解决这个问题。使用者按键盘上的 F9 键，即可以在屏幕上以缩略图方式查看所有打开的窗口（如图）；而按 F10 键，屏幕上将只显示当前打开程序的所有窗口；按 F11 键，系统会隐藏所有当前打开的窗口，只显示桌面。

DAVE GALES

查看 Exposé 功能中每个缩小窗口的标题

启动 Exposé 功能查看多个窗口时，由于屏幕限制，很难看清每个缩小窗口的标题，此时按住键盘上的 Option 键，即可清楚看到每个窗口的标题。

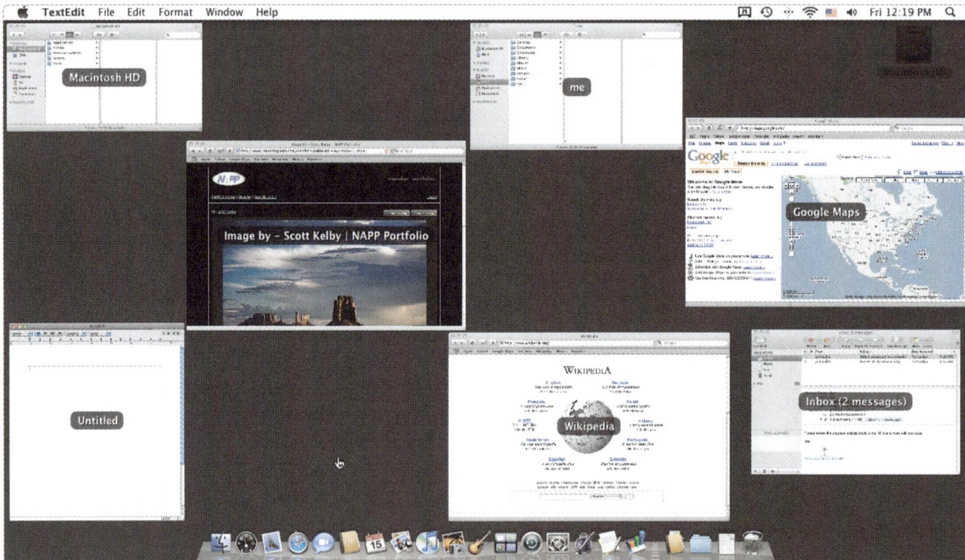

KILLER TIPS

无需按键启动 Exposé 功能

除了通过在键盘上按 F9、F10 和 F11 键启动 Exposé 功能以外，使用者还可以在系统偏好设置中，将屏幕的四个角设置为“热点”区域，当鼠标移至屏幕指定角落时即可启动 Exposé 功能。单击桌面任务栏上的苹果标志，在其下拉菜单中选择“系统偏好设置”，在设置界面中单击 Exposé & Spaces 图标，在 Exposé 选项卡中的“活跃的屏幕角”设置中，使用者可看见屏幕的缩略图，在屏幕缩略图旁边的下拉列表中，选择该屏幕角所执行的 Exposé 功能（即列表中的前 3 个选项）。选择选项的同时，如使用者按住某一辅助键（Shift、Control、Option 或 Command 键），则使用者必须将鼠标移动到指定屏幕角的同时，按住设定的辅助键才可以启动相应 Exposé 功能。这样设置可避免由于使用者的误操作而启动 Exposé 功能，否则每天至少会有几百次误操作发生。

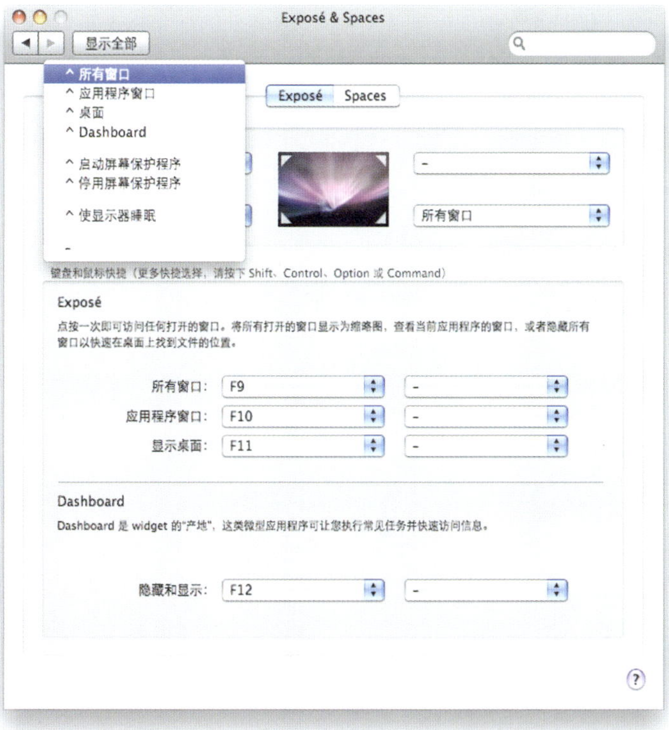

双键鼠标的设定

如果你使用的是双键或多键鼠标，则可体验到使用鼠标其他键控制 Exposé 功能的乐趣。单击桌面任务栏上的苹果标志，在其下拉菜单中选择“系统偏好设置”，在设置界面中选择 Exposé & Spaces 图标，在 Exposé 选项卡的如图所示下拉菜单中，可看见系统识别出的鼠标键，选择一个鼠标键，即可设定对应的 Exposé 功能。现在使用者可以通过键盘按键或鼠标键两种方式来启动 Exposé 功能了。

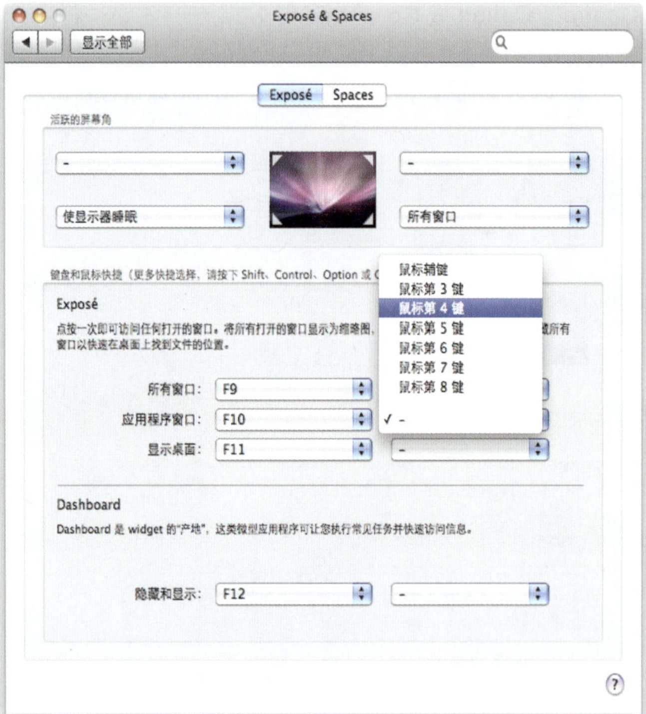

在 Exposé 功能中切换前台显示的窗口

通过鼠标键（参见上页内容）或按键盘上的 F9 或 F10 键启动 Exposé 功能后，按键盘上的 Tab 键可依次切换前台显示的窗口缩略图。按 Shift + Tab 组合键则可以重新返回到之前前台显示的窗口。

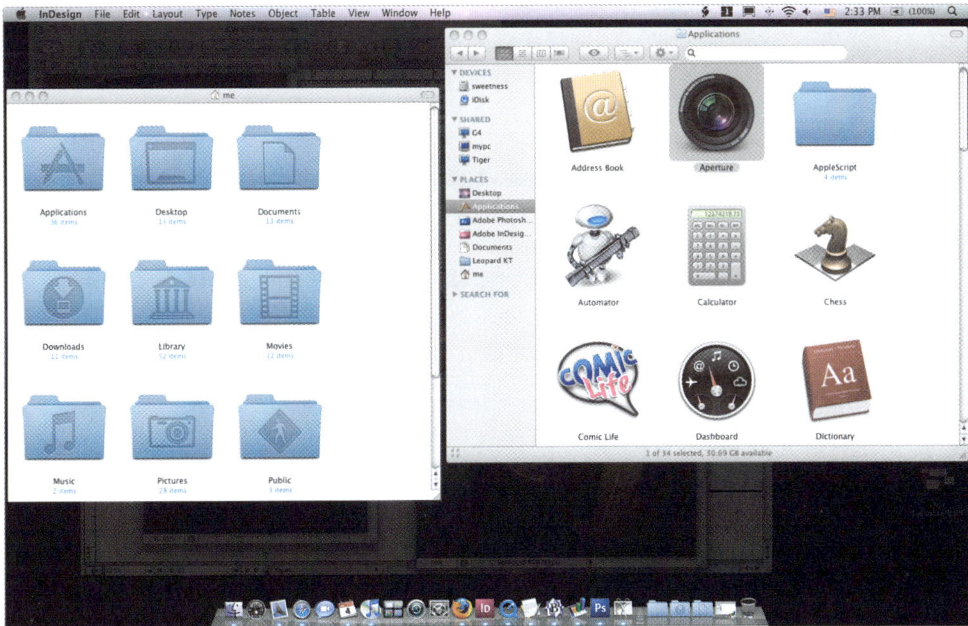

Exposé 功能的按键技巧

前面的技巧中已经提到按键盘上的 F9、F10 和 F11 键可以启动 Exposé 功能，按这些键的方法决定了其对应的 Exposé 功能的显示方式。例如，按下 F9 键就马上松开后，除非再次按下 F9 键或选择某一窗口，否则所有窗口在桌面上将以缩略图显示。该方式适用于使用者不确定需要使用哪个窗口，需要时间辨别的情况。如果以按住 F9 键不放的方式启动 Exposé 功能，则使用者只要松开手指（或单击某一窗口将其调到前台显示）Exposé 功能就会关闭。这种方式适合需要快速浏览某窗口中的内容或知道自己所需程序窗口的使用者。

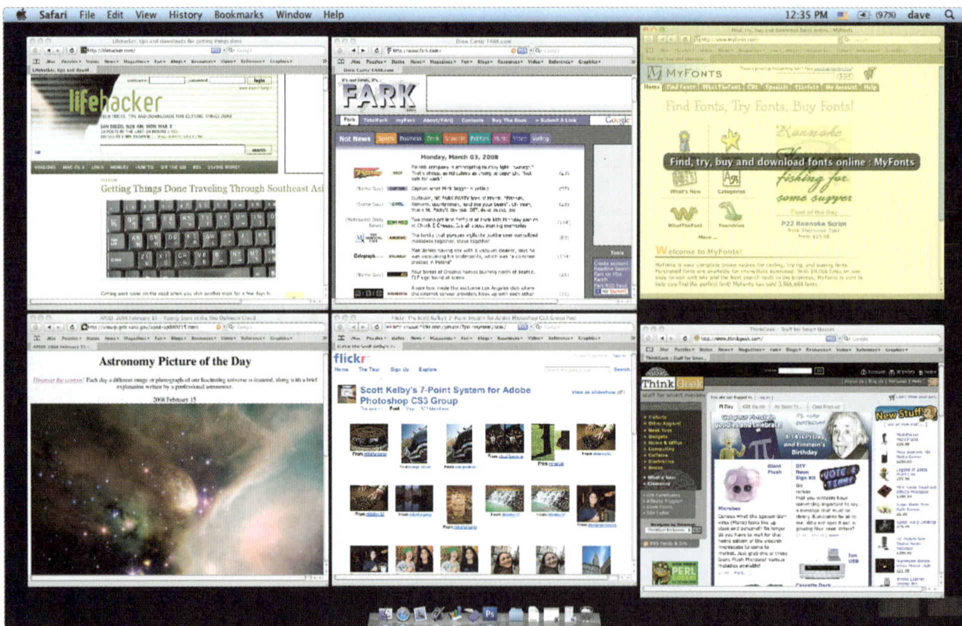

Exposé 功能的鼠标操作技巧

在前面的内容中介绍过，使用多键鼠标的使用者可以通过预先设定的鼠标按键来启动 Exposé 功能。更棒的是，使用多键鼠标的使用者还可以一键切换到所需程序窗口。首先，按下与键盘上 F9 键的 Exposé 功能相对应的鼠标键，按住该鼠标键不放，将鼠标光标移到所需窗口的缩略图上后，松开鼠标键，即可在屏幕前台显示所选的窗口。

使用 Spaces 功能扩展桌面

我喜欢使用苹果笔记本计算机工作，在桌子上工作时，将巨大的显示器连接到笔记本计算机上，可马上将笔记本的屏幕显示放大四倍，在大显示器屏幕上可以轻易查看所有打开的窗口，用一键在不同的窗口间进行切换。但问题是，我很少坐在办公桌前工作，而在飞机上又不可能使用 30 寸的外接显示器。不过令人高兴的是，苹果公司在 Leopard 系统中推出一项新特性，称之为 Spaces（苹果系统第一次引入这个特性，但之前已经有几种具有类似功能的软件）。Spaces 功能允许使用者在一台电脑中创建多个可以互相切换的桌面环境。单击桌面任务栏上的苹果标志，在其下拉菜单中选择“系统偏好设置”，在打开的设置界面中单击 Exposé & Spaces 图标，在 Spaces 选项卡中勾选“启用 Spaces”复选框，即可启用 Spaces 功能。

设定切换 Spaces 空间的快捷键

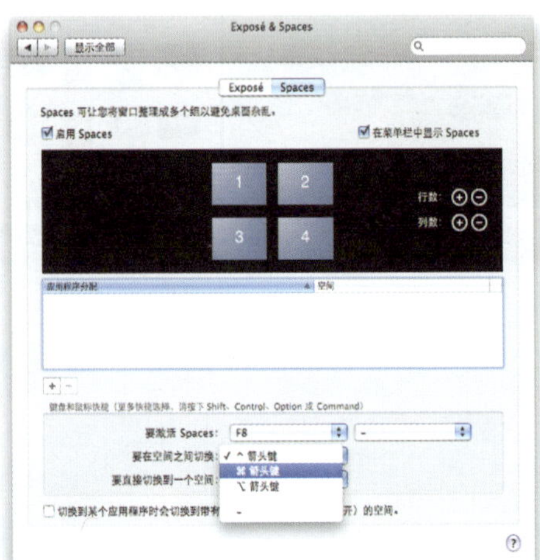

系统默认情况下，按键盘上的 F8 键即可启用 Spaces 功能，通过按组合键 Control 键 + 方向键可以在不同的 Spaces 空间中进行切换，按 Control 键 + 数字键可直接跳转到该数字所代表的 Spaces 空间中。如不喜欢默认的快捷键设置，使用者可自定以上操作的键盘快捷键。单击桌面任务栏上的苹果标志，在其下拉菜单中选择“系统偏好设置”，在设置界面中单击 Exposé & Spaces 图标，在 Spaces 选项卡下方的下拉菜单中可设定新的键盘快捷键（如图所示）。使用多键鼠标的使用者可在“激活 Space 功能”后的第二个下拉菜单中，设定以某一鼠标键来激活 Spaces 功能。注意：不要选择以“鼠标辅键”来激活 Spaces 功能，否则只有通过按住键盘上 Control 同时单击的方式才能调出快捷菜单。

为应用程序分配指定的空间

启用 Spaces 功能的一个好处是：使用者可设置应用程序仅在指定的空间启动。例如，在浏览因特网时，可以指定在“空间 1”中打开 BBEdit 程序（深受好评的文本编辑工具软件），便于编辑在网上复制的内容，在“空间 2”中打开所有用来写脚本、CSS 或 HTML 的软件，设置 Photoshop 软件仅在“空间 3”中打开便于编辑图片，而将所有用来浏览因特网的浏览器程序分配在“空间 4”中。所有工作可以在 4 个独立空间中互不干扰地进行，但如果只能在一个屏幕上进行，则每小时估计需要移动、最小化、打开和关闭窗口 100 次。单击桌面任务栏上的苹果标志，在其下拉菜单中选择“系统偏好设置”，在设置界面中单击 Exposé & Spaces 图标，在 Spaces 选项卡的“应用程序分配”中（选项卡中间的白色方框区域），单击 +（加号）打开程序选择框，在其中选择所需程序后，单击“添加”按钮，则所选程序会被添加到空间中。系统默认情况下是将程序添加到空间 1 中，使用者可在“空间”分栏中单击最右侧的上下箭头标志，从弹出的下拉菜单中选择指定的空间。使用者可以在任何空间内随时打开没有预先指定所在空间的程序。

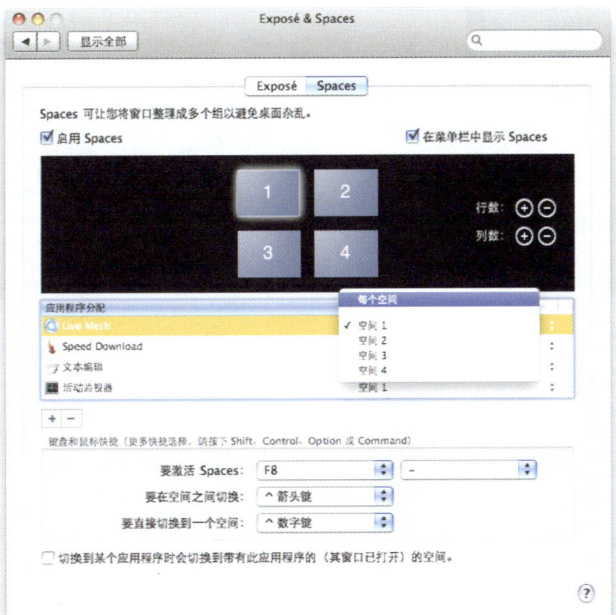

同时浏览所有的 Spaces 空间

按键盘上的 F8 键，则系统会在屏幕上以缩略图方式显示所有的 Spaces 空间（可理解为以 Exposé 功能浏览 Spaces 空间），这对同时使用多个空间进行工作，又不记得所需程序在哪个空间的使用者来说非常有用。单击屏幕上的任意位置，即可恢复到正常工作状态。

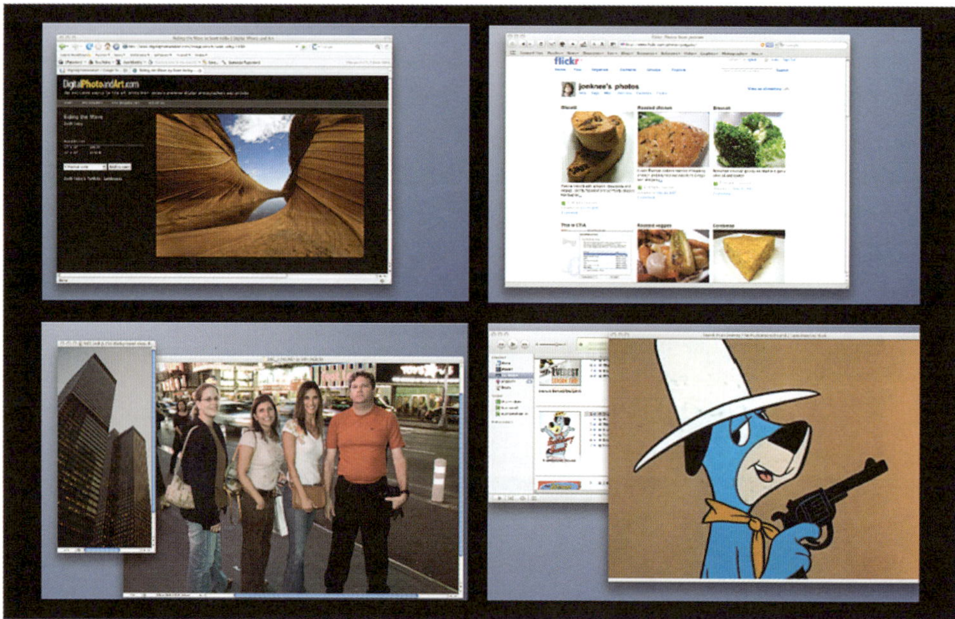

DAVE GALES AND SCOTT KELBY

将窗口拖动到不同的 Spaces 空间中

按键盘上的 F8 键，以缩略图方式浏览所创建的全部 Spaces 空间，将鼠标移动到包含需要的移动文件的缩略图窗口上，单击欲移动的窗口，按住鼠标左键不放，将其拖放到其他的空间中，如拖动某一程序窗口的同时，按住键盘上的 Command 键，则可以将该程序的所有当前打开的窗口都移动到其他空间中。

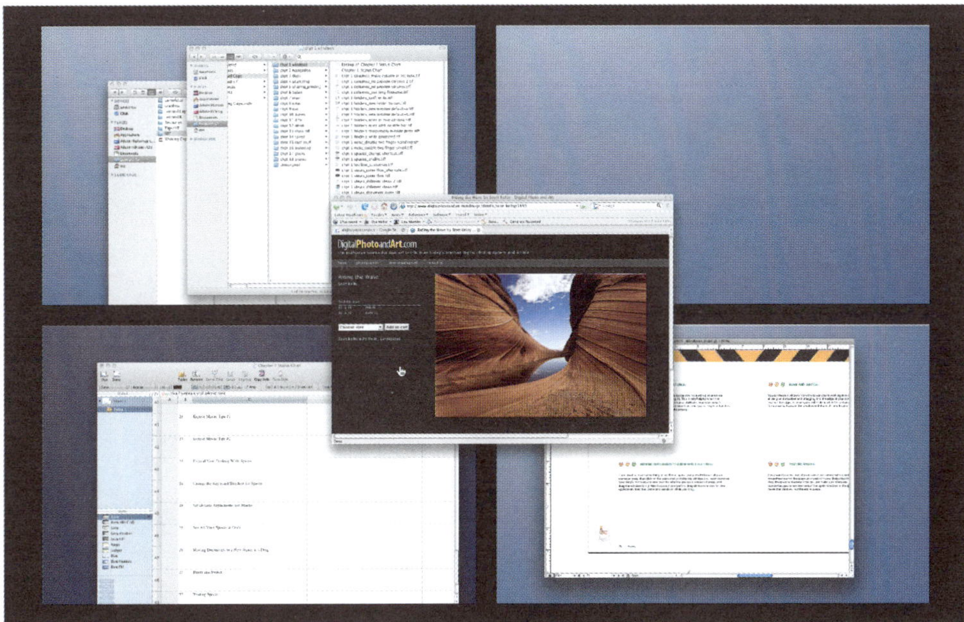

调整 Spaces 空间的位置

按键盘上的 F8 键，以缩略图方式浏览所创建的全部空间，将鼠标移动到某个空间上，单击选定该空间，按住鼠标左键不放，可拖动空间来调整空间的位置。切记单击选定空间时，鼠标光标不要放在空间中某一打开窗口上，否则移动的是空间中的窗口，而不是整个空间。

合并所有的 Spaces 空间

启用 Spaces 功能后，使用者可以将不同程序的窗口分别显示在指定空间中，这样可以使桌面更整洁，更加便于管理。如果需要将所有程序窗口都集中显示在一个空间中，使用者可首先按键盘上的 F8 键，以缩略图方式浏览全部的空间，然后按键盘上的 C 键，则所有窗口都整合到单个空间中；再按下 C 键，则所有窗口会恢复到整合前的状态。

SCOTT KELBY

第2章

Show me the way

窗口浏览的相关技巧

Mac OS X
KILLER TIPS

Show me the way

窗口浏览的相关技巧

《指引方向》(Show Me the Way)其实是著名歌手Peter Frampton的一首经典歌曲的歌名，在这里借用它作为本章的标题以表达我对他的敬意。因为某天一位读过我的其他作品的读者给我发了一封电子邮件，通过那封邮件我登录了一个关于Peter Frampton的网站，在该网站中Peter Frampton列出了他最喜欢的电影、书籍、音乐专辑等。可以想象，作为Peter Frampton歌迷的我，在看到这条消息后心情该有多么激动，并且这让我的人生发生了无法想象的转变。例如，如果Peter Frampton（目前正在巡演当中）准备某天在我的住所附近开一场演唱会，我只需到售票窗口掏钱买票，就可以买到一张即将开演的演唱会门票。而且，在本地的唱片店，我可以购买Peter Frampton的任何一张音乐专辑（包括他那张经典的双CD专辑《Frampton Comes Alive》)，只需出示我的身份证和信用卡。这是不是很酷啊？

如何创建没有“替身”字样标示的快捷方式

你一定和我一样讨厌在Leopard操作系统中创建一个项目的替身，即快捷方式时，系统会自动在所创建的快捷方式上添加“替身”两个字作为标识（苹果以前版本的操作系统中也是如此，对此我感觉非常恼人）。其实，你可以按住键盘上的组合键Option+Command，单击选择一个项目，按住鼠标左键不放将其从当前文件夹拖放到其他位置（我通常情况下是放在桌面上），即可以为该项目创建一个快捷方式，而且该快捷方式上也不会标有“替身”这两个字。注意：虽然没有标“替身”这两个字，但是用户可以通过图标左下角的小箭头标志来分辨其是否为一个快捷方式。

快速定位替身（快捷方式）所代表的原项目

因为快捷方式只不过是代表原项目的一个图标而已，而用户在使用中可能会需要使用原项目本身，此时可单击该项目的快捷方式，按键盘上的组合键Command+R或者按住键盘上的Control键，然后单击快捷方式，在弹出的快捷菜单中选择“显示原身”即可在Finder窗口中显示其所代表的原项目。

通过颜色标签快速辨别文件

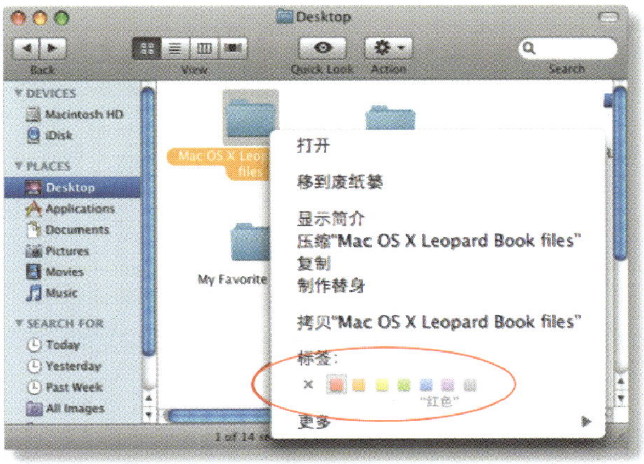

在进行一项工作时（如写书）要记住一个文件夹中所有文件所需做的工作，如哪些是需要修改的文件，而哪些文件是已经修改完毕的等是非常困难的。如果分别为各种类型的文件添加不同的颜色标签，则可以让使用者对每个文件所需做的工作、所属工作类别等信息一目了然。按住键盘上的Control键，然后单击文件图标，在弹出的快捷菜单中选择所需的颜色即可设置颜色标签。例如，使用者可设定红色标签代表需要删除的文件，而绿色则代表文件需要备份，但切记要弄清楚每个颜色所代表的含义，千万不要搞混淆了。

自定义颜色标签的名称

如果不喜欢系统为各种颜色标签所设定的默认名称怎么办？没有关系，使用者可以根据个人需要自行设定颜色标签的名称，在Finder的菜单栏上选择“Finder－偏好设置”（可按键盘上的快捷键Command+句号键），在弹出的设置窗口中单击“标签”，然后在每个颜色标签后的文本输入框中输入自定义名称即可，如“进行中的项目”、“需要备份的文件”或“在拉斯维加斯扑克赌局中所需的欺诈手段”等任意名称。

将项目的名称显示于图标右侧：特殊的显示方式

接下来要介绍的是一种奇怪的系统设定，它可以将其看作“可以这样做，但是其实不应该这样做”的操作中，首先声明我并不建议使用这个设置，因为设置后会将项目的名称显示在图标的右侧，而不是自苹果系统推出后，一直所采用的名称显示于图标下方的传统方式，这有点让人接受不了。其设定的方法为：单击桌面的空白位置，通过按键盘上的组合键 Command+N 打开一个 Finder 窗口，如果该窗口的显示方式不是“图标”查看方式，则先通过 Command+1 组合键将窗口设定为“图标”查看方式。接下来按 Command+J 组合键调出“查看显示选项”设置窗口，在该窗口中的“标签位置”选项中，选中“右边”单选按钮（如图红圈中所示），则 Finder 窗口中所有图标的名称都会显示在图标的右侧。在设置窗口的下方单击“用作默认”按钮，则可将该名称显示方式设置为系统默认的显示方式。

在文件名称末尾添加字符

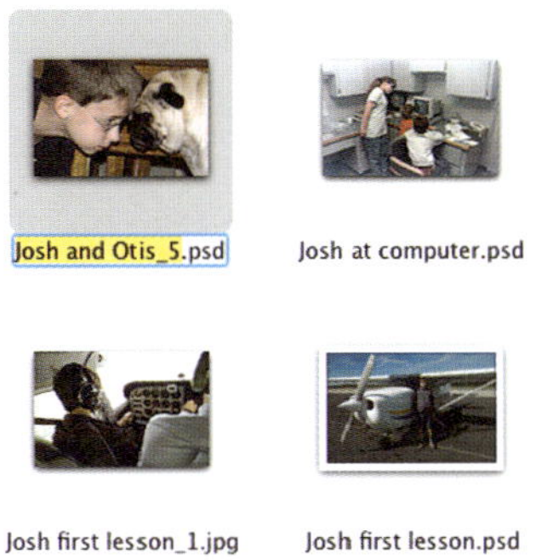

DAVE GALES

如希望在一个文件现有名称的末尾添加其他的字符，如在一个名称为“夏威夷学院”的图片文件名称后添加“2005 年夏季”，只需单击该文件，按回车键（Return），然后按键盘上的右方向键，将光标移动到文件名称的末尾，输入“2005 年夏季”后，再次按回车键（Return）即可。注意：如希望在文件名称的开始位置添加字符，操作方法是一样的，只是这次需要按键盘上的左方向键，将光标移动到文件名称的开始处。

改变文件的图标

如同其他版本的苹果操作系统一样，Leopard 操作系统同样允许使用者自定文件的图标，而且操作方法变得更加简单了。首先，单击需要更改图标的文件，按键盘上的组合键 Command+I 打开该文件的“简介”窗口，接下来找到带有所需图标的文件，单击该文件，按住鼠标左键不放将其拖放到刚打开的“简介”窗口的左上角，即文件图标处，松开鼠标左键即可替换图标（读者可登录 www.iconfactory.com 和 www.xicons.com 下载更多精美的苹果系统图标）。注意：如果在 Finder 窗口的“查看显示选项”中设置了“显示图标预览”，则使用以上方法替换图标后，图标仅在“简介”窗口中发生了改变，而文件本身的图标并没有发生改变。打开一个 Finder 窗口后，通过按键盘上的组合键 Command+J 打开“查看显示选项”窗口，然后取消“显示图标预览”复选框前的勾选即可。

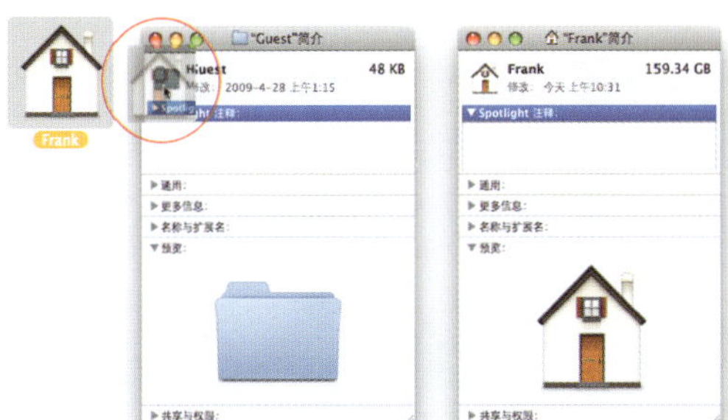

借用原有文件名称以保存文件

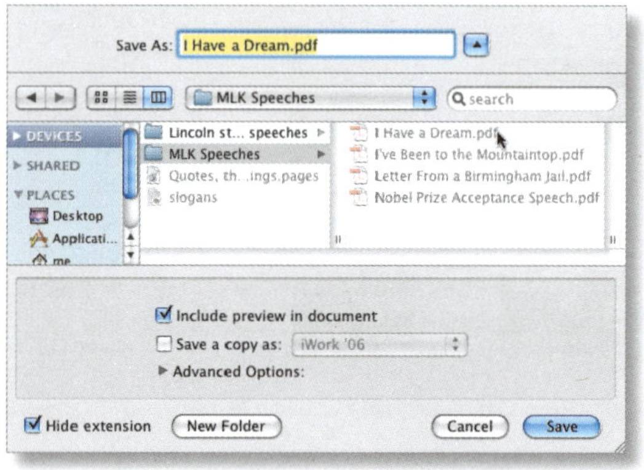

在保存文件时，虽然此时“存储为”对话框中所显示的文件都是灰色显示的，看起来像是无法选择的，但使用者可以单击对话框中所显示的文件，则系统会自动将该文件的名称作为欲保存文件的名称，这样在保存文件时更加方便了。当使用者继续单击“保存”按钮进行文件保存时，系统会提示是否替换原有的同名文件，如果不希望替换当前已有文件，可以在文件名称后输入版本号作为区分（如“我的梦想 2”）。首先在对话框中单击名称为“我的梦想”的文件，则使用者欲保存的文件名称自动变为“我的梦想”，然后在名称后输入数字 2 即可。注意：如果欲保存的文件并不是一个新创建的文件，则在保存时，需要按 Command+Shift+S 组合键才会出现“存储为”对话框。

通过复制粘贴方式快速改变文件的名称

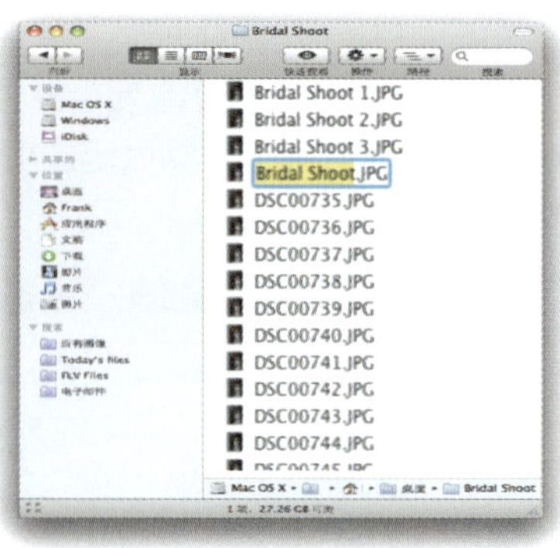

命名如“Bridal Shoot 1”、“Bridal Shoot 2”和“Bridal Shoot”等类似名称的文件时，使用者可以先命名第一个文件，高亮选择“Bridal Shoot”，然后通过按 Command+C 组合键将其复制到缓存中。接下来单击需要命名的其他文件，按回车键（Return）将其现有名称高亮，按 Command+V 组合键粘贴“Bridal Shoot”以替换现有名称，再按一下右方向键，按空格键输入一个空格，最后输入一个用于区分文件的数字（本列中为输入数字 4），重复以上步骤命名其他需要的文件，这样可为使用者节省输入相同文字的时间。此方法同样适用于为保存在不同文件夹下的文件命名，但切记同一文件夹下的文件不能使用相同的文件名，当同一位置出现的文件名称重复时，系统会弹出警示信息。

解除字母排序的限制

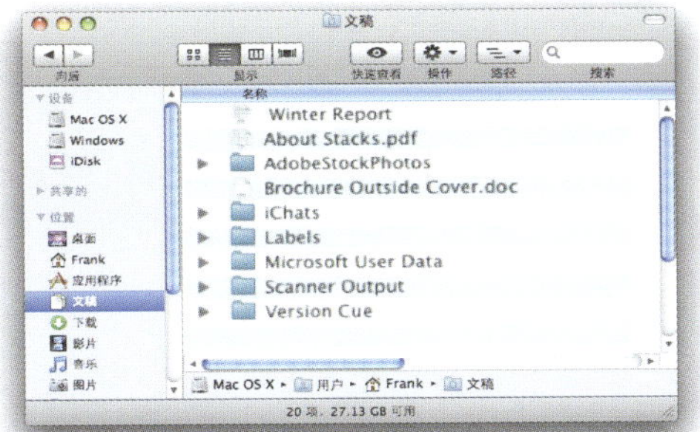

以“名称”排序浏览文件时，如果在文件名称前加上一个空格，则该文件会排在列表的最上端，而不会受其文件名称限制（如本列图中所示，按名称排列时，在文档“Winter Report”的名称前输入一个空格，则该文件会显示在列表的上方，而不是按照正常情况显示在列表的下方）。

自定侧边栏的显示项目

对于使用者来说，每个 Finder 窗口左侧的侧边栏（读者应该很容易找到）是放置常用项目的最佳位置。苹果操作系统已经为侧边栏设置了默认类别和每个类别下所包含的默认项目，其默认类别使用者是无法改变的，但是使用者可以自定侧边栏所显示的项目。在 Finder 的菜单栏上选择“Finder – 偏好设置”，单击设置窗口中的“工具条”查看系统默认设置的侧边栏类别和其包含的项目，取消列表中项目的勾选，则该项目不会出现在 Finder 窗口的侧边栏上。另外，在 Finder 窗口中，按住键盘上的 Control 键后单击侧边栏上的任一项目，在弹出的快捷菜单中选择“从工具条中移去”即可将该项目从侧边栏上删除。

将项目添加到侧边栏上

设置好侧边栏上所显示的项目后（参见上页技巧），现在将个人常用的一些项目添加到侧边栏上。使用者可按照个人需要添加多个项目，但所有项目只能添加在“位置”的组别列表中。单击需要添加到侧边栏上的项目，按住鼠标左键不放将其拖放到侧边栏上的“位置”列表中即可。在侧边栏上单击添加的项目，按住鼠标左键不放将其拖出侧边栏，松开鼠标左键即可将项目从侧边栏上删除，删除时会看到一个烟雾的特效。注意：将项目添加到侧边栏上或将其从侧边栏上删除时，所添加和删除的只是代表该文件的快捷方式，操作不会对原文件产生影响。

将项目添加到 Finder 窗口的工具栏上

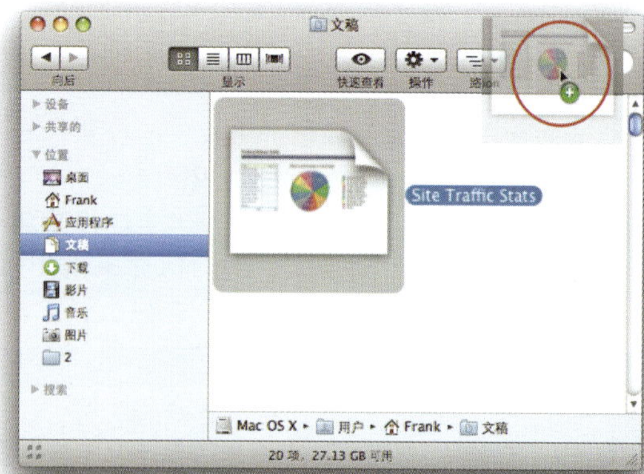

现在我们已经知道如何将常用的项目添加到 Finder 窗口的侧边栏上，但是侧边栏上所容纳项目的数目有限，如果侧边栏上已经无法再添加项目，则使用者可以将项目添加到 Finder 窗口上方的工具栏中。单击需要添加的项目，按住鼠标左键不放将其拖到 Finder 窗口上方的工具栏上，稍停几秒钟，待工具栏上出现一个矩形标记时松开鼠标左键，该项目就会被添加到工具栏上。在工具栏上单击所添加的项目的图标，即可打开该项目。按住键盘上的 Command 键，然后单击工具栏上添加的项目，按住鼠标左键不放将其拖出工具栏，松开鼠标左键即可将该项目从工具栏上删除。

要善于使用快捷方式（快捷菜单）

我患有 ADD 症（为英文 attention deficit disorder 的缩写，即注意力无法集中症），如果在操作中需要到菜单栏上寻找所需的菜单命令，则很可能会在寻找过程中看到感兴趣的菜单，然后花费上 30 分钟时间去研究该菜单的作用。所以，在操作过程中最快捷、简单、方便的方法是使用快捷菜单。按住键盘上的 Control 键，然后单击需要操作项目，会弹出适用于该项目的快捷菜单，此方法适用于文件夹、桌面、文本文档或者文本文档中的某个单词或网页，几乎适用于所有的项目。根据所选择的操作项目不同，快捷菜单中所显示的命令也不相同，通过使用快捷菜单使用者可避免到菜单栏中寻找所需命令的麻烦。

建议使用双键鼠标

如果用户希望在操作中更加方便，强烈建议使用者选择使用双键鼠标（除非使用者对每天通过按几百次 Control 键并单击的方法来调出快捷菜单的方法情有独钟，否则我实在想不出不使用双键鼠标的理由），如果使用的是双键鼠标，单击鼠标右键即可快速打开快捷菜单。

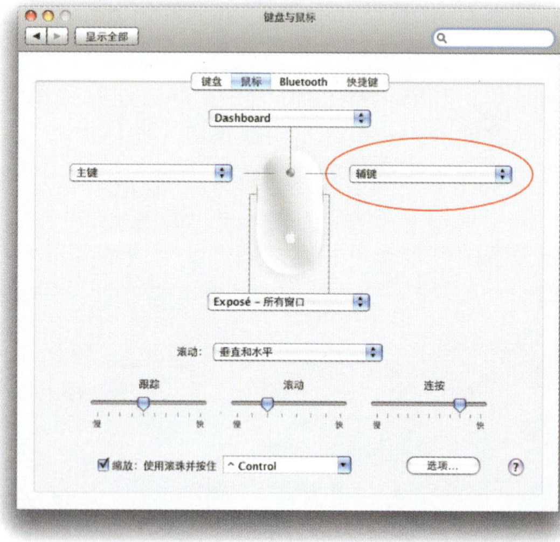

在触控板上，双指调出快捷菜单

如果使用的是苹果的新型号笔记本计算机，使用者将两个手指放在笔记本计算机的触控板上，然后单击触控板上的按键即可调出快捷菜单。如需使用某功能，首先要在系统偏好设置中打开该功能。单击桌面任务栏中的苹果标志，在弹出的快捷菜单中选择“系统偏好设置”，在打开的设置窗口中单击“键盘与鼠标”图标，然后选择“控板板”选项卡，勾选“请将两个手指放在触控板上，然后点按按钮，以进行辅助点按”选项前的复选框即可。现在，不再需要通过按键盘上的 Control 键并单击调出快捷菜单，只需将两个手指放在触控板上，然后单击触控板上的按键即可调出快捷菜单。

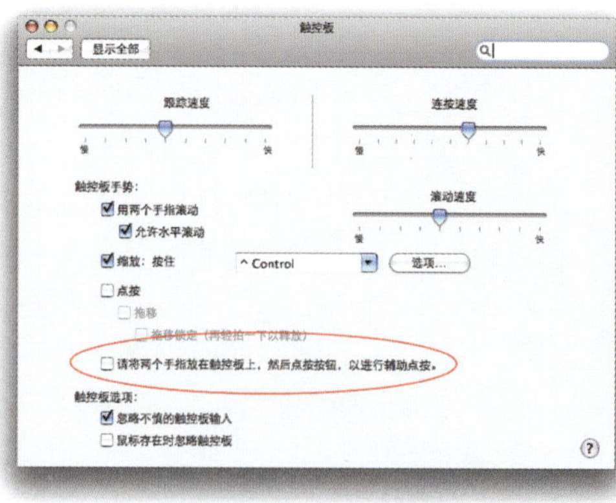

自定键盘快捷方式

对于注重效率的部门来说，苹果系统所提供的自定键盘快捷方式可以大大提高工作的效率。在苹果系统的菜单中选择“系统偏好设置”，单击设置窗口中的“键盘与鼠标”图标，然后选择“快捷键”选项卡。在该选项卡中的键盘快捷方式列表的左下方单击（+）加号，在弹出的对话框中添加自定键盘快捷方式。使用者可设定所添加的键盘快捷方式是适用于所有程序还是用于指定的程序。在“菜单标题”文本框中输入快捷键的名称，然后在“快捷键”文本框中输入快捷键的键位组合，最后单击“添加”按钮即可。注意：为某个程序设置快捷键时，该程序必须处于关闭状态。另外，在设置中使用者可关闭不经常使用的系统默认快捷键，然后将其设定为其他用途。

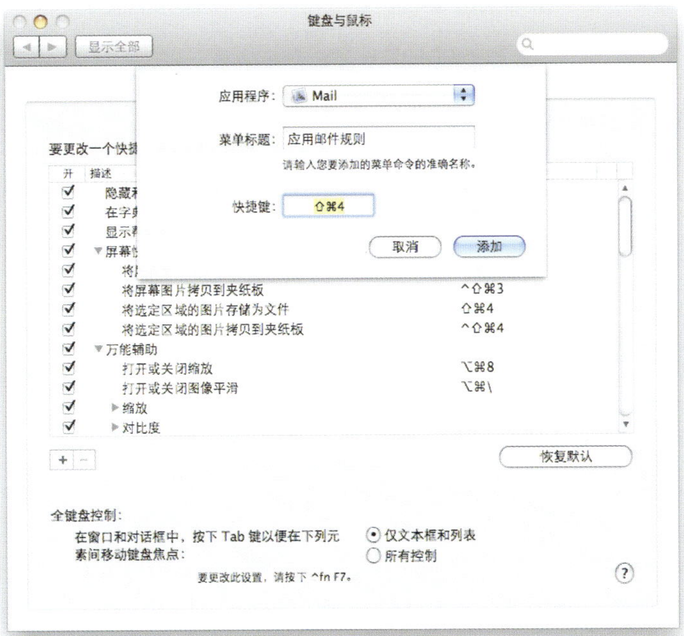

快速选择菜单上的选项

如果在使用计算机的过程中经常需要在菜单中进行选择，那么可以采用以下方法：选择一个菜单时不需要将鼠标移动到所需选项后再选取，只需输入菜单选项名称的第一个字母，按回车键（Return）即可选择菜单中名称以该字母开头的选项。如果没有所需选项，可输入所需选项名称的前两个或三个字母以准确选择所需选项。例如，要连接其他苹果计算机时，可以在Finder窗口的菜单栏上选择“Go（前往）”，然后输入“con”（con为该菜单中的Connect to Server“连接服务器”选项的前3个字母），系统会自动选择“Connect to Server（连接服务器）选项，使用者只需按回车键（Return）即可。此外，通过输入名称首字母的方式进行选择的方法同样也适用于在一个文件夹中选择文件的操作。

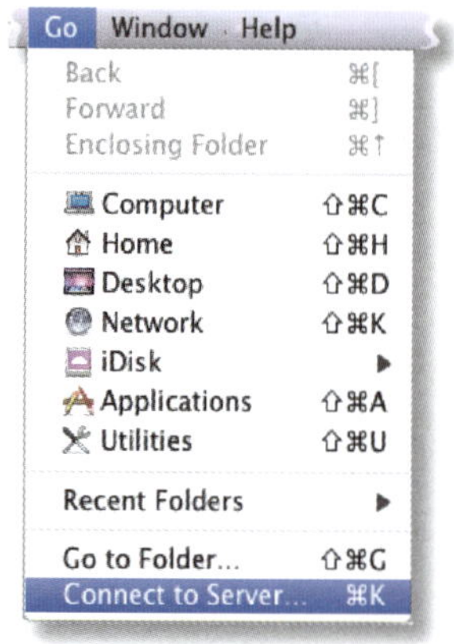

成为菜单操作的高手

按下Control+F2组合键，再按回车键（Return）即可直接打开苹果系统的菜单（如果使用的计算机是苹果笔记本机型，则需要按住功能键（Fn）+ Control+F2键，然后再按回车键）。另外，在打开苹果系统的菜单后，使用者通过键盘上的右方向键可以向右移动到其他菜单上（如Finder，文件、编辑、显示等菜单），使用左方向键即可向左移回。移动到所需菜单上后，使用向下方向键可在该菜单所包含的选项上进行移动，当移动到所需选项上后（或者使用刚才介绍的使用首字母进行快速选择的方法），按回车键（Return）即可。使用此方法的好处是使用者完全可以用键盘进行操作，而无需使用鼠标。

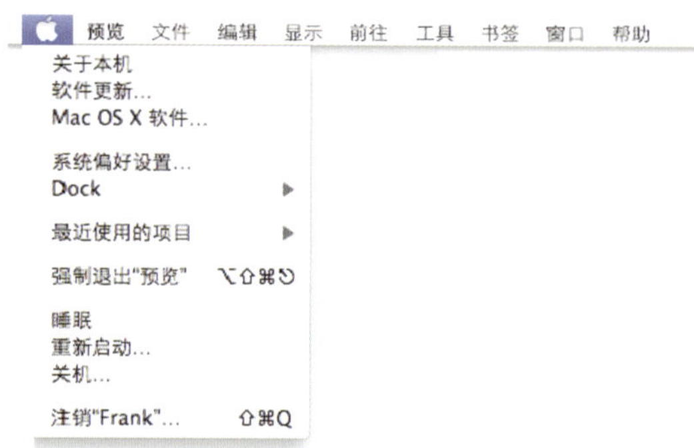

进入任意文件夹的方法

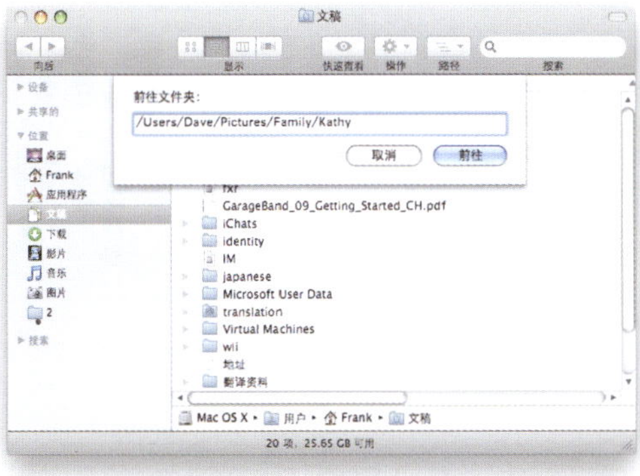

在任一Finder窗口中，按Command+Shift+G组合键，在打开的对话框中输入一个文件夹的文件路径即可进入该文件夹。例如，只需在对话框中输入“/Users/Dave/Pictures/Family/Kathy”即可进入我的计算机中放有我妻子的图片的文件夹。你可能要问，既然只需轻点几次鼠标就能完成操作，为什么要选择这么麻烦的方式呢？其实这个方法是介绍给那些钻研技术的使用者的，因为通过这个方法可以直接进入苹果系统中默认为隐藏的文件夹（如果读者不清楚什么是隐藏文件夹，最好不要对隐藏文件夹进行任何操作，其文件夹中所包含的文件都是系统运行所必须的文件）。例如，通过此方法打开对话框后，输入“/usr/libexec”，好好享受文件夹内的内容所带来的欢乐吧。

自动查看多级文件夹内的内容

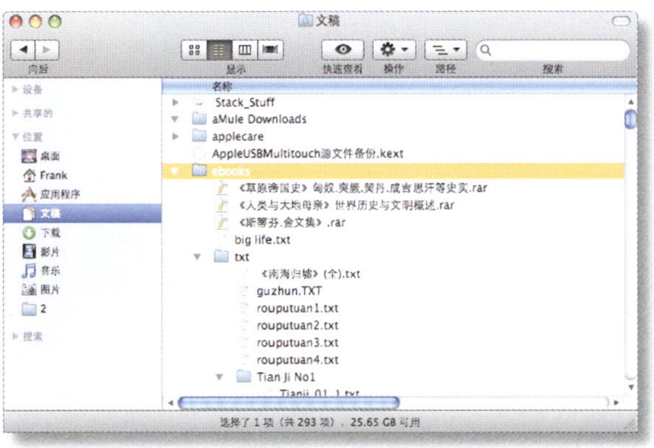

在以“列表”方式查看文件时，单击文件夹左侧的向下三角图标，即可查看该文件夹所包含的内容。按住键盘上的Option键，然后单击该图标，则系统会自动打开该文件夹下的所有子文件，并以目录方式显示，便于用户查看文件。

查看文件保存的位置

Finder的作用就是用来存储文件，并帮助使用者找到所需文件。系统为使用者提供了多种方法以定位所需文件，如果使用者在桌面上已经有一个打开的文件，按住键盘上的Command后单击文件窗口正上方的文件标题，则系统会以列表形式列出该文件夹所保存的目录。

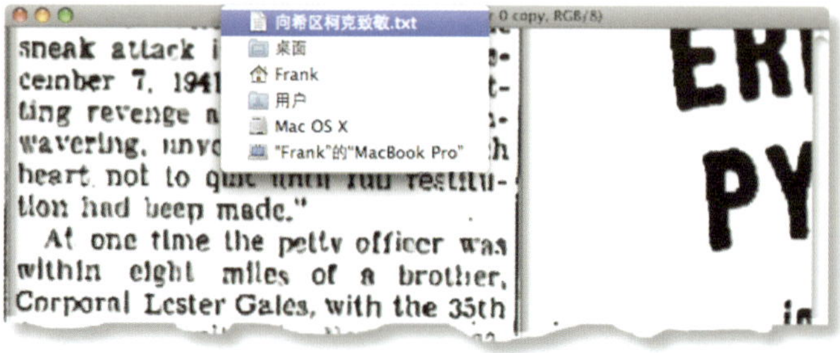

一键打开程序所在文件夹

使用者虽然可以在Dock工具栏上看见程序图标，却无法知道该程序保存在计算机中的具体位置（对我来说，这样会让我无法安心），使用者可以按住键盘上的Command然后单击Dock工具栏上的程序图标，则系统会自动打开该程序所在的文件夹。

在工具栏上添加“路径”按钮

另一个定位文件的方法是在 Finder 窗口的工具栏上添加一个“路径”按钮。首先确定当前程序为 Finder（如不确定是否当前程序是否为 Finder，操作前请先单击 Dock 工具栏最左侧的 Finder 程序图标），然后按住 Command+Option 组合键，单击 Finder 窗口右上方类似胶囊状的扁圆按钮，屏幕上会弹出一个自定工具栏的对话框。在该对话框中单击“路径”按钮，按住鼠标键不放，将其拖放到 Finder 窗口的工具栏上即可添加“路径”按钮。添加后，使用者只需点击该按钮即可查看当前窗口中文件的保存路径。注意：自定义工具栏时，工具栏必须为非隐藏的状态，如果工具栏处于隐藏状态，应先取消隐藏后再进行相关操作。

时刻显示文件的路径

如果使用者需要时刻查看文件所保存的路径，那么在苹果的 Leopard 操作系统中有一项新功能允许使用者时刻查看文件所保存的路径。如希望打开该功能，使用者需要在 Finder 菜单栏上选择“显示”/“显示路径栏”，则在 Finder 窗口的下方会出现一个路径栏，显示当前文件所保存的路径。使用路径栏的一个最大的好处是：使用者可以将文件拖放到该路径所显示的任意文件夹中，而且只需单击该栏中的任意文件夹即可直接访问该文件夹，从而省去了在 Finder 窗口中来回寻找该文件夹的麻烦。

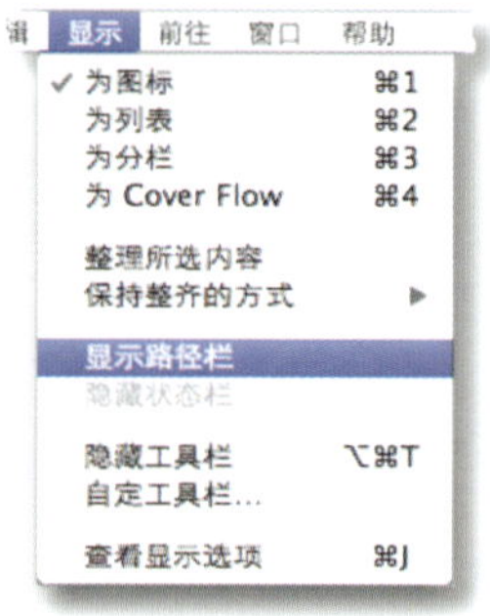

切换显示当前运行的程序

按住键盘上的 Command+Tab 组合键即可在当前系统所打开的程序间进行切换。通过该快捷键，使用者会在屏幕上看见一个包含有当前所有运行程序的工具条，每按一下 Tab 键（此时需继续按住键盘上的 Command 键），即可在工具条中移动到下一个程序，同时该程序图标会高亮显示，移动到所需程序上后，松开 Command 键即可将该程序界面切换到前台显示。此方法不仅仅限于使用者在当前 Finder 程序界面中使用，在任何程序界面时都可以通过该方法进行程序切换，非常方便。

切换显示当前程序所打开的不同窗口

使用某个程序进行工作时，经常会出现需要打开多个窗口的情况，此时通过键盘上的组合键 Command+` 键（即 Esc 键下方的按键。该符号在学校中被称作重音符号，编程中被称作反引号），即可在当前程序所打开的不同窗口中进行切换显示。当使用者对一个文档进行修改，屏幕上同时显示一个新文档窗口和一个旧文档窗口的时候，用这个方法进行切换对比是非常方便的，无需使用鼠标，只通过键盘即可操作。

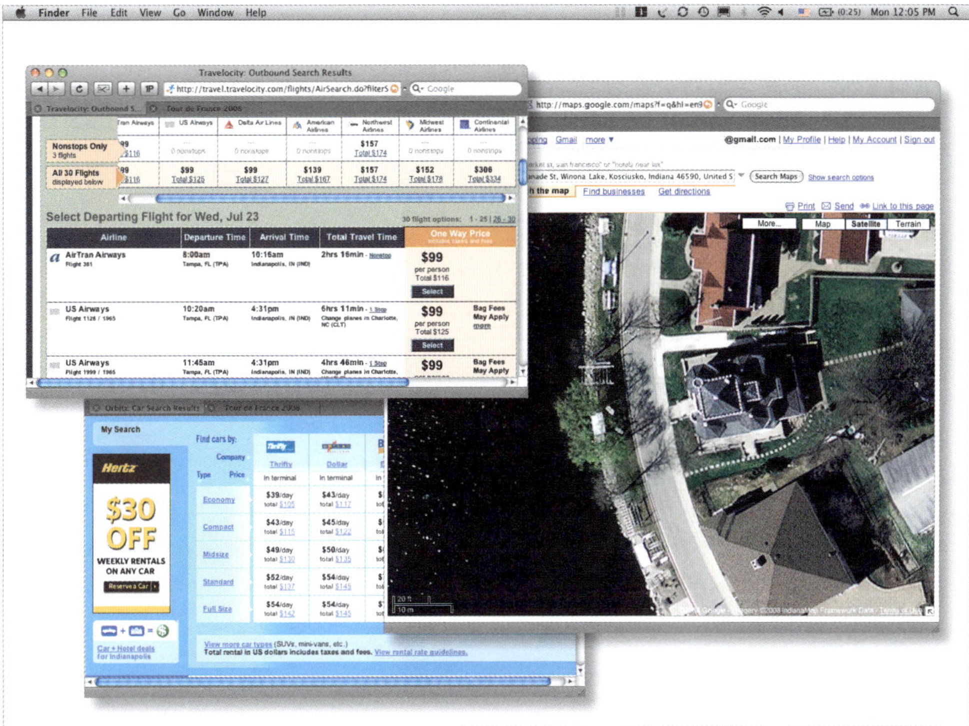

改变滚动条移动的方式

如果使用者不喜欢通过滚动条滚动显示文档的方式，可以设置在滚动栏上单击某位置时，直接跳转到所选位置对应的页面位置，而无须再使用滚动条进行页面滚动。在苹果系统的菜单上，选择“系统偏好设置”，在打开的设置窗口中，单击“外观”图标以打开外观设置窗口。在该窗口中的“在滚动栏中点按”栏中，选中“跳到此处”单选按钮即可。

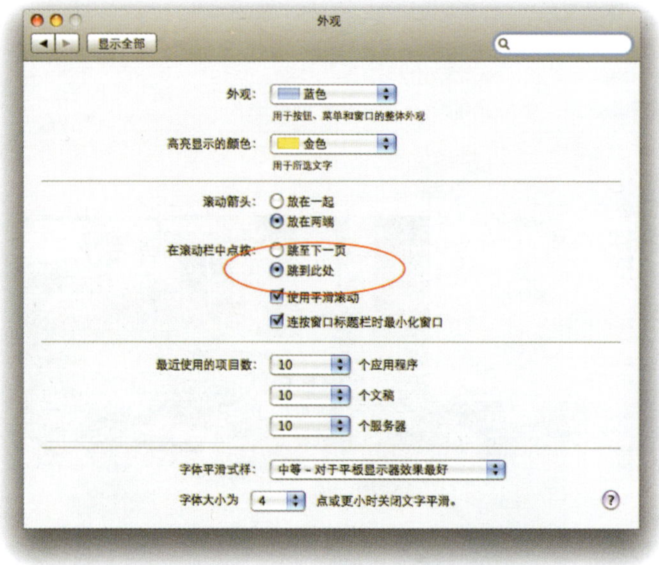

其他滚动显示的技巧

如果使用者的双手都放在键盘上，不想使用鼠标来控制滚动条以显示特定窗口中的内容，则可以通过键盘上的翻页键（Page Up/Page Down）来控制窗口内容中的上下滚动显示（注意：在苹果笔记本计算机上，需要按住键盘上的功能键（Fn），然后再按向上的方向键或向下的方向键来分别代替键盘上的 Page Up 和 Page Down 键）。另外，按键盘上的 Home 键（苹果笔记本计算机上需要按键盘上的功能键（Fn）+ 向左的方向键）可直接跳到任何文本窗口的开始位置（Word 文档除外），而按键盘上的 End 键（苹果笔记本计算机上需要按键盘上的功能键（Fn）+ 向右的方向键）即可跳到文档的结束位置。

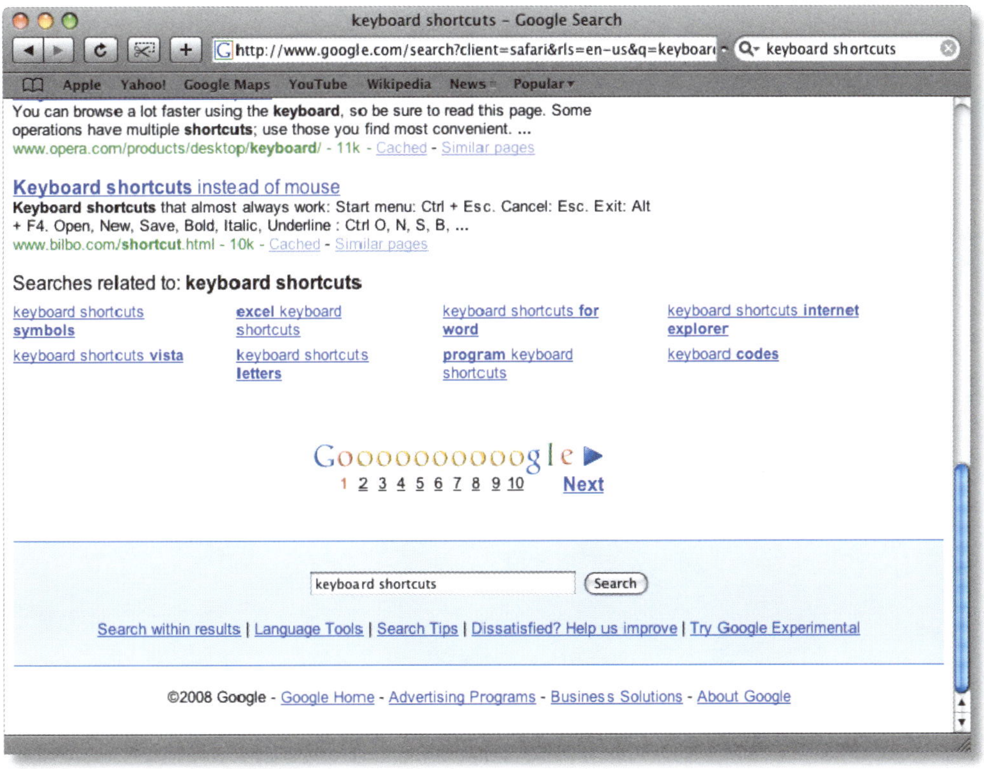

第3章

Dock
美观易用的工具栏

Dock——美观易用的工具栏

启动程序和切换不同程序界面的任务就交给苹果操作系统的Dock工具栏好了，如果将苹果操作系统中各种用来启动和切换程序的软件比作艺术品，那么Dock就堪称艺术品中的“维纳斯”雕像，是精品中的精品。而Dock这个词我想肯定是从那首著名的拉丁短语“1点钟、2点钟、3点钟、4点钟，Dock”（One, two, three o-clock, four o-clock，Dock）中得来的，如果我没记错的话，这段话应该刻在纽约自由女神雕像手里所举的火炬上，而自由女神火炬是由法国首相比尔哈里（Bill Haley）在大约5点钟、6点钟、7点钟时送给美国人民的礼物。

Dock 工具栏上的堆栈

在 Leopard 操作系统中，苹果公司推出了一项称为“堆栈”的功能，该功能可以将一组文件或程序保存在一起放置在 Dock 上，用户一键即可打开所需的项目。你可将该功能想象成计算税费时放置在桌面上的成堆资料或各种文件夹，为了计算方便，我们将用来计算税费的收据分门别类存放在拿取方便的地方，而不需要翻箱倒柜的找寻自己所需的收据了。Dock 上的“堆栈”正是通过这个方法来对计算机中的文件进行管理的。苹果公司通过仔细的调研发现使用者最常用的两个文件夹是“下载”和“文稿”文件夹（我听说苹果公司的调研人员是将不同文件的名称贴在墙上，然后通过掷镖得出结果，当然我现在还没办法确认该信息的可靠性）。系统默认情况下，这两个文件夹已经放置在 Dock 分隔线的右侧，使用者单击任一文件夹即可查看该文件夹内所包含的项目，在出现的窗口中单击文件即可直接打开该文件，如果单击的是一个文件夹，则系统会在 Finder 窗口中打开所选的文件夹。

“堆栈”的不同显示方式

系统默认情况下，“堆栈”打开的方式设定为“自动”，即当一个“堆栈”所包含的项目数量少于或等于9时，单击“堆栈”将以“扇状”方式打开。该方式的唯一缺点就是效果太酷了，以至于我会浪费很多时间反复打开“堆栈”，就是想欣赏其打开特效。另外，如果一个“堆栈”中所包含的项目数量多于9个，则单击“堆栈”将以“网格状”方式打开，其所包含的项目会自动成排成行地显示在屏幕上。该方式用来查看多个文件是非常方便的，但是显示效果却没有“扇状”方式那么吸引人。

自定义“堆栈”的显示方式

使用者可以根据个人喜好自定义打开“堆栈”时的显示方式：按住键盘上的 Control 键，单击任一“堆栈”，在弹出的快捷菜单中的“显示内容”分类中即可选择自己喜欢的显示方式。我们已经知道“扇状”显示方式是显示效果最酷的一种，但是当“堆栈”中包含许多项目时，该显示方式却是很不实用的。而“网格状”显示方式却在查看多个项目时自动缩放项目的大小，以同时显示多个项目，所以该显示方式适合包含有多个项目的“堆栈”。最后一个显示方式为“列表”方式，该方式使用在 Mac OS X 系统的早期版本中，在 Dock 上查看文件夹内容的方式是一样的，如果使用者还是习惯于原来的查看方式，可以选择以“列表”方式打开“堆栈”。注意：我发现当以列表方式打开“堆栈”时，使用者可以直接打开“堆栈”窗口中任意文件夹内的文件；而以其他方式打开“堆栈”时，只能先打开其中的文件夹，然后才能打开该文件夹中的文件。

快速打开“堆栈”中包含的项目

单击“堆栈”，在所显示的窗口中，通过键盘上的方向键选择所需项目，或者直接在键盘上输入所需项目的名称，待所需项目在“堆栈”窗口中高亮显示后，按回车键（Return）即可打开该项目，非常快捷、方便。

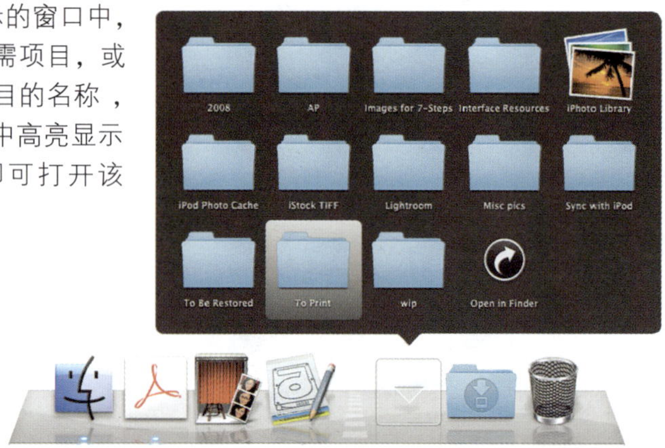

设定“堆栈”的图标

Dock 工具栏上“堆栈”的图标是根据其所包含的项目进行改变的，默认情况下，“堆栈”的图标为其所包含项目中排在第一位的项目的图标。我很不喜欢“堆栈”的这个设置，因为这样通常让“堆栈”看起来杂乱不堪，而且其图标总是会显示为不同的文件或程序的图标，让人很难分辨哪个才是自己所需的“堆栈”。在苹果公司改进“堆栈”图标显示方式之前，我们可以采用以下几种方法来设定“堆栈”显示自己所喜欢的图标：从网上下载其他人已经设计好的“堆栈”替换图标（在因特网上搜索关键字“Leopard，堆栈，替换图标”），这样“堆栈”就会一直显示用户所替换的图标，其图标不再会随着项目的改变而变化了。还可以在“堆栈”中创建一个新的文件夹（键盘上的快捷键为 Command+Shift+N），然后将该文件夹的图标替换为个人喜欢的图标，最后在给该文件夹命名时在名称前输入一个空格，这样可保证该文件夹在“堆栈”中排在第一位，从而让“堆栈”显示这个文件夹的图标。第三种方法是使用系统的设定，按住键盘上的 Control 键单击“堆栈”图标，在弹出的快捷菜单上的“显示为”列表中选择“文件夹”，则“堆栈”将固定显示系统默认的文件夹图标，不会随着项目的改变而发生变化，但该方法的缺点是使用者无法区分 Dock 上的文件夹是采用“堆栈”还是采用“文件夹”方式显示的。请根据个人喜好选择以上的方法，我个人比较喜欢第二种方法，虽然设置起来有点麻烦，但很实用。

添加“堆栈”

单击所需的文件夹，无论该文件夹内包含的是图片、电影、文档或程序等项目，按住鼠标键不放，将其拖放到 Dock 上即可将其添加为一个“堆栈”。

添加或移除“堆栈”中的项目

将项目添加到“堆栈”中，或将其从“堆栈”中移除的操作就如同在 15 分钟内吃完整整一盒“女童军饼干 ”一样简单（我从来没这么做过，不过我的一个“朋友”每年都会这么做几次）。单击“堆栈”，在弹出的窗口中选择需要移除的项目，按住鼠标左键不放拖动该项目到所需位置，在拖动时“堆栈”窗口会自动关闭。将项目添加到“堆栈”中则更加简单，单击所需项目，按住鼠标左键不放将其拖放到“堆栈”图标上，松开鼠标左键即可。

创建“堆栈”的快捷方式

大多数的使用者都会将“应用程序”文件夹拖放到 Dock 上，以便快速找到自己所需的程序，但对我来说，该文件夹下保存了上百个程序，所以即使将其放在 Dock 上，我每次还得浪费时间来寻找自己所需的程序。但是实际上我每天只使用少数几个程序而已，每星期所要用到的程序为 20 个左右，而另外 20 个程序可能要一个月才用到一次，还有从因特网上下载的大约 100 多个程序（下载时认为该程序可以提高我的工作效率，但最后我连下载的程序是做什么的都忘记了）。所以我为常用的程序创建快捷方式后，将这些快捷方式放置在一个文件夹下，然后将该文件夹添加到 Dock 上，这样一键即可找到我需要的程序。

借助“堆栈”将文件移动到任意位置

在上页的技巧中介绍了如何将文件添加到“堆栈”中，由于“堆栈”本身是可以自动激活弹出窗口的，所以可以利用这个特点将文件移动到磁盘中的任意位置。单击需要移动的文件，按住鼠标左键不放将其拖到任一“堆栈”图标上（任一个都可以），停住不动直到屏幕上自动弹出一个 Finder 窗口，窗口中显示的是该“堆栈”的内容。在 Finder 窗口中，使用同样的方法可以打开侧边栏上的文件夹，例如，紧接上面的操作，继续按住鼠标左键不放将文件拖到侧边栏上任一文件夹图标上方（例如，“文稿”文件夹），停住不动直到系统打开“文稿”文件夹，重复此方法，直到打开所需文件夹后松开鼠标左键即可将文件保存在所需位置。

使用其他程序打开“堆栈”中的文件

双击一个文件，系统会自动启动支持该类型文件的默认程序以打开该文件。如果厌倦了这种打开文件的方式，使用者可以使用非系统默认的程序来打开“堆栈”中的文件：单击“堆栈”，在打开的窗口中选择需要打开的文件，按住鼠标左键不放将其拖放到某程序图标上，松开鼠标左键即可使用该程序打开所选的文件。例如，收到某人发送过来的一张照片，需要对该照片进行剪裁编辑时，此时系统默认打开照片的程序为 iPhoto 程序，但“预览”程序也可胜任该工作，而且该程序的启动速度比 iPhoto 快很多，所以不要双击该照片使用 iPhoto 程序打开，而是单击该照片，按住鼠标左键不放将其拖放到 Dock 上或“应用程序”文件夹中“预览”程序的图标上，松开鼠标左键，系统即会使用“预览”程序打开该照片，接下来通过该程序对照片进行剪裁操作。此方法只是临时调用其他程序来打开文件，而不会更改系统打开某类型文件所使用的默认程序。

自动隐藏 Dock

Dock 工具栏可以说是计算机世界的七大奇迹之一，但其在屏幕上还是会占据一些宝贵的空间，尤其是对使用笔记本计算机的用户来说，屏幕上的空间是比较有限的。如果发现 Dock 在使用中很碍事，使用者可以启用 Dock 的自动隐藏功能，这样在不需要 Dock 的时候，系统会将 Dock 自动隐藏起来。按住键盘上的 Control 键，单击 Dock 上的分隔线，在弹出的快捷菜单中选择“启用隐藏”，则 Dock 会自动隐藏；在需要使用 Dock 时，将鼠标移动到 Dock 所在位置屏幕的边缘，则 Dock 会再次显示在屏幕上；当鼠标移开后，会再次隐藏起来。如果经常需要隐藏和显示 Dock，则最好记住该操作的快捷键 Command+Option+Dock。

快速调整 Dock 的大小

通过 Dock 偏好设置中的滑动条可以对 Dock 的大小进行调整，但相比以下方法，这个方法还是显得很麻烦。使用者将鼠标停放在 Dock 的分隔线上（分隔线左侧为使用者所使用的程序图标，而其右侧为使用者所使用的文件夹和垃圾篓图标），待鼠标指针变成一个横条和上下方向的箭头标志时，单击并按住鼠标左键不放，向上和向下移动即可调整 Dock 的大小。

一键改变 Dock 在屏幕上的位置

如果当前使用的程序界面占据了屏幕竖向的所有空间，即使选择将 Dock 隐藏起来，在对屏幕底部内容进行修改时，当鼠标移动到屏幕底部则 Dock 会不停地弹出。此时虽然可以选择将 Dock 的位置设定在屏幕的左侧或右侧位置上，不过工作结束时，还得重新在设定中恢复 Dock 的位置。是否可以一键将 Dock 暂时放在屏幕的左侧或右侧位置，而当关闭 Final Cut Pro 程序或其他程序后，能够一键再将其恢复到原来位置上呢？答案是肯定的，可以使用以下方法。按住键盘上的 Shift 键，单击 Dock 上的分隔线（位于 Dcok 最右侧），按住鼠标左键不放，即可将 Dock 拖到屏幕的左侧或右侧位置，在工作结束后，使用同样的方法可将 Dock 恢复到原来位置。一键调整 Dock 在屏幕上的位置，是不是很酷？

Dock 的放大显示功能

在工作时，如果 Dock 在屏幕上很碍事，但又不想使用 Dock 的“自动隐藏”功能，那么可以试试 Dock 的放大显示功能。首先按住键盘上的 Control 键，单击 Dock 的分隔线，在弹出的快捷菜单中选择“Dock 偏好设置”，在设置对话框中通过“大小”滑动条将 Dock 设定为最小，然后勾选“放大比例”复选框，接下来通过该选项的滑动条来设定当鼠标移动到 Dock 上时图标放大显示的比例。退出设置界面，将鼠标移动到 Dock 上查看一下 Dock 放大显示功能的效果，是不是很神奇?

随时启用 Dock 的放大显示功能

我习惯使用较小的 Dock，这样可以节省屏幕上的使用空间，但有时当我看到其他人的计算机屏幕上的大 Dock 图标时，会心中一阵刺痛，不免有些嫉妒。但是如果启用了 Dock 的放大显示功能，每次鼠标移动到 Dock 上时，图标就会放大显示而影响工作（我曾做过统计，一天至少要出现几百次这种情况），所以只得作罢。经过多年的嫉妒的折磨，并觉得自己对此无能为力后，我突然发现即使关闭了 Dock 的放大显示功能，按住键盘上的 Control+Shift 组合键后，将鼠标移动到 Dock 上就可以放大显示 Dock 上的图标。现在我终于可以享受 Dock 放大图标所带来的便利，而且也不用再嫉妒别人了。

在 Dock 上强制退出应用程序

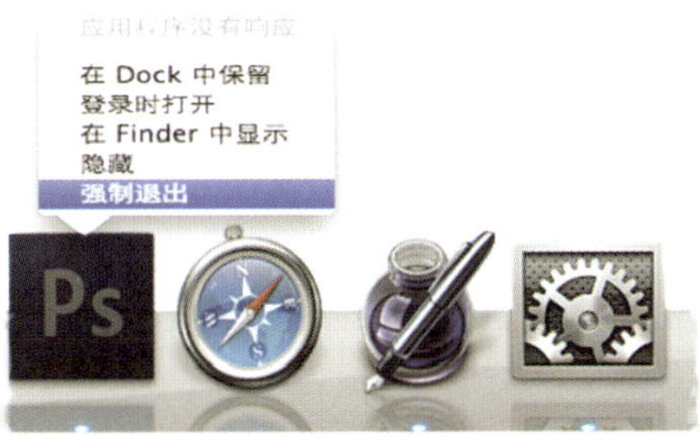

运行 Mac OS X 系统中的程序偶尔会出现“罢工”现象，系统拒绝执行使用者所下达的任何指令，而且鼠标指针会变成一个不停旋转的彩球模样，即使使用者按下退出程序的组合键 Command+Q 后，依然没有任何效果，鼠标指针还是一个不停旋转的彩球，似乎在嘲笑使用者的无能。此时可以按住键盘上的 Option+Control 键，在 Dock 上单击停止响应的程序图标，在弹出的快捷菜单中选择“强制退出”即可给“罢工”程序一点教训——完全退出该程序。重新启动该程序后，该程序又会乖乖地恢复正常状态，但是使用者在程序停止响应时没有保存的所有数据则会丢失。不过使用“强制退出”指令时不会像以前的操作系统中那样，对系统不会造成任何影响。

关闭误启动的应用程序

虽然在 Dock 上，使用者可一键启动所需程序，但也意味着误启动程序的概率大大增加了（可悲的是，我就经常犯这样的错误，而且误打开的都是些大程序，通常需要 5 分钟才能完全启动）。如果误启动了一个程序，使用者可以马上按住键盘上的 Option+Control 组合键，在 Dock 上单击该程序图标，在弹出的快捷菜单中选择“强制退出”则系统会马上终止该程序的启动操作。

将程序图标保留在 Dock 上

如果打开一个程序后发现该程序在以后会经常用到，可选择将该程序的图标保留在 Dock 上，便于以后一键即可启动该程序，操作方法是按住键盘上的 Control 键，单击所需程序的图标，在弹出的快捷菜单中选择“在 Dock 中保留”。另外还有一种方法，虽然操作起来不一定很快捷，但是至少避免了菜单的操作，单击需要保留在 Dock 上的程序的图标，按住键盘上的鼠标左键不放，将其拖放到 Dock 上即可将该程序图标保留在 Dock 上。

在不同计算机上同步 Dock

如果使用者拥有多台苹果计算机，则可通过 Mobileme 的同步功能让所有苹果计算机的 Dock 保持一致。在苹果系统的菜单中选择“系统偏好设置”，在设置界面中选择“Mobileme”，然后在 Mobileme 的设置窗口中选择“同步”选项卡，确定在该选项卡中已经勾选“与 Mobileme 同步”复选框，在其右侧的下拉列表框中可以设定同步的方式。最后在同步列表中勾选“Dock 项”前的复选框，同步即可。在其他共享该 Mobileme 账户的苹果计算机上重复此步骤，则所有计算机上的 Dock 都可以保持一致。

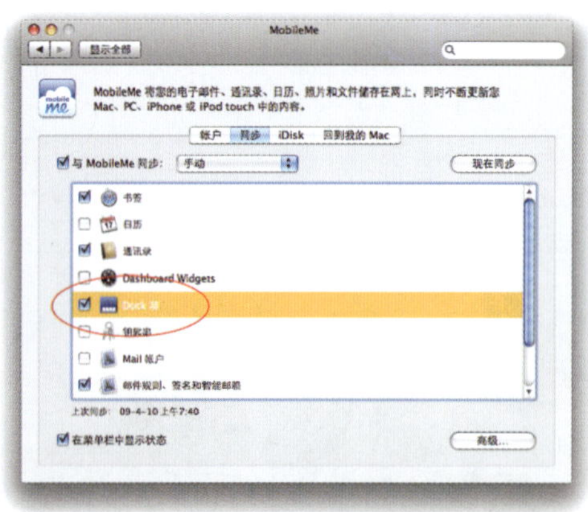

保持 Dock 上图标的整洁

如果同时打开多个程序，并习惯于将所有程序的窗口都缩小到 Dock 上，那么不久 Dock 上的图标就会看起来杂乱不堪，此时使用者可通过以下方法来清理 Dock 上的图标，以节省 Dock 上的有限空间。在从当前程序切换到其他程序界面时，首先按住键盘上的 Option 键，然后再单击 Dock 上其他程序的图标，则系统会自动隐藏所有当前程序缩小到 Dock 上的图标，当使用者再次使用该程序时，系统会恢复显示其缩小的图标。

将文件拖动到 Dock 上以打开该文件

如果使用者不确定该使用哪个程序来打开磁盘中的某一类型的文件时（如后缀名为为 TXT、JPEG、DOC、AI、PSD、NEF、LSMFT 的文件或其他后缀的文件），可以单击该文件，按住鼠标左键不放将其拖到 Dock 上的程序图标上。如果该程序能够打开该文件，则程序图标会高亮显示；如果所有 Dock 上的程序都无法打开该文件，使用者可以打开“应用程序”文件夹，用同样的方法检查哪个程序可打开所选文件，一般情况下都可以找到能打开所选文件的程序。

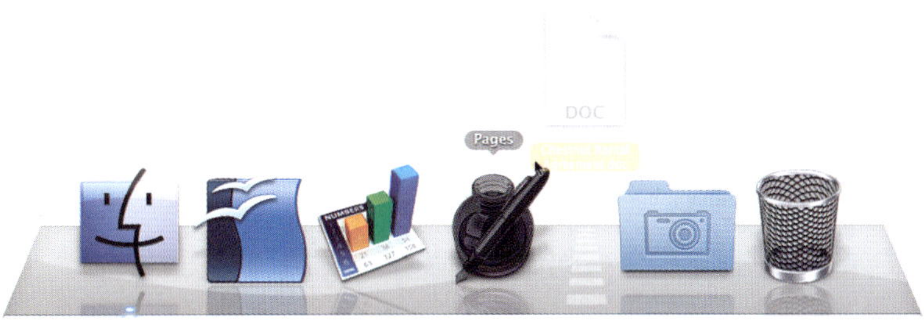

强制特定程序打开一个文件

有些时候即使某个程序可以打开一个文件，但系统却不会显示出来，使用者必须强制使用该程序打开所需文件。例如，如果使用者曾使用苹果版本的 WordPerfect 程序创建了一个文档，而将该文档拖到 Dock 中的 Pages 程序图标上时，该程序却不会高亮显示（如程序此时高亮显示，则表明该程能够打开所拖动的文件），此时使用者可按住 Command+Option 组合键，再将该文档拖到 Pages 程序图标上，松开鼠标左键则系统会强制使用 Pages 程序来打开该文档。此外，如果读者依然怀念以前使用计算机的美好时光，可以在 Corel 的网站上免费下载苹果版本的 WordPerfect 程序，还可以下载到免费的 DOS 版本的 WordPerfect 程序以用于 PC 上。

防止 Dock 上的图标移动的方法

如以前所介绍的技巧所说，使用者可以将文件拖放到 Dock 中的程序图标上以打开该文件，但如果在拖动时没有对准程序图标，则系统会认为用户希望将该文件添加到 Dock 上，此时 Dock 上的图标会自动闪开，让出空间便于使用者将文件添加到 Dock 上，这是一个很人性化的设定（尤其对于一个操作系统来说），但缺点是这样容易造成误操作。所以，在下次拖动文件到 Dock 上时，首先按住键盘上的 Command 键，则 Dock 上的图标位置会变成固定的，不会再移动，这样操作起来更加准确。

将项目拖出 Dock 时需要注意的事项

将项目添加到 Dock 上的操作是非常简单的，而且即使出现误操作也不会对系统造成任何影响，但是将项目拖出 Dock 时，使用者就要小心了，如果出现误操作则可能会对系统造成不可挽回的损失。我们已经知道 Dock 上的图标其实只是应用程序的一个快捷方式而已，将图标从 Dock 上拖出删除后，如果看见一个烟雾特效，则说明操作正确，但如果没有出现此特效则说明方法有误，有可能出现问题。Command 键是操作时经常要用到的一个键盘辅助键，本书中可能有 350 项技巧中都会用到该键，而且通常都可以让操作更简单快捷，但如果使用不当，却会产生严重的后果。例如，使用者在将项目拖出 Dock 时，以为 Command 键可以起到辅助作用，按住该键将图标从 Dock 上拖出后，会发现拖出后根本没有出现本应该出现的烟雾特效，图标还保留在 Dock 上，而且桌面上也出现了刚拖出去的图标，就像将图标复制到桌面上一样。当你将桌面上的副本删除，清空垃圾篓后，第二天再开机，单击 Dock 上的 Photoshop 图标或使用 iMovie 程序花费 6 个月时间所创建的项目图标，结果程序都没有启动，并提示系统无法找到源文件。此时，使用者应该会意识到这些文件已经从系统中被删除了。从以上我曾经经历过的事情中可以得出一个教训：按住键盘上的 Command 键，将图标拖出 Dock 的操作实际上是对源文件进行操作。如果读者不相信可以亲自操作一下，用该方法将 Mail 程序图标拖出，然后进入“应用程序”文件夹查看一下，看该程序是否还保存在“应用程序”文件夹下。虽然 Command 键是一个非常有用的辅助键，但切记要正确使用该键。

第4章

聚光灯照在Sam和Dave身上

Spotlight搜索技巧

聚光灯照在 Sam 和 Dave 身上

Spotlight 搜索技巧

如果说苹果Leopard操作系统中有一项功能值得用一章的篇幅进行介绍，那肯定就是Leopard操作系统的Spotlight（中文为聚光灯）搜索功能。因为在计算机的日常操作中，我们会经常使用该功能来搜索不记得保存在哪里的文件。就拿我的车钥匙来说，基本上到哪里我都会随身携带它，但我经常不记得将它随手放在什么地方了。虽然我可以清楚地记住苹果7.1操作系统中那些根本没有文字记录的键盘快捷键，但我却经常不记得昨天晚上将钥匙放在哪里了。这个时候我就很希望在现实世界中也能有类似苹果系统中的Spotlight搜索功能，只要在搜索框中输入"车钥匙"，就可以知道钥匙现在"放在厨房水果盘的右侧"或者"还插在汽车上"。本章的标题为什么会是《聚光灯照在Sam & Dave身上》(Spotlight on Sam & Dave)？其实这个标题出自歌手Arthur Conley的一首经典老歌《甜蜜的灵魂乐》(Sweet Soul Music)，在歌中，歌手通过歌词"当聚光灯照在Sam & Dave身上"、"当聚光灯照在James Brown身上"等重复性的歌词对其他灵魂乐的歌手表达了自己的敬意。

找到所需文件是工作的前提条件

搜索功能是任何计算机操作系统都需要具备的一项最基本的重要功能，以让使用者可以在磁盘中搜索到自己所需的文件。随着科学技术的不断发展，现在磁盘的容量也越来越大，其好处是使用者可以获得更多的储存空间，但随之而来的问题是如何能快速找到自己所需的文件。有些操作系统在进行文件搜索时，会使用卡通的小狗形象来转移使用者对搜索的注意力，而苹果的 Leopard 操作系统的搜索功能有一个形象的名字——Spotlight（中文意思为聚光灯）。该功能首先出现在苹果的 Tiger 操作系统中，而 Leopard 操作系统中该功能则变得更加强大。实际上，使用者在 Leopard 操作系统中所做的任何搜索，使用的都是 Spotlight 搜索引擎，只是根据所在程序和输入的信息不同，Spotlight 功能的界面看起来也不尽相同。善用 Spotlight 功能吧，其必将成为你日常操作中最好的伙伴。

Spotlight 搜索栏：随时调用，简单快捷

如果你知道所需文件的基本信息，那么通过 Spotlight 搜索栏进行搜索是非常方便的。例如，当我需要报销最近一次去波兰旅行的酒店账单时，通过按键盘上的组合键 Command ＋空格键调出屏幕右上角的 Spotlight 搜索栏，在该栏中输入搜索的关键字“波兰”，当我刚输完关键字的第一个字“波”时系统即开始进行搜索，并在 Spotlight 搜索栏下方将符合条件的搜索结果列表显示出来，随着关键字的输入，该结果列表中的文件会逐渐减少。当输入“波兰”后，列表中仅剩下 39 个符合条件的结果，此时搜索结果还是过多，我记得在波兰住的是 Marriott 酒店，所以继续在搜索栏中输入另外一个关键字“Marriott”，此时只剩下 4 个搜索结果了，而其中的一个正是我所需要的文件。仅用了 5 秒钟，就在计算机中的 599420 个文件中找到了所需文件，是不是很神奇？

快速打开最近点选的文件

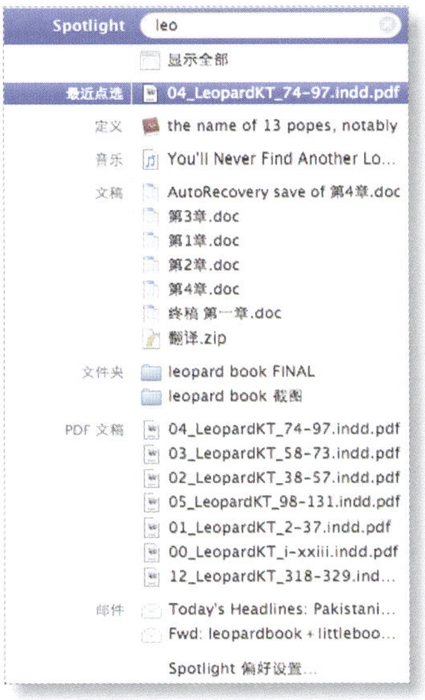

使用 Spotlight 搜索栏进行搜索时，如果所需的文件显示为“最近点选”项目，直接按回车（Return）键即可打开该文件。如果用来打开该文件的程序当前没有启动，系统还会自动启动该程序，并使用该程序打开文件。这才是人性化服务！

一键就可以变得更聪明

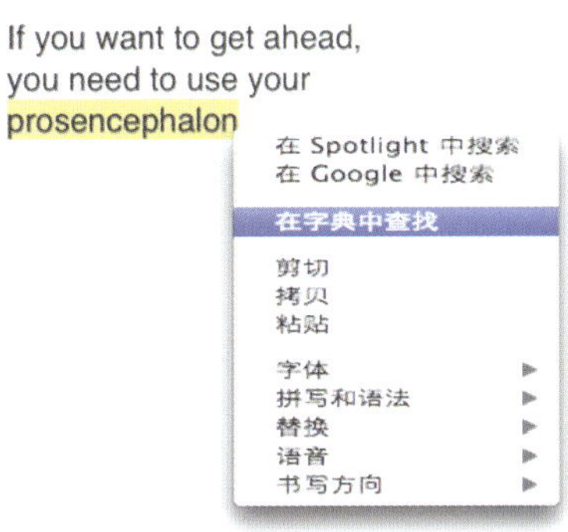

虽然本技巧的标题听起来像是电视上的广告宣传语，但它是真实的。当你阅读一份文本文件的内容时（可以是电子邮件，文档，网页等），如果遇到不了解的单词或话题，只需按住键盘上的 Control 键，单击该单词或话题，在弹出的快捷菜单中选择“在字典中查找”，则系统会自动启动“字典”程序，在其内置的新牛津大辞典、苹果词典和维基百科中查找所选单词的词义或者与话题相关的信息。

让韦氏大词典的作者嫉妒去吧

我曾听说有人将阅读词典作为一种消遣，是啊，如果你可以一整个晚上与韦伯斯特大词典作伴，何苦要出去跟别人约会呢？据我所知，在 Leopard 操作系统中，使用者至少可以通过 4 种方法来查询单词的词义（可能还有我不知道的更多方法），其中最快捷的方法是：通过按键盘上的组合键 Command ＋空格键调出 Spotlight 搜索栏，在该栏中输入需要查询的单词，如果该单词的词义收录在系统内置的“字典”程序中，则 Spotlight 搜索栏下的结果列表中会显示“定义”分类信息，其后显示的是所查询单词的词义解释的部分内容，将鼠标光标放在该词义上等待几秒钟后词义会单独显示在弹出的黄色信息框中，而单击该词义，则可以启动“字典”程序，查看该单词词义的详细解释。

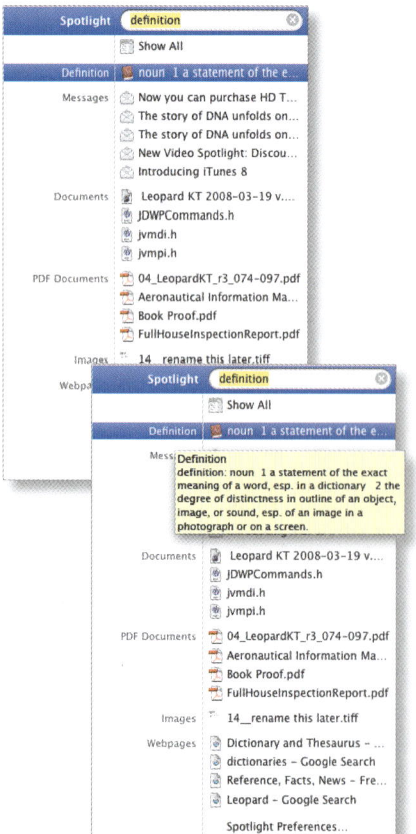

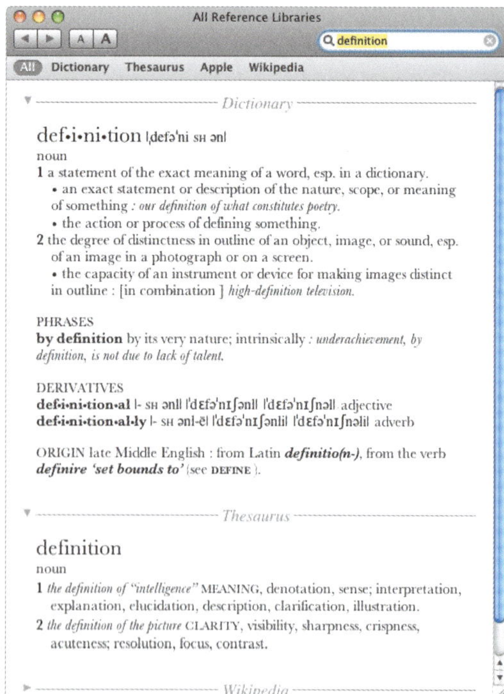

突破 20 个搜索结果的限制

通过 Spotlight 搜索栏进行搜索时，系统默认只显示 20 个搜索结果，如果在结果列表中没有自己所需的文件，选择列表最上方的“显示全部”可以打开 Spotlight 搜索窗口，窗口中会显示所有的搜索结果。

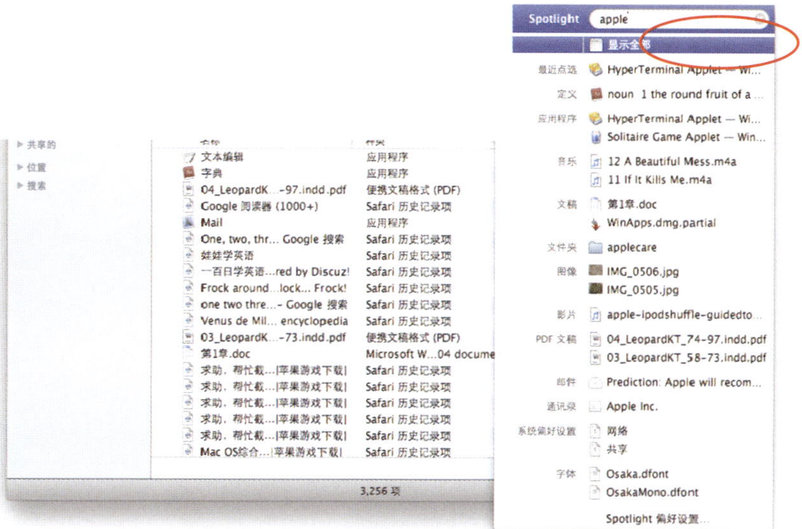

Spotlight 搜索的设置

Spotlight 搜索功能能够快速定位所需文件是因为系统会不断地对磁盘中的文件进行索引记录，但系统在进行索引工作时，有点过于彻底了（这有点类似国税局的工作人员。我是开玩笑的，其实他们是我最喜欢的人），会将磁盘中的任何文件都记录下来，而且一旦将某一文件夹进行索引记录后，则每一次索引时，都会对该文件夹进行跟踪记录。虽然这对一个搜索引擎来说不算是缺点，毕竟谁也不希望在搜索时漏掉所需的文件。如果你要搜索的是一篇题目为“论 Vista 操作系统对人类幸福的消极影响”的文章，那么在 Photoshop 程序的“预置”文件夹中进行搜索则完全是没有必要的，所以我们可以在 Spotlight 搜索的设置中将某些特定的文件夹排除，不需要系统对其进行索引记录。在苹果系统的菜单中选择“系统偏好设置”，在打开的设置界面中，单击“Spotlight”图标，在“隐私”选项卡中，单击列表下方的加号（+）添加不需要索引记录的文件夹，或者直接将需要排除的文件夹拖放到“隐私”选项卡的窗口中即可。

设置 Spotlight 搜索结果的显示分类

通过上页的介绍我们知道了如何设置可以让 Spotlight 不对磁盘中的每个文件都进行索引记录，但对某些文件，如邮件和 iCal 事件是需要进行索引记录的。不过这样做的话，当搜索一张我女儿 Megan 的照片时，列表中会显示几百个包含我女儿姓名的邮件和 iCal 事件，此时我只能浏览长长的结果列表以找到所需的照片文件。其实，使用者可以限制使用 Spotlight 搜索时，搜索结果中所显示的文件分类。在苹果系统的菜单中选择“系统偏好设置”，在打开的设置界面中单击 Spotlight 图标，在其“搜索结果”选项卡中，取消文件分类前复选框的勾选（本例中为取消“邮件信息”和“事件与待办事项”复选框的勾选），则该文件分类就不会出现在结果列表中，但系统还是会对在该列表中取消勾选的项目进行索引记录，所以依然可以在其应用程序窗口中，如 Mail 和 iCal 中对其项目进行搜索。此方法仅是让使用 Spotlight 搜索栏进行搜索时，其搜索结果看起来更整洁而已。

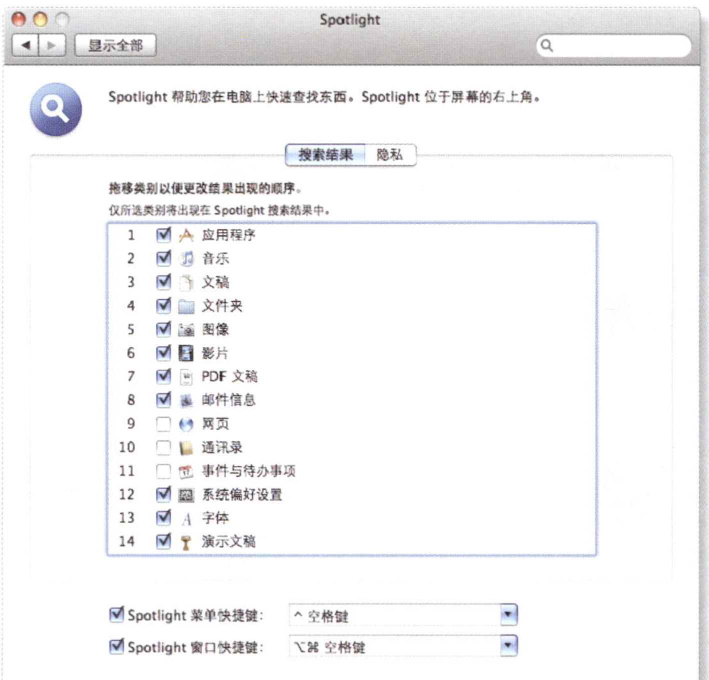

调整文件分类在结果列表中的显示顺序

使用者不但可以限制 Spotlight 搜索结果中显示的文件分类，还可以调整列表中所显示分类的顺序。例如，如果你是个创造型的计算机使用者，那么你经常需要搜索的文件类型可能是音乐、电影和图片，而系统默认情况下，在 Spotlight 搜索结果列表中最先显示的是文本文件、地址簿中的联系人信息和其他类型的文件，而你所需要的文件一般都显示在结果列表的底部。如果你希望在列表中最先显示的是你所需要的文件类型，则可以在苹果系统的菜单中选择“系统偏好设置”，在打开的设置界面中单击 Spotlight 图标，在“搜索结果”选项卡中单击一个文件分类，按住鼠标左键不放将其拖放到分类列表中的第一位，则该类型文件在搜索结果列表中也会显示在第一位，这样设置后，即可以在搜索结果中最先看到自己所需的类型文件。

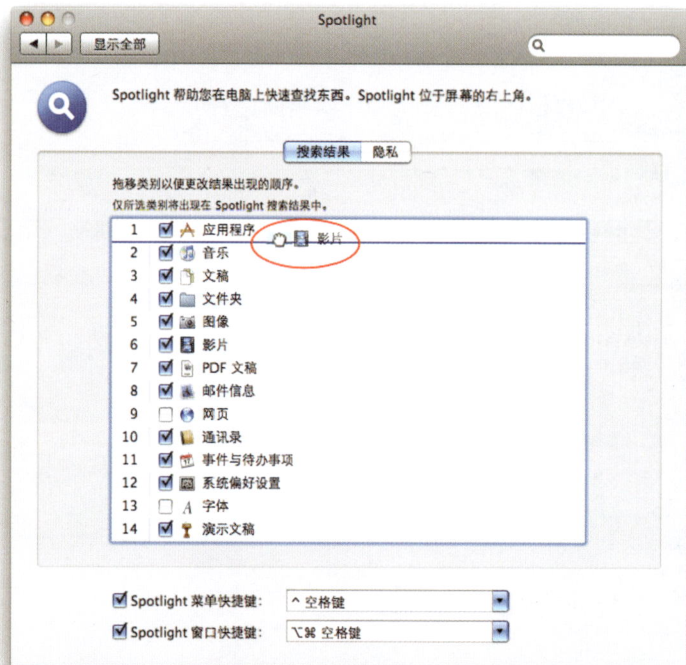

通过快速查看功能确认搜索结果

你是否曾经经历过这样的情景？在搜索后得到的结果列表中，双击打开以为是自己所需的文件，等待系统启动用来打开该文件的程序，然后当这个容量为 300MB 的 Photoshop 文件被打开后，才发现根本不是自己需要的文件。什么？这种事情从没发生在你身上？那好吧，避免这种事情发生在你的朋友身上，下次在出现这种情况时，首先单击搜索结果列表上方的“显示全部”，在打开的 Spotlight 搜索窗口中，单击（注意不要双击）你认为是自己所需的文件，然后按键盘上的空格键，通过快速查看功能预览该文件，以确定该文件是否为自己所需的文件。按住键盘上的 Command 键单击选择多个文件后，按空格键可以以幻灯片形式预览所选的多个文件。

DAVE GALES

Spotlight 搜索窗口

到目前为止，我们介绍的都是关于如何使用 Spotlight 搜索栏的相关技巧，通过该方式可以快速对磁盘上的文件进行搜索，一般得到的搜索结果比较多。但在 Leopard 系统中，我们还可以通过 Spotlight 搜索窗口进行一些精确的搜索，如搜索指定类型或日期的文件等。使用 Spotlight 搜索栏进行搜索的方式就好比让一个男人去五金店买一包挂壁画用的螺丝钉，他会在五金店里逐个货架地查看，看一些射钉枪和压力打磨机等男人喜欢的五金工具，两个小时后当他回到家时，除了价值 50 美分的螺丝钉，还买了一些价值达 300 美元的其他工具。相对来说，使用 Spotlight 搜索窗口进行搜索，就好比在男人出门买螺丝钉前，先清空了他口袋里的所有现金和信用卡，只留下买螺丝钉和交税的钱。在 Finder 界面中，按 Command + Option + 空格键即可打开 Spotlight 搜索窗口，其搜索的强大之处在于，使用者可使用搜索条件和位置对搜索结果进行筛选。接下来的几页中，将详细介绍使用 Spotlight 搜索窗口的相关技巧。

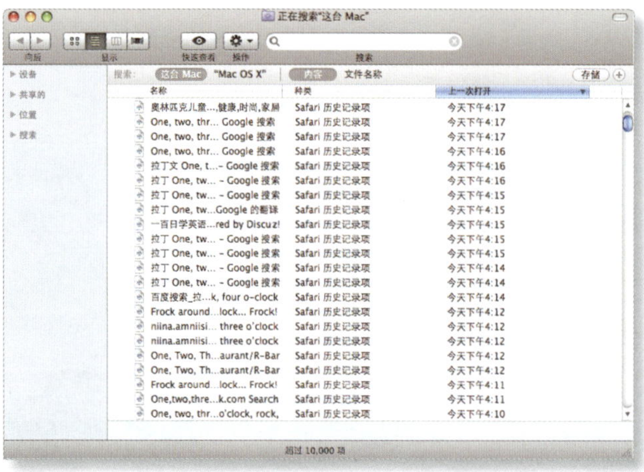

精简搜索结果

如果你早上佩戴隐形眼镜时，不小心将其掉在了地上，则只需在掉落地点附近寻找，而无需搜索整间房子。同样的道理，当我们在计算机中寻找所需文件时，通常会知道该文件的相关信息和其大概的保存位置，通过已知的文件相关信息对搜索进行条件限定，则搜索结果会更精确，得到的结果也会更少。搜索功能具有讽刺意味的是，大多数情况下，搜索得到的结果越少，则搜索越成功。搜索的目的是快速定位所需的文件，而不是为了享受在浏览众多文件后最终找到文件的乐趣。打开 Spotlight 搜索窗口后（按键盘上的组合键 Command + Option +空格键），单击搜索工具条最右侧的加号（+）（“存储”按钮旁边），会出现搜索限制条件工具条，通过该工具条中的按钮可以对搜索结果进行筛选，重复该步骤可添加多个相同的工具条，通过多个条件限制，则窗口中所得到的搜索结果会越来越少，最后会显示出所需的文件。

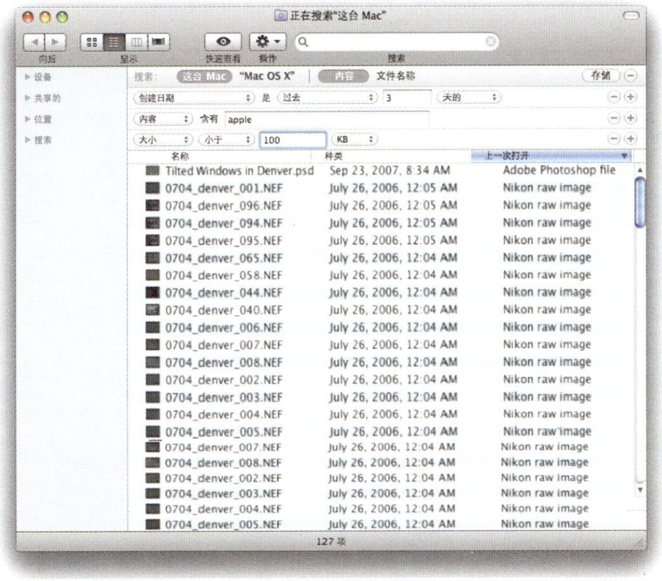

添加更多的搜索项目

使用 Spotlight 搜索窗口进行搜索时，通过搜索条件限制工具条上的下拉菜单可以对搜索进行条件限定。在系统默认情况下，下拉菜单中的搜索项目数目很少，不过使用者在下拉菜单中选择“其他”后，在打开的对话框中所显示的项目都可以添加到下拉菜单中，可以用来添加的项目共计 148 个（我数了两次）。如果在该对话框中使用者需要经常使用某项目，可以勾选该项目名称后的复选框将其添加到下拉菜单中，以后就可以直接在下拉菜单中选择，而无需在下拉菜单中先选择“其他”，然后进入对话框再进行选择了。

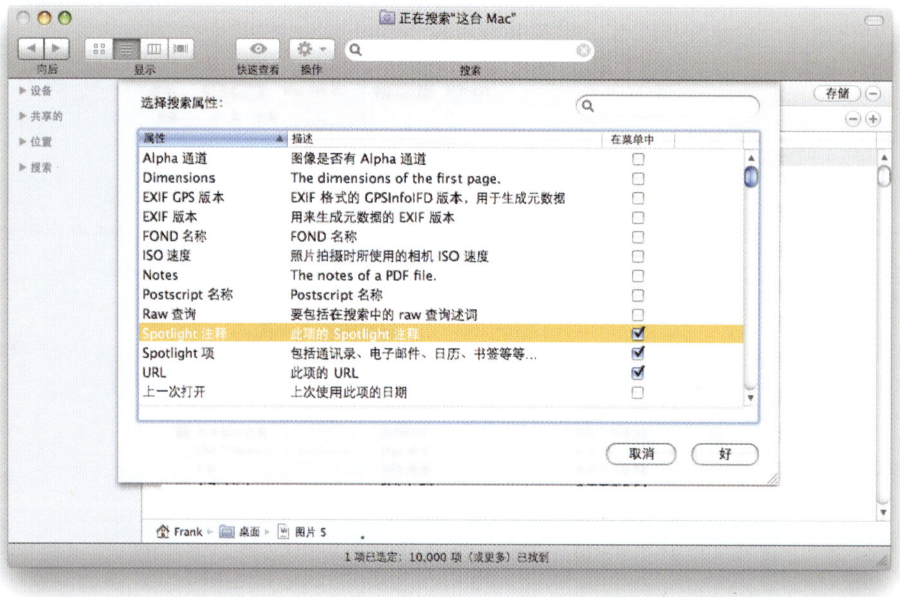

将搜索保存为智能文件夹

使用者无论是通过 Spotlight 搜索窗口还是在 Finder 窗口右上角的搜索框中输入关键字进行搜索，都可以将搜索结果以智能文件夹的方式保存在 Finder 窗口的侧边栏上。例如，通过键盘上的组合键 Command + Option + 空格键打开 Spotlight 搜索窗口后，单击搜索工具条最右侧的加号（+）（“存储”按钮旁边），在出现的搜索条件限制工具条中单击“任意”，在下拉菜单中选择“其他”，然后在其后的文本输入框中输入“地址簿”（仅输入引号内的内容），此时结果窗口中显示的是地址簿中的联系人信息。接来单击窗口右上方的“存储”按钮，在弹出的对话框中输入欲保存的名称（如“联系人”），按回车键（Return）保存。该搜索会以智能文件夹的形式出现在 Finder 窗口的侧边栏上，单击该智能文件夹后系统会重复搜索联系人，将所有的联系人信息显示在窗口中，包括上次搜索后地址簿中所添加的新的联系人信息。

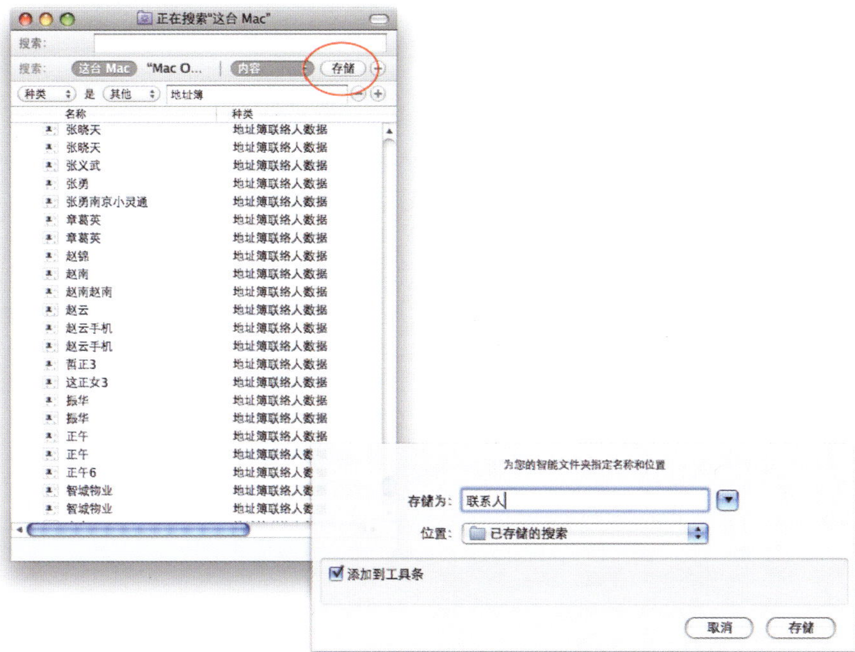

强大的搜索功能

本页介绍的是一般人都不知道的高级技巧，当你学会了以后，千万不要让其他人知道你会使用这个技巧，否则人们会对你产生一种恐惧感。假如你的计算机中保存有各种格式的音乐文件，并分别存放在不同的位置，如希望将所有音乐存放在一个位置，首先，通过按键盘上的组合键 Command + 空格键打开 Spotlight 搜索栏，在该搜索栏中输入“种类：音乐”（仅输入引号内的内容），则计算机中的所有音乐文件都会显示在结果列表中。再试一下，在搜索栏中输入“种类：邮件”（同样是仅输入引号内的内容），你一定会惊讶计算机中所保存的邮件数目之多，需要选择结果列表上方的“显示全部”才可以看到完整的搜索结果列表。用此方式进行搜索的秘诀就是，输入一个运算符（种类）和关键字（音乐）进行搜索。在苹果的 Tiger 操作系统中，使用者仅能使用少量的运算符进行搜索，但是在 Leopard 操作系统中，运算符的数目是……，事实上没人清楚运算符的数目到底有多少。

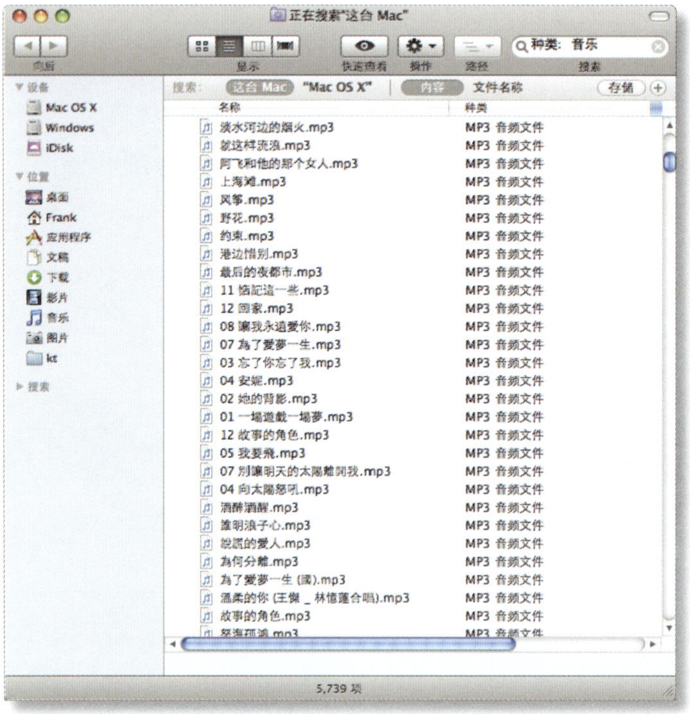

搜索关键字越精确越好

如果你没有读过上一页的内容，那么建议你最好在读本页内容前，先浏览一下上一页的内容，否则你会根本不懂本页说的是什么。现在我们已经知道如何通过运算符和关键字进行搜索了，但如果你按照本书提供的例子进行操作，就会发现这样搜索所得到的结果非常多，下面将介绍如何通过继续添加运算符和关键字以进一步精简搜索结果。在我的计算机上，通过“种类：邮件”进行搜索后，总共得到了 2374 个搜索结果（这些结果还不包括我已经归档保存在服务器上的邮件的数目），但如果我在搜索框中输入“种类：邮件 marriott”（仅输入引号内的内容，而且两个关键字之间输入一个空格），此时搜索结果变成了 127 个。在搜索中增加一个关键字就筛选掉了 2247 个搜索结果，这其中包括我发送给 Viktor Garcia 和他发给我的邮件，这个厚脸皮的年轻人负责此次 Photoshop 研讨会的订票事宜，并已经因为定的飞机票是中间排位而被我狠狠地教训了一顿。和 Viktor Garcia 之间的邮件我都已经读过，我要找的是卡加立（Calgary）市的 Marriott 酒店发给我的一封满意度调查邮件（填写该调查邮件应该可以获得消费积分），所以我将搜索栏中输入的文字做了一些修改，改成“种类：邮件 from：marriott Calgary”，则只得到一个搜索结果，这正是我要找的那封邮件。综上所述，在搜索时通过添加其他的运算符和关键字可以进一步对搜索结果进行筛选。尝试一下本页所介绍的搜索方法，你一定会喜欢的，以我的经验来看，这应该是最快的搜索方法了。

我搜索，故我在

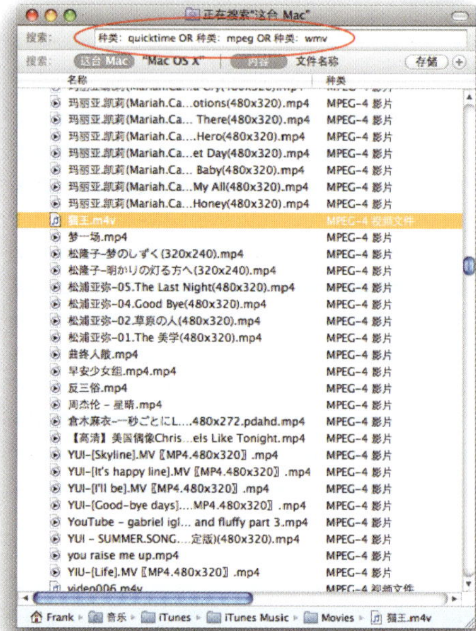

还是在上大学的时候，曾经有一次我的作业是用笛卡尔的“我思，故我在”这个题目写10页篇幅的论文，说老实话，当时我可没觉得那个作业有什么价值，但多年之后，当年的努力终于有了回报，我可以将笛卡尔的名言转换成本页的标题了。Spotlight 搜索可以通过 AND、OR 和 NOT 操作符实现布尔搜索或逻辑搜索（Boolean searches）。例如，如果你想搜索计算机内所有的 WMV 格式（Windows Media Video，微软推出的一种视频格式）文件，好将这种格式的影片转换成其他的格式，只需在 Spotlight 搜索栏中输入“种类：影片 wmv”即可。但如果想搜索所有 WMV、MPEG 和 QuickTime 格式的影片呢？这在以前版本的苹果操作系统中是不可能完成的任务，但感谢布尔搜索，在 Leopard 系统中的搜索栏中，只需输入“种类：quicktime OR 种类：mpeg OR 种类：wmv”就能达到目的如果你跟我一样聪明，可能会问为什么这里的操作符用的是 OR，不是应该用 AND 吗？这里如果将 OR 换成 AND，就变成了搜索同时为3种格式的影片，人可以有多种性格，但影片只能是一种格式，所以这种搜索方法是错误的。另外，如果在搜索栏中输入“种类：影片 NOT mpeg”则可以搜索到不是 mpeg 格式的所有影片。注意：使用布尔搜索方法进行搜索时，所有的操作符必须是大写格式。

关于进行复杂搜索的提示

通过 Spotlight 可以进行相当复杂的搜索工作，但是在搜索时，输入正确的搜索关键字、操作符号、文件大小或类型确是相当让人头疼的事（例如，当想搜索图片文件时，如果在搜索栏中输入：“种类：jpg”，所得到的结果可能是后缀为 zip 的压缩文件，而只有当输入的是：“种类：jpeg”，才能搜到所有的图片文件。虽然 Adobe 公司的 Illustrator 软件所生成的文件的后缀名为 AI，但如果在搜索栏中输入：“种类：AI”时，却搜索不到任何结果，而正确的搜索方法是输入：“种类：il”。是不是感觉有点头疼了？）。如果你感觉对此绝望，准备放弃了，可以尝试一下以下介绍的方法：按 Command ＋ Option ＋空格键打开 Spotlight 搜索窗口，此时窗口中显示的是数以万计的文件列表，现在需要做的是首先在搜索位置栏右侧，单击加号（＋）按钮，然后按住键盘上的 Option 键，此时新出现的条件栏上的加号（＋）按钮会变成一个椭圆，上面带有省略号（...）图案的按钮，单击该按钮，会同时添加两个搜索条件精确限制栏。在该栏中，无需手动输入所搜索文件的类型，操作符等条件，而只需通过点击，在菜单中选择所需条件即可通过布尔搜索法进行文件的搜索。此方法虽然听起来有点麻烦，但却让使用者进行复杂搜索时，能达到事半功倍的效果。小提示：在搜索栏上，单击加号（＋）按钮所添加的搜索条件，适用于同级搜索。而按住键盘上的 Option 键后，单击加号（＋）按钮所添加的搜索条件，则为某一级搜索的子条件。以下的图例中显示的是我所保存的一个搜索，通过该搜索我可以马上找到今年所有的旅行安排，即通过 Spotlight 搜索所有文件名称中至少包含有“宾馆”、“航班”和“登机”三个关键字其一的 PDF 格式文件。学习本技巧的最好方法就是读者能亲自动手实践一下。

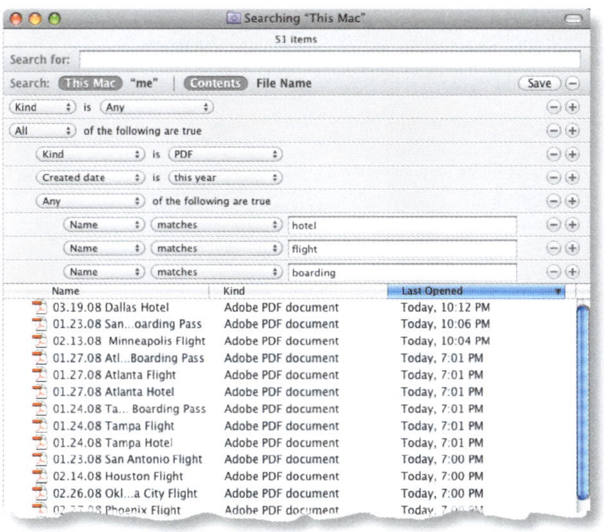

忘记所需文件的名称？没问题

想必大家很少能记住上个月在电脑中所保存文件的准确名称，甚至是 5 分钟前保存文件的准确名称都不一定能记住。但幸运的是，苹果的 Spotlight 搜索功能并不是那么挑剔，只需输入记忆中的只言片语就可以进行相关的搜索。例如，如果仅记得文件的创建时间大致在 2009 年 7 月 14 日至 20 日之间，那么可以在 Spotlight 的搜索栏中输入“日期：2009-7 – 12-2209-7-20”即可（注意：只需输入双引号内的内容）。再如，当你向被暴雪袭击的芝加哥的朋友发去了一封邮件，说坦帕湾今晚温度降低，必须穿上牛仔裤，而不是短裤。如果想搜索该邮件，而你只记得该邮件的主题是“Brrrrr”，那么你可以在 Spotlight 搜索栏中输入“Brrrrr 种类：邮件”即可。通过以上例子，你也许对 Spotlight 的搜索功能有了一定了解，自己动手尝试一下吧。

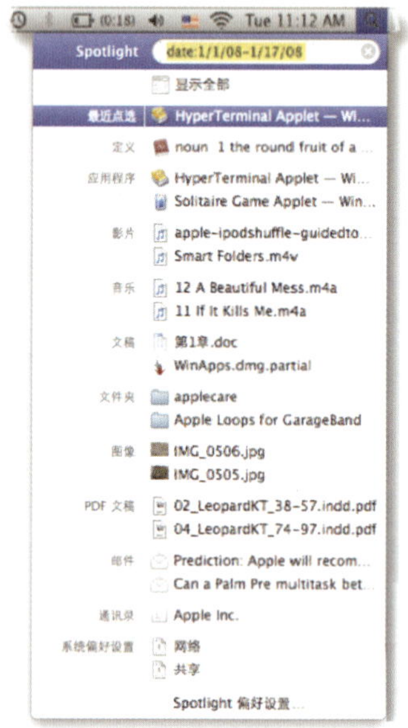

搜索文件内部信息

Spotlight 不但可以对文件名进行搜索，还可以搜索文件的内容。去年我在丹佛市参加 Photoshop 巡讲时，入住的宾馆是我们所有团队曾经住过的最凉爽的宾馆（可能家住里奇蒙德市的杰弗森是个例外）。半年后，当我们准备再次回到丹佛市时，我们想继续预订那家宾馆，但问题是我们谁也不记得那个宾馆的名字了。好在我想起我曾经收到邮件中，其中有封邮件中的旅行安排中包含有该宾馆的信息，而且我应该能通过邮件主题找到该邮件。所以，我按下 Command + Option + 空格键打开 Spotlight 搜索窗口，输入“denver”（丹佛的英文名），在搜索窗口中，会显示出邮件内容中包含丹佛的所有邮件，并显示其邮件的主题，我只需根据邮件主题找到所需邮件即可。

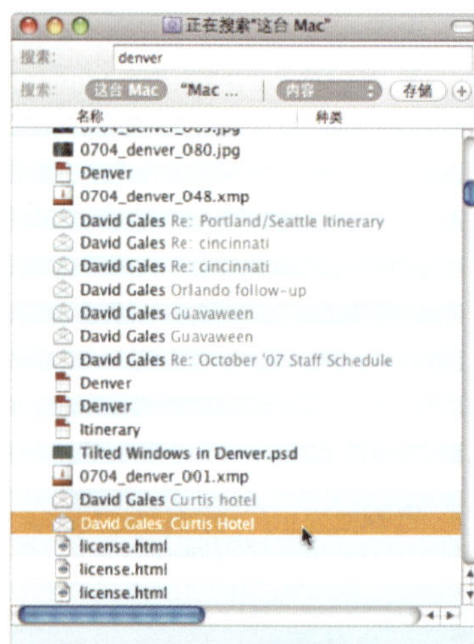

精确搜索

本技巧是对以上搜索技巧的一个补充，如果在搜索时，搜索的关键字是构成词组的一个部分，那么搜索到的结果中将会有很多是根本不需要的文件。例如，如果搜索“he”（仅输入引号内的内容），则搜索的结果中会包含所有以“he”为组成部分的词组如包含了“she”，“the”和“where”等词组的文件。所以如果在搜索时，确切知道搜索的关键字，则可以在输入的关键字上添加双引号，则 Spotlight 在搜索时，将会只显示包含双引号中完整关键字的所有文件，这样即可过滤掉许多不需要的文件。此技巧同样适用于搜索多个词组的情况，例如，如果需要搜索包含 2005 Bucs Roster 词组的文件时，可以在搜索栏中输入“2005 Bucs Roster”（包含双引号）。

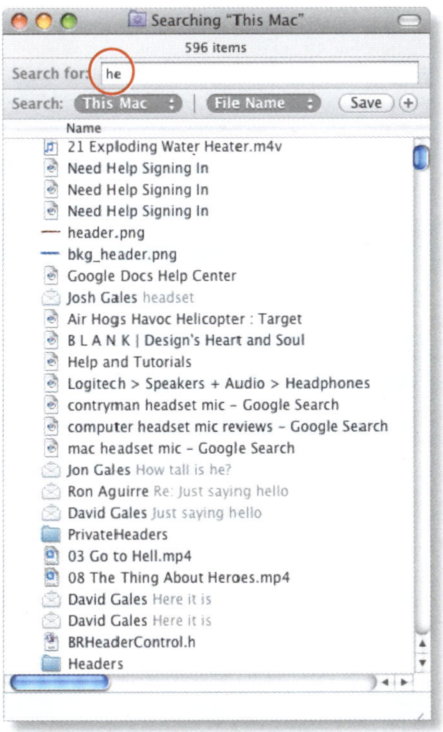

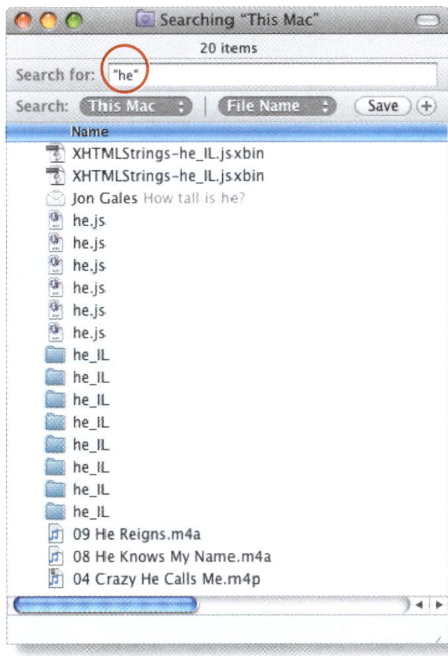

对 Photoshop 文件内部进行搜索

这是通过 Spotlight 功能搜索文件内容另一个让人赞叹的例子。如果电脑内保存有多图层的 Photoshop 文件（其文件的后缀名为 PSD），则可以通过 Spotlight 功能对其图层进行搜索以找到包含所搜索关键字的文件（前提条件是文件所使用的是 Type layers，而不是 rasterized layers）。例如，下图中显示的是在搜索栏中输入关键字“north rim”后，所找到的 PSD 文件。

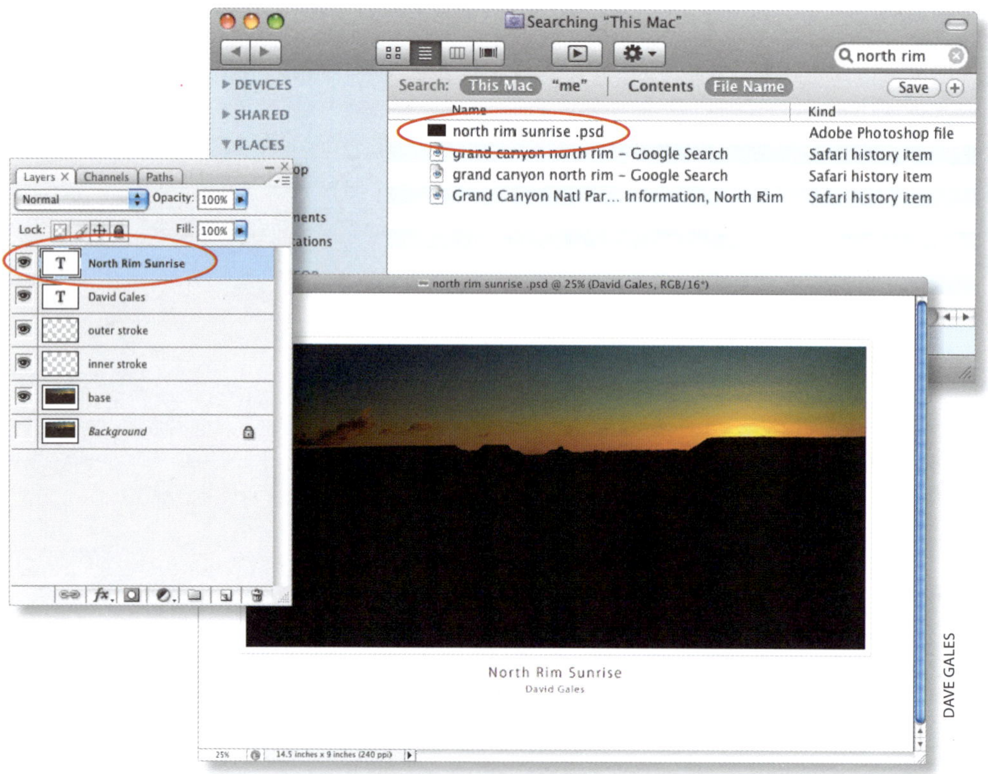

DAVE GALES

Spotlight 搜索栏 vs Spotlight 搜索窗口

由于 Spotlight 搜索栏使用起来相当方便（无论当前使用的是哪种程序，Spotlight 搜索栏就位于屏幕上方的任务栏中），通过按下键盘上的组合键 Command + 空格键即可激活，那么为什么还要使用 Spotlight 搜索窗口来进行搜索呢？因为 Spotlight 搜索窗口具备以下几个优点。首先，在 Spotlight 搜索窗口中可以看见所有的搜索结果，而 Spotlight 搜索栏只能显示排在前面的 20 个搜索结果。此外，在 Spotlight 搜索窗口中，使用者可以分别选择以列表、图标或 Cove Flow 的方式浏览搜索结果，这也说明在 Spotlight 搜索窗口中可以通过快速查看功能对搜索结果进行预览。第三点，在 Spotlight 搜索窗口中可以直接将结果文件拖放到其他位置，或者将其删除。最后，在 Spotlight 搜索窗口中，通过搜索条件可对搜索结果进行筛选，还可以将搜索以智能文件夹方式保存，这都让 Spotlight 搜索窗口的功能显得比 Spotlight 搜索栏更加强大。但总地来说，使用者无论使用的是 Spotlight 搜索栏（Command + 空格键）还是 Spotlight 搜索窗口（Command + Option + 空格键），都不得不承认 Spotlight 搜索功能是很了不起的。

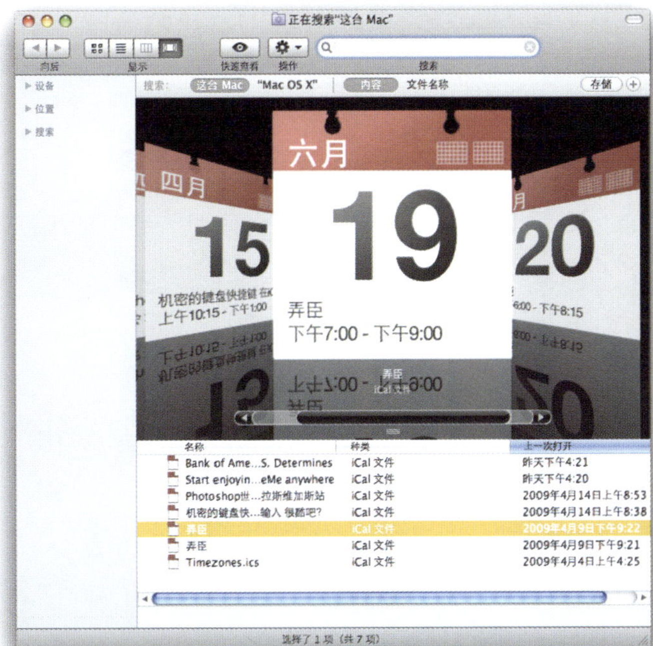

搜索系统偏好设置

如果记不住在系统偏好设置中曾经使用过的某个选项，例如我就总也记不住在哪里可以设置计算机上日期的显示格式（该选项不是在“日期和时间”中），则可以通过系统偏好设置窗口右上方的 Spotlight 搜索框进行搜索。在苹果系统的菜单中，选择“系统偏好设置”，在打开的设置窗口上方的搜索框中输入需要搜索的选项的名称（本例中为“格式”），则所有包含该选项的图标会在“探照灯”的灯光下标示出来。另外，在搜索框下方还会给出所有包含搜索关键字（格式）的选项名称，选择所需的选项（本例中选择“日期格式”）则可以自动跳转到包含该选项的设置界面中。

在打开或存储对话框中，应用 Spotlight 搜索

当选择“存储为”命令（按键盘上的组合键 Command + Shift + S）进行文件保存操作，屏幕上出现存储对话框时，如希望将文件保存在某文件夹中，但又不记得该文件夹的确切位置，此时在该对话框右上方的 Spotlight 搜索框中输入文件夹的名称进行搜索，当所需的文件夹出现在窗口中时，按回车键（Return）完成文件的保存。注意：如果在存储对话框中看不到 Spotlight 搜索框，需要单击输入保存文件名称的文本输入框右侧的三角按钮，以显示完整的存储对话框。

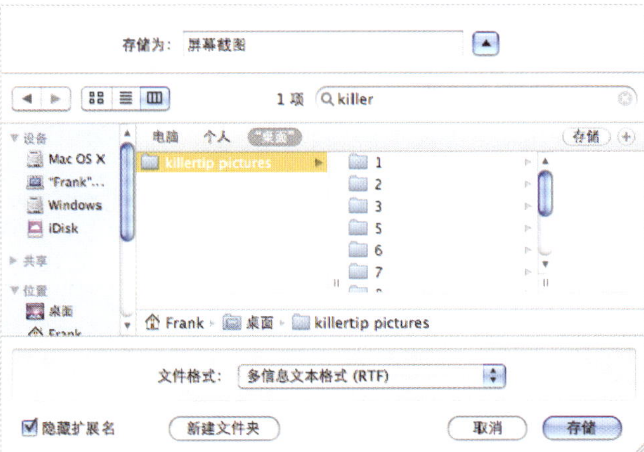

第5章

您有一封邮件，请查收

电子邮件程序Mail的使用技巧

Mac OS X
KILLER TIPS

您有一封邮件，请查收

电子邮件程序 Mail 的使用技巧

你可能会说："嘿，本章的标题《您有一封邮件，请查收》(英文原文为 You've Got Mail) 可不是歌曲和电影的名字，这是 AOL(American On-Line，美国时代华纳公司) 电子邮件程序在使用者收到邮件时的经典提示声音。"其实还真有一部影片的名字和本章标题是相同的，该影片还是由著名的影星汤姆•汉克斯和梅格•瑞恩联袂领衔主演的，是一部很不错的电影，但不要和他们那部经典的爱情电影《西雅图不眠夜》搞混了，虽然他们可能也希望这部影片能达到那部《西雅图不眠夜》的高度。事实上，电影《西雅图不眠夜》的真实拍摄地点并不是在西雅图，而且影片的主要内容也不是讲述主人公之间的爱情，这部电影是微软的一个阴谋(貌似生活中的大部分事情都可以和微软扯上关系)。电影中让我们感动的缠绵悱恻的爱情故事只是微软公司用来掩饰市场推广策略的烟雾，微软是希望通过该影片将潜在雇员都吸引到西雅图罢了。这么说，是不是让你对该影片有了重新的认识呢？那么这些跟苹果操作系统中的电子邮件程序 Mail 有什么关系？嗯……嘿，你知道汤姆汉克斯吗？他是一个演员，而且还在电影《阿波罗 13 号》中扮演了一个角色。

地址簿：自定联系人的信息项

地址簿程序的自定联系人信息项是我比较喜欢的一个功能，因为我们知道所有的联系人对我们的重要性是不同的，这句话可千万不要让你的联系人听到。例如，如果你有一位朋友可以慷慨大方地允许你借用他的法拉利跑车，那么你肯定要记住任何与他有关的联系信息，如电话号码（包括你在他过生日时送给他的卫星定位电话）、电子邮箱和在线聊天账户，还有其常去的地方的电话号码等，以便于在需要时可以随时与其取得联系。而你的另一位开着雪佛莱迷你货车的朋友，你只要知道他每月用来接收垃圾邮件的电子邮箱地址就可以了。启动地址簿程序，选择所需联系人的名称，单击信息卡片窗口下方的“编辑”按钮，在窗口中，单击联系人信息项前的红色标志可以删除对应的信息项；而单击绿色标志则可以增加一条对应的相同信息项（增加相同的信息项前，必须先在原信息项的文本框中输入内容，否则是无法添加的）。单击信息项名称右侧上下方向的三角标志，在出现的信息项名称列表中选择所需的信息项，或选择“自定”，以添加用户自定义的信息项。

地址簿：添加生日信息项

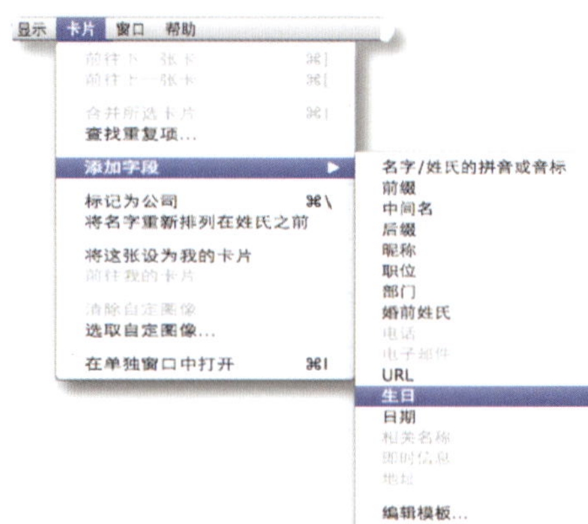

每人都希望自己身边的人可以记住自己的生日，最好的记忆方法就是通过地址簿程序将生日信息记录到联系人的信息中。启动地址簿程序，选择联系人的名称，在地址簿程序的菜单栏上选择“卡片－添加字段－生日”，此时联系人信息自动进入编辑状态，系统高亮显示所添加的生日信息项，直接在文本输入框中输入正确的日期，然后单击联系人信息窗口下方的“编辑”按钮即可。剩下的问题就是如何记住其生日，我想除了死记硬背，别无其他妙法了。

地址簿：自定义联系人信息模板

以上技巧介绍的是如何自定义单个联系人的信息，本页将介绍如何创建一个联系人信息模板，以便于在添加联系人信息时，系统会默认显示使用者所需的联系人信息项。在地址簿程序的菜单栏上选择“地址簿－偏好设置”，在打开的设置界面中单击“模板”图标，所打开的设置窗口中，显示的是系统默认的联系人信息项。接下来的操作类似于自定义联系人信息项，单击联系人信息项前的红色标志可以删除对应的信息项；而单击绿色标志则可以增加一条对应的相同信息项；单击信息项名称右侧的三角按钮可以编辑信息项目的名称。在窗口上方“添加字段”的下拉菜单中，可选择添加其他信息项，如“婚前姓氏”和“职位”等。而选择窗口工具栏中的“电话”选项卡后，在该选项卡中的电话“格式”下拉菜单中，使用者可以选择电话号码的格式或者根据个人喜好创建新的电话号码显示格式。设定后，当下次添加联系人信息时，系统所显示的即是使用者自定义的联系人信息项。

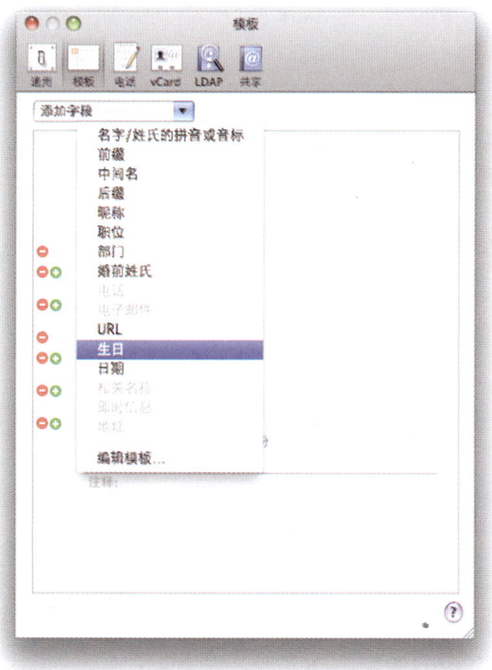

地址簿：设定计算机使用者的 vCard

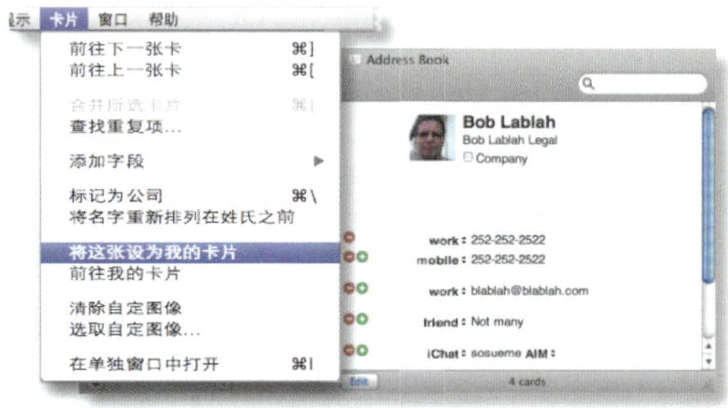

想让自己显得时髦吗？那么就在计算机中为自己设定一个 vCard（Virtual Business Card，即电子名片）吧，但首先不要再使用“时髦”这个 20 世纪 70 年代的词汇。在地址簿程序中添加计算机使用者的联系人信息，然后在地址簿程序的菜单栏上，选择“卡片－将这张设为我的卡片”，则该联系人卡片的图标将变成半身人像图案，而不是系统默认的方形照片图案，以方便使用者区别哪个是自己的联系信息，即 vCard。

地址簿：隐私保护

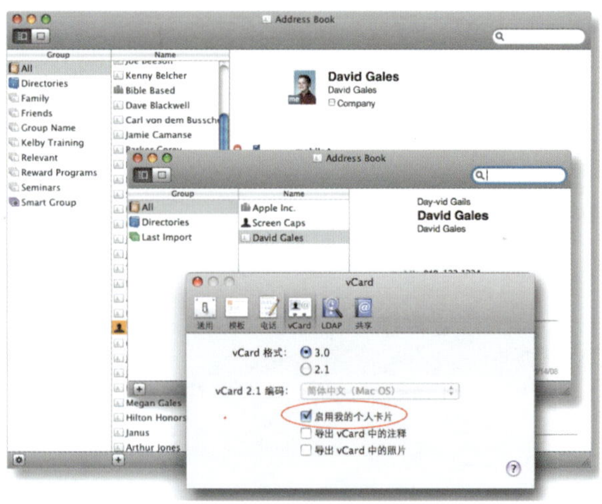

将个人的电子名片 vCard 发送给其他人时，根据对象的不同，可能需要隐藏某些私人信息。例如，如果接收方是商业性质的联系人，则很有可能你不希望对方知道自己的私人电子邮箱地址、家庭电话号码或信用卡号码等信息。通过地址簿程序，使用者可以选择在保存 vCard 时隐藏指定的联系人信息项，以达到保护个人隐私的目的。在地址簿程序的菜单栏上选择“地址簿－偏好设置”，在偏好设置的 vCard 选项卡中勾选“启用我的个人卡片”选项前的复选框，接下来在地址簿程序中选择计算机使用者的信息卡片，单击“编辑”按钮，此时每个信息项目前会出现一个蓝色的复选框，取消复选框的勾选，则对应的信息将不会出现在个人的 vCard 中。

地址簿：共享“我的 vCard”

像我们这样“时髦”的人最喜欢的一个消遣就是互相交换 vCard，你是否曾有机会参加过高级聚会，在聚会中有人会跟你说：“嘿，哥们儿，我们互换下 vCard 吧！”。如果你没有机会参加这类聚会，那么可以在地址簿程序中找到自己的 vCard 并发送给朋友在地址簿的“名称”分栏中，单击任一联系人名称，然后在键盘上输入自己的姓名，直到系统根据输入信息自动选择到你的名称 ，将该联系人卡片拖放到 Dock 工具栏上 Mail 程序的图标上，系统会自动启动 Mail 程序。打开新邮件编写窗口，并将该 vCard 作为附件添加到邮件中，使用者只需填写收件人地址、主题，并在邮件正文中表述一下该收件人能得到自己的 vCard 是很荣幸的，最后单击“发送”按钮，发送邮件即可。

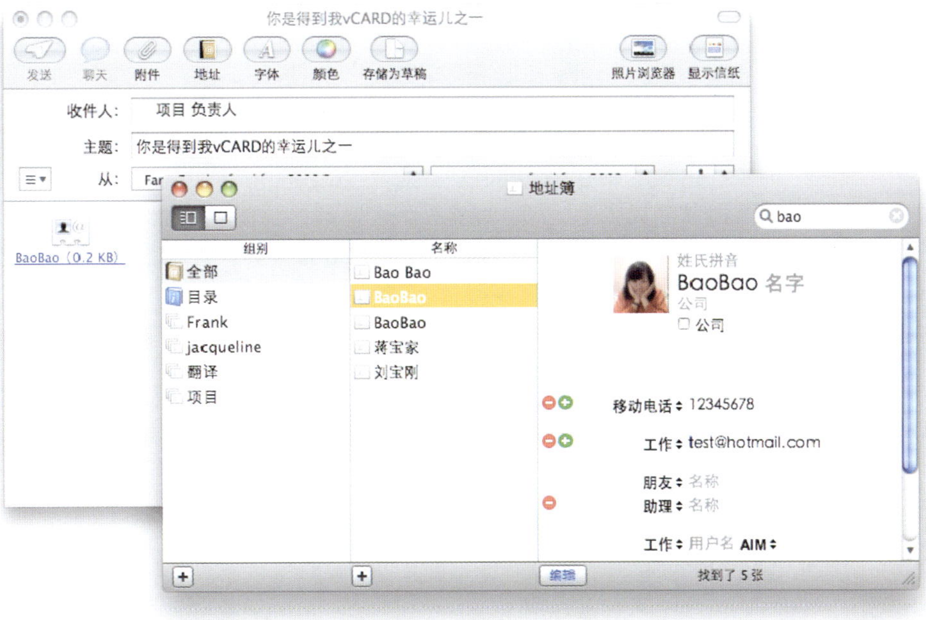

地址簿：在 vCard 中包含注释信息

让人奇怪的是，在系统默认情况下将 vCard 发送给其他人时，vCard 中会包含所有的联系人信息项，但就是不包含联系人信息中“注释”项的内容。如果希望在 vCard 中包含该信息，需要在地址簿程序的菜单栏上选择“地址簿－偏好设置”，在设置窗口中的 vCard 选项卡中，勾选“导出 vCard 中的注释”选项前的复选框即可。

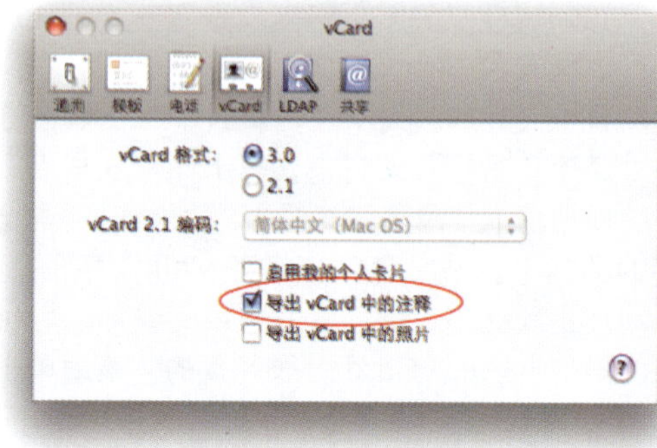

地址簿：快速导入 vCard

vCard 已经越来越受到人们的欢迎，以至于人们已经为其创建了相关的工业标准，苹果的地址簿程序不但支持该标准，还可以轻松将 vCard 直接导入到地址簿中。假如使用者收到一封包含 vCard 的电子邮件，双击该 vCard 的图标，然后在地址簿弹出的对话框中单击“添加”按钮或者将电子邮件中的 vCard 拖放到已经打开的地址簿程序窗口中或拖放到 Dock 工具栏上地址簿程序的图标上都可以将 vCard 添加到地址簿中。

地址簿：共享 vCard

如果希望通过电子邮件将地址簿中的联系人信息以 vCard 附件的形式发送给其他人共享，只需在地址簿中选择欲发送的联系人名称，按住鼠标左键不放将其拖放到电子邮件程序 Mail 图标上或先将其拖放到桌面上，然后再将其拖放到新邮件的窗口上就可以将其添加为电子邮件的附件。此外，该方法同样适用于发送多个联系人信息，在地址簿窗口中按住键盘上的 Shift 键，单击排列在一起的联系人信息中的第一个和最后一个联系人名称，则系统会选择两个名称之间的所有联系人信息（或按住键盘上的 Command 键，单击选择多个没有排列在一起的联系人卡片），将所选的联系人卡片同时拖放添加到邮件中即可。注意：将多个联系人卡片添加为邮件附件时，邮件中将只显示一个联系人卡片图标，但事实上添加的是多个联系人卡片。

地址簿：搜索联系人的所有相关信息

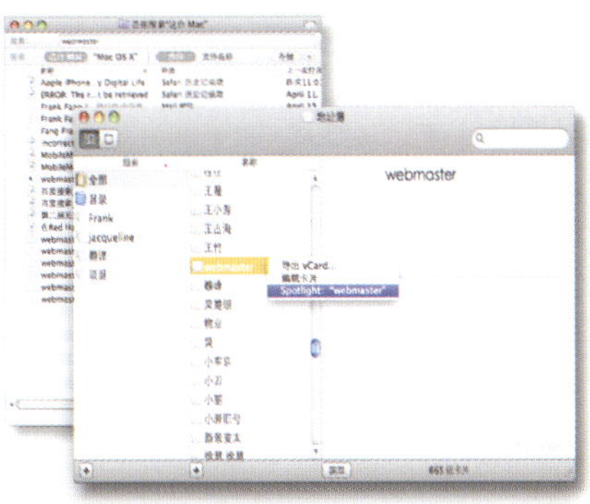

在地址簿程序中，使用者可以快速搜索某一联系人的所有相关信息，如将其发送给电子邮件或文件等。按住键盘上的 Control 键，单击欲搜索的联系人姓名，在弹出的快捷菜单中选择“Spotlight【所选择的联系人姓名】”，则系统将使用 Spotlight 功能在整个计算机中（而不仅仅是地址簿程序中），搜索所有与该联系人相关的信息。提示：在搜索时出现的 Spotlight 搜索窗口中，如果在搜索框中的联系人姓名的前面和后面输入“种类：邮件”（仅输入引号内的内容），则将只搜索与该联系人有关的电子邮件。

地址簿：查找重复的联系人卡片

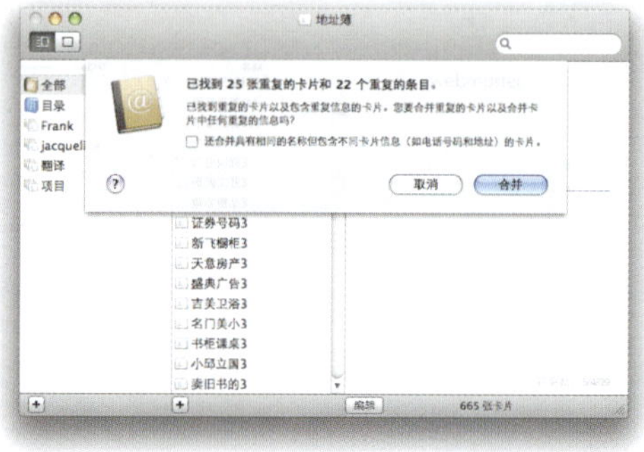

如果在地址簿中出现了重复的联系人信息（这种情况在我身上经常发生），无需使用者手动逐一检查，只要在地址簿程序的菜单栏上选择“卡片－寻找重复项”，则系统会自动搜索重复的联系人卡片（包括信息内容完全相同或姓名相同而其他信息不同的联系人卡片），搜索完成后，在屏幕上会显示搜索到的重复卡片的数目，并让使用者选择是否要“合并”重复的卡片信息。该功能的缺点是系统不会显示究竟哪些联系人信息是重复的，所以如果因为害怕联系人信息丢失而选择“取消”合并，是没有人会指责你是个胆小鬼的。请继续阅读下一条关于如何删除重复联系人的技巧。

地址簿：合并重复的联系人卡片中的信息

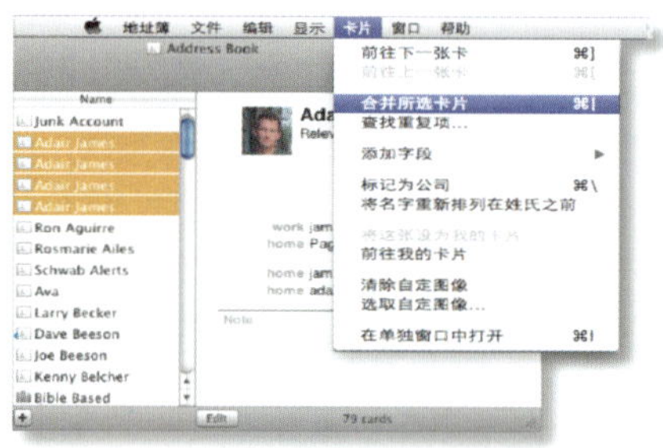

在上面的技巧中，我们知道地址簿程序可以自动搜索，并找出重复的联系人信息，但由于某种原因，使用者却无法了解究竟哪些联系人的信息是重复的。下面介绍的技巧虽然操作起来稍显麻烦，但却可以让使用者清楚地知道合并了哪些重复的联系人信息。该方法需要使用者手动找到重复的信息（可以预见，这将是一个冗长乏味的操作过程），然后通过地址簿程序进行信息的合并。首先在地址簿程序的菜单栏上选择“地址簿－偏好设置”，在设置界面中的“通用”选项卡中勾选“显示名字”选项后的“于姓氏之前”复选框，这样会让查找重复信息的工作更容易一些。找到重复的联系人卡片后，按住键盘上的 Shift 键选择重复的卡片，接下来在地址簿程序的菜单栏上选择“卡片－合并所选卡片”，则所选的卡片就合二为一了（就如同“多才多艺”的我在写作时，通常会将多种写作技巧“合二为一”一样）。

地址簿：创建联系人智能组别

假设你是一个儿童足球队的教练，在地址簿中添加了所有孩子家长的联系信息，以便在下雨或心情不好时可以打电话给他们以取消足球活动。当然，你可以先在地址簿中创建一个联系人组别，然后将所有家长的联系信息拖放到该组别中进行分类管理。你还可以创建一个家长联系人的智能组别，该类型组别的好处在于不但可以自动将所需的联系人信息加入指定组别，而且还会在添加新的家长信息时自动将其放入指定组别中。创建联系人智能组别的方法是：按住键盘上的 Option 键，单击地址簿程序窗口左下方的加号（+）（此方法为创建联系人智能组别的快捷方式），在屏幕上会弹出添加智能组别的窗口，通过其窗口上的下拉菜单和文本输入框进行条件限制，可以对联系人信息进行筛选。本例中，如果联系人卡片的注释中包含“足球”字样，则该联系人卡片会自动被放入“足球队”智能组别中。另外，设定好参数后再添加新的联系人信息时，只要在卡片的注释中输入“足球”两字，地址簿就会将其放入“足球队”这个组别中。

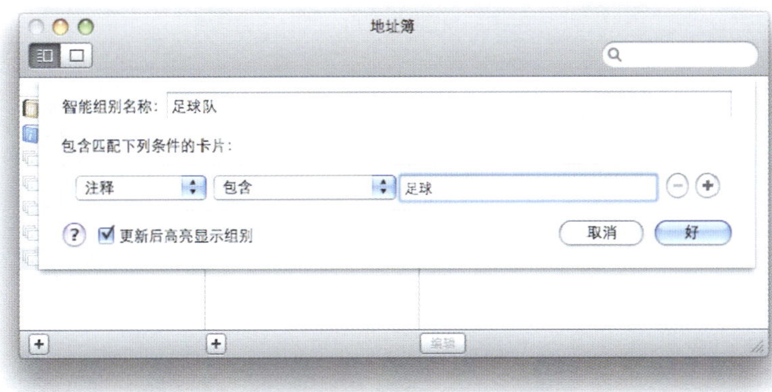

地址簿：创建智能组别的实例

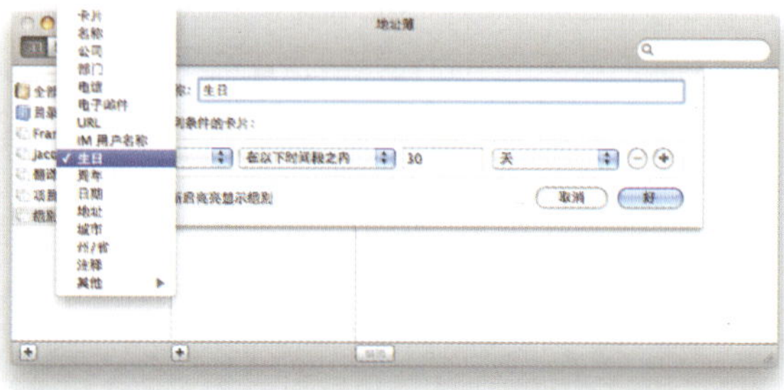

以下将举例说明，在创建智能组别时该如何进行相关的设定。

- 在创建智能组别的窗口中，从第一个下拉菜单中选择“公司”，接下来在其后的文本输入框中输入你公司的名称，创建一个名称为“工作同事”的智能组别。则以后添加新同事的联系信息时，地址簿会自动将其放入“工作同事”智能组别中。而当同事离职后，在其联系人卡片中修改信息中的公司信息后，地址簿会将其移出该组别，如将其移动到“联邦证人保护程序”组别中（开个玩笑，希望不会出现这种情况）。
- 如果在联系人信息中添加了生日信息，那么为什么不创建一个智能组别，让系统自动把一个月内要过生日的联系人放置在该组别中呢？在创建智能组别的窗口中，从第一个下拉菜单中选择“生日”，在第二个下拉菜单中选择“在以下时间段之内”，接下来在后面的文本输入框中输入“30”，单击“好”按钮完成设置。仅需设置一次，该智能组别就会根据时间自动更新组别中的联系人。

地址簿：查看联系人所在的组别

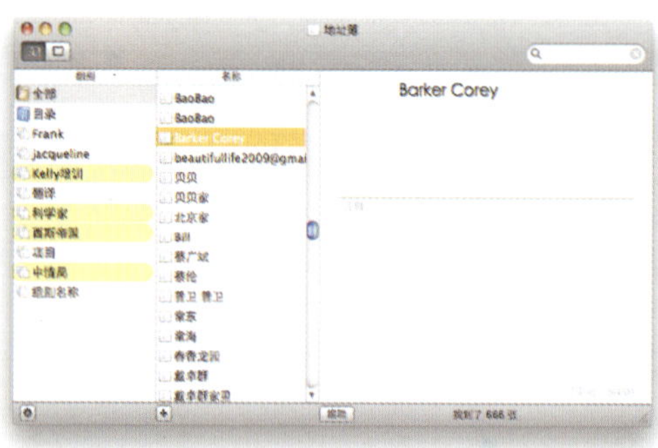

如果某联系人同时出现在多个联系人组别中，可以单击该联系人的姓名，然后按住键盘上的 Option 键，则系统会高亮包含有该联系人卡片的所有组别，此时使用者可以对该联系人所在的组别进行调整。如图所示，名称为“Corey”的联系人是和我一样酷的人，所以他可以进入任何他喜欢的组别中，但我只是对组别“西斯帝国”不太确定，毕竟每个人的灵魂都有其黑暗的一面。

地址簿：通过 Mobileme 账户同步地址簿

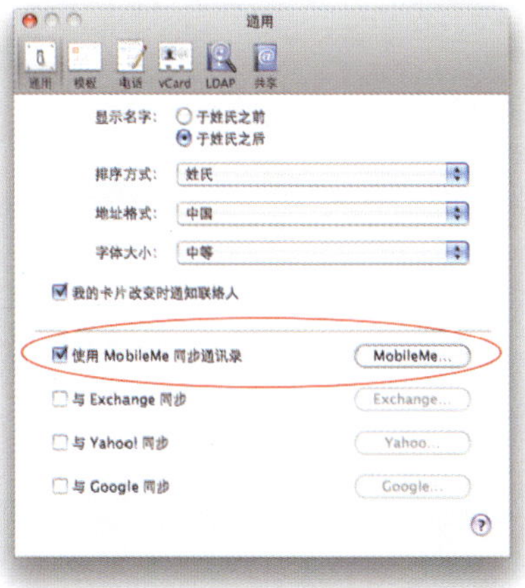

在地址簿程序的菜单栏上选择“地址簿－偏好设置”，在设置窗口的“通用”选项卡中勾选“使用 Mobileme 同步通讯录”选项前的复选框，即可将计算机中地址簿中的联系人信息通过 Mobileme 账户同步到因特网上，以后可通过其他电脑随时随地访问地址簿中的信息。此外，勾选该选项下方的其他 3 个复选框，还可以将地址簿信息通过 Yahoo、谷歌 (Google) 和 Exchange 账户上传到因特网上。

地址簿：超大显示的电话号码

查看地址簿中的联系人信息时，信息中的电话号码看起来比较小，不过如果在联系人卡片中单击电话号码前的信息项的标题（如“工作”、“家庭”和“移动电话”等标题），按住鼠标左键不放，在弹出的菜单中选择“放大”，则所选信息项对应的电话号码会放大显示在屏幕上。其实该命令应该改为“超大”而不仅仅是“放大”，因为电话号码在屏幕上的放大显示效果真的很让人吃惊（在 30 英寸的显示器上看则更是惊人），即使离屏幕 4~6 米处依然清晰可辨。单击屏幕上的任意位置，可取消号码的放大显示，此时再看联系人卡片中的电话号码，因为两种情况的对比会感觉看起来更小了。

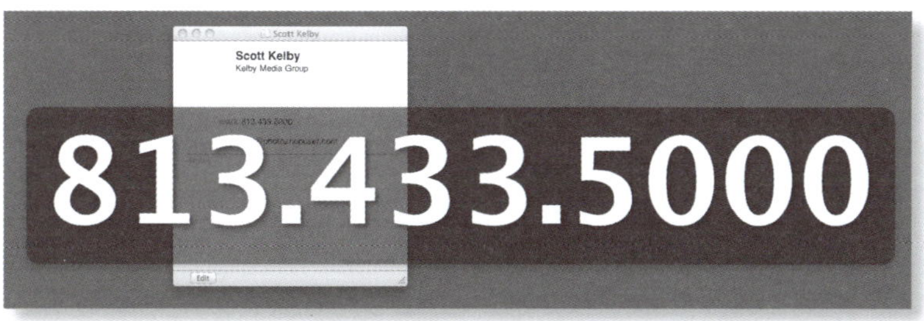

地址簿：与其他人共享地址簿

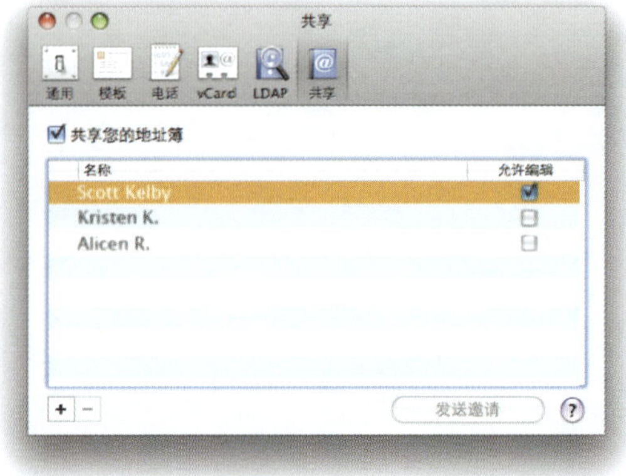

假如你希望与其他人共享自己的地址簿，如我就将自己计算机中的地址簿信息与我的出色的、让人赞叹的助理 Kathy Slier 进行了共享，我们一起合作了许多的工作项目，所以当她得到一个我们双方都需要的联系人信息时，可以直接将该联系人信息添加到我的地址簿中，而无需先通过电子邮件将信息发送给我，然后由我进行添加。与其他人共享地址簿的方法是：首先在地址簿程序的菜单栏上选择“地址簿 – 偏好设置”，在设置窗口中的“共享”选项卡中勾选“共享您的地址簿”选项前的复选框，等待系统完成相关设置后，接下来单击该窗口左下方的加号（ + ），在弹出的窗口中选择希望共享的联系人（共享地址簿的前提是所选择共享的人必须拥有 Mobileme 账户，否则是无法进行共享的）。如希望与其共享的人不但可以读取共享地址簿中的信息，还可以对其进行修改，需要勾选共享人的名称后面“允许编辑”分栏中的复选框。最后在窗口中单击“发送邀请”按钮给共享人发送一封邮件，通知其已经很幸运地被选中加入到“精英”组织中，并对其如何访问共享的地址簿进行简单的操作说明。共享后，当共享人连接到因特网上时，在其地址簿中的组别列表中应该可以看到共享的地址簿名称，单击即可访问并修改共享地址簿中的信息。

地址簿：打印袖珍地址簿

使用地址簿程序可以很轻松地将联系人的信息以“袖珍地址簿”的方式打印出来，便于随身携带，甚至可以折叠放在钱包中。打开地址簿程序，在其窗口左侧的“组别”列表中单击“全部”组别以选择全部的联系人，或者按住键盘上的 Command 单击选择多个联系人信息，接下来在地址簿程序的菜单栏上选择“文件－打印”（其键盘组合键为 Command ＋ P）打开打印窗口。在打印窗口中“样式”选项的下拉菜单中选择“袖珍地址簿”，然后单击“打印”按钮即可。注意：如果在打开的打印窗口中看不到“样式”选项，则需要在该窗口中单击“打印机”选项右侧的三角按钮，以显示完整的窗口。

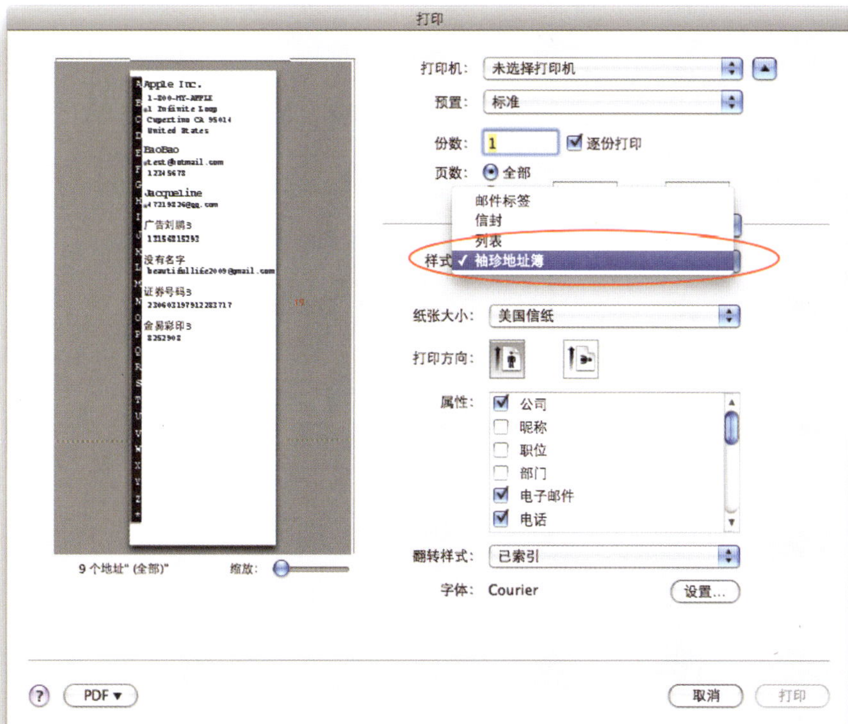

地址簿：打印联系人列表

另外，通过地址簿程序还可以将联系人信息以“列表”方式打印出来，便于快速浏览找到所需的联系人信息。打印的方法与上一页打印“袖珍地址簿”的方法一样，只是此次要在打印窗口中“样式”选项的下拉菜单选择“列表”，然后在“属性”列表中勾选需要打印的信息项目，最后单击“打印”按钮即可。

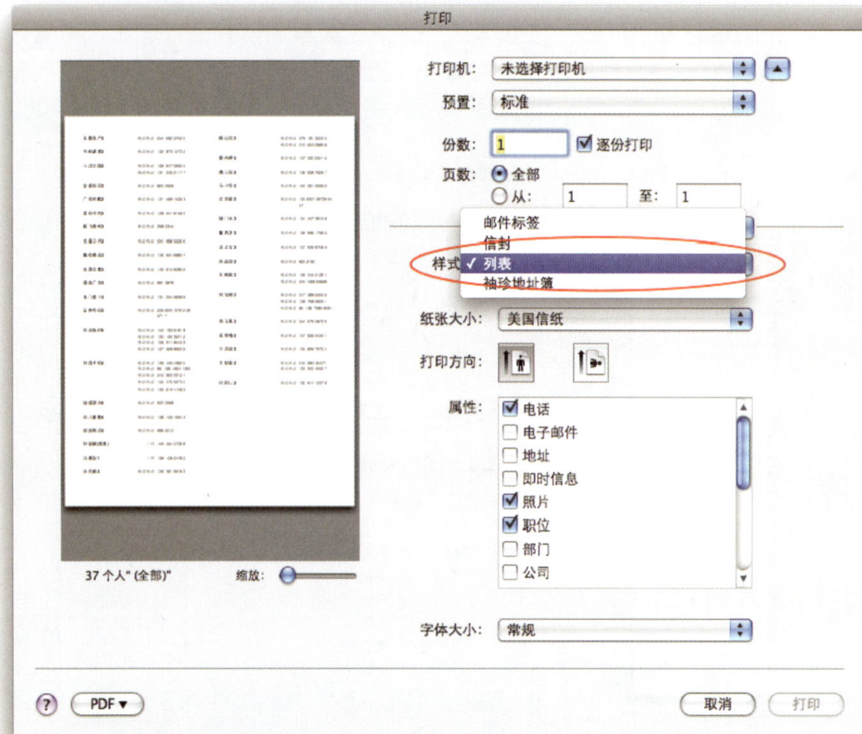

地址簿：最简单的备份方法

如果使用者没有 Mobileme 账户无法将地址簿同步到因特网上（听说来不知所云？那么你肯定没有 Mobileme 账户），那么必须通过其他方法对地址簿中的联系人信息进行备份，以免计算机发生不测（如发生掉到地上、被盗、被联邦调查局作为证据封存或者硬盘出现故障等意外情况）。况且，使用地址簿进行备份是非常简单的事情，所以使用者没理由不做好备份。在地址簿程序的菜单栏上选择“文件－导出－地址簿归档”，系统会将所有的联系人信息从地址簿程序中导入到磁盘上，接下来采取将该备份文件保存到移动硬盘中，刻录到光盘上或通过电子邮件发送给家人等方法妥善保存。现在可以高枕无忧，无需担心联系人信息丢失了。

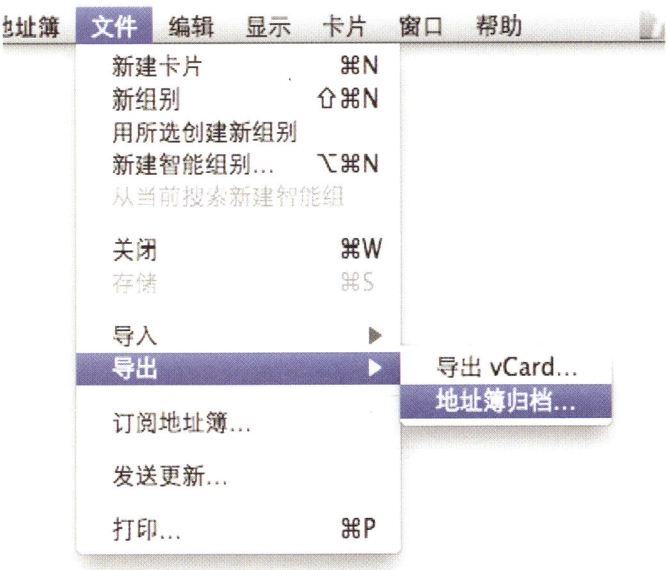

Mail：自定义工具栏

与 Finder 窗口一样，使用者可以自定义 Mail 程序窗口中的工具栏项目，如将不常用的工具按钮从工具栏中去掉，以节省工具栏上的宝贵空间。按住键盘上的 Command 键，然后单击 Mail 程序窗口右上角的扁圆形按钮，可切换工具按钮的显示方式。而按住键盘上的 Command + Option 组合键后，再单击该按钮则可以打开自定义工具栏的窗口，在该窗口中，根据个人使用的需要将所需的按钮直接拖放添加到工具栏上或者将当前工具栏上的工具按钮拖出工具栏将其删除。另外，使用者除了可以对 Mail 程序窗口的工具栏进行自定义以外，还可以单击工具栏上的“新邮件”按钮打开编写新邮件窗口，然后在 Mail 程序的菜单栏上选择“显示 – 自定义工具栏”，以自定义新邮件窗口中的工具栏项目。

Mail：在新邮件窗口中，添加更多的地址栏

在编写新邮件的窗口中，使用者可通过以下操作为该窗口添加一些常用的地址栏。首先在Mail程序窗口的工具栏中单击“新邮件”按钮，打开新邮件窗口，单击该窗口中“主题”地址栏左侧的“自定义”按钮，在弹出的菜单下方选择“自定”，则窗口中会显示所有可用的地址栏，勾选所需地址栏前的复选框，然后单击“好”按钮即可完成地址栏的添加。对我来说，最实用的是最后两个地址栏，可以让我选择发送和接收邮件的服务器。

Mail：邮件编写结束后再进行拼写检查

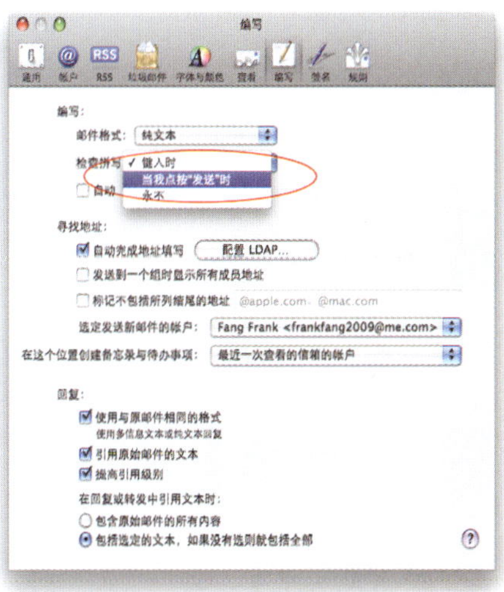

如果你像我一样需要对单词拼写进行检查（关于这点，编辑们可以为我作证），那么你会喜欢默认情况下在编写电子邮件时系统自动对输入的文字进行拼写检查，并将拼写错误的单词以红色下划线标出的功能，但如果觉得这个功能让你无法集中精神进行工作，可以在Mail程序的菜单栏上选择“Mail－偏好设置”，在其设置窗口中的“编写”选项卡中，在“检查拼写”选项后的下拉菜单中选择“当我点按发送时”，则Mail程序会在使用者输入文字时停止拼写检查，仅当使用者单击“发送”按钮进行邮件发送时再对邮件进行拼写检查。按住键盘上的Option键单击标示为拼写错误的单词，在弹出的快捷菜单中，系统会根据拼写情况给出正确单词拼写的建议，在菜单中选择正确的拼写，系统会自动对错误单词进行更正，这样就没人知道你原来的单词拼写有多么槽糕了。

Mail：使用信纸

Mail 程序中内置了大量设计精美的信纸供使用者选用，无论是信纸的颜色还是字体都经过精心的设计，这让普通的电子邮件变得美不胜收，收件人一定会误以为发信人是一个专业的设计师。如果希望使用信纸编写电子邮件，首先在 Mail 窗口的工具栏中单击“新邮件”按钮打开一个新邮件窗口，接下来在该窗口的工具栏中单击“显示信纸”按钮，然后在邮件正文上方出现的信纸浏览器中，按照分类浏览信纸，单击选择所需的信纸，在信纸中输入邮件正文即可。如果所用的信纸模板中包含了照片内容，使用者还可以通过窗口的工具栏中的“图片浏览器”选择所需的照片，以替换信纸中自带的照片。邮件完成后，选择其他信纸可以预览邮件使用其他信纸的显示效果。单击工具栏中的“隐藏信纸”按钮，可隐藏信纸浏览器。

Mail：设定邮件的优先级别

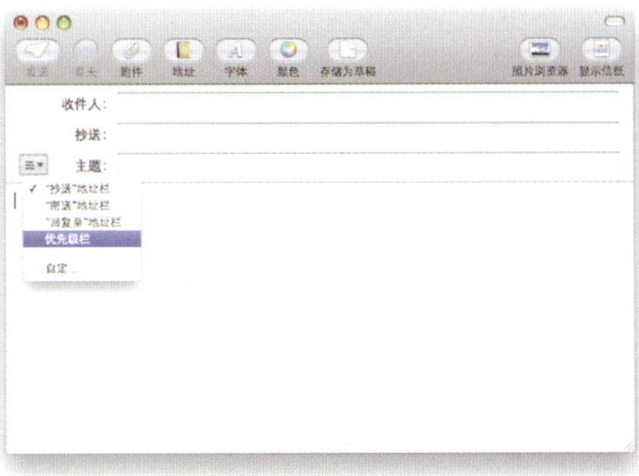

为发送邮件设定优先级别可以让收件人了解该邮件的重要程度，其设置方法如下。首先在Mail窗口的工具栏中，单击“新邮件”按钮或通过按下键盘上的组合键Command + N打开一个新邮件窗口，接下来单击“主题”地址栏左侧的“自定义”按钮，在弹出的菜单中选择“优先级”，则在新邮件窗口的“主题”地址栏下方的最右侧会出现一个“优先级”按钮，通过单击该按钮可以方便地为邮件设定不同的优先级别。

Mail：添加图片附件

Mail与iPhoto软件的完美结合，让使用者为邮件添加照片或图片附件变得易如反掌。打开编写新邮件的窗口（在Mail窗口的工具栏中，单击“新邮件”按钮），在该窗口中单击右上方的“图片浏览器”按钮，在弹出的浏览窗口中，使用者可以看到iPhoto软件中保存的所有图片文件，找到所需照片将其拖放到邮件窗口中，即可将该图片添加为邮件的附件。

Mail：调整邮件图片附件的大小

想象一下：如果你的父母住在遥远的印第安纳州只能通过拨号方式上网，而你要通过电子邮件将他们外孙的照片发送给他们，这本来是一件好事，但是当照片经过 Photoshop 软件处理后容量达到 34MB，则他们需要用几周的时间下载完成后才能看到他们疼爱的外孙的照片。记住，并不是所有人使用的都是费用非常高的光纤上网方式，所以最好在邮件中添加了图片附件后记得调整下该附件的大小，然后再发送出去。在图片添加为邮件附件后（可以通过新邮件窗口工具栏上的“附件”按钮或直接将图片拖放到新邮件窗口中来添加图片附件），此时新邮件窗口的右下方会出现“图像大小”选项，使用者在该选项的下拉菜单中可以设定图片附件的大小，设定好后，新邮件窗口中的图片会根据选择自动进行大小调整，同时窗口左下方会显示当前图片附件的大小。相信我，发送给朋友一张容量为 248KB 的图片比发送一张容量为 34MB 的图片更能取得朋友的欢心。

Mail：让你激怒并失去朋友的错误做法

我喜欢朋友将收到的“八卦”信息通过邮件转发给其他 300 个人时，也能想到我。那么我是怎么知道有其他 299 个人也收到了和我所收邮件内容一样的电子邮件呢？那是因为邮件发送人将所有收件人的电子邮箱地址都写在了邮件的“抄送”地址栏中，这样收到该邮件并喜欢通过邮件发送笑话、八卦信息、悲情故事和“连锁信”的这 299 人就可以对其他所有人的邮箱地址一览无遗（更不要说那些在因特网上通过机器人程序专门收集电子邮箱地址，并将其出售给垃圾邮件发送机构的人了），这使得我一直避免收到垃圾邮件的努力全部化为泡影了。所以，如果需要群发邮件时，至少要将所有人的电子邮箱地址填写到邮件窗口的“密送”地址栏中（在 Mail 程序的菜单栏上选择“显示－密送地址栏”），或者在地址簿中单独创建一个联系人组别，名称可以命名为“喜欢八卦消息的人”，接下来在 Mail 程序的菜单栏上选择“Mail －偏好设置”，在其设置窗口中的“编写”选项卡中，取消“发送到一个组时，显示所有成员地址”复选框的勾选，这两种方法都可以保证收到邮件的人将只能看到自己的邮箱地址，而不会看到收到该邮件的其他人的电子邮箱地址。

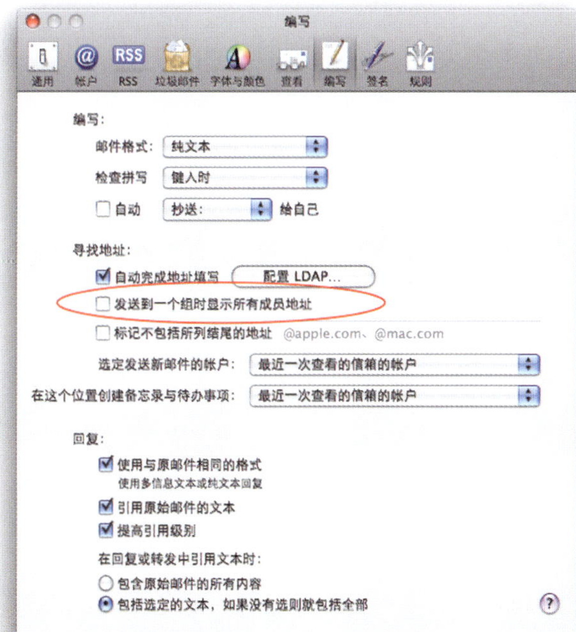

Mail：以附件形式转发邮件

当人们进行邮件转发时，随着转发信件内容的增加，其内容结构变得越来越复杂，往往会让看邮件的人一头雾水，恨不得打电话向在中情局工作的表妹求助，看看能否借助其专业知识帮忙理出头绪来。而 Mail 程序允许使用者将邮件以附件形式进行转发的功能则可以很好地解决这个问题，在 Mail 窗口中选择需要转发的邮件，然后在 Mail 程序的菜单栏上选择“邮件－作为附件转发”，Mail 会将所选邮件以附件形式进行转发，而不是将邮件内容引用到所写的新邮件中，这样对于发件人和收件人来说，在浏览邮件时可以更加有条理。

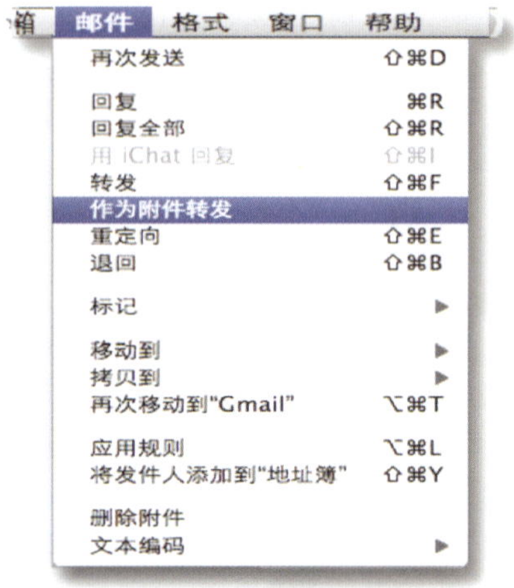

Mail：在同一窗口中显示多个指定邮箱中的内容

如果在 Mail 中添加了多个邮箱账户，则在 Mail 程序窗口的侧边栏中单击“收件箱”后，Mail 程序窗口中会显示所有邮箱账户的全部邮件。但如果使用者按住键盘上的 Command 键，在侧边栏的“邮箱”列表中单击选择多个特定的邮箱，则 Mail 程序窗口中会只显示所选邮箱内的内容。另外，该方法还可以如图所示，在 Mail 程序窗口中合并显示指定邮箱，如合并显示“收件箱”和“已发送邮件”内的所有邮件。使用此方法合并显示邮件只是暂时性的，对邮件所在的位置并没有影响，单击任一邮箱后，邮件显示又恢复到正常状态。

Mail：搜索邮件

使用者在 Mail 程序窗口中的搜索框中输入关键字开始搜索邮件时，工具栏下方会出现一个搜索工具条，单击工具条上对应的条件按钮即可对搜索进行条件限制。如果希望扩大搜索范围，可以选择搜索“所有邮箱”或“整封邮件”，而单击“发件人”和“收件人”则只会在限定条件范围内进行搜索。

Mail：网络连接情况的诊断

当网络连接出现问题而无法接收和发送邮件时，可以在 Mail 程序的菜单栏上选择“窗口－连接诊断”以启动 Mail 内置的连接诊断程序对网络连接进行检查，并给出问题解决方法供使用者参考。

Mail：查看 Mail 工作状态

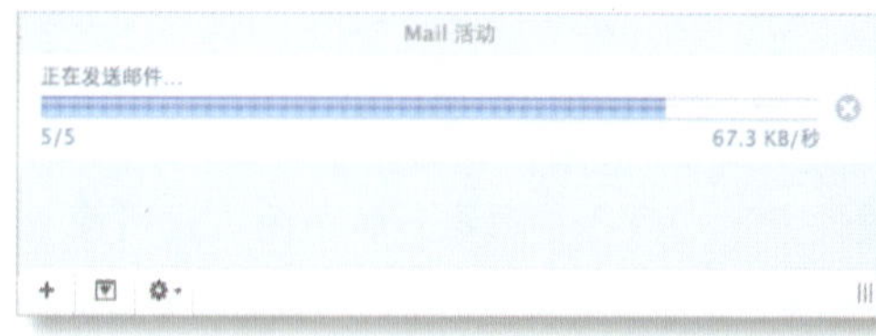

当使用者通过 Mail 程序接收邮件时，其窗口侧边栏上的邮箱旁会显示一个不停旋转的图标，表明当前邮箱正在工作中，但使用者却无法了解当前 Mail 的具体工作情况，例如当前 Mail 是否正在下载大容量的邮件附件。此时，只需在 Mail 程序界面中按组合键 Command + 0（数字零）即可打开“活动”窗口，在该窗口中能够查看 Mail 程序当前的工作情况。例如，如果当前正在下载一个大容量的邮件附件，在该窗口中可以清楚地看到其下载的进度，虽然这么做并不会加快文件下载的速度，但它完全具备让使用者平静下来的功效。另外还有一种查看 Mail 当前工作情况的更简便方法，在 Mail 程序的窗口中，单击其窗口左下方的加号（+）按钮和带有齿轮图案按钮中间的“显示活动”窗口按钮，则在 Mail 窗口中会显示一个“活动”窗口，可以用它随时查看 Mail 的工作情况。

Mail：归档保存邮件

如果邮箱中的邮件越来越多，使用者可以将旧邮件归档保存起来。在 Mail 窗口中按住键盘上的 Control 键，单击选择需要归档保存的邮箱，在弹出的快捷菜单中选择“归档邮箱”，或者在单击选择邮箱后，在 Mail 程序的菜单栏上选择“邮箱－归档邮箱”，接下来在弹出的对话框中选择保存的位置进行保存即可。邮件归档保存后，Mail 不会自动将其删除，使用者可通过按下键盘上的组合键 Command + A 选择所有已经归档的邮件，然后按删除键（Delete）将其手动删除。注意：归档的邮件最好保存在外置的硬盘（如常用的 USB 移动硬盘）中，这样即使在磁盘出现故障或计算机被占用时，依然可以保留自己的电子邮件。

Mail：通过搜索创建智能邮箱

智能邮箱可以自动将符合设定条件的邮件放在指定的邮箱中，这样使用者无需再进行搜索即可阅读所需的邮件。下面举例说明如何通过搜索来创建一个包含某发件人所有邮件的智能邮箱。首先在 Mail 窗口工具栏上的搜索框中输入某人的姓名，接下来在出现的搜索工具条中选择“发件人”，当 Mail 窗口中出现搜索到的结果时，单击搜索工具条最右侧的“存储”按钮，打开创建智能邮箱的窗口，该窗口中的限制条件已经自动选择完成，只需输入欲创建的智能邮箱的名称保存即可。此时所创建的智能邮箱中已经包含某发件人的所有邮件，而且还会自动将该发件人以后发的邮件也放置在该邮箱中。如果某天该发件人转而使用 Windows 操作系统的计算机时，删除该智能邮箱并不会将其邮件从计算机中删除，这样当他迷途知返，重新回到苹果计算机的怀抱里时，你的计算机中依然会保留有他的邮件。

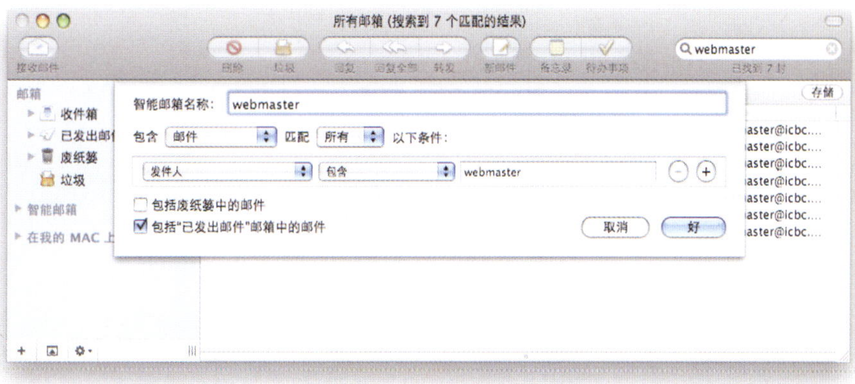

Mail：将智能邮箱添加到 Finder 窗口的侧边栏上

让我们继续深入开发上页所介绍的创建智能邮箱的方法，这次不在 Mail 程序中进行邮件搜索，而是通过按下键盘上的组合键 Command + Option + 空格键打开 Spotlight 搜索窗口，在该窗口的搜索框中输入“种类：邮件 from：发件人姓名”（仅输入引号内的内容，其中的发件人姓名需要改为所要搜索人的姓名），注意在输入时完整的关键词的中间不要输入空格，而各个关键词之间需要用空格相隔。随着使用者的输入，窗口中会显示符合条件的信息，接下来在搜索工具条上单击“存储”按钮，在弹出的对话框中输入该搜索的名称，关键是要勾选该窗口下方的“添加到侧边栏”选项前的复选框，然后保存即可。现在单击侧边栏上新添加的智能邮箱名称，即可随时浏览某指定发件人的所有邮件，而且在每次 Mail 程序启动时，该邮箱内的内容会随着 Mail 程序及时更新。

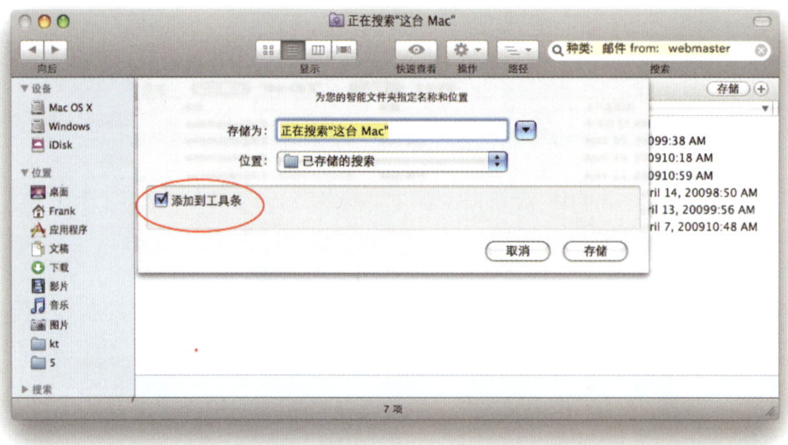

Mail：创建智能邮箱实例 1: 归档旧邮件

巧妙利用智能邮箱可以让其自动完成使用者经常需要做或应该做而没有做的一些工作。例如，我的邮箱里总有旧邮件，感觉这些旧邮件似乎一直在提醒我还有许多的工作没有完成，怎么才能让这些旧邮件既不会总是出现在眼前，又不必将其彻底从计算机中删除（以免将来需要）呢？使用智能邮箱即可解决这个问题。首先在 Mail 窗口的左下方，单击加号（+）按钮，在弹出的菜单中选择“新建智能邮箱”，在出现的对话框中输入该邮箱的名称（你可以随意借用图示中的名称或使用比较正常的名称，如“归档”），接下来在条件限制工具条中的第一个下拉菜单中选择“收到的日期”，在第二个下拉菜单中选择“不包含在过去”，在其后的文本框中输入代表时间的数字，在最后一个下拉菜单中选择所需的时间单位，单击“好”按钮则设定时间内（本例中为过去 6 个月之前）的所有邮件都会出现在所创建的智能邮箱中。此时，使用者有两个选择：一是在该智能邮箱中通过组合键 Command + A 选择该邮箱内所有的邮件，然后按删除键（Delete）将其删除；另外还可以按住键盘上的 Control 键单击该智能邮箱的名称，在弹出的快捷菜单中选择“归档邮箱”，选择归档保存的位置，然后进行保存。建议将归档文件刻录到光盘中妥善保存。接下来回到该智能邮箱中，将该邮箱中的邮件全部删除。以后如果需要，可随时将归档的邮件重新再导回到 Mail 中。注意：如果想归档超过一年以上的旧邮件，在对智能邮箱进行条件设定时，不要将其设定为“收到的日期”为“过去”、“1”、“年”，因为 Mail 在计算日期时是以年份而不是以天数为单位进行计算的，比如，假设今天的日期为 2009 年 1 月 2 日，而你创建智能邮箱时所设置的条件正如刚才所说的条件一样，则该智能邮箱中将只包含 2009 年 1 月 1 日的邮件。所以在设定条件时应计算好天数，用天数进行条件限制，而不要使用年数。

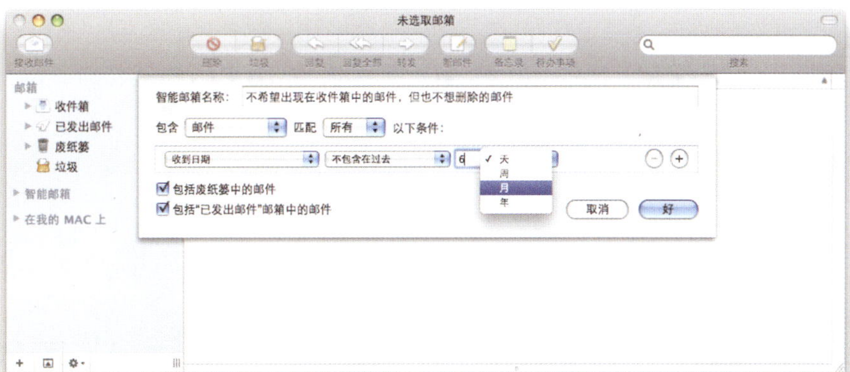

Mail：创建智能邮箱实例 2: 拯救你于水火之中

你相信通过创建智能邮箱就可以拯救自己的生活吗？如你所知，我们大多数人每天要处理数量众多的电子邮件，所以难免会出现失误——漏看了某封邮件的情况，但如果漏看的这封邮件是顶头上司发送给你需要马上处理的邮件，那么情况会怎么样？为了避免出现上司要求你对工作失误马上做出解释的尴尬情况出现，你可以在 Mail 窗口中单击上司发送给你的任一邮件，然后选择创建一个智能邮箱（创建方法参见上一页内容），系统默认情况下，在打开的创建智能邮箱的窗口中所有的设置条件系统已经自动设定好了，使用者此时可以继续增加一些限制条件，如上司所使用的其他邮箱地址等，设置完成后保存即可。以后 Mail 会自动将你上司的邮件放置在指定的智能邮箱中，而你要做的就是查看该邮箱。

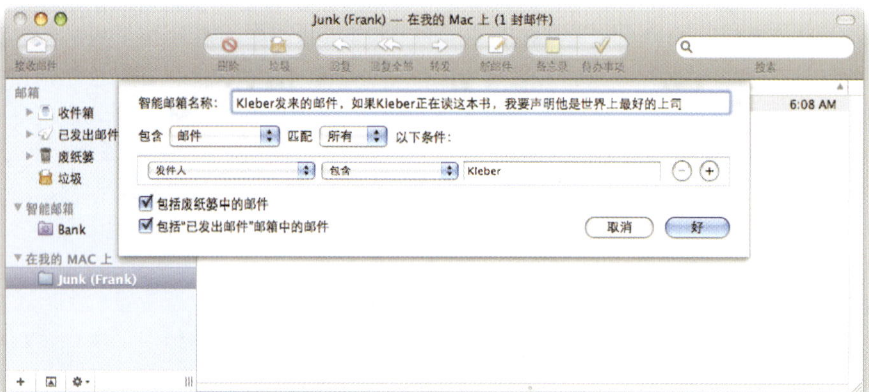

Mail：创建智能邮箱实例 3: 查看所有账户的新邮件

包括我在内的大多数人都可能拥有多个邮箱账户。以我来说，我有一个对外公布的邮箱账户，在注册网站时用，通常这个邮箱账户会收到大量的垃圾邮件；此外还有一个私人邮箱账户，它仅用来与朋友进行联络；还有多个网上购物时所使用的邮箱账户。如果你和我一样拥有多个邮箱账户，可以创建一个智能邮箱，让其显示所有账户中未读的新邮件。在 Mail 窗口的左下方单击加号（+）按钮，在弹出的菜单中选择“新建智能邮箱”，在出现的窗口中的限制工具条的第一个下拉菜单中选择“邮件未读”，仅需设置这一个条件即可，关闭对话框则操作完成。以后使用者在该智能邮箱中可以查看所有账户未读的新邮件，而且 Mail 会自动将使用者阅读过的邮件从该智能邮箱中移除。

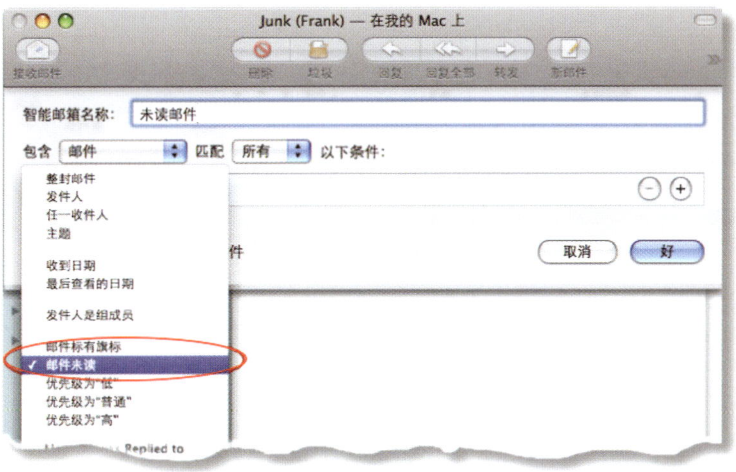

Mail：创建待办事项

到目前为止，我几乎使用过所有用来进行时间管理的工具，如笔记本、卡片、记事本、PDA 掌上电脑和计算机上的日历软件，通过这些工具来帮助安排工作。现在这场与健忘所做的斗争中又添加了一个新的“武器”，即 Mail 程序中内置的“待办事项”功能。该功能最大的优点是简单实用，这么说的一个原因是只需在 Mail 程序窗口的工具栏上单击“待办事项”按钮即可，另一个原因是使用者在邮件正文中高亮显示一段文字后，再单击“待办事项”按钮，就可以直接使用刚才高亮的文字创建一个待办事项，此时创建的待办事项会出现在该邮件正文的上方，其界面看起来类似于手写的即时贴，设计非常人性化。在待办事项完成后，可勾选该待办事项前的复选框将其标示为已完成事项。

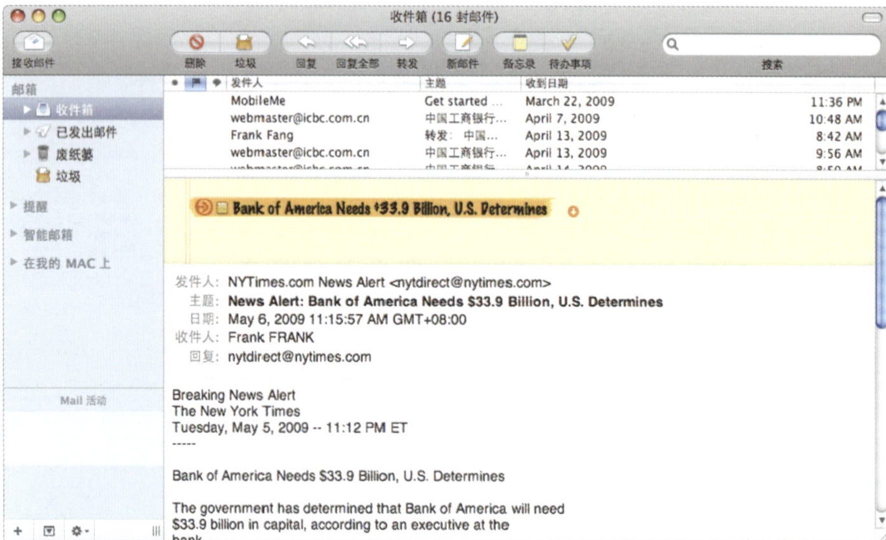

Mail：RSS 订阅

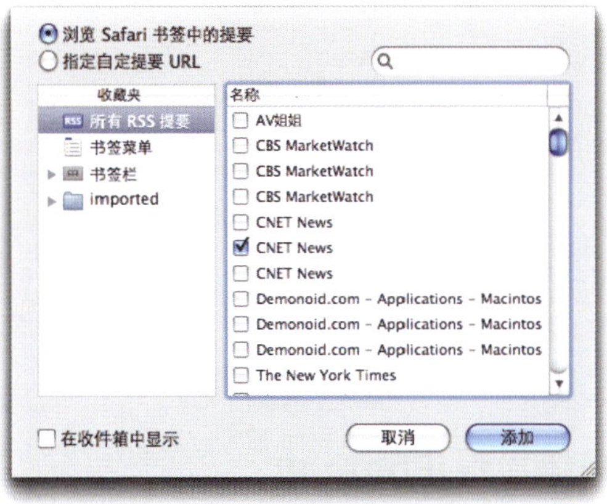

如果某一网站的内容更新速度很快，那么想及时了解该网站内容的更新要比了解一个政治家关于某事的立场更加困难。在本书关于 Safari 浏览的章节中介绍了如何使用 Safari 进行网站 RSS（Really Simple Syndication，即聚合内容）订阅，以便使用者及时掌握网站的最新内容。同样，Mail 程序也具备 RSS 订阅的功能，在 Mail 程序的菜单栏上选择“文件 – 添加 RSS 提要”，在打开的窗口中选中“浏览 Safari 书签中的提要”单选按钮，可以浏览已经添加在 Safari 中的 RSS 订阅，勾选所需 RSS 订阅前的复选框即可将其添加到 Mail 中；而选中“指定自定提要 URL”单选按钮，使用者在其后的文本框中可直接输入 RSS 订阅的网络地址进行订阅。添加后，在 Mail 窗口的侧边栏下方可以看见所有已经添加的 RSS 订阅。

Mail：将 RSS 订阅添加到收件箱中

在 Mail 窗口侧边栏的 RSS 列表中选择任一 RSS 订阅的标题，然后单击其标题右侧出现的小箭头标志，则该 RSS 订阅会移动，并显示在侧边栏上的“收件箱”列表中。而在“收件箱”列表中，选择任一 RSS 订阅的标题，然后单击其标题右侧出现的小箭头标志，此时该标志变为向下的箭头，则所选的 RSS 订阅会重新回到原来所在的 RSS 列表中。

Mail：通过谷歌 (Google) 地图查看地址信息

假如收到一封电子邮件邀请函，其中包含需要你出席的活动的地址信息，将鼠标移动到该信息上时，待地址信息周围出现方框后单击方框右下方的箭头标志，在弹出的菜单中选择“显示地图”，则系统会自动启动 Safari 浏览器（或其他设置为默认浏览器的程序），在谷歌 (Google) 地图中查询该地址的信息，并显示该地址和其周边环境的详细信息。

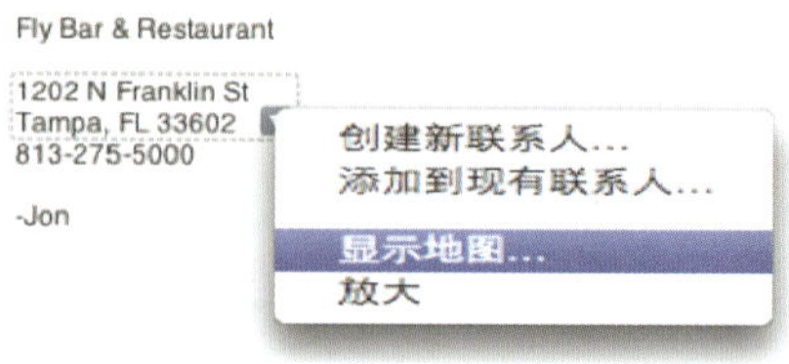

Mail：将图片附件快速添加到 iPhoto 中

如果收到的邮件中包含有需要的图片附件，先将其保存在硬盘上，然后再启动 iPhoto 手动将该图片导入到 iPhoto 中很麻烦。只要在 Mail 窗口中单击包含有所需图片的邮件（不要双击打开该邮件，只需单击选择），在邮件的预览窗口中，单击邮件附件信息右侧的“存储”按钮并按住鼠标左键不放，在弹出的菜单中选择“添加到 iPhoto 中”，系统会自动启动 iPhoto 程序，将图片导入到 iPhoto 中。

DAVE GALES

Mail：将邮件中的电话号码添加到地址簿中

如果所收到的邮件的标题、正文或签名等地方包含有电话号码信息，将鼠标移动到电话号码上，单击出现的向下箭头标志，在弹出的菜单中，可选择使用该电话号码创建一个新的联系人或将该号码添加到已有的联系人信息中。

Mail：通过邮件中的时间信息创建 iCal 事件

如果收到的邮件中包含与时间相关的信息，将鼠标移动到该信息上，此时信息周围会出现一个方框，单击出现的向下箭头标志，在弹出的菜单中可以选择创建一个新的 iCal 事件或在 iCal 中显示所选的日期。如果选择“创建新 iCal 事件”，系统将自动启动 iCal 程序创建一个新的 iCal 事件，并使用该邮件的主题作为该事件的名称。

第6章

无限畅聊

在线聊天工具iChat的
使用技巧

无限畅聊

在线聊天工具 iChat 的使用技巧

如果你从来没有使用过在线聊天工具与其他人进行交流，那么现在就应该开始尝试一下，因为现今的社会中，通过在线聊天工具与其他人进行沟通已经成为人们日常生活的一部分，而 iChat 则是所有在线聊天工具中最棒的一款软件，因为其出色的性能，本书不得不用一章的篇幅来介绍其使用的各种技巧。现实生活中，我每天都在使用 iChat 软件。我发现通过 iChat 软件，一些在现实中从来不会说话的人也可以互相进行交流，但因为其他使用 iChat 的用户可以看见我在线的状态和是否有时间聊天，这使得当别人和我聊天时，我是无法拒绝的，这有时候影响了我的工作效率，严重的时候使用一整天都不能专心工作，不得不占用宝贵的时间来谈论一些无关紧要的话题，如佛罗里达州的天气是如何炎热等。但我一直提醒自己：在线音频聊天、视频会议和文本聊天都是必要的沟通手段，否则只能拿起电话打电话进行沟通，在科技发达的今天，这简直是不能想象的。

查看 iChat 好友的功能状态

除非你的父母是嬉皮士，那样的话你的岁数太小没有经历过，否则其他人的童年中一定会有这样的记忆：你在一场毫无意义的某种比赛中大胜同伴，这以后你会抓住任何机会提醒同伴他是你的手下败将，这是多么美好的童年回忆啊。你看到这，一定会想这些和本页的技巧有什么关系呢？我想说的是，就如童年时的玩伴一样，每个人的身体素质是不同的（同伴中总会有人在某方面不如自己），而 iChat 中的好友的聊天功能也不尽相同，其区别在于你无需跟每个 iChat 好友打一架来进行判断，只需按住键盘上的 Control 键单击 iChat 好友列表中的好友名称（该好友必须处于在线状态），在弹出的快捷菜单中选择“显示简介”，在打开的窗口中选择“描述文件”选项卡，查看该选项卡中“功能”区域的信息，该信息显示的是该好友 iChat 可以使用的功能。记住我们都已经是成人了，不要因为好友的 iChat 不具备自己的 iChat 的某些功能而到处对人吹嘘。

Chat 的功能诊断

显而易见，iChat 程序具备多种功能，但是否能实现所有的功能要取决于使用者的设置。我的观点是，这可是个用来购买一台新苹果计算机的绝佳借口，如果你的配偶不同意我的观点的话，你可以试着去劝说他“买一台新的苹果计算机可不是为了我，而是为了我们孩子的未来，如果二十年后孩子因为我们没能为他买一台可以在线聊天的计算机而影响了他与人沟通的技巧，最后落得个找不到工作的下场，那该多让人悲哀。”（想必听完这句话后，你的配偶会给你和孩子一人买一台新的苹果计算机）。但在劝说前，最好先确认一下当前 iChat 可实现功能的情况，在 iChat 程序的菜单栏上选择“视频－连接诊断”，在打开窗口的“显示”后的下拉菜单中选择“功能”，会出现如图所示的检测结果。注意：诊断结果的好坏与你能否获得一台新计算机的机会是成反比的，所以，只能祝愿你的计算机的检测结果不要像图示中显示的一样，好的检测结果对你来说反而是一个坏消息。

单向视频聊天

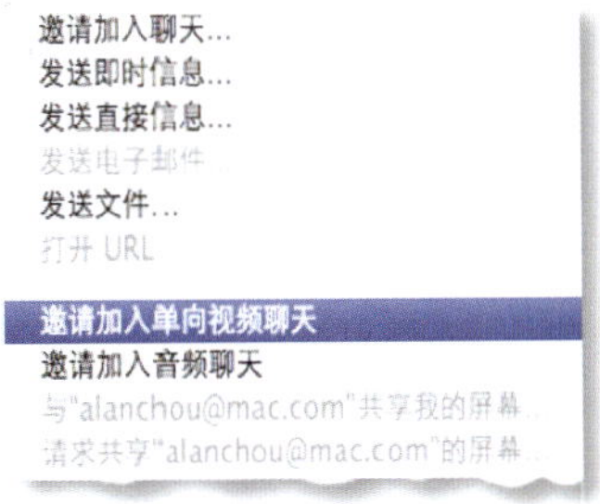

如果你的计算机配备有摄像头设备，而 iChat 上的好友没有摄像头设备，双方依然可以进行单向在线视频聊天，即你的好友可以通过视频看到你，而你是无法看见朋友的画面的，没有办法，谁让你的好友这么吝啬呢？在 iChat 的好友列表中单击好友的名称，接下来在 iChat 程序的菜单栏上选择“好友－邀请加入单向视频聊天”，此时，好友就可以看见你的画面和声音了，反之则不可。另外，如果好友的苹果计算机配有内置的麦克风，则你可以听到好友的声音，但如果你的朋友吝啬得都没有配备摄像头设备，那么还是不要对此抱希望了，免得希望越大失望也越大。

替换好友的显示图片

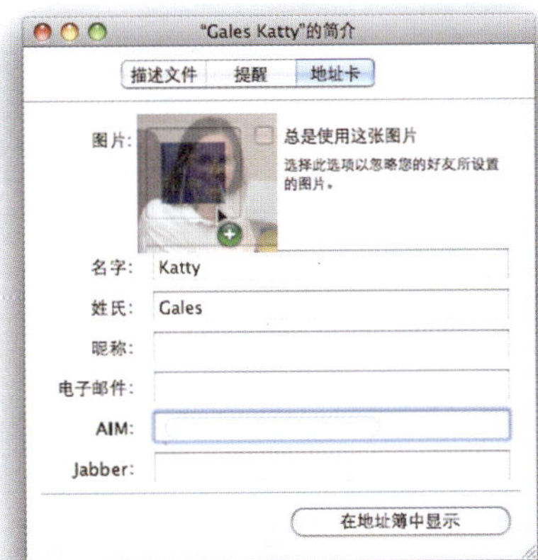

如不喜欢好友当前的显示图片，你可以用自己的图片（当然，我这里指的是你的计算机中所保存的好友照片）进行替换。按住键盘上的 Control 键，在好友列表中单击好友的名称，在弹出的快捷菜单中选择“显示简介”，在打开的窗口中选择“地址卡”选项卡，接下来将用来替换的图片拖放到该选项卡中的图片框中，最后勾选图片框旁的“总是使用这张图片”复选框即可（如不勾选该复选框，则显示的依然是好友自己所设定的图片）。现在，该好友的显示图片应该是刚刚所替换的图片了。此改变仅显示于使用者的计算机上，对好友计算机上的 iChat 设定毫无影响，所以修改之前要确定该好友不会借用你的计算机，否则你就得大费口舌，好好地解释一下自己的行为了。

退出 iChat，依然能保持在线状态

即使使用者退出 iChat 程序，其 iChat 好友依然可以给其发送在线即时信息，当然这需要先对 iChat 进行设置。在 iChat 程序的菜单栏上选择“iChat – 偏好设置”，在打开的设置界面中单击其工具栏上的“通用”图标，在该选项卡中勾选“在菜单栏中显示状态”复选框，此时屏幕上方的任务栏中会出现一个代表对话的泡泡状图标，单击该图标可以查看（或改变）使用者的 iChat 程序的在线状态以及查看 iChat 好友的当前在线状态。除非使用者将其 iChat 程序状态设定为“离线”，否则即使使用者退出 iChat 程序，其依然会连接在苹果的服务器和当前局域网的 Bonjour 网络中，所以 iChat 好友照常可以给使用者发送即时在线聊天信息。如果希望在退出 iChat 程序时完全断开在线聊天的网络连接，则需要在“偏好设置”的“通用”选项卡中勾选“当我退出 iChat 时，将我的状态设置成离线”复选框。

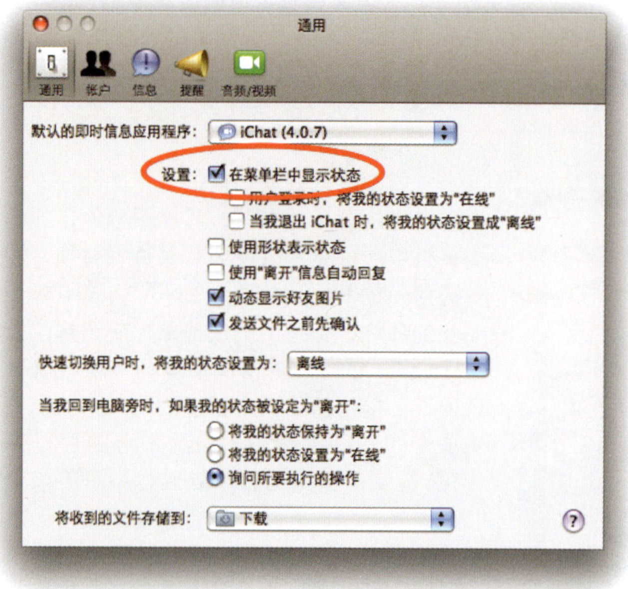

分享当前所听的音乐信息

一边使用 iTunes 听音乐，一边通过 iChat 进行在线聊天时，使用者可以将当前所听的音乐信息与聊天的好友进行分享。在 iChat 好友列表界面中，从使用者在线状态的下拉菜单中选择“目前的 iTunes 歌曲”后，与使用者聊天的好友就可以看见当前使用者 iTunes 中所播放的音乐信息了，这同时也给好友们传达了一个信息，与他们聊天不需要全神贯注，在聊天同时还可以一心两用做些其他事情，比如听听音乐。我不确定使用者是否想传达这个信息，但你应该明白我的意思。另外，如果好友喜欢当前使用者所听的歌曲，单击歌曲信息，则系统会自动打开苹果在线商店 iTunes Store，并显示此歌曲的购买页面，好友可以直接在线购买该歌曲，这样他们就可以像使用者那么酷，听一样的歌曲了。

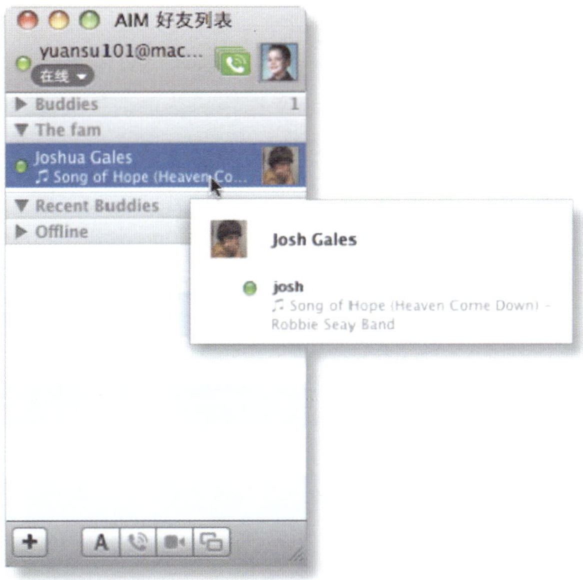

分组管理 iChat 好友

如果你很善于交际，好友众多（我相信本书的读者一定属于这种类型的人，因为只有这样的人才会购买本书），那么 iChat 的好友列表中一定是人满为患了，此时想要在长长的好友列表中找到所需的好友就是一件非常痛苦的事情。幸好 iChat 允许使用者通过“组别”功能对好友进行分类管理（如同地址簿中的组别管理），如可以将办公室的好友都放置在名称为“工作”的组别中，而且每个组别的好友都可以隐藏起来，只显示组别名称，这样不但节省了好友列表的显示空间，避免了在长长的列表中寻找好友的麻烦，而且可以让好友列表的界面看起来更加美观。如希望使用“组别”对好友进行管理，首先在 iChat 程序的菜单栏上选择“显示－使用组别”，接下来在好友列表窗口的右下角单击加号（＋）按钮，在弹出的菜单中选择“添加组别”，输入组别名称后即可创建一个新的组别。最后在好友列表窗口中单击好友名称，按住鼠标左键不放将其直接拖放到对应的组别中进行分类。

将新加好友添加到组别中

添加新的 iChat 好友时，可以直接将该好友添加到已经创建的某个好友组别中。首先，与上个技巧介绍的一样，在好友列表窗口的右下角单击加号（＋）按钮，不过这次在弹出的菜单中选择的是“添加好友”，在弹出的对话框中输入好友的其他信息，最后单击“添加到组别”选项后的下拉菜单，在菜单中选择所需的组别即可。

为“老朋友”重新分组

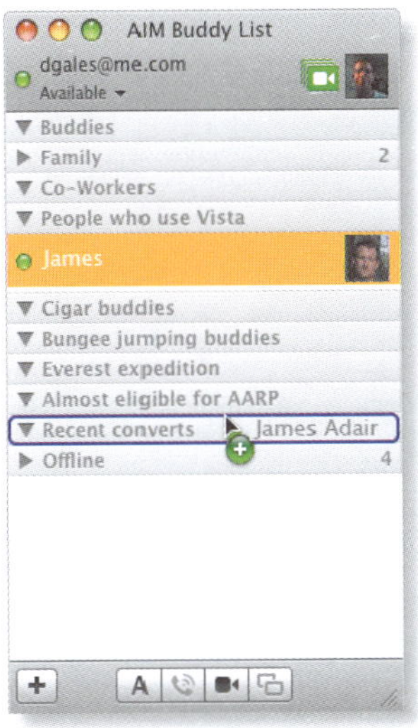

这里所说的“老朋友”可不是指AARP（America Association of Retired Persons，即美国退休人员协会）的成员，指的是已经被添加为某一组别的好友，但现在该好友目前的情况发生了改变，已经不再属于该组别了。例如，如果iChat好友列表中的某个好友位于名称为“使用微软Vista操作系统的人”的组别中（当然，该组别中的人数是非常少的），但其已经浪子回头，购买了一台苹果计算机，那么使用者只需在“使用微软Vista操作系统的人”组别中单击该好友名称，按住鼠标左键不放将其拖放到名称为“改邪归正”的组别中，即可以调整该好友所在的组别。此外，如果在拖动好友时按住键盘上的Option键，可以将该好友放入多个不同组别中。比如你可以将同一个好友分别放在“AARP准成员”，“珠穆朗玛峰探险”和“蹦极”这3个不同组别中。

保存iChat的聊天记录

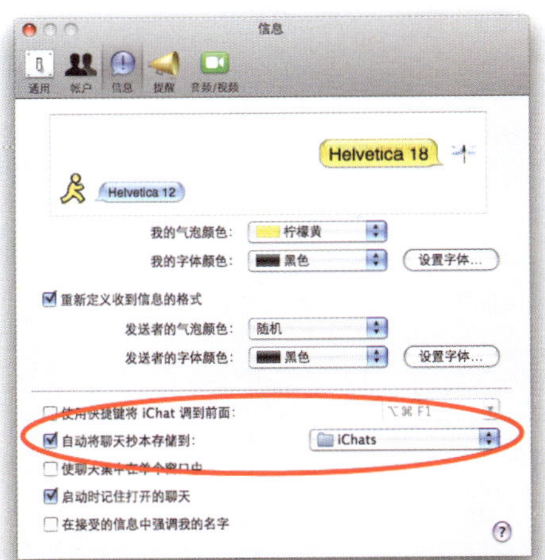

出于多种原因，如聊天内容中包含有将来需要的使用说明、一个菜谱，或其他内容，使用者可能希望将聊天记录保存下来，以备将来之需。通过设置参数，iChat可自动保存所有的聊天记录。在iChat程序的菜单栏上选择“iChat－偏好设置”，在打开的设置界面中单击工具栏上的“信息”图标，在该选项卡中勾选“自动将聊天抄本存储到”选项前的复选框，在系统默认情况下会将iChat的聊天记录保存在名称为iChats的文件夹中，该文件夹位于用户的“文稿”文件夹下。如果希望将聊天记录保存到其他位置，使用者可以在“自动将聊天抄本存储到”选项后的下拉菜单中选取新的存储位置。

为好友设定特殊提醒声音

声音提醒是非常方便的一项功能，但如果 iChat 好友数目众多，那么频繁出现的提醒声音却能让人发狂。当我工作时听到好友上线的提醒声音，就无法再专心工作，必须查看究竟是哪位好友刚刚上线了。如果读者像我一样易于受提醒声音的干扰，则可以选择为不同的好友设定不同的提醒声音，以便进行分辨。按住键盘上的 Control 键单击好友的名称，在弹出的快捷菜单中选择“显示简介”，在打开的简介窗口中选择“提醒”选项卡，在该选项卡的“事件”选项后的下拉菜单中选择一个事件，接下来勾选“播放声音”选项前的复选框，在其后的下拉菜单中选择发生所选择事件时系统发出的提醒声音即可。

多人视频聊天

一对一的视频聊天看起来很酷，但如果能邀请另外的好友加入到一对一视频聊天中，使其变成多人同时在线聊天则是更加了不起的功能。当使用者与一位好友进行一对一视频聊天时，在 iChat 好友列表中，单击一位好友名称旁的摄像头标志即可以邀请该好友加入视频聊天，此时不再是简单地弹出一个视频聊天窗口，而是该好友出现在一对一的视频聊天窗口中，这种感觉就如同多人同时坐在一个黑色的会议室中一样。同一视频聊天的人数最大限制为 4 人（包含使用者自己），我很希望截取一张 4 人同时聊天的画面，但很遗憾，我没有那么多的朋友啊。

录制视频和音频聊天

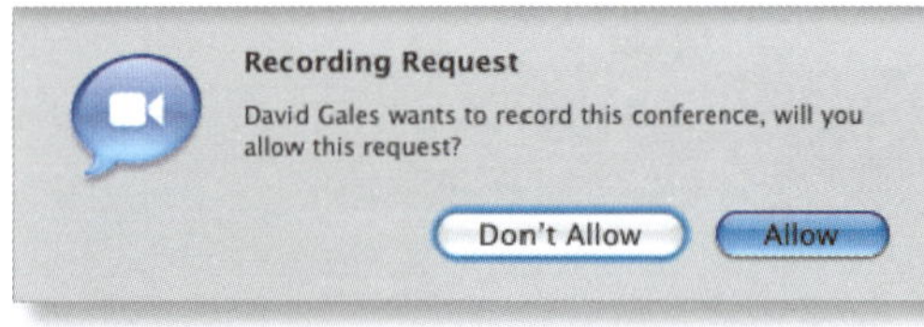

Leopard 操作系统增加了录制音频和视频聊天的功能，这样使用者可以将聊天的影像资料保存起来，留待以后使用。与其他好友进行一对一或多人视频或音频聊天时，在 iChat 程序的菜单栏上选择“视频 – 录制聊天”，则 iChat 会自动向对方发送信息以获得对方的许可进行视频或音频聊天的录制。如果对方选择同意，则在屏幕的角落会出现不断闪动的红光，表明录制正在进行中。单击“停止录制”按钮或关闭聊天窗口即可以停止聊天的录制。所录制的内容保存在用户的“文稿”文件夹下的 iChats 文件夹中。

iChat 的免打扰设置

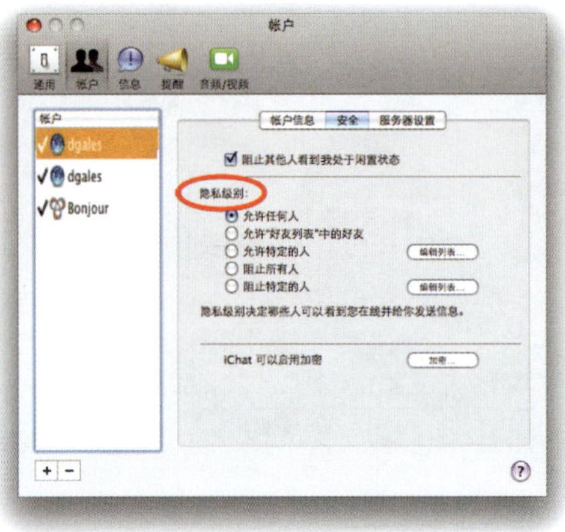

使用者启动 iChat 程序使其处于在线状态，这基本上等于向当前在线的所有好友宣布，我现在可以聊天了。如果此时没事做，那么完全可以和朋友聊天，消遣一下，但如果此时正有很多工作堆积在案前，那么好友跟你打招呼会让你不胜其扰。其实，使用者可以在 iChat 中为自己设定“隐私级别”，从而让某些设定条件中的人无法看到你当前在线的状态，又不会影响你与其他人进行沟通（否则一些人会给你发短消息或邮件询问为什么不回复他们发给你的信息）。在 iChat 程序界面中，通过按键盘上的组合键 Command + 逗号键调出 iChat 的偏好设置界面，单击其工具栏上的“账户”图标，在该选项卡中左侧账户列表中选择除 Bonjour 以外的账户，接下来在右侧窗口中选择“安全”选项卡，其中的“隐私级别”设置中提供了一系列的设定供使用者进行选择。选择某一级别后，即使你的 iChat 当前处于在线状态，被屏蔽的好友的 iChat 好友列表中依然会显示你的状态为离线，从而不会来打扰你的工作。

iChat 的隐身模式

我小时候认为世界上最棒的一项超能力就是隐身术，这样就可以站在屋子的中间看着所有的人，除非隐身能力消失，否则所有人都看不到我。有时候我只是想启动 iChat 程序看看某人当前是否在线，而不希望其他人知道我在线。但即使我提前设定 iChat 的在线状态为“离线”，只要连接到因特网上，我的名字就会出现在其他人的 iChat 好友列表中，这样其他人就知道我当前就在计算机旁，我可不想让别人了解这些。幸好 iChat 具备“隐身”功能，在好友列表界面中单击状态信息，在其下拉菜单中选择“不可见”即可。这让我想起了我小时候的梦想，虽然这样无法与真正的“隐身术”相提并论，但至少是一个开始。

回避音频聊天

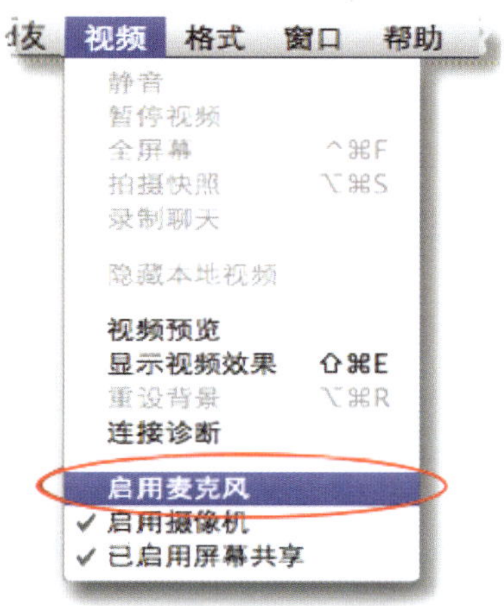

如果加班到深夜，妻子和孩子已经沉浸在梦乡中，你一定不希望哪个好友此时邀请你进行音频聊天吧？在 iChat 程序的菜单栏上选择“视频”，在该菜单中取消“启用音频”选项前的勾选，此时在你朋友的 iChat 好友列表中，你的名称旁边的音频聊天标志会消失，你的朋友就只能选择用手打字和你进行文字聊天了。

通过 iChat 发送文件——没有文件大小限制

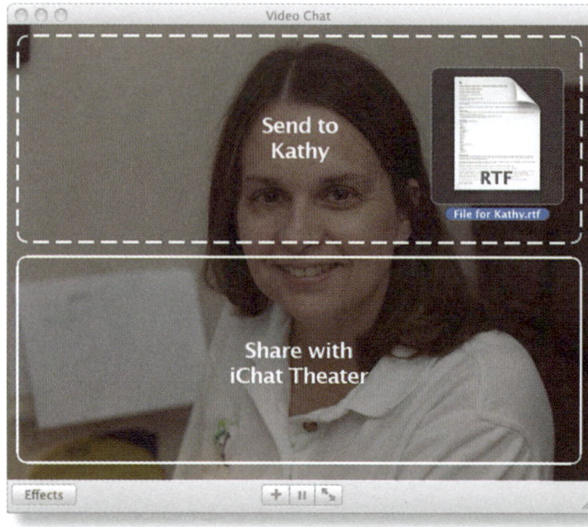

与朋友进行文本聊天时，只需将磁盘中的文件拖放到对话框中即可将该文件发送给对方。如果当前进行的是视频聊天，则需要将文件拖放到视频聊天窗口的上半部分，以将文件发送给对方。使用 iChat 发送文件的一个最大好处是，该方法不像电子邮件那样对文件大小有限制，它对传送文件的大小没有任何限制。但如果你忘记了好友生活的地方是一个小城市，只能通过网速非常慢的拨号方式连接到因特网上，而你却发送一个容量为 903MB 的文件给他，不用担心，接收文件的对方可以选择接收文件并下载或者拒绝接收文件。

五颜六色的对话框

不喜欢 iChat 程序默认的对话框的颜色怎么办？在 iChat 程序的菜单栏上选择“iChat－偏好设置”，在打开的设置界面中单击其工具栏上的“信息”图标，在该选项卡中“我的气泡颜色”的下拉菜单中选择自己喜欢的颜色即可，另外还可以在该界面中设置对话时所用的字体和字体颜色。最好为收到的信息也进行类似的设定，这样文本聊天的界面才看起来更美观。

屏幕共享

在苹果公司的 Leopard 操作系统新推出的特性中，“回到我的 Mac”是其中最好的功能之一。但该功能的唯一缺点是仅支持登录同一 Mobileme 账户的苹果计算机，所以如果我表弟的计算机有什么问题，我只能告诉他怎么做，然后他再将结果反馈给我。如果我和表弟两人使用的都是 Leopard 操作系统，则可以通过 iChat 直接访问对方的计算机，而不必要求对方的计算机必须登录一方的 Mobileme 账户。具体操作方法如下：在 iChat 的好友列表中单击好友名称，接下来在好友列表的底部栏中单击“屏幕共享”按钮，此时可以选择将你的屏幕共享给对方 (则对方可以访问你计算机中的内容)，或请求对方的同意以访问对方的计算机。如果对方同意共享屏幕，则此时你计算机的屏幕上会显示对方的桌面，而你自己的桌面会缩小为缩略图显示在桌面的角落里。单击该缩略图和对方屏幕可在自己的桌面或对方的桌面间进行切换显示。共享结束后，关闭聊天窗口或单击屏幕上方任务栏上红色的“共享屏幕”按钮即可关闭共享。

在共享屏幕间复制文件

更让人惊奇的是："屏幕共享"功能允许使用者直接拖动文件到不同的屏幕中，以实现两台计算机文件的复制。例如，在共享屏幕时，单击对方计算机内的文件，按住鼠标左键不放将其拖放到代表使用者计算机的桌面缩略图上，即可将对方计算机中的文件复制到使用者的计算机内，反之亦然。难道还有比用这种方法在两台计算机间进行文件复制更方便的方法吗？

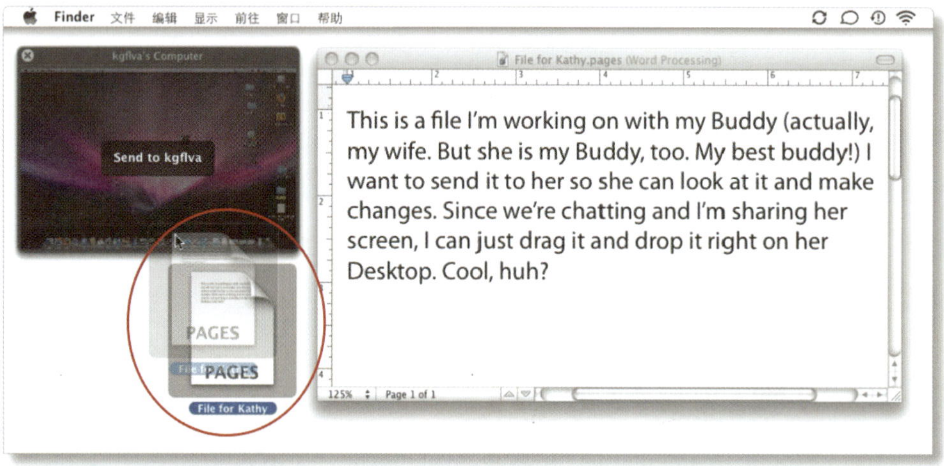

iChat Theater 功能

我经常会拿着自己的笔记本计算机冲到办公室的人面前说："嘿！兄弟（我们办公室的人都是老派作风，至今还是以兄弟互称），看我新发现的功能"，这通常让出现在办公室的门卫和送快递的人感到不可理解，但除此以外，其他人至少会表面上替我的新发现表示一下高兴。感谢 iChat 的 iChat Theater 功能，我可以在办公室以外重演我在办公室做的事情了，当你在与其他人进行视频聊天时，将欲共享的文件（基本上可以是任何类型格式的文件，图片、文本、歌曲、影片、PDF 以及其他你可以想象得到的文件）拖放到视频聊天窗口中显示有"通过 iChat Theater 共享"文字的区域，此时在对方的屏幕上，你的画面会取代对方的画面并缩小显示在角落中，而共享的文件则会占据视频聊天窗口的大部分画面。

第7章

遨游因特网

因特网浏览器软件Safari的操作技巧

Mac OS X
KILLER TIPS

遨游因特网

因特网浏览器软件 Safari 的操作技巧

为什么要用一章的内容来介绍Safari因特网浏览器呢？有以下几个看起来比较牵强的理由。首先，Safari因特网浏览器是日常操作中经常要用到的软件，这里的“经常要用到”其实可以理解为“一直用到”，通过Safari我们才可以浏览网页，“网页”其实是指整个“因特网”或所谓的虚拟空间，而因特网还有另外一个名称，即大家现在都已经耳朵磨出茧子的一个词“信息高速公路”。但只有政客们才会用这些华丽的词汇，因为他们根本不使用因特网，只有他们的员工和网民们才会去浏览因特网。无论怎样，你（我、我们和他们）在日常中经常要使用到Safari浏览器，这里用了一章的内容来介绍关于其使用的技巧的另一个原因是如果我将这些技巧添加到其他章节中，则其他章节的内容就有点过多了（用那些政客的说法就是其他章节的内容会“信息过载”）。这里顺便提一下，Safari浏览器的发明者是戈尔（AI Gore），但不是那个曾经当过美国副总统的戈尔。

标签页浏览，正确的浏览方式

对多数人来说，使用标签页的方式浏览因特网会永久性地改变其在线工作或娱乐的方式。在正常情况下，打开一个网页后，单击网页内的链接，则链接的内容会覆盖当前所浏览的页面，如想再浏览被替换的网页内容，则只能通过单击“后退”按钮或从网页浏览历史记录中重新打开之前浏览的网页。但通过标签页方式进行浏览时，按住键盘上的 Command 键单击网页上的链接，则 Safari 会在另一个标签页中加载链接的页面（标签页看起来像是文件夹的标签），而不会替换当前浏览网页的内容，标签页显示在 Safari 菜单栏下方的“标签栏”上。系统默认情况下，新打开的标签页会在后台进行加载，单击标签页的名称则切换显示该标签页的内容。按住键盘上的 Command + Shift 组合键后，单击网页中的链接，则 Safari 会以新标签页打开该链接，并自动将该标签页切换为前台显示。使用者在 Safari 浏览器的菜单栏上选择“Safari – 偏好设置”，在打开的设置界面中选择“标签”选项卡，在其选项卡中可对标签页浏览进行设定。使用标签页方式进行网页浏览的好处是：在一个网页中按住键盘上的 Command 键，可单击打开同一网页中的多个链接，每个链接的内容都会显示在一个单独的标签页中，只需单击即可切换到所需的标签页进行浏览，正如本技巧的标题所说，这才是正确的网页浏览方式。

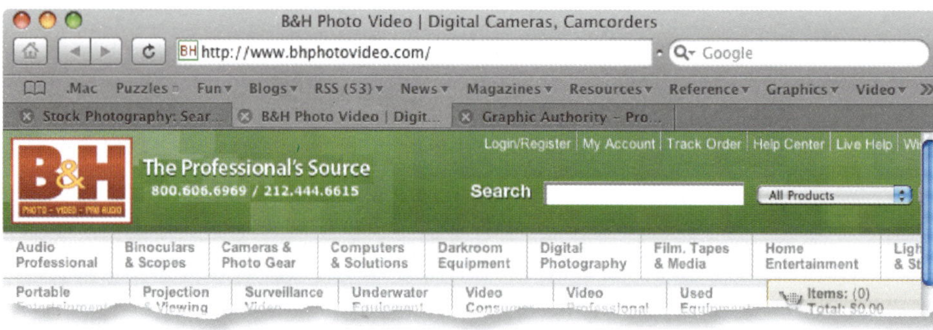

保持浏览当前页面的状态

按住键盘上的 Command 键，单击网页中的链接（不要按住键盘上的 Command + Shift 组合键后，再单击网页中的链接），Safari 会在新的标签页中加载所选链接的页面，并且该标签页会保持在后台界面，而不会影响使用者浏览当前网页的内容。这对浏览的网页中包含有多个需要查看链接的使用者来说，是一项非常实用的功能。通过该方法可以同时打开网页中的多个链接，而不会出现因为打开的链接页面替换当前网页内容，而不得不多次返回原页面，再打开其他链接的情况。这类似于在颁奖典礼中，要求观众待主持人宣布完所有的获奖人以后再鼓掌一样，当然，当主持人念到你孩子的姓名时，手滑一下而发出掌声这也是可以理解的。

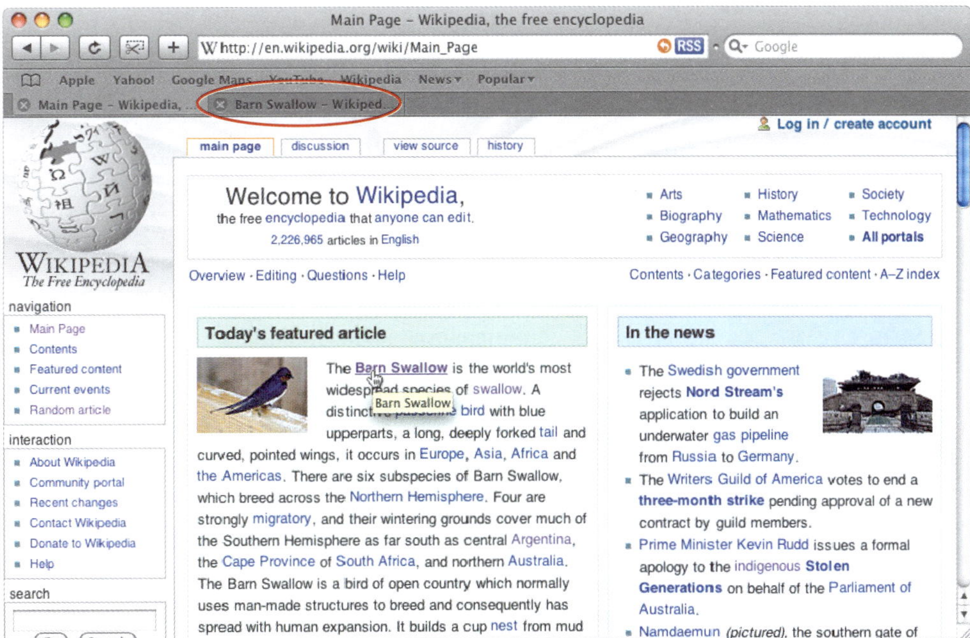

标签页浏览方式与其他浏览方式的结合使用

即使我非常喜欢使用标签页的浏览方式，但有时候也需要在一个新的 Safari 浏览器窗口中打开网页中的链接（虽然写本页技巧时，没能想出一个适当的例子，但我确定这种情况是肯定会有的），此时只需按住键盘上的 Command + Option 组合键单击网页中的链接，则 Safari 会在当前 Safari 窗口的后方打开一个新的窗口，并将所选链接的页面显示在新的窗口中；如果按住键盘上的 Command + Option + Shift 组合键单击网页中的链接，则 Safari 会在当前 safari 窗口的前方打开一个新的窗口，并将所选链接的内容显示在新的窗口中。在 Safari 程序界面中，通过按下键盘上的组合键 Command + 逗号键，可打开 Safari 程序的偏好设置窗口，在其中的“标签”选项卡中勾选或取消每个选项前的复选框的勾选可对标签页浏览进行设定，设定好后关闭偏好设置即可，所有的设定都是即时生效的。

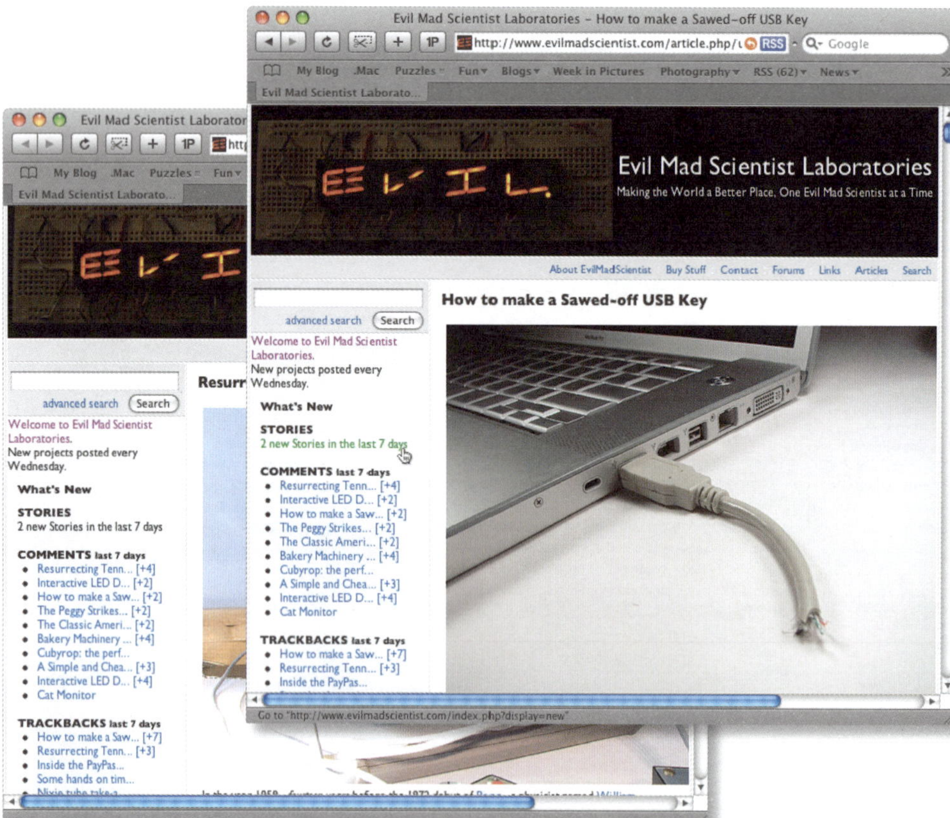

在新窗口中打开标签页的内容

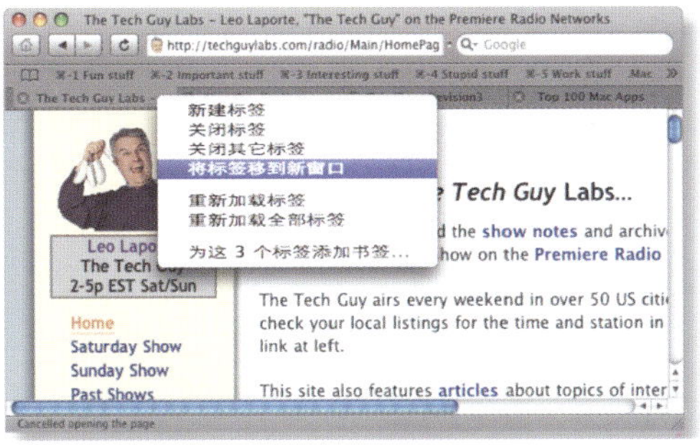

使用者在通过标签页方式打开多个网页进行浏览时，按住键盘上的 Control 键单击任一标签页，在弹出的快捷菜单中选择“将标签移到新窗口”，则 Safari 会将该标签页的内容显示在一个新打开的 Safari 窗口中。

拖动标签页以使用新窗口浏览其内容

除了上面所介绍的方法外，还有一种操作起来更有趣的方法，同样也可以在新窗口中打开标签页的内容。在 Safari 程序界面中单击需要在新窗口中打开的标签页，按住鼠标左键不放将其拖出标签栏（不要沿标签栏横向拖动，与其他标签页重合），当其脱离标签栏后，则该标签页会显示为该标签页页面内容的缩略图，此时松开鼠标左键，Safari 会将该标签页的内容显示在一个新打开的 Safari 窗口中。你想知道在拖动标签页时，如果沿标签栏横向拖动，与其他标签页重合会发生什么情况吗？其后果是使用者的磁盘会自动进行格式化清除所有的数据，或者标签页的位置互相调换。现在自己动手操作一下，来确定一下会发生哪种情况吧！

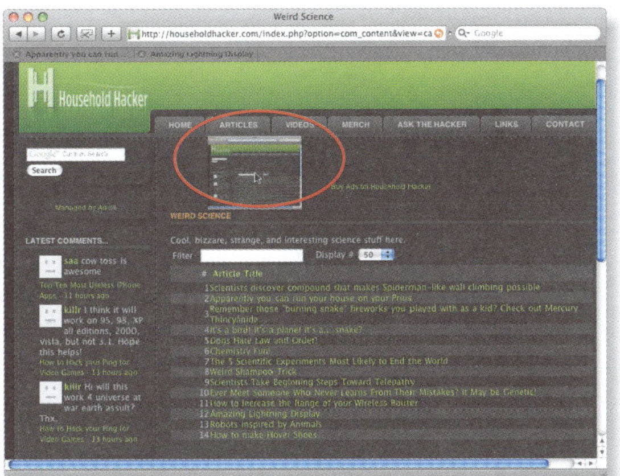

将所有打开的 Safari 窗口合并在一个窗口中

为避免读者出现误解，我先声明我是一个绝对支持使用标签页方式浏览网页的人。但是，有些时候由于误操作或单击过多网页上的链接，桌面上会堆满网页窗口，此时可以在 Safari 程序的菜单栏上选择“窗口 – 合并所有窗口”，Safari 会自动将所有当前打开的 Safari 窗口以标签页的方式合并到一个 Safari 窗口中。

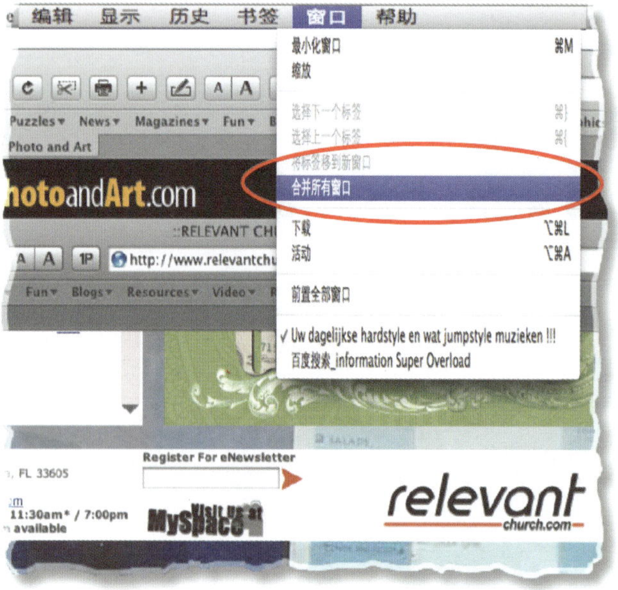

将打开的 Safari 窗口添加到其他窗口的标签栏中

Safari 程序允许使用者将一个 Safari 窗口中的网页以标签页的方式添加到另一个 Safari 窗口中，单击某一网页的图标（即该网页网络地址前的小图标），按住鼠标左键不放将其拖放到另一个 Safari 窗口中标签栏的空白位置上，则该网页会变成该窗口的一个标签页。如果将该网页图标拖放到另一个 Safari 窗口中的其他标签页上，则拖动的网页内容会取代该标签页的内容。

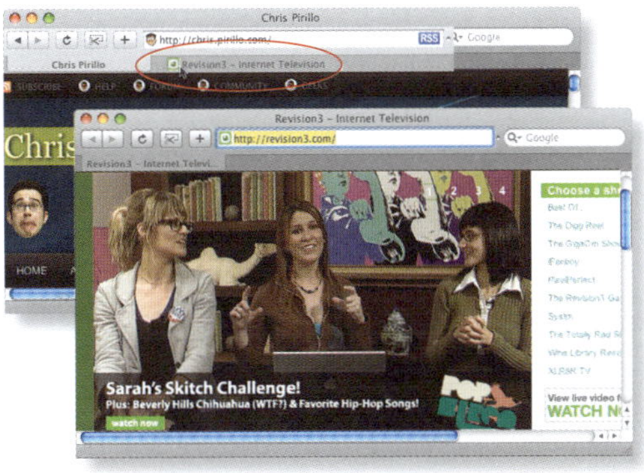

为一组标签页添加书签

我目前有几百个网页地址的书签，并将其分组归类进行管理，如将书签分为新闻类、博客类、搞笑类等。但有些网页（如我的网站，scottkelby.com) 是每天都要浏览的，这样才能让自己知识渊博、与时俱进、掌握科技发展，我虽然已经将这些网页保存为书签，但是它们却分别位于不同的分类中，如果每天都需要在不同分类中找到所需的网页，那将是一件非常痛苦的事情。所以我创建了一个名称为“每日必读”的书签文件夹，将所需的网页都放在这个文件夹中，每天只需一键即可浏览所需的网页。设置的方法是：首先使用标签页打开所需的所有网页，当在标签栏中可以看见打开的网页的名称时，在 Safari 程序的菜单栏上选择“书签－为【当前所打开标签的数目】个标签添加书签”，然后在出现的添加书签对话框中输入该标签的名称，比如可以输入“每天需要浏览的网页，以让自己能与时俱进”或“每日必读”，使用者可以按个人喜好输入名称，然后将其保存到“书签栏”中。

一键打开书签文件夹中保存的所有书签

如果使用者创建了书签文件夹（参见上页的技巧），则可以在 Safari 的书签栏中单击书签文件夹，在其弹出的书签列表中选择需要打开的网页书签，或者按住键盘上的 Command 键单击书签文件夹，Safari 会以标签页的方式打开该文件夹中保存的所有书签。如果经常需要打开一个书签文件夹中的所有书签，则可以将该书签文件夹设定为“一键打开”，此时再按住键盘上的 Command 键单击书签文件夹，只会弹出书签列表，需要选择单个的书签以打开网页。读者一定以为这一个功能需要在 Safari 的偏好设置中进行相关设置吧？错了，使用者需要单击书签栏最左侧的书本图标（即“显示所有书签”按钮），接下来在左侧列表的“精选”项目下选择“书签栏”，然后在右侧窗口中勾选书签文件夹右侧的“自动点按”复选框即可。注意：如果一键打开的书签文件夹中仅包含 3 个书签还好，但如果其文件夹中包含有数量众多的书签，那么读者就有必要记住下页中所介绍的技巧。

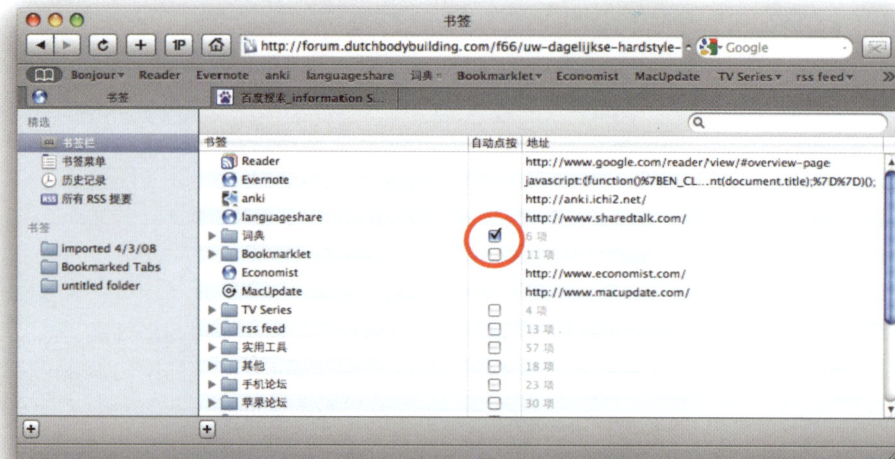

取消一键打开的多个网页

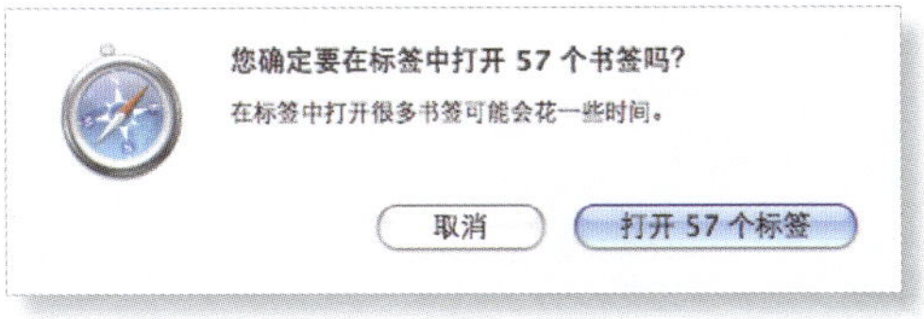

以标签页的方式进行网页浏览改变了我的生活，但是有一件事却逼得我发狂。我经常按住键盘上的 Command 键，然后单击网页上的链接在新的标签页中打开所选链接页面，但有时候我却用这个方法单击了书签栏上的一个书签文件夹，则 Safari 会将该文件夹中所包含的全部书签以标签页的方式打开。虽然系统默认情况下如果一个书签文件夹中所包含的链接多于 50 个，同时打开它们时 Safari 会弹出提醒信息让使用者确定是否要同时打开所有的链接，但是如果该文件夹中所包含的链接数目少于 50 个，则不会有任何提醒信息，Safari 会直接打开所有的链接。如果出现这种情况，使用者只需单击 Safari 程序工具栏上的“后退”按钮，即可取消一键打开多个网页的操作。

切换标签页

标签页浏览是 Safari 浏览器最棒的一个功能，使用者在使用标签页浏览多个网页时，按住键盘上的组合键 Command + Shift + 右方向键，就可以从左至右切换显示标签页，反之只需按……，我想不需要我来说明该如何操作了吧。

调整标签页的排列顺序

单击需要调整位置的标签页，按住鼠标左键不放将其拖到所需位置即可。其他的标签页会自动为移动的标签页让出位置。

删除自动填充信息

当使用者在网页中填写信息表格时，随着使用者的输入，Safari 程序会自动在使用者的地址簿和曾经填写过的信息表单中搜索与输入相符的信息，如找到相符信息，程序会自动将使用者未输入的信息填写完整，这是非常方便的一项功能。如果过去在填写某个信息表格时曾出现过输入错误，例如，我曾经在地址簿中输入街道地址时出现输入错误，则每次我在信息表格中再输入街道地址时，Safari 的自动填充功能就会帮我完成街道地址的输入，当然输入的依然是错误的地址，幸好，Safari 程序允许使用者删除错误的信息输入记录。删除的方法如下：在 Safari 程序的菜单栏中选择“Safari – 偏好设置”，在设置界面中选择“自动填充”选项卡，在该选项卡中单击任一选项后面的“编辑”按钮即可，例如，单击“使用地址簿卡片中的信息”复选框后的“编辑”按钮，系统会打开地址簿程序，使用者可对卡片内容进行所需的修改。但单击其他两个复选框后的“编辑”按钮所出现的信息使用者是无法进行修改的，只能选择错误的信息，然后单击“删除”按钮将其删除。

将邮件中的链接直接添加为书签

如果收到的电子邮件中包含有网络链接，可直接单击该链接，按住鼠标左键不放将其拖放到 Safari 程序的书签栏上（或拖放到书签栏上的书签文件夹中），则 Safari 会自动将其添加为一个网络书签而不会打开该链接，这样就可以避免出现由于打开该链接后被其内容所诱惑而几小时都没能安心工作的情况。当然这种事绝对没有在我身上发生过，我也只是道听途说罢了。

将 Firefox 浏览器中的网页和标签页拖入 Safari 中

Firefox 因特网浏览器是另外一款苹果系统平台中广受好评的免费浏览器软件。如果希望将当前 Firefox 浏览器中所打开的网页添加为 Safari 的网络书签，单击打开网页的图标，即单击 Firefox 地址栏中该网页地址前的小图标，按住鼠标左键不放将其拖放到 Safari 书签栏上的一个书签文件夹中即可。而单击当前 Firefox 中的标签页，按住鼠标左键不放，将该标签页拖放到 Safari 标签栏的空白位置上，则可以在 Safari 中直接打开该标签页。这个功能非常酷吧。

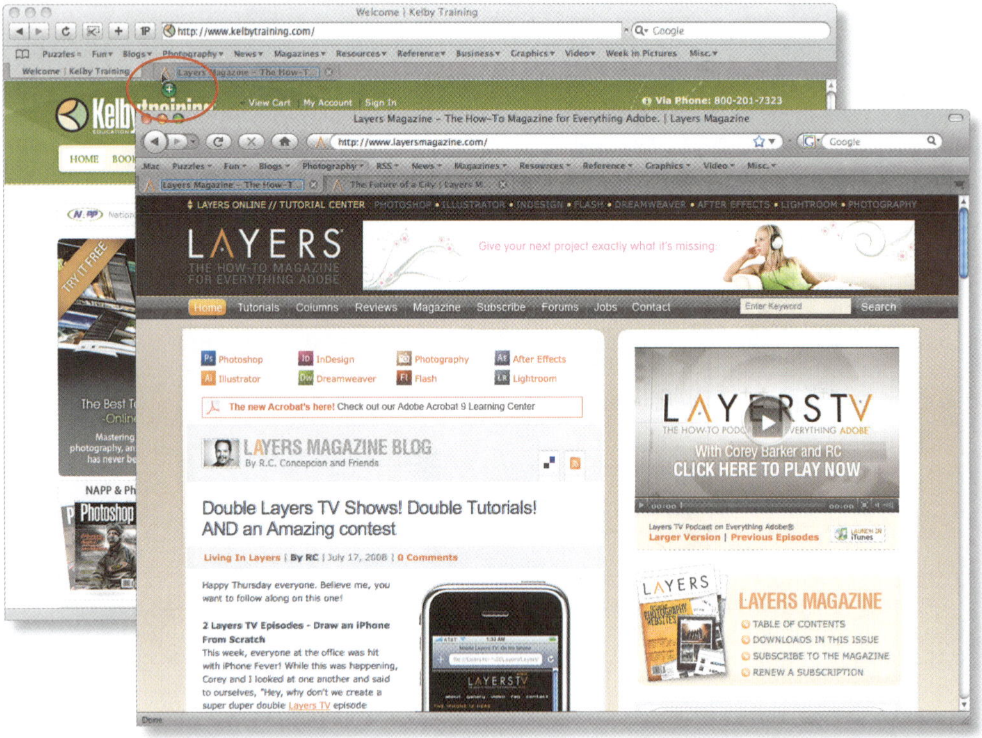

在单独窗口中显示谷歌（Google）搜索的结果

在系统默认情况下，使用者在 Safari 程序的搜索框中输入关键字进行搜索时，所使用的是 Safari 内置的谷歌（Google）搜索引擎，搜索的结果页面会替换当前浏览的网页内容。但如果搜索的内容是与当前浏览页面相关的内容，而不希望搜索结果替换当前的网页内容时（对我来说，经常会出现这种情况），在搜索框中输入关键字后，不要直接按回车键（Return）开始搜索，而是按住键盘上的 Command 键后再按回车键（Return），则 Safari 会将搜索结果显示在一个新的 Safari 窗口中。

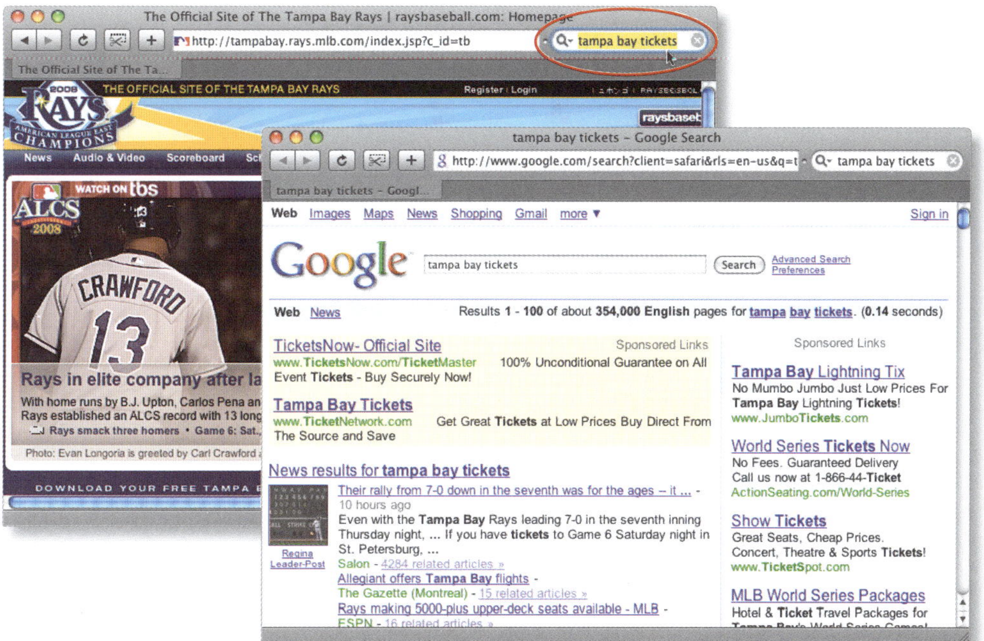

快速高亮地址栏

想快速输入一个新的网络地址，不要再在地址栏中拖动鼠标高亮地址栏中已有的地址了，这个方法的速度太慢了，只要按 Command + L 组合键，系统就会自动高亮地址栏中已有的地址（如图所示），使用者直接输入新的网络地址即可。如果使用者曾经使用的是 Windows 操作系统，则在输入一个网络地址时，无需像在 Windows 系统里那样要输入地址前的“www.”，而直接输入“www.”外的其他网址即可。

秘密浏览模式

使用浏览器浏览因特网时，许多网站会收集浏览者的信息和其浏览的习惯。有的时候，这样对浏览者来说是件好事，如亚马逊（Amazon）和苹果在线商店 iTunes Store 就可以根据浏览者的信息来推荐适合的商品。但如果浏览者希望匿名进行因特网浏览（尤其是多人共用一台计算机的情况），可以打开 Safari 程序的“秘密浏览”功能。在 Safari 程序的菜单栏中选择“Safari – 秘密浏览”，系统会弹出提示信息“当秘密浏览打开后，网页不会添加到历史记录中，信息不会自动填充保存（包括用户名和密码）”，当然如果继续记录这些信息的话，就不能称为“秘密浏览”了。单击提示信息对话框中的“好”按钮，现在 Safari 已经处于秘密浏览模式，使用者可以放心地浏览微软和戴尔公司的网站，而无需担心使用苹果计算机的朋友发现了。

隐藏使用痕迹

假如使用者浏览了一些不希望其他人知道的网站（例如整容网站），浏览后，仅在 Safari 程序的菜单栏中选择“历史－清除历史记录”是无法抹去所有的浏览记录的。如今，即使一个中学生都能在 5 分钟之内查出浏览记录，所以，如果想完全清除 Safari 的使用记录，需要在 Safari 程序的菜单栏中选择“Safari －重设 Safari”，系统会弹出提示信息以让使用者进行操作确认，本质上来说，该操作类似于给 Safari 程序做了一次大扫除，是除了重装 Safari 程序以外最好的清除使用记录的方法。但鉴于该操作会将所有信息清除，所以建议尽量不要执行该操作。

重新打开上次关闭的页面内容

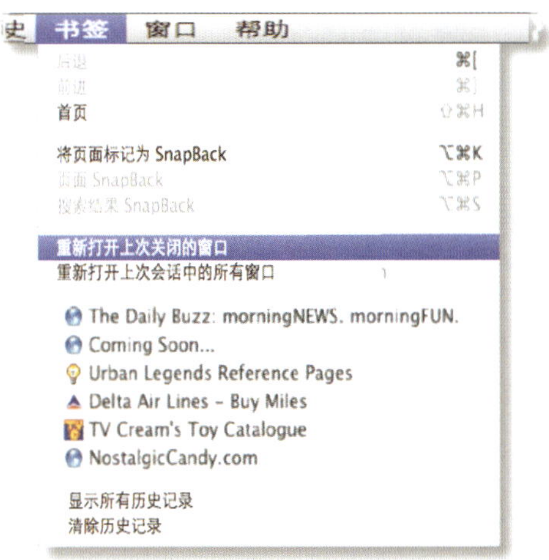

如果在查看多个网页内容时，不小心关闭了一个不应该关闭的网页，此时在 Safari 程序的菜单栏中选择“历史－重新打开上次关闭的窗口”（如图），Safari 会自动重新打开刚才所关闭的网页。但如果就如我的计算机两分钟前刚发生的情况一样，Safari 程序自动退出并关闭了所有打开的网页，此时可以在 Safari 程序的菜单栏中选择“历史”菜单，在其中的浏览历史中选择所需的网页单击打开，或者在该菜单中选择“重新打开上次会话中的所有窗口”，则 Safari 会马上打开上次退出时关闭的所有网页。

快速打开已经浏览过的网页

如果读者是通过标签页方式浏览网页（你应该使用这种方式），下面介绍的技巧则可以避免让 Safari 程序重复加载已经浏览过的网页。例如，当你在当前浏览的网页中单击链接而打开新的网页内容后，此时单击“后退”按钮，Safari 程序会再次打开之前浏览的网页内容。但如果使用者按住键盘上的 Command 键，然后单击“后退”按钮，则 Safari 程序会从缓存中恢复刚才浏览的网页并显示在新的标签页中，而无需再次加载其网页内容。该方法同样适用于“前进”按钮。

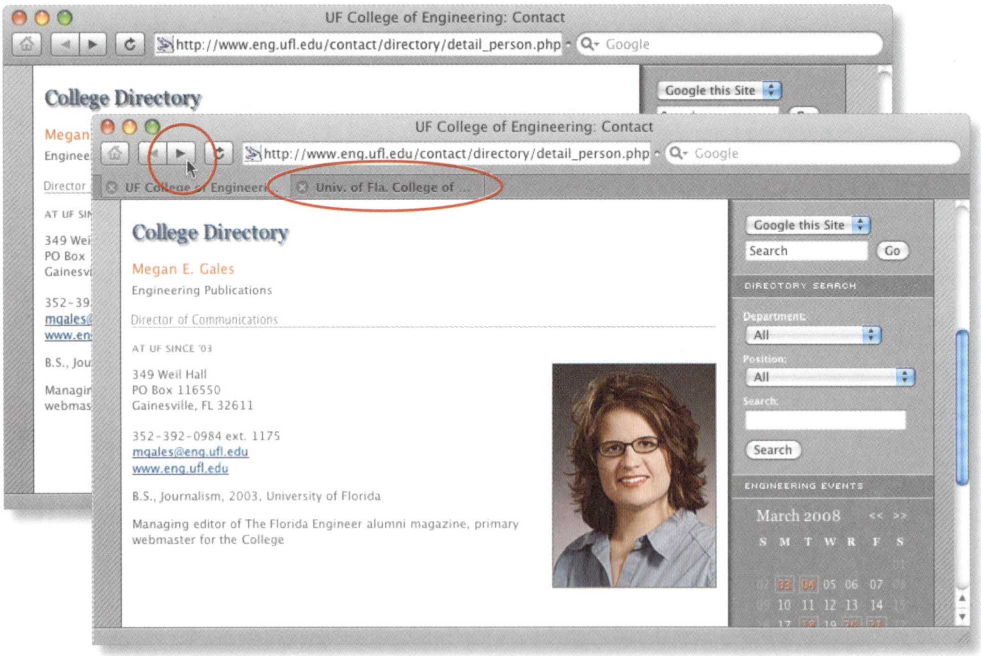

从其他浏览器中导入书签

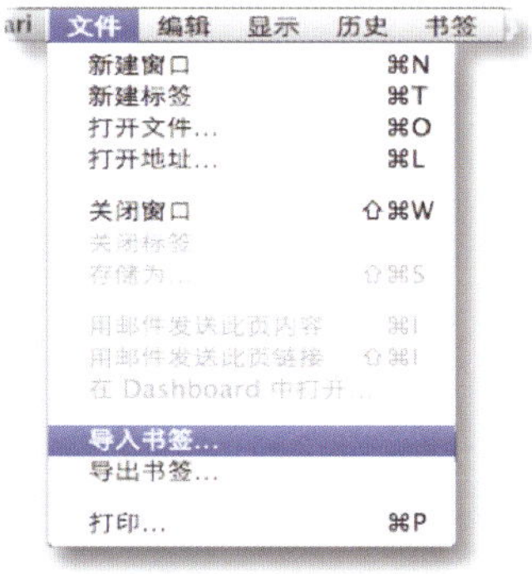

如果使用者使用的是其他因特网浏览器软件，则可以很轻松地将这些浏览器软件中保存的书签（或称之为收藏夹）导入Safari程序中。例如，以Firefox程序为例，双击启动该程序，在其菜单栏中选择“书签－管理书签”，接下来在出现的管理书签界面中选择“文件－导出”将书签保存。然后打开Safari程序，在其菜单栏中选择“文件－导入书签”，在弹出的文件选取对话框中，选择刚从Firefox程序中导出的书签文件即可。如果使用者使用的是Internet Explorer浏览器，则不能直接从程序中导出书签，需要打开“用户文件夹－资源库－Preferences－Explorer”，将该文件夹中名称为Favorites.html的文件拖到桌面上，然后将其导入Safari程序中。导入书签结束后，可以将Firefox程序导出的书签文件和刚才拖到桌面的Favorites.html删除。

搜索浏览记录

使用者浏览网页时，在因特网上留下的信息多得让人吃惊（同时也让人害怕）。我们这里所说的仅是保留在计算机中的浏览记录，其数量与我们在因特网上留下的信息数量相比简直是九牛一毛。如果你的记忆力像我一样糟糕，那么让Safari程序保留你的网页浏览记录是一个明智的抉择。首先，单击书签栏最左侧的“显示所有书签”按钮（打开的书本的标志），然后在Safari程序窗口右上角的搜索框中输入关键字，则Safari程序会在书签、网页浏览记录（无论该网页是否保存为书签）和谷歌（Google）搜索框中输入过的文字记录中搜索包含有关键字的记录，并将结果以列表形式显示在屏幕上。

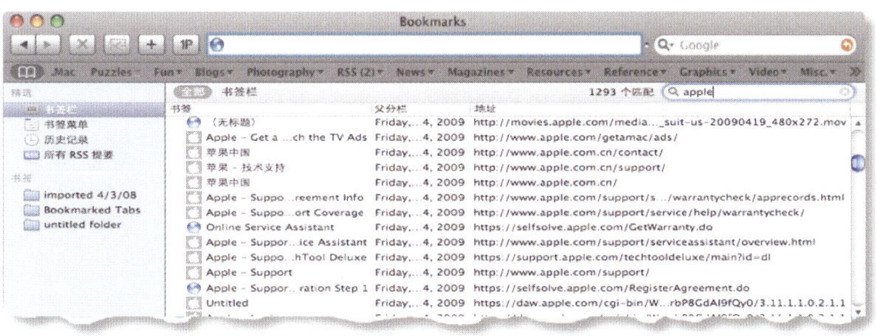

快速打开书签

如果你以为将常浏览的网页保存在书签栏中已经可以加快浏览速度了，那么请读完这个技巧后再下结论。其实除了通过单击书签栏上的书签可以访问所保存的网页以外，更快捷的方式是使用 Command 键和数字键直接打开书签栏上相对应的网络书签，例如，如同时按下键盘上的组合键 Command ＋ 1，Safari 程序会直接打开位于书签栏上的第一个书签，同时按下组合键 Command ＋ 2 键，可以打开第二个书签，以此类推。注意：该方法仅适用于打开书签栏上的书签而不能打开书签文件夹。

分享书签

分享 Safari 浏览器所保存的书签是非常容易的一件事，在 Safari 程序的菜单栏中选择“文件－导出书签”，在弹出的保存对话框中输入欲保存书签的名称，然后单击“存储”按钮即可将 Safari 的书签以 HTML 格式导出到磁盘中。所有的书签依然会像在 Safari 程序中一样分类排列，所有书签所代表的网页链接都是活链接，单击即可在浏览器中直接打开。使用者将导出的 HTML 格式文件导入到其他浏览器软件中，即可将 Safari 程序的书签导入到其他浏览器软件中（此时，使用者一定会为自己背叛了 Safari 浏览器而感到内疚的）。此外，将导出的 HTML 文件上传到网站上，或通过邮件发送给朋友，可以与世界各地的人共享书签，其他人通过 HTML 文件中保存的网页链接即可了解共享者的浏览习惯和其思想，不过，操作之前应考虑一下这样做对不对。

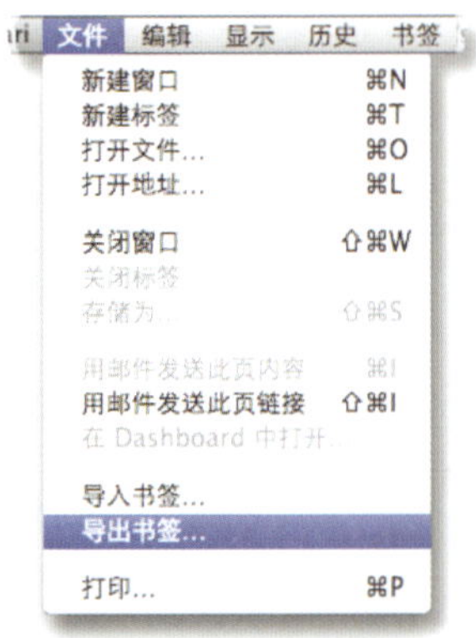

Safari 窗口中内置的技巧查看器

在 Safari 窗口左下角的状态栏中，使用者可以看到许多关于使用 Safari 程序的小技巧（如果看不见任何技巧的显示，需要在 Safari 程序的菜单栏上选择“显示－显示状态栏”）。将鼠标指针移动到网页中的任一链接上，无需单击，在 Safari 窗口下的状态栏中就会显示 Safari 程序将要执行的操作。例如，如果将鼠标指针移动到我网站的网页链接上时，状态栏中会显示“打开 http://www.scottkelby.com”。有意思的是，如果使用者按住键盘上的一个辅助键（Command、Option、Shift、Control 等键），然后再将鼠标指针移动到网络链接上，状态栏中会根据所按辅助键的不同提示 Safari 程序将执行的不同操作。例如，如果按住键盘上的 Command 键，将鼠标指针移动到上面所说的同一链接上时，状态栏中显示“在当前标签的后面标签中打开 http://www.scottkelby.com”。至于其他的技巧提示，读者可以试着按住不同的辅助键，如 Control 键和 Command + Shift、Command + Option、Command + Shift + Option 等组合键，然后按照本页所介绍的方法自己查看其对应的操作。

将网页中链接通过电子邮件发送给朋友的最快捷方式

如果在浏览网页时，希望通过电子邮件将该网页的网络链接发送给一位朋友共享，最快捷的方法是在该网页中按 Command + Shift + I 组合键，系统会自动启动默认的电子邮件程序，并将该网页链接添加到新邮件的正文中，使用者只需输入收件人的邮箱地址，并在“主题”栏中输入“请查看该网页内容”，然后单击“发送”按钮即可。

谷歌（Google）搜索引擎的记忆功能

在 Safari 窗口右上角的搜索框中输入关键字即可使用谷歌（Google）搜索引擎进行信息搜索，Safari 程序会保存用户最后 10 次搜索所输入的关键字，以便于使用者再次进行相同的搜索。在谷歌（Google）搜索框中单击放大镜图标，在弹出的列表中可以查看到最近 10 次搜索所输入的关键字，在该列表的下方选择“清除最近的搜索”可以清空该列表中的内容。

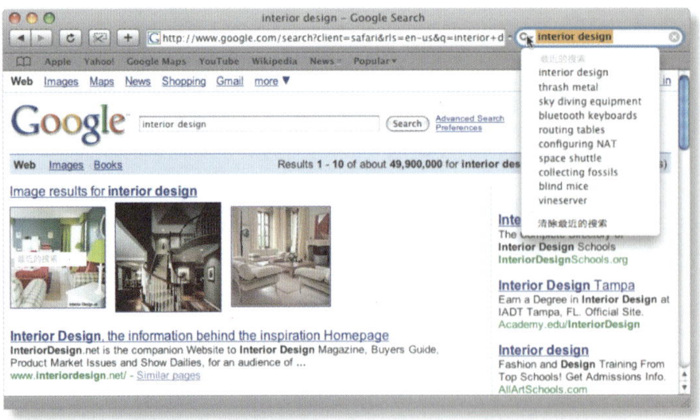

删除浏览历史记录中特定的网页记录

在 Safari 程序的菜单栏上选择“历史 – 清除所有的历史记录”，可以删除所有的浏览网页记录，但如果只希望删除历史记录中的某个网页记录，可以单击书签栏最左侧的“显示所有书签”按钮，在打开窗口的左侧边栏中选择“历史记录”，接下来在右边窗口中所显示的历史记录列表中选择需要删除的网页记录，按键盘上的删除键（Delete）即可。如果希望删除的多个网页记录正好排列在一起，连续按删除键（Delete）可逐一将其删除。如果需要删除的网页记录数目众多，则可以按住键盘上的 Shift 键，然后分别单击欲删除的第一个和最后一个网页记录，则系统会自动选择两次单击之间的所有网页记录，最后按删除键（Delete）即可。

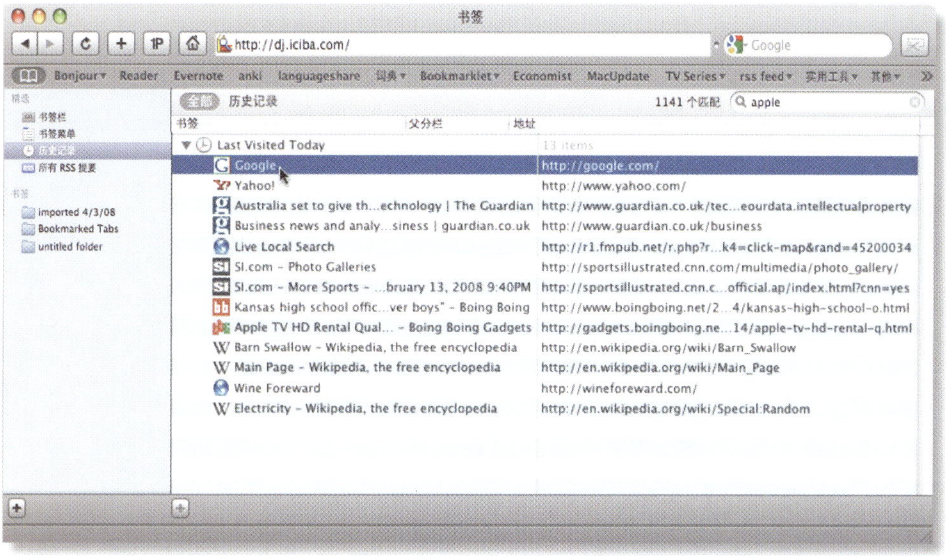

通过电子邮件共享整个网页内容，而不仅仅是网页的链接

如果在浏览因特网时希望与朋友分享某个网页，可以通过电子邮件将完整的网页（包含该网页中的图片，排版格式，链接等全部内容）发送给朋友，而不只是发送该网页的链接地址。在浏览的网页界面中按 Command + I 组合键，系统会自动启动电子邮件程序 Mail，打开编写新邮件的窗口，并将网页内容附加到邮件的正文中，发件人只需输入收件人的邮箱地址、主题，如果需要还可以输入邮件正文，然后单击“发送”按钮即可。当收件人收到这封邮件时，可以直接在邮件中浏览整个网页的内容（网页中的链接都是可单击打开的活链接），而无需在接收到一个网络链接后，还要打开浏览器打开该链接，等待浏览器加载网页内容了。

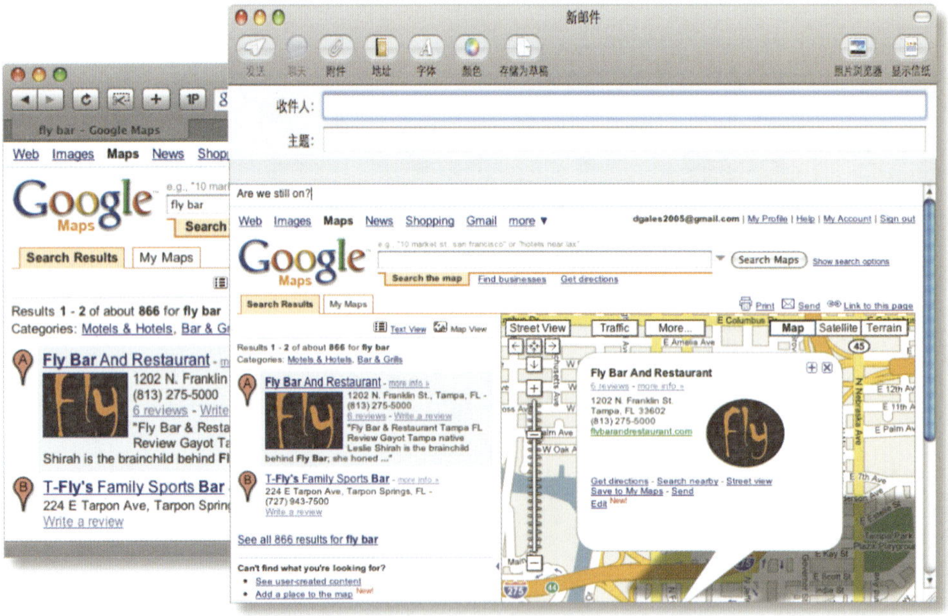

重新浏览以前浏览过的网页的快捷方式

如同其他的因特网浏览器软件一样，Safari 浏览器可以记录使用者所有浏览过的网页。在 Safari 程序窗口中单击工具栏上的“后退”按钮，然后按住鼠标左键不放则会弹出一个列表，表中显示的是使用者在本标签页中所浏览过的所有网页。用同样的方法，单击“前进”按钮则可以快速跳回最近打开的网页（我觉得读者应该可以想到该方法同样适用于“前进”按钮，而不需要我在这里指出，对吧？）。

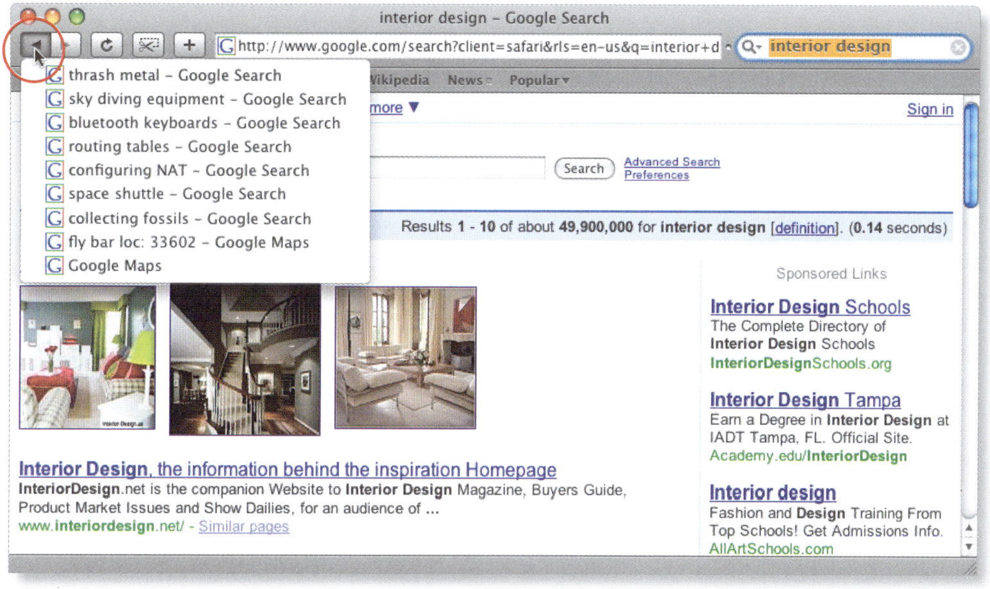

搜索网页中的文字

按键盘上的组合键 Command + F，在出现的搜索框中（是标签栏下方出现的搜索框，非 Spotlight 搜索框）输入关键字，使用者可以在当前浏览的网页中搜索指定的文字。Safari 程序会将网页中搜索到的指定文字内容用黄色高亮显示，如果搜索得到多个结果，则第一个搜索结果会以黄色高亮显示，其他的搜索结果以白色高亮显示。单击搜索框左侧的箭头标志，可切换到下一个（或上一个）搜索结果。

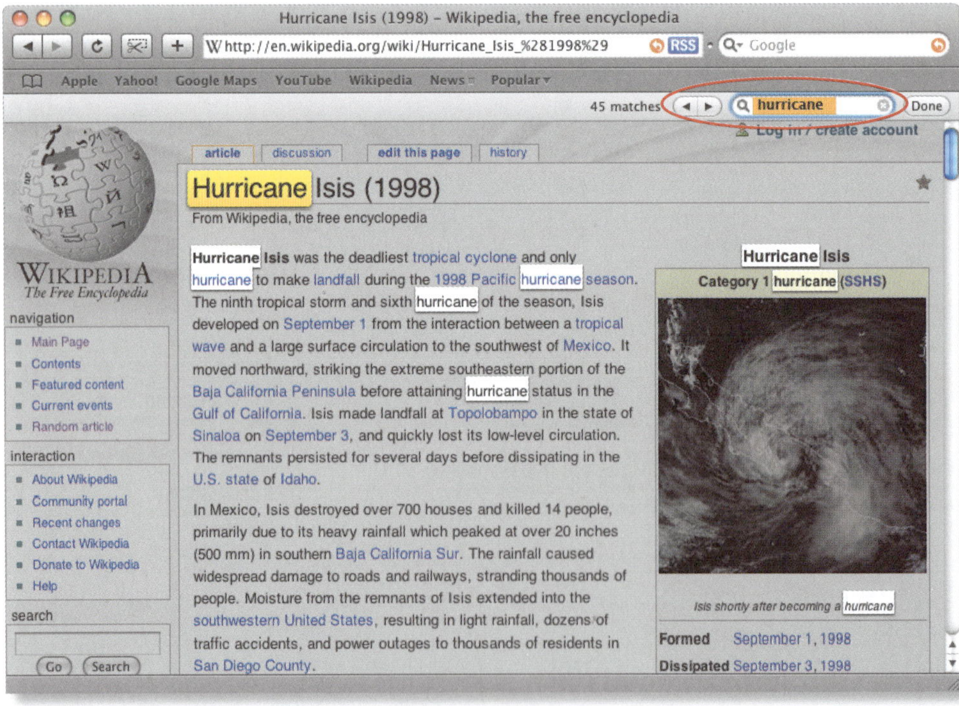

让阅读在线文章更轻松

对经常需要在线阅读大量文章的朋友来说，本技巧是非常实用的，因为在线阅读文章时，当阅读到文章底部时，通过滚动条进行页面滚动非常麻烦，而按翻页键（Page Down 键）时页面滚动速度又过快，此时可以启用 Safari 程序的页面“平滑滚动”功能，解决这个问题。在苹果系统的菜单中选择“系统偏好设置”，在打开的设置界面中单击“外观”图标，勾选“使用平滑滚动”选项前的复选框即可。现在每次按翻页键（Page Down 键），页面将不再以页的方式进行滚动，而是逐行滚动。尝试一下该技巧，你一定会喜欢的。

使用外置 RSS 阅读程序

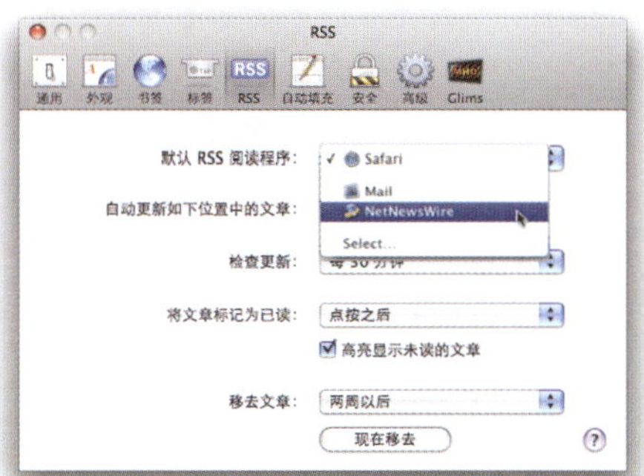

Safari 浏览器已经内置了 RSS 订阅功能，使用者不用离开 Safari 界面即可完成 RSS 的订阅和阅读。使用者可以在 Safari 程序中进行设定，以使用自己喜欢的 RSS 阅读程序。在 Safari 浏览器的菜单栏上选择“Safari – 偏好设置”，在打开的设置界面中单击“RSS”图标，在其选项卡中的“默认 RSS 阅读程序”下拉列表中选择个人喜欢的 RSS 阅读程序，然后关闭偏好设置窗口。此时，在 Safari 浏览器的地址栏上单击 RSS 订阅图标后，则系统会自动启动刚才所设定的 RSS 阅读程序。

保存网页

我相信读者一定碰到过以下这种情况，将一个包含有所需信息的网页保存为书签后几周后再打开时发现该网页内容已经进行了更新，所需的信息没有了。其实，使用者可以通过 Safari 浏览器将该网页内容作为“网页归档”保存在磁盘中，所保存的不仅仅是该网页上的文字内容，还包括网页的排版布局、图片等一切内容。当网页保存为“网页归档”后，即使多年以后再打开该归档，其网页内容依然如当初保存时一样，不会发生改变。保存“网页归档”的方法是：打开需要保存的网页，在 Safari 浏览器的菜单栏上选择“文件 – 存储为”，在弹出的保存对话框中的“格式”下拉列表中，选择最后一项“Web 归档”，然后单击“存储”按钮即可。使用时，将保存的“网页归档”直接拖放到 Dock 上的 Safari 图标上，然后松开鼠标，即可启动 Safari 浏览器打开该归档。

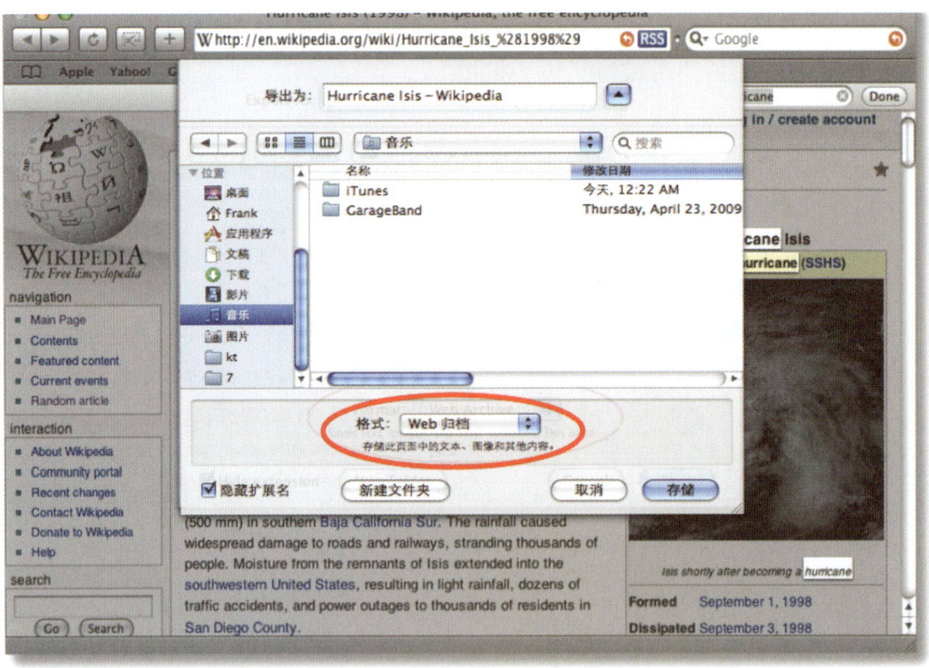

截取网页作为一个 Widgets 程序

Leopard 操作系统中增加了一个新的功能，允许使用者截取网页中的任何部分作为一个 Widgets 程序，并将其保存在 Dashboard 中。希望读者可以想出本功能到底有何用处，我通常都是用此功能作为消遣。在任一网页中按住键盘上的 Control 键，单击网页的空白区域（切记不要单击网页上的照片或图片），在弹出的快捷菜单中选择“在 Dashboard 中打开”，则屏幕会自动变暗显示，并高亮标示截取区域。不用担心截取区域与自己所希望的形状、大小不同，可以通过鼠标移动截取区域的位置，通过截取区域四周的圆形标志来调整截取区域的大小。选择好截取的区域后，按回车键（Return）或单击界面中的“添加”按钮即可得到一个完全自定义的、世界上独一无二的 Widgets 程序。单击 Widgets 程序界面右下角的信息标志，可以为该 Widgets 程序选择不同的图框，以让该 Widgets 程序看起来更加专业。此 Widgets 最让人惊奇的是，其截取的网页界面会在每次打开 Dashboard 时随着原网页的内容改变而自动更新，现在你是不是想到此项功能的作用了？我将我岳母家所住地区的天气预报网页做成了一个 Widgets，这样当他们那里的天气恶劣时，尤其是出现如图显示的天气情况，我就可以偷偷的幸灾乐祸了。

停止和恢复 Safari 浏览器的下载

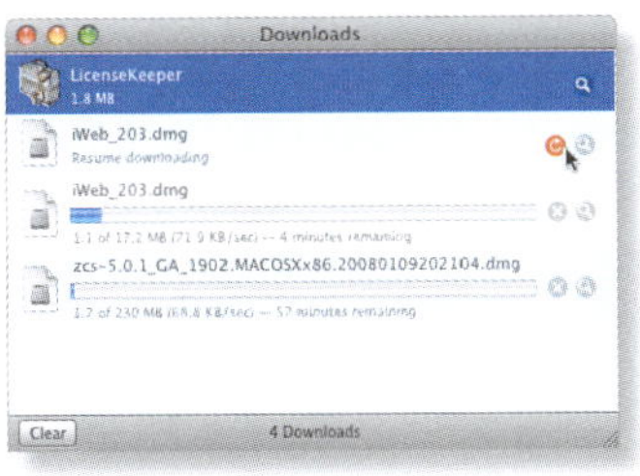

使用 Safari 浏览器下载文件时，如果下载文件所需的时间比预想的时间长，可以选择暂时终止文件的下载，等以后再恢复下载。在 Safari 程序的菜单栏上选择“窗口－下载”，调出下载状态窗口，在该窗口中可查看当前下载文件的列表，以及当前下载的进度。单击任一正在下载文件的名称右侧的叉形标志，可以暂停文件的下载。读者可能会担心那个叉形图案的标志而不敢单击，因为一般情况下该标志代表的是删除文件，不过苹果公司却是用这个标志来表示暂停文件下载，如果苹果公司能在此窗口中使用大家熟悉的暂停标志就更好了。单击暂停标志后，叉形的标志会变成一个旋转箭头的图标，代表恢复下载，单击该图标，则 Safari 程序会恢复下载已暂停的文件。

家长控制功能

苹果系统内置了“家长控制”功能，这样可以防止儿童使用计算机浏览不适当的网页内容。启用该功能后，儿童将只能浏览家长提前设定的网页（儿童自己是没有权限来改变该设定的）。在苹果系统的菜单中选择“系统偏好设置”，在打开的设置界面中单击“家长控制”图标，在“内容”选项卡中可以对网站访问进行限制，其设置简单明了，读者可自己进行设定。我最喜欢“家长控制”功能的两点原因是：一是在“家长控制”设置界面的下方，可以选中“从另一台电脑管理家长控制”（如图所示）复选框，选择该选项可以让管理变得更加方便；二是在设置界面中的“日志”选项卡中，可以设定让系统对儿童使用计算机的情况进行记录，我知道一些家长对这么做的方法存在异议，但就我个人来说，对于我的家、我的计算机、我的孩子，让孩子健康成长就是我的责任。

第8章

音乐 & 电影

iTunes，DVD播放程序，Front Row等技巧

Mac OS X KILLER TIPS

音乐&电影

iTunes，DVD 播放程序，Front Row 等技巧

此时，我是一群穿着制服人员中的一个囚徒，被他们禁锢在狭长的铝管中、切断了新鲜的空气供给，他们还将我的身体硬生生地楔进座位上，并警告我，除非得到他们的批准，否则不得随意起身。每当我努力想让自己睡觉以减少些痛苦，头顶上的扬声器就叽里呱啦地开始广播。他们仅给了一口食物和几盎司的水让我维持剩下 5 个小时的囚禁。我仅有的一点安慰就是我的 Ipod touch 播放器，插上 ER 6i 隔音耳机后，就可以在 Bublé、Norah、B.B.、Shania、Faith、Stevie Ray、Van 和 Satriani 的美妙歌声中让精神远离当前的痛苦，或者在 Ipod touch 上观看 Mike Rowe 在新剧集中继续干着苦差脏活，以提醒自己还有比坐飞机从坦帕港口飞往洛杉矶更糟糕的事情。另外还要提醒自己，只要再坚持几个小时，就可以舒舒服服地坐在 In-N-Out 快餐店中享受双层芝士汉堡了。

iTunes：播放歌曲

在 iTunes 中，使用者可以使用 4 种方法进行歌曲的播放，读者可逐一尝试找到适合自己的播放方式：（1）直接双击需要播放的歌曲；（2）单击需要播放的歌曲，然后按键盘上的空格键进行播放；（3）选择需要播放的歌曲，然后单击 iTunes 窗口左上角的“播放”按钮；（4）单击需要播放的歌曲，然后在 iTunes 的菜单栏上选择“控制－播放”（如图所示）。

iTunes：播放时，跳过指定的歌曲

在 iTunes 播放列表中，取消歌曲名称前复选框的勾选即可在歌曲播放时跳过该歌曲。此方法同样适用于音乐 CD 光盘的导入，只有勾选的歌曲才会被导入 iTunes 的资料库。

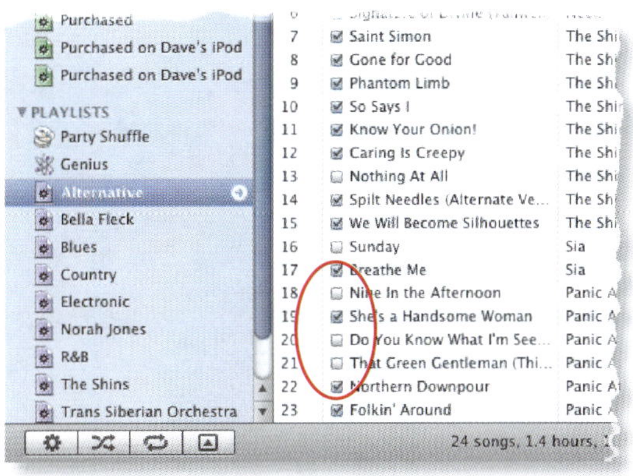

iTunes：网格浏览方式

在过去人们需要到唱片店去购买音乐专辑，那时候的专辑封面不仅仅用来保护唱片，它更是一种艺术品，某些音乐专辑的唱片封面（如披头士的专辑《Sgt. Pepper's Lonely Hearts Club Band》和《Abbey Road》以及平克·佛洛依德的《Dark Side of the Moon》）已经成为文化的标识。在 iTunes 8 中，新的“网格”浏览方式取代了原来歌曲的“专辑封面”浏览方式，该效果看起来非常华丽。在 iTunes 窗口的工具栏上单击 3 种显示方式中间的按钮，即网格浏览按钮，则所有歌曲（同样适用于电视节目，影片和其他 iTunes 资料库中所包含的项目）会以专辑封面的方式显示在 iTunes 窗口中，并自动整齐排列。单击窗口中间的 4 个按钮可分类浏览歌曲，另外通过窗口右上角的滑动条可调节专辑封面的大小。

iTunes：专辑封面浏览方式

虽然在 iTunes 窗口的工具栏中“网格”浏览方式取代了“专辑封面”浏览方式，但读者如果在以“网格”方式浏览的窗口中双击任一专辑的封面（或音乐合集的封面），则 iTunes 会以原来的“专辑封面”浏览方式显示所选专辑或合集内的歌曲列表。如此时看不到专辑的封面，则需要单击第一个显示分栏上的小三角图标，以切换到“专辑封面”游览方式。在以“列表”方式浏览 iTunes 资料库中的项目时，按键盘上的组合键 Command + G 可在“列表”浏览方式和“专辑封面”浏览方式间进行切换。

iTunes：通过浏览器快速创建播放列表

假如使用者今天只想听一些乡村风格的音乐，或只想听著名歌手 Aretha 的歌曲，但却没有相关的播放列表。不用担心，使用 iTunes 的浏览器，单击几下鼠标即可创建所需的播放列表。首先在 iTunes 左侧列表的“资料库”下选择“音乐”，接下来按 Command + B 组合键弹出如下图所示的浏览器窗口，在“风格”、“演唱者”和“专辑”列表中选择所需的项目，系统会自动为使用者找到符合所选条件的歌曲，并将筛选后的结果以列表的方式显示在浏览器窗口的下方。选择播放列表中所需的歌曲（按住键盘上的 Shift 键选择相连的多个歌曲或者按住键盘上的 Command 键选择多个歌曲），然后在 iTunes 的菜单栏上选择“文件－用所选内容创建新播放列表”，最后为新创建的播放列表命名（如喜欢系统默认的“未命名播放列表”可略过此步骤）即可。现在戴上耳机，开始“随着乐曲起舞吧”（《Swayin’ to the Music》Jonny Rivers1977 年所演唱的歌曲）。

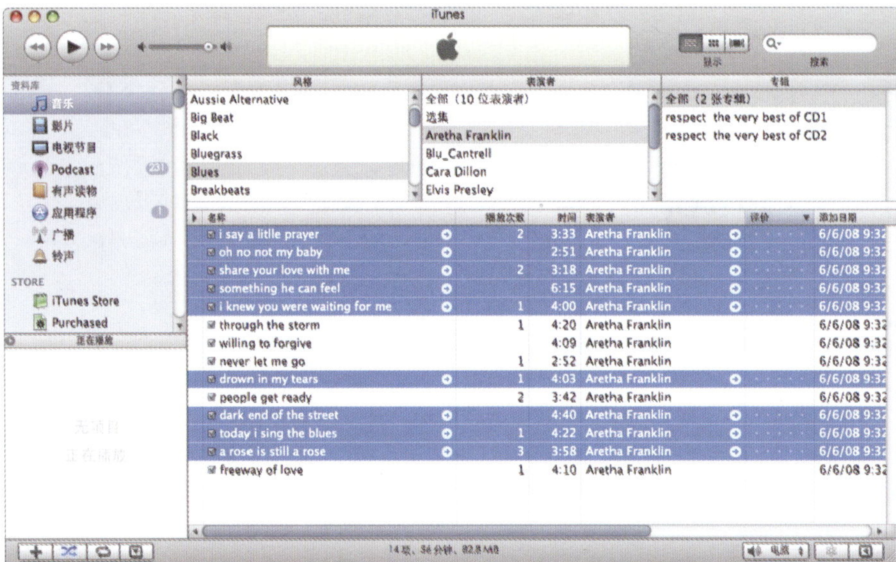

iTunes：创建临时播放列表

通过本页介绍的技巧，使用者可以马上欣赏某位歌手特定的演唱风格或专辑里的所有歌曲。在 iTunes 窗口中，单击工具栏上的“网格”浏览方式按钮（3 个浏览方式按钮中中间的按钮），然后在显示专辑封面窗口的上方单击“风格”按钮，接下来将鼠标指针移动到窗口中任一风格的专辑封面上，专辑封面上会显示有“播放风格”的按钮，单击该按钮即可欣赏资料库中该风格的所有歌曲。例如，如果想听一些乡村音乐风格的歌曲，先切换到“网格”浏览方式，单击“风格”按钮，将鼠标指针移动到“乡村”风格的专辑封面上单击出现的“播放风格”按钮即可。另外一个让人惊叹的特性是，如果使用者想知道“乡村”风格的音乐中包含哪些音乐专辑，只需在“乡村”风格音乐的专辑封面上从左至右滑动鼠标，即可以浏览该风格中包含的所有专辑。

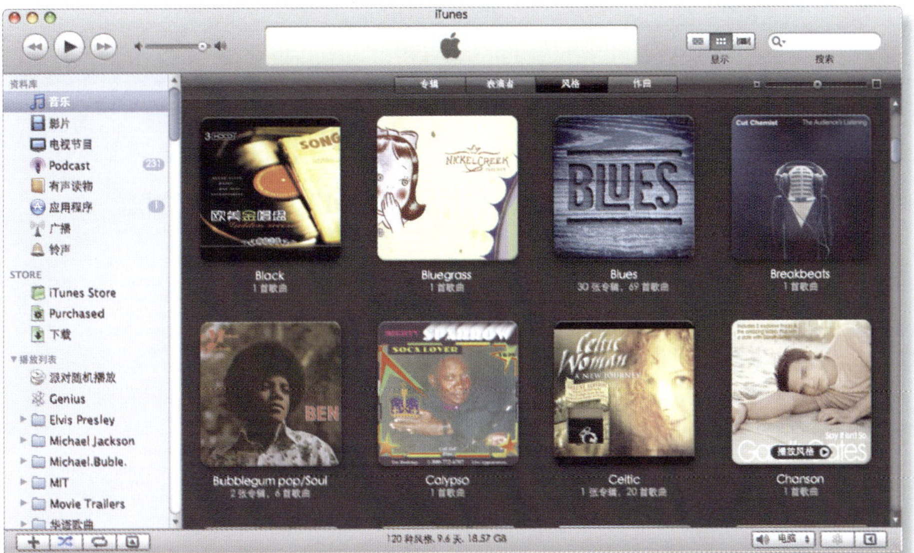

iTunes：创建 Genius 播放列表

前面我们已经介绍过，通过 iTunes 的浏览器功能可轻松创建一个新的播放列表，但是 iTunes 8 中的 Genius 功能则让创建播放列表变得更加简单。在 iTunes 资料库中选择任意一首歌曲，接下来单击 iTunes 窗口右下角的 Genius 按钮即可创建播放列表，就是这么简单。iTunes 会自动为所选的歌曲选择完美搭配的歌曲，并以列表的方式显示在窗口中，此时单击窗口右上角的“存储播放列表”按钮可以将该列表保存为新的播放列表。如果你像我一样，那么很有可能在欣赏 Genius 播放列表中的歌曲时，会发现一些保存在磁盘中却从没有听过的歌曲。这种感觉就像重新购买了新的歌曲一样，不过不需要再花钱了。

iTunes：Genius 侧边栏

Genius 播放列表是一项很酷的功能，它可以自动在 iTunes 的资料库中寻找完美搭配的歌曲，然后将这些歌曲组成新的播放列表。但 Genius 侧边栏是相当危险的，它会诱惑浏览者去购买其所推荐的歌曲，对于我来说，我是没法抵抗住 Genius 侧边栏对我的诱惑的。启动 iTunes 程序，在窗口右侧会显示 Genius 侧边栏（如果没有看见 Genius 侧边栏，则需要按键盘上的组合键 Command + Shift + G 将其调出），该侧边栏会根据使用者当前选择的歌曲为使用者推荐其可能会喜欢的其他歌曲，此时在 Genius 侧边栏中单击所推荐歌曲名称左侧的播放按钮就可以预览歌曲，单击 Buy 按钮可直接从苹果在线商店中购买该歌曲，非常有诱惑性。当我在 iTunes 中选择歌曲《1234》（苹果公司 iPod 播放器的广告曲，非常好听的一首歌），准备为本页的技巧截图时，最终我从苹果在线商店购买了 5 首歌曲（以免读者好奇，我所购买的歌曲不是 Genius 侧边栏中所显示的《Soccer Mom Chillout》专辑中的歌曲）。在此提醒大家：如果你像我一样性格冲动，除非你已经做好了为自己的行为负责的准备，否则最好关闭 Genius 侧边栏。如果当前窗口中已经打开了 Genius 侧边栏，按键盘上的组合键 Command + Shift + G 可将其隐藏。

iTunes：查看歌曲所添加的播放列表

如果浏览 iTunes 资料库时发现了一首自己喜欢的歌曲，但不确定该歌曲是否已经添加到了某个播放列表中，按住键盘上的 Control 键单击歌曲，如果在弹出的快捷菜单中显示有“在播放列表中显示”选项，将鼠标指针移动到该选项上，从弹出的子菜单中可以查看到该歌曲所在播放列表的名称。如果在弹出的快捷菜单中只显示有“添加到播放列表”选项，说明该歌曲仅存在于资料库中，还没有添加到任何一个播放列表中。

iTunes：购买演唱会门票

在苹果的在线商店 iTunes Store 中浏览喜欢的歌手或乐队时，你可能会非常想欣赏该歌手或乐队的演唱会，但在现实生活中买票可是件非常辛苦的事情。不过在 iTunes 窗口右侧所显示的歌手或乐队的相关链接中，你可以看到一个购买演唱会门票的链接，单击该链接后系统会自动登录售票网站，使用者可查看演唱会的日期并在线购买演唱会的门票。

iTunes：自动导入音乐 CD 光盘中的歌曲

如果你决定将整张音乐光盘中的歌曲都导入到 iTunes 的资料库中（本人强烈推荐），那么当然希望导入过程越自动化、越不用人为进行干涉越好。但系统默认情况下，将音乐光盘插入到计算机的光驱中时，iTunes 并不会自动将光盘中的歌曲导入计算机内，而只是显示该光盘内的歌曲信息，这对于想知道光盘内的歌曲信息的人来说很不错，但如果想将歌曲收藏到计算机中，知道歌曲信息却只是收藏的最后一个步骤。想象一下，如果将光盘插入光驱后 iTunes 可以自动将歌曲导入计算机，然后弹出光盘等待插入下一张光盘以继续导入歌曲，那该有多好啊！其实 iTunes 是具备这个功能的，只需对其进行一些设置即可打开 iTunes 的偏好设置，单击窗口工具栏上的“通用”图标，在该选项卡下方的“插入 CD 时”后面的下拉菜单中，选择“导入 CD 并推出”，单击“好”按钮退出设置界面即可。此时你的计算机已经变成了一台音乐光盘自动导入机，给小弟弟一点零花钱，让他在计算机旁坐几个小时帮着插入音乐光盘，而你则可以出门去观赏演唱会的表演，这才是生活。

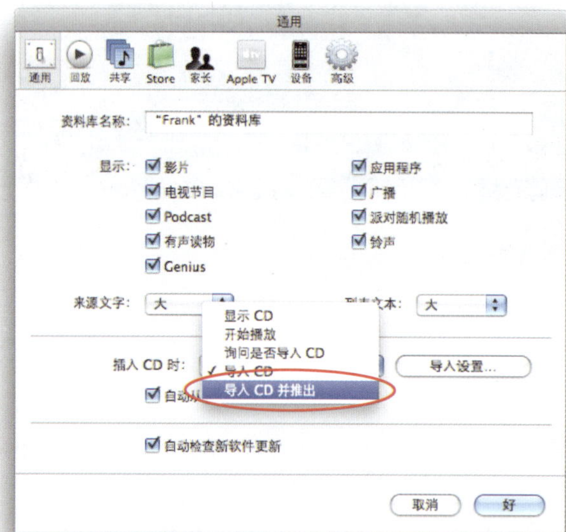

iTunes：自动获取 CD 歌曲的信息

使用 iTunes 导入音乐 CD 光盘中的歌曲时，如果此时计算机连接到了因特网中，则 iTunes 在导入 CD 的同时，会自动从因特网上的音乐资料库中搜索导入歌曲的相关信息，并为导入的歌曲添加所搜索到的信息，如歌曲的名称、演唱者、专辑名称等信息。欲实现此功能，首先需要在 iTunes 的偏好设置中的“通用”选项卡中勾选“自动从 Internet 取回 CD 轨道名称”选项前的复选框。如果在导入 CD 时没有连接 Internet，可以先将歌曲导入 iTunes 资料库中，待有网络连接时再选择所导入的歌曲，然后在 iTunes 的菜单栏上选择“高级－获取 CD 轨道名称”（如下图所示），即可在网上搜索歌曲相关信息。

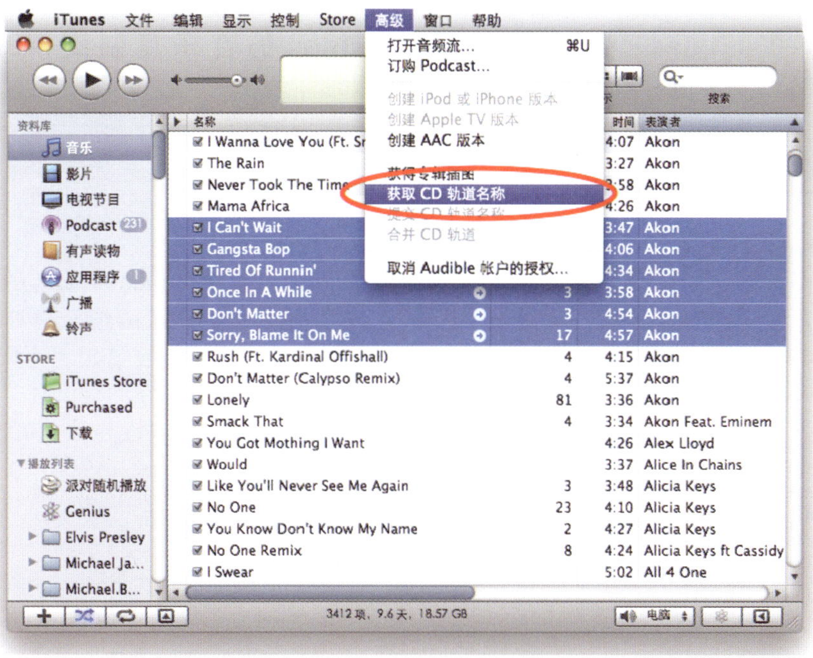

iTunes：统一资料库

如果 iTunes 资料库中的音乐分布在计算机中的各个位置，那么使用者可以命令 iTunes 将所有的音乐复制一份存储到 iTunes Music 文件夹中。在 iTunes 的菜单栏上选择“文件－资料库－统一资料库”，屏幕上会弹出操作确认对话框，单击“统一”按钮即可。同时，我推荐大家在 iTunes 统一资料库的时候可以听听披头士的歌曲《Come Together》(《团聚在一起》)。

iTunes：自动将添加到 iTunes 的音乐复制到 iTunes Music 文件夹中

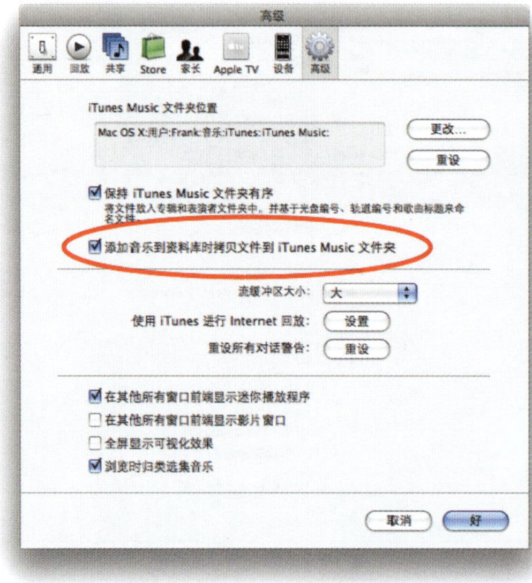

使用者双击计算机中的 MP3 格式文件后，系统会自动启动 iTunes 进行歌曲的播放，同时会为该歌曲在 iTunes 中创建一个快捷方式。这样做的结果是 iTunes 中的音乐会分布在使用者计算机中的各个位置，为了方便管理音乐文件，使用者可以设定当 iTunes 播放音乐文件时自动将该文件复制到 iTunes Music 文件夹中，这样所有的音乐文件都会保存在同一个文件夹中（让音乐备份变得更加容易）。设定的方法是在 iTunes 中“偏好设置”的“高级”选项卡中，勾选“添加音乐到资料库时拷贝文件夹到 iTunes Music 文件夹”选项前的复选框，然后退出设置界面即可。从此使用者不用再为散乱的音乐文件烦心，享受音乐世界的井然有序吧！

iTunes：自定音乐风格标签

虽然 iTunes 内置了一系列音乐风格标签供使用者在标注歌曲信息时使用，但并没有包含所有的音乐风格，例如萨沙（Salsa）、鞭挞金属（Thrash）和新浪潮（New Wave）等音乐风格，而且使用者所收藏的音乐中肯定还有更多 iTunes 所不“知道”的音乐风格或一些个人自定义的音乐风格，所以，iTunes 允许使用者自定音乐风格（如死亡金属和歌剧结合的音乐可命名为死亡金属歌剧）。在 iTunes 中，按住键盘上的 Control 键单击任一歌曲，在弹出的快捷菜单中选择“显示简介”，在打开的歌曲简介窗口中单击“简介”标签，在该选项卡中的“风格”文本框中，使用者可以为歌曲输入自定的音乐风格，单击“好”按钮退出设置窗口即可。在输入自定音乐风格时可以为一首歌曲设定多种风格，每个风格以逗号相隔（如输入“金属乐，爵士，朋克，众赞歌”）。如果歌曲的信息中设定了多个音乐风格标签，则在搜索歌曲时，该歌曲会同时出现在所设定的多个音乐风格分类中。例如，为 Brad Paisley 的歌曲《Find Yourself》设定了“乡村，电影原声”的音乐风格标签后（该歌曲为电影《车》的原声音乐），则该歌曲会同时出现在“乡村”和“电影原声”风格分类中，而且也会出现在新创建的“乡村，电影原声”分类中。

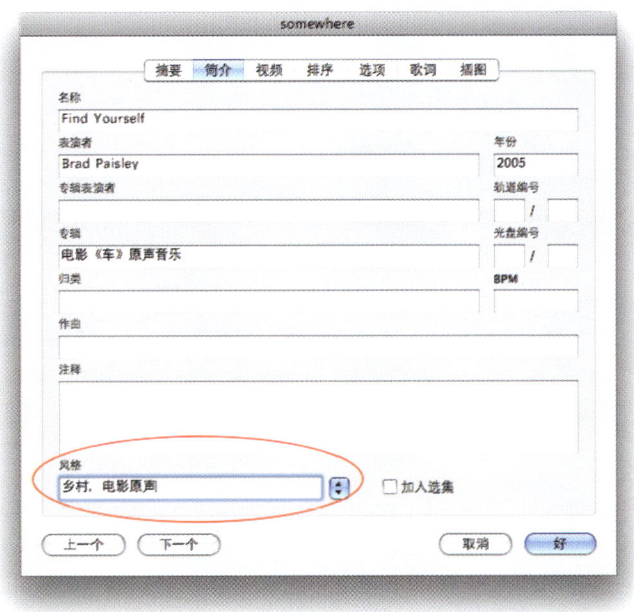

iTunes：删除歌曲

在 iTunes 的音乐列表中单击任一歌曲后按删除键（Delete），或者按住键盘上的 Control 键单击歌曲，在弹出的快捷菜单中选择“删除”，这两种方式都可以将歌曲从 iTunes 的资料库中删除。区别是在删除时弹出的对话框中，如果选择“保留文件”则仅是将歌曲从 iTunes 的歌曲列表中删除，歌曲的原文件还依然保存在计算机中的 iTunes Music 文件夹中，将来可以随时将该歌曲添加到 iTunes 的歌曲列表中。但如果在对话框中选择了“移到废纸篓”，iTunes 不但会将该歌曲从歌曲列表中删除，而且会将歌曲的原文件放入废纸篓中。使用者不用担心误操作会删除自己喜欢的歌曲，如 Jimmy Eat World 演唱的《My Sundown》，因为在删除时屏幕上会弹出确认信息以避免惨剧的发生。

iTunes：自定义显示项目分栏

在 iTunes 程序的主界面（即可以浏览资料库中所有歌曲的界面）中，歌曲、演唱者和专辑的名称等信息都会以分栏的形式显示在窗口中。对于使用者来说这其中有些信息是有用的，如歌曲名称和播放时间等，但有的信息如歌曲每分钟的节拍数，除了音乐 DJ 和健身的用户可能需要查看该信息，大多数人是用不到它的。通过对 iTunes 进行设定，可以隐藏不需要的显示项目分栏，这样会让歌曲浏览起来更清晰明了。在 iTunes 程序的主界面中按 Command + J 组合键调出“显示选项”窗口，在该窗口中勾选所需的信息项目，然后单击“好”按钮退出，此时 iTunes 主界面中将只显示刚才所选择的分栏信息。

iTunes：快速显示或隐藏显示分栏

在 iTunes 程序的主界面中，按住键盘上的 Control 键单击任一信息分栏，在弹出的显示分栏列表中勾选或取消选择某显示分栏即可显示或隐藏界面中所显示的分栏信息。

iTunes：查看关于歌曲的更多信息

iTunes 在播放歌曲时，界面上方中间的长方形窗口中可以看到当前所播放的歌曲、演唱者名称、精确到秒的歌曲已播放时间、播放进度栏和歌曲播放剩余时间。其实使用者在该窗口中单击几下鼠标就可查看到当前所播放歌曲的更多信息，如单击窗口中的演唱者名称则会显示该歌曲所属专辑的信息，再次单击又会显示演唱者的名称。而单击当前歌曲播放剩余的时间时（播放进度栏右侧的时间），可以查看该歌曲总的播放时间。

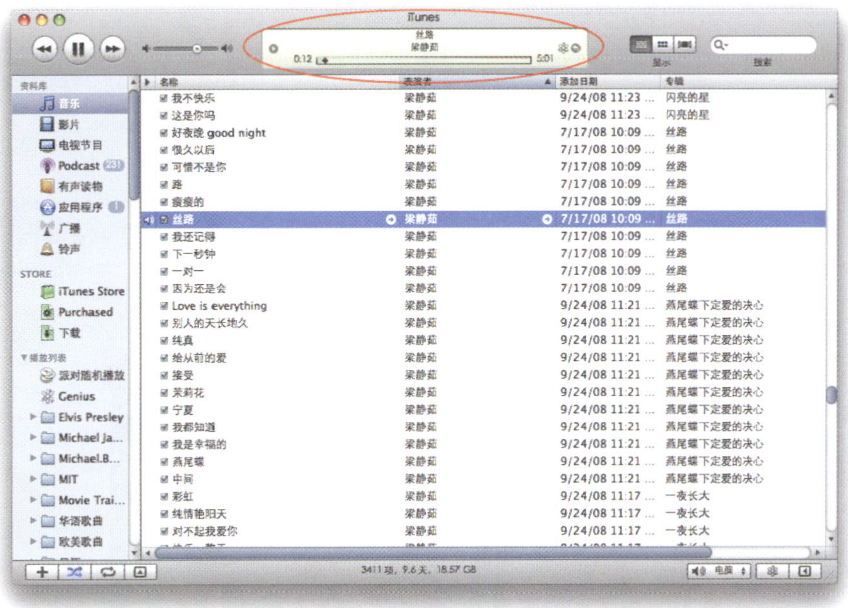

iTunes：编辑歌曲的信息

如果使用者需要对歌曲信息进行小的修改，只要在iTunes窗口中选择需要编辑的歌曲，单击任一分栏信息，稍等片刻待其高亮显示后，直接输入所需信息进行修改即可（如下图所示）。但如果需要对歌曲信息进行高级修改，则可以按住键盘上的Control键单击歌曲，在弹出的快捷菜单中选择“显示简介”，在打开的界面中单击“简介”标签即可修改对应信息栏中的歌曲信息，或者在“注释”栏中输入关于歌曲的其他信息。编辑完毕，单击“好”按钮退出编辑界面后，iTunes会自动更新歌曲的信息。

iTunes：批量修改歌曲信息

如果多首歌曲需要修改相同的信息，则可以使用 iTunes 对多首歌曲的信息进行批量修改。首先在 iTunes 中选择多个需要修改的歌曲，按 Command + I 组合键打开歌曲的信息窗口，不用理会屏幕上弹出的提醒信息，在信息窗口中勾选需要修改的信息项目前的复选框，接着输入修改信息，然后单击“好”按钮退出信息窗口。注意：批量修改将替换所有所选歌曲对应的信息，如果出现误操作，例如批量修改了 iTunes 中所有歌曲的演唱者信息，则所有歌曲演唱者都会变为同一个演唱者。当然，如果碰巧资料库中的几千首歌曲都是一个人所演唱的，这样修改会非常方便。

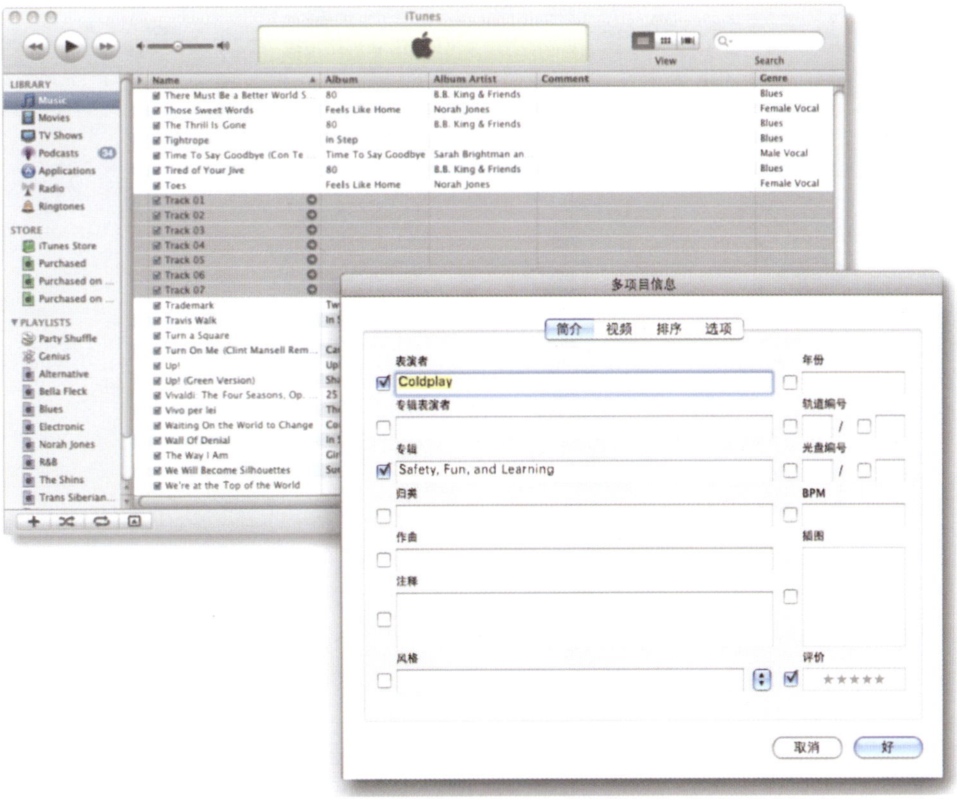

iTunes：查找重复的歌曲

随着音乐文件不断被添加到 iTunes 中，iTunes 中所保存的歌曲数目会达到几百，甚至几千，很有可能会出现重复的歌曲（如同一首歌曲，但歌名稍有出入，或歌曲所在播放列表不同以及同一首歌曲的不同演奏版本）。此时，可以在 iTunes 的菜单栏上选择“文件－显示重复项目”，iTunes 会搜索并找到所有重复的歌曲，并将搜索结果以列表方式显示在窗口中，选择不需要的歌曲，按删除键（Delete）将其删除即可。

iTunes：收听因特网广播节目

如果计算机连接到了因特网上，使用者还可以使用 iTunes 来收听因特网广播节目。它与现实中的调频广播不同，而是由几百个因特网流媒体广播电台所播放的广播节目，其节目内容包罗万象，从古典到摇滚等各种风格的音乐、谈话节目等应有尽有。使用者只需在 iTunes 窗口的侧边栏上单击“广播”，然后在出现的电台列表中找到自己喜欢的电台，将其拖放到一个播放列表中，或者为广播电台创建一个专门的播放列表。以后，只要进入播放列表双击列表中的电台，即可收听该电台的广播节目。

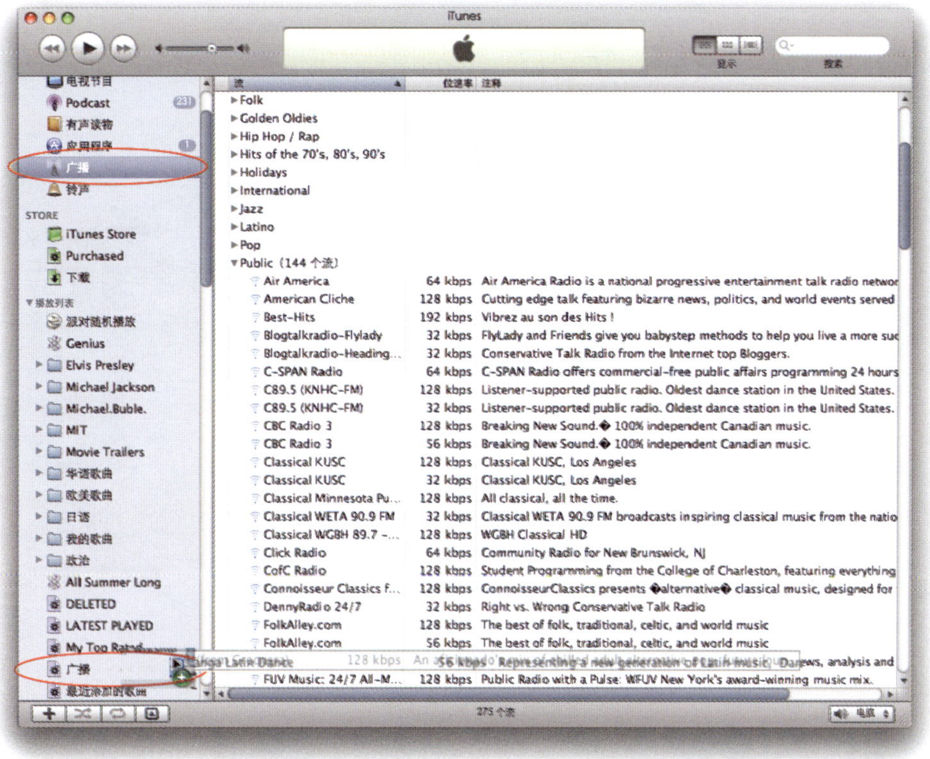

iTunes：使用播放列表刻录音乐光盘

使用 iTunes 的播放列表来刻录音乐光盘是一件非常轻松的事情，首先在 iTunes 的侧边栏上选择一个播放列表（注意：此处选择的是播放列表，而不是侧边栏“资料库”下的“音乐”），先不要放入空白 CD 刻录光盘，接下来查看一下在 iTunes 窗口下边方框中间显示的歌曲时间，歌曲总的时间不能超过 1.2 小时（目前，CD 光盘能承载的歌曲最长的播放时间就是 1.2 小时），如果时间超过 1.2 小时则需要删除一些歌曲，直到该播放列表中歌曲的播放时间少于 1.2 小时后，单击位于 iTunes 窗口右下角的“刻录光盘”按钮，此时 iTunes 界面中间的状态显示窗口中会显示“请插入一张空白光盘”的提示。插入空白光盘后，iTunes 开始将播放列表中的歌曲刻录到光盘中。刻录过程中，单击状态显示窗口中的 X 形标志即可取消刻录，但是当前刻录的光盘将无法继续使用了。刻录完成后，iTunes 会自动将刻录好的光盘弹出光驱。

iTunes：家长控制功能

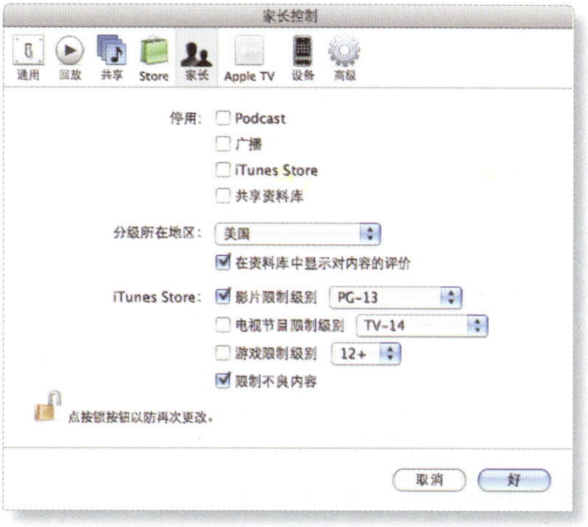

通过 iTunes 可以很容易地在苹果在线商店 iTunes Store 中购买音乐和视频，此过程甚至太容易了，所以我们可能需要启用 iTunes 的家长控制功能，以对使用 iTunes 的儿童进行一些限制，防止其在浏览 iTunes Store 时接触到不适当的内容。首先使用儿童所使用的账户登录苹果在线商店，接下来在 iTunes 的菜单栏上选择“iTunes – 偏好设置”，在打开的设置界面中单击“家长控制”图标，在该选项卡中可控制在 iTunes 侧边栏上所显示的分类项目和苹果在线商店中所能浏览的商品。设定结束后，切记要单击窗口左下角的锁头标志，待其锁上后再退出设置界面，否则儿童使用者可以打开 iTunes 的偏好设置随心所欲地修改其中的设定，而锁头锁上后，则需要先输入计算机管理员密码后，才能对 iTunes 的设置进行修改。

iTunes：苹果在线商店的免费礼物

虽然很少听说苹果公司提供免费产品，但在 Tunes Store 主页中所有收费商品专栏的最下方却有一个专栏叫做“Free On iTunes”（免费商品），单击该专栏右上角的“See All”（更多商品），可以查看更多免费的商品。不要以为便宜没好货，其免费商品中也有很多不错的东西，而且其中的商品更新得也很频繁，所以使用者每次进入在线商店时，建议到里面淘淘宝贝。

iTunes：可视化效果

还记得70年代带有迷幻风格的海报和唱片专辑封面吗？如果不记得的话，在iTunes界面中按键盘上的组合键Command + T打开iTunes的可视化效果，这个效果应该能让你了解什么是迷幻风格，并进而帮助你了解你的父母在20岁时的生活。iTunes的可视化效果会随着当前所播放的歌曲不断地变化色彩和形状，此时按Command + F组合键可以将可视化效果切换到全屏显示，接下来在椅子上坐好盯着屏幕看上几个小时，当你开始大喊“这太时髦了”时（70年代用来赞叹时尚的词汇），就可以按键盘上的Esc键恢复到正常的iTunes界面了。注意：如希望启用可视化效果后自动切换为全屏显示，需要在iTunes界面中按组合键Command +逗号键打开“偏好设置”，在“高级”选项卡中勾选“全屏显示可视化效果”选项前的复选框。

Front Row：媒体中心

Front Row 所能实现的功能使用其他软件也可以完成，例如 iTunes 可以收听因特网广播节目、观看电影、电视节目和收听 Podcast 广播，iPhoto 可以观看幻灯片，DVD 播放程序可以播放 DVD 节目它们的区别是：一个 Front Row 软件即可完成以上多个软件才能实现的功能。更让人称道的是 Front Row 的美观华丽操作界面，通过 Front Row 可以将闲置不用的苹果计算机马上变成一个具备大屏幕、音响效果不错的娱乐媒体中心（我将其称作穷人的 Apple TV），使用随机配备的小巧六键遥控器，无需具备工程师资质即能操作 Front Row。Front Row 可以说完全体现了苹果公司的理念：将复杂的东西变得简单、有趣，为产品设计漂亮的外观加上界面友好的软硬件设施。

Front Row：一键启动 Front Row

如果工作中突然有种冲动想欣赏一下影片《芭贝特的盛宴》(Babette’s Feast)，只需按下 Command + Esc 组合键即可启动 Front Row 进行观看。

Front Row：幻灯片的设置

如果不是Front Row播放幻灯片太难，那么就是我太笨了，但因为是我在写这本书，所以我只能说原因应该是前者。虽然播放幻灯片看起来似乎非常简单：启动Front Row后，进入“照片”，在iPhoto图库中选择需要播放的照片集，按回车键（Return）即可开始幻灯片的播放。但这样进行播放时是无法自定义幻灯片中所包含的照片、背景音乐或关闭“Ken Burns”显示效果的，而且Front Row与其他软件不同，它根本没有菜单栏和其他设置选项。这真让人抓狂，我不得不承认，我在迫不得已之下只能违背作为一个苹果计算机使用者的基本原则阅读了该软件的说明书。以下就是我的收获：在使用Front Row播放幻灯片之前，使用者需要先在iPhoto中创建符合自己需求的幻灯片。在iPhoto中打开一个“事件”，从中选取自己所需的照片，接下来单击“幻灯片显示”按钮（如果当前iPhoto窗口下方的工具栏中没有该按钮，则需要在iPhoto的菜单栏上选择“显示－在工具栏中显示－幻灯片显示”），会出现如图所示的幻灯片设置界面（但你的界面中肯定不会有我图示中带着很酷帽子的士兵的图片），在该界面中可选择幻灯片播放时的背景音乐、关闭Ken Burns显示效果、设置幻灯片的播放时间等。现在启动Front Row，进入“照片”中，则刚才所创建的幻灯片会显示在列表中，选择播放即可。希望该技巧能阻止读者不要像我一样去阅读说明书。

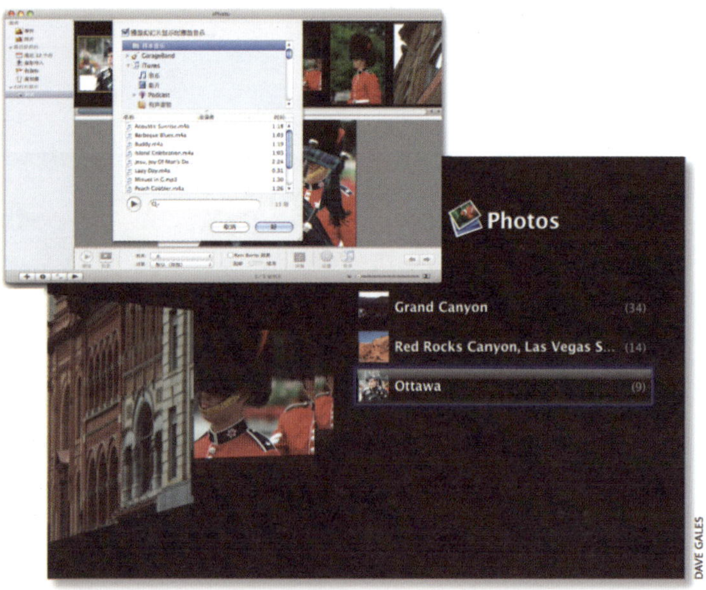

播放影片的其他方式

在 Leopard 系统中，据我所知至少有 7 种观看视频的方式，大家比较熟悉的是使用 iTunes、QuickTime、DVD 播放程序和 Front Row 这 4 种方式进行影片播放，但还有其他的大家不怎么熟悉的播放影片方式。

- **快速查看功能**。在 Finder 窗口中，单击选择一个影片，按空格键即可使用快速查看功能来观赏所选的影片，该功能的好处是使用者可直接进行影片播放，无需浪费时间等待影片播放软件先启动。
- **分栏浏览方式**。浏览包含影片的文件夹内容时，如果使用“分栏”浏览方式，则在预览分栏中会显示所选影片的预览画面（如果看不到预览画面，可单击“预览”旁的小三角标志），将鼠标指针移动到影片预览画面中，画面上会显示一个播放按钮，单击该按钮即可在该分栏中进行影片的播放。
- **简介窗口**。单击影片文件，按 Command + I 组合键打开该影片的简介窗口，将鼠标指针移动到窗口中影片的预览画面上，单击出现的播放按钮即可开始影片的播放。

另外，在使用以上 3 种方式播放影片时，使用者将鼠标指针移动到预览窗口上，通过鼠标滚动轮的前后滚动（或在笔记本计算机上用双指在触控板上左右滑动）可以快速浏览影片的内容，几秒钟的时间就可以定位到所需的影片片段。注意：不幸的是，由于版权保护的限制，以上 3 种方法不适用于从苹果在线商店中购买的影片）。

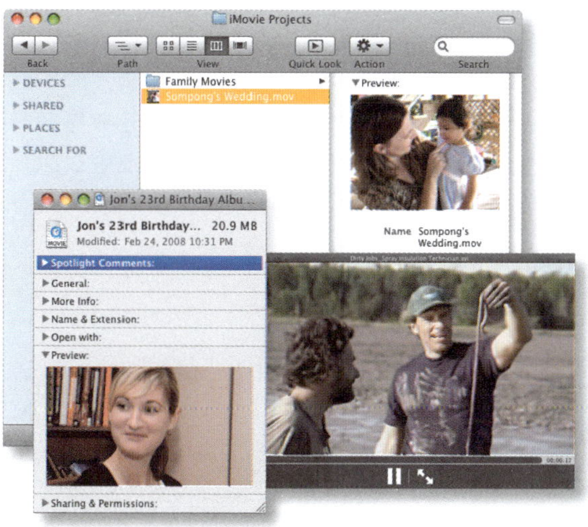

QuickTime：按比例缩放窗口以保证视频的清晰

移动或静止的图像都是由像素所组成的，只有在其图像的原分辨率下观看才是最清晰的。如果将图像按整数比例进行缩放（如缩放为原图像的30%、80%、150%、200%等大小），图像效果看起来也是比较清晰和平滑的。但如果按照不规则比例缩放图像时（如缩放为原图像的67.7%、82%或129%大小），则图像看起来会有一种锯齿状的感觉（Photoshop的使用者一定明白锯齿状是什么意思）。虽然使用QuickTime 7播放影片时，使用者可以通过拖动QuickTime播放器窗口左下角随意改变窗口的大小，但如果在缩放窗口的同时按住键盘上的Option键，则播放器的窗口会按照整数比例（如原影片图像的50%、25%或200%大小）进行调整，这样影片的效果看起来会相对更好。

DVD播放程序：显示隐藏的控制按钮

如果你很奇怪为什么苹果的DVD播放程序缺少一些常用的控制按钮，那么你只说对了一半。苹果的DVD播放程序在播放DVD节目时，是具备控制慢动作回放、字幕选择、镜头角度、语言选择等功能的，只是出于节省屏幕空间的考虑，将这些控制按钮隐藏了起来。在DVD播放控制面板界面中双击其窗口右侧的灰色竖条标志，或者按组合键Command +】（右方括号），可以弹出隐藏的两排控制按钮。

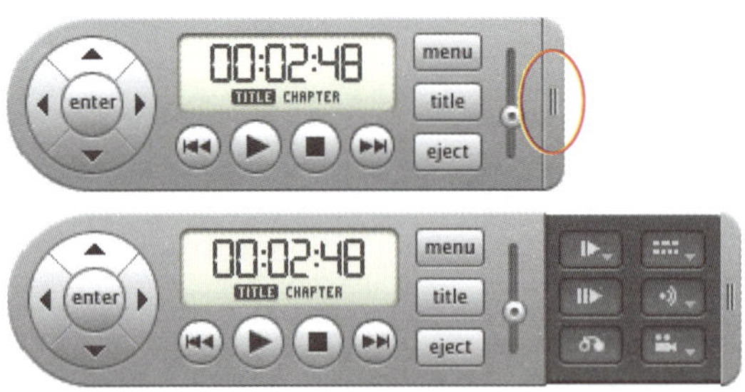

DVD 播放程序：控制面板

在全屏模式下观看影片时，将鼠标指针移动到屏幕底部，则会出现 DVD 播放程序的控制面板，方便用户进行控制影片播放、字幕选择等操作。

DVD 播放程序：快速回到 DVD 节目的主菜单

使用 DVD 播放程序观看 DVD 节目时，可以使用多种方法跳转到 DVD 节目的主菜单界面，如在全屏模式下按 Command + D 组合键，或将鼠标指针移动到屏幕底部，在出现的 DVD 播放程序控制面板上单击 Menu 按钮都可以回到主菜单界面。如果当前没有处在全屏模式，通过按 Command + D 组合键即可快速跳转到主菜单界面。

DVD 播放程序：家长控制功能

在 DVD 播放程序的菜单栏上选择“功能－启用家长控制”，在弹出的对话框中输入计算机管理员的用户名和密码，可以限制使用该程序观看某些 DVD 节目。启用“家长控制”功能后，将 DVD 光盘第一次插入光驱时，系统会让使用者选择“仅播放一次”或“总是允许”，选择“总是允许”后当该 DVD 光盘再次插入光驱时，使用者无须输入管理员的用户名和密码就可以播放该光盘。如果使用者改变了主意，想限制该光盘的播放，可以在 DVD 播放程序的菜单栏上选择“功能－取消媒体授权”。

DVD 播放程序：使用浮动窗口进行节目播放

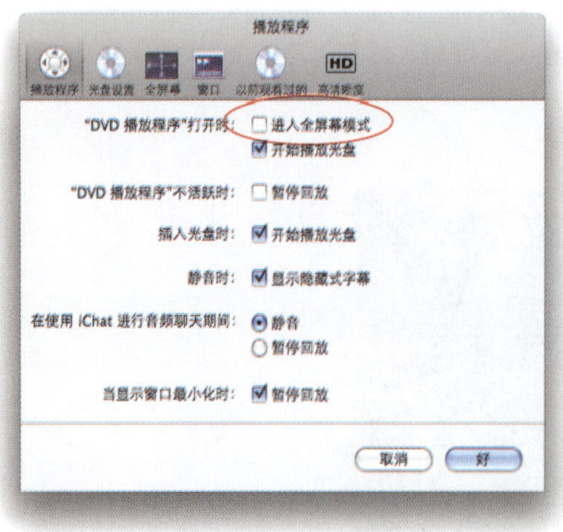

使用 DVD 播放程序播放节目时，系统会默认进入全屏播放模式，但使用者可以在 DVD 播放程序的菜单栏上选择“DVD 播放程序－偏好设置”，在该设置界面中的“播放程序”选项卡中取消“DVD 播放器程序打开时”后“进入全屏幕模式”选项前的复选框的勾选，则在播放 DVD 节目时 DVD 播放器程序不会自动进入全屏播放模式，而是在一个浮动的窗口中进行节目的播放。此功能对观看教学类的 DVD 节目来说是非常方便的，观看者可以边观看教学节目，边切换到其他程序界面中跟着影片进行实时操作，还可以随时暂停或跳到所需的节目片段。

DVD 播放程序：设定 DVD 光盘开始播放的位置

在播放 DVD 光盘时，通过设定书签可以设定 DVD 光盘开始播放的位置。首先在播放 DVD 节目过程中，当出现希望以后从此处开始进行播放的片段时，按 Command + =（等号）组合键设定一个节目书签，在出现的对话框中命名书签，并勾选“默认书签”选项前的复选框。然后在 DVD 播放器程序的菜单栏上选择“DVD 播放程序 – 偏好设置”，在打开的设置界面中单击“以前观看过的”图标，在该选项卡中的“光盘开始播放位置”选项组中，选中“默认书签”单选按钮即可。当该光盘再次放入光驱时，DVD 播放程序会自动略过设定书签前的节目，直接从设定书签的位置开始节目的播放。

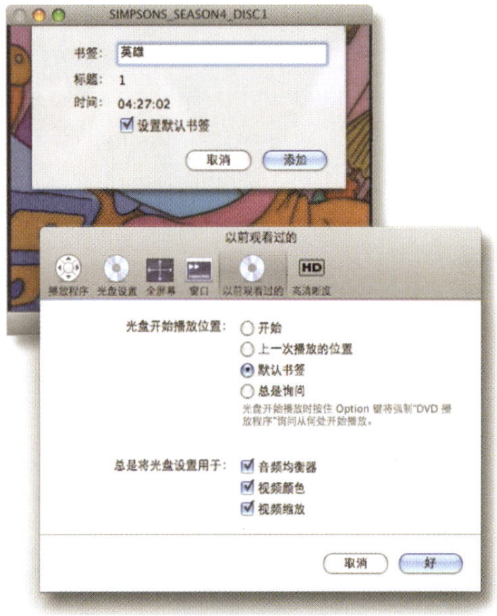

DVD 播放程序：时间滑块

时间滑块可以让 DVD 播放程序控制影片的播放变得更加得心应手。在全屏模式下观赏 DVD 节目时，将鼠标指针移动到屏幕底部，待出现 DVD 播放程序的控制面板后，左右拖动控制面板下方的时间滑块可以快速浏览节目内容，或者直接单击时间滑块上的某一位置，即可直接跳到滑块所对应的影片位置进行播放。这样当朋友将他最喜爱的 DVD 光盘借给你看，而你不喜欢该影片时，可以通过时间滑块快速浏览一下影片的内容，然后告诉朋友，“影片不错”，就是节奏有些过快，并在朋友追问你最喜欢的影片片段前赶紧转换话题，当然，对你来说，该影片中你最喜欢的部分肯定是影片结尾部分。提示：在全屏播放模式下，任何时候将鼠标移动到屏幕底部，屏幕上都会出现 DVD 播放程序的控制面板和时间滑块。

DVD 播放程序：设定节目书签

为 DVD 节目中喜欢的影片片段设定书签，则可以避免每次都需要反复快进或后退才能找到喜欢的影片片段的麻烦。在播放 DVD 节目过程中，当播放到喜欢的影片片段时，按 Command + =（等号）组合键设定一个节目书签，在出现的对话框中输入书签的名称，单击“好”按钮即可完成书签的添加。添加书签后，按 Command + B 组合键打开“书签”窗口（如图所示），在列表中单击书签，或者在 DVD 播放器程序的菜单栏上选择“前往 – 书签”，在其子菜单中选择一个书签，则可直接从添加该书签的位置开始播放节目。

第9章

苹果生活好伴侣

让你生活
更惬意的
应用技巧

Mac OS X
KILLER TIPS

苹果生活好伴侣

让你生活更惬意的应用技巧

我知道你看了标题后，心里一定会嘀咕："算了吧，一款小小的便签软件才不会让我的生活更加轻松，中个彩票大奖，让我一年中的前6个月惬意地生活在山上的小屋中，而后6个月蜗居在海边的别墅中，这才可以让我的生活更轻松"。回想一下几年前，当你乘坐飞机时，还只能用重达6磅的笔记本计算机来观看电影，或者在重达3磅的CD播放机上倾听音乐，如果在那个时候你突然间脑袋灵光一闪，想到要生产一台可以握在手中、既能观看电影也能听音乐的小巧播放器，那么你拿什么记录这个伟大的创意呢？你会反驳说，没人会忘记这么一个伟大创意的。是的，两年后当你在电视上看见Steve Jobs在介绍iPod播放器时，我打赌你下次一定会记得使用便笺这款软件了。

时间机器：不进行资料备份是不可饶恕的

我们都清楚应该对计算机中的数据（此处不是指系统的复制）定期进行备份，但很少有人能做到这点，而苹果公司在 Leopard 操作系统中所推出的“时间机器”功能则可以自动完成计算机数据的备份操作。想必大家都听说过类似的悲惨故事：某人由于没有备份数据，结果当硬盘突然出现故障后其几年的心血都随硬盘而逝（我儿子的一个朋友就曾经因为硬盘毫无征兆地出现故障，结果花费了 2300 美金雇人对其资料进行恢复）。然而当我们下决心要进行数据备份时，却发现虽然现在有各种各样的备份软件，但备份还是一个让人痛苦的工作。不过“时间机器”改变了这一切，该功能可能是苹果系统中最受用户关注的一项新特性，在其正式推出的几个月前就已经是人们热议的话题，而且最终也不负重望，让所有人的美梦成真。除了出色的备份功能以外，“时间机器”的程序名称和操作界面也让所有见惯了苹果系统界面的使用者耳目一新（如此做法已经大大超越了苹果公司为程序界面设计师所设定的规则，但苹果公司既是规则的创立者，也随时在突破这些条条框框的规定）。当第一次使用“时间机器”功能时，需要先进行相关的设置，正确进行设置是非常重要的，所以请仔细阅读以下的相关操作说明。步骤一：将外置的硬盘连接到计算机上（通过 USB 接口或者火线接口进行连接）；步骤二：单击“用作备份磁盘”按钮；步骤三：庆祝一下自己终于成为备份计算机数据的“精英”中的一员了。

时间机器：时间机器的设置

你看到这里可能会问："既然说了时间机器可以让备份变得轻松，怎么还是需要进行设置呢？"。我承认我在暗示时间机器备份很轻松的时候所说得并不全是真的，其实正确的说法应该是：使用时间机器进行备份是最傻瓜式的操作，其实不用进行设置也可以使用该功能对计算机中的数据进行备份，但建议设置一下参数以更好地适应个人的使用需求。在苹果系数统的菜单中选择"系统偏好设置"，在打开的设置界面中单击"时间机器"图标，此时，使用者在时间机器的设置界面中应该能看到指定用来备份资料的磁盘的名称，单击"更改磁盘"按钮可以更改用来备份的磁盘，而单击"选项"按钮则可以设定时间机器在备份时无需进行备份的内容。当然，如果使用者用来备份资料的磁盘容量足够大，可以完全不用进行该项设置。但如果为了节省备份磁盘的空间，使用者可以通过该选项选择在备份时不需要备份的内容，例如应用程序文件夹中的程序和系统文件，这些内容都包含在使用者的程序安装光盘中，可随时使用光盘进行重新安装。下一个要进行的设置是……其实再不需要进行任何设置了，我在前面说过，时间机器的备份功能完全是傻瓜式的，非常简单。

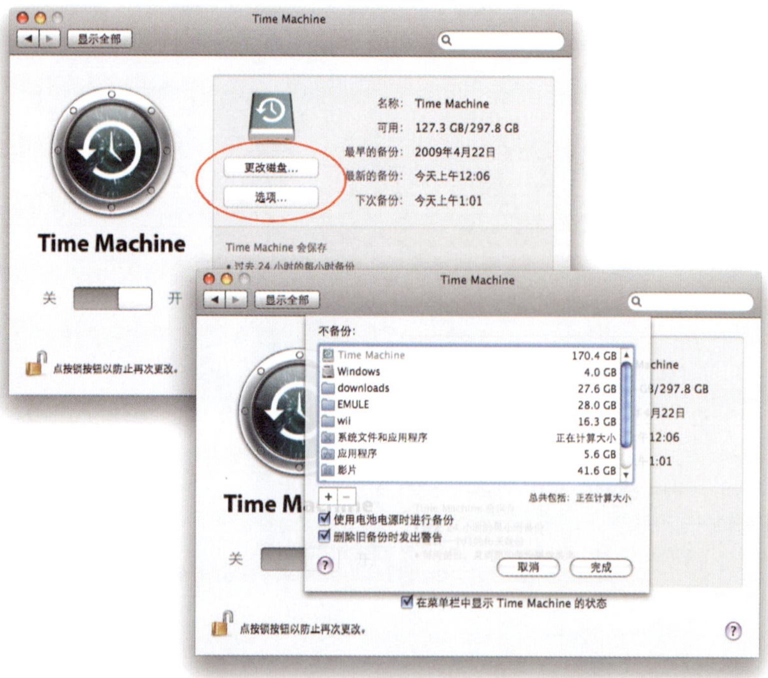

时间机器：通过备份进行资料恢复

想必大家一定体会过犯下重大错误时的糟糕心情，我这里说的可不是身着一条棕色裤子而搭配黑色腰带这种穿衣搭配上的错误，而是指在计算机操作中出现的严重误操作，例如将包含有所有关于 Leopard 操作系统的书稿或 Adobe 软件的文件夹从计算机中删除等错误。幸好，时间机器可以通过已经备份的数据对误操作进行恢复，如果时间机器不能实现这个功能，想必大家也不会阅读本书中关于时间机器的相关内容了。如果读者曾经和我一样出现过重大的误操作，只需在“应用程序”文件夹中双击时间机器的图标启动该程序。在时间机器的操作界面中浏览备份的数据，在屏幕右侧的时间线中选择被误删除资料依然存在的时间点，然后找到所需的数据，单击“恢复”按钮即可。几分钟后，文件就会被恢复到计算机内，现在你可以为自己有先见之明、提前进行过数据备份而洋洋得意了。

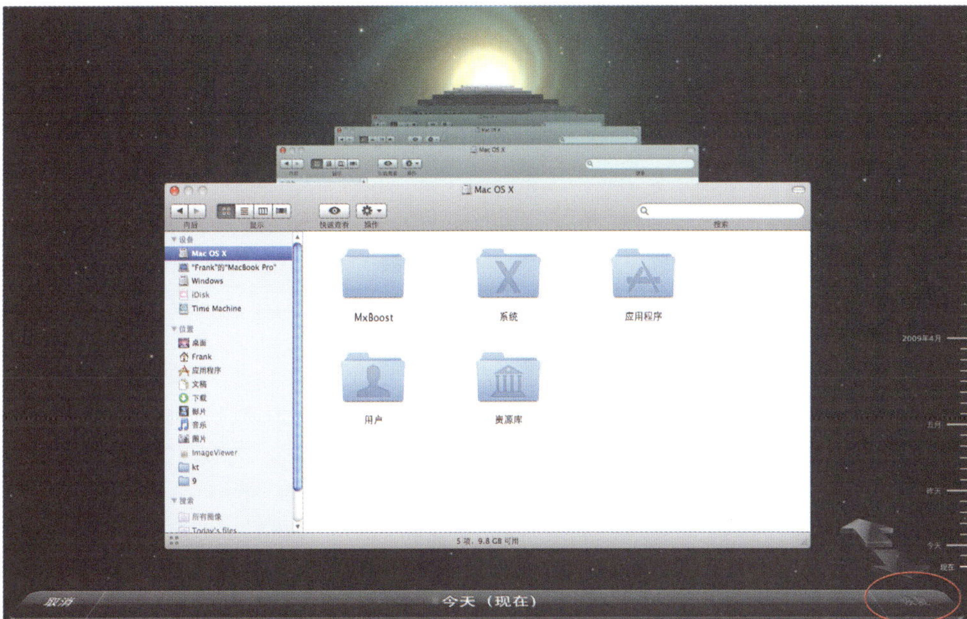

回到我的 Mac 功能

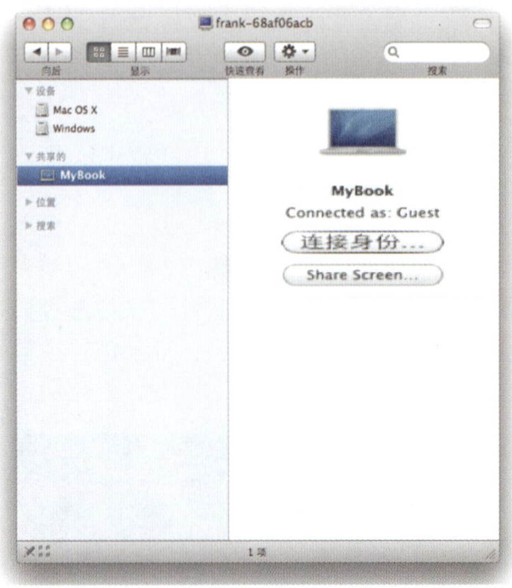

“回到我的Mac”功能是Leopard系统推出的一项新特性，仅此一项功能就值得苹果计算机的使用者将现有的系统升级到Leopard系统。通过“回到我的Mac”功能，可以在世界各地通过因特网访问使用同一Mobileme账号的计算机。使用者只需打开计算机，在Finder窗口侧边栏的“共享的”列表中可以看到与使用者计算机共用一个Mobileme账户的其他计算机，单击共享计算机的名称即可访问该计算机中的内容。看到这里，也许一些精通苹果计算机的使用者会说，远程访问其他计算机根本不是什么新鲜事！确实如此，在没有“回到我的Mac”这个功能的时候，使用者已经可以通过一些方法进行远程访问来达到共享文件的目的，但“回到我的Mac”这个功能却让远程访问计算机变得非常简单、易操作，在这里我不想用枯燥的技术词汇来解释该功能的工作原理（即使我清楚地了解该原理，我也不会这么做）。我们知道如果想远程访问一台计算机，其前提是必须知道需访问的计算机的网络地址，而由于因特网服务提供商在一定时间内就会改变计算机的网络地址，所以当你离开家并想远程访问家中的计算机时，会发现很难进行连接。而“回到我的Mac”功能则是通过使用者的Mobileme账户来追踪计算机网络地址的变化（我怀疑是不是Steven jobs天天坐在计算机旁，忙着为用户输入网络地址），Mobileme账户会根据计算机网络地址的变化进行相应设置以保证使用者可以访问远程的计算机，使用者不必再担心将资料遗落在家中或办公室里的计算机中了。注意：如果使用者所使用的是苹果公司的Airport Extreme无线路由，该路由会自动进行设置以保证“回到我的Mac”功能正常工作，而其他品牌的无线路由则需要对其进行端口映射，然后才能正常工作。

字体：调用 © 和 ™ 等特殊字符

苹果的操作系统中内置了几百个特殊字符（如©、™、‰、*f* 等符号）以供使用者在文本输入中使用，使用者通过“字符调板”即可调用这些符号。打开“字符调板”可以使用以下 3 种方式：（1）在大多数程序的菜单栏上，选择“编辑－特殊字符”（如图所示）；（2）在“字体面板”的左下方单击“操作”按钮，选择“字符”；（3）在苹果系统菜单中选择“系统偏好设置”，在打开的设置界面中单击“多语言环境”图标，在其界面中选择“输入法菜单”选项卡，在该选项卡中勾选“字符调板”选项前的复选框，系统将“字符调板”添加到屏幕上方任务栏的右侧（其图标为一个小旗帜图案）。在其他程序中（如苹果版本的 Word 或 Adobe InDesign 程序中）单击输入法图标，在弹出的菜单中选择“显示字符调板”即可在文本中插入所需的特殊字符。

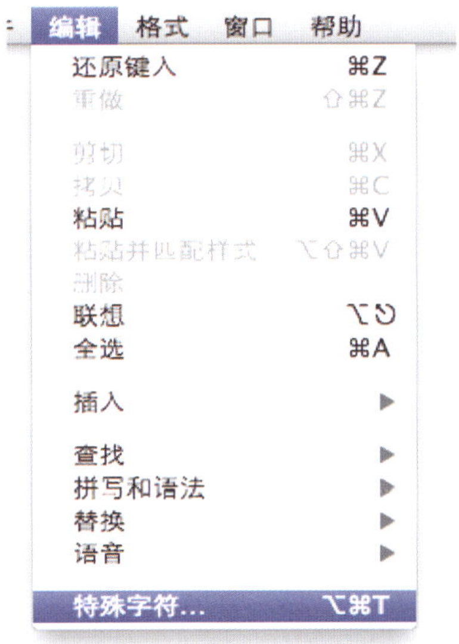

字体：特殊字符的使用

无论采用哪种方式打开“字符调板”（参见上页技巧），都要使用这些特殊字符。在“字符模板”窗口上的“显示”下拉菜单中选择“所有字符”，接下来单击右侧的“按类别”标签，则窗口左侧会显示特殊字符的分类列表，窗口右侧会显示所选择字符分类中的所有字符。选择所需的字符，然后单击右下角的“插入”按钮即可在文本中使用该字符。使用者可将经常使用的特殊字符（如©和™）添加到“个人收藏”列表中，则以后直接在“字符调板”窗口中单击“个人收藏”标签，即可快速找到使用者收藏的字符。另外，在“字符调板”窗口的左下方单击“字体变化”左侧的箭头标志扩展“字符调板”窗口，在出现的新界面中，使用者可以选择一种字体以查看所选的字符能否在选定字体中使用（各种字体所能使用的字符是不同的），或者可以选择查看支持所选字符的所有字体格式。

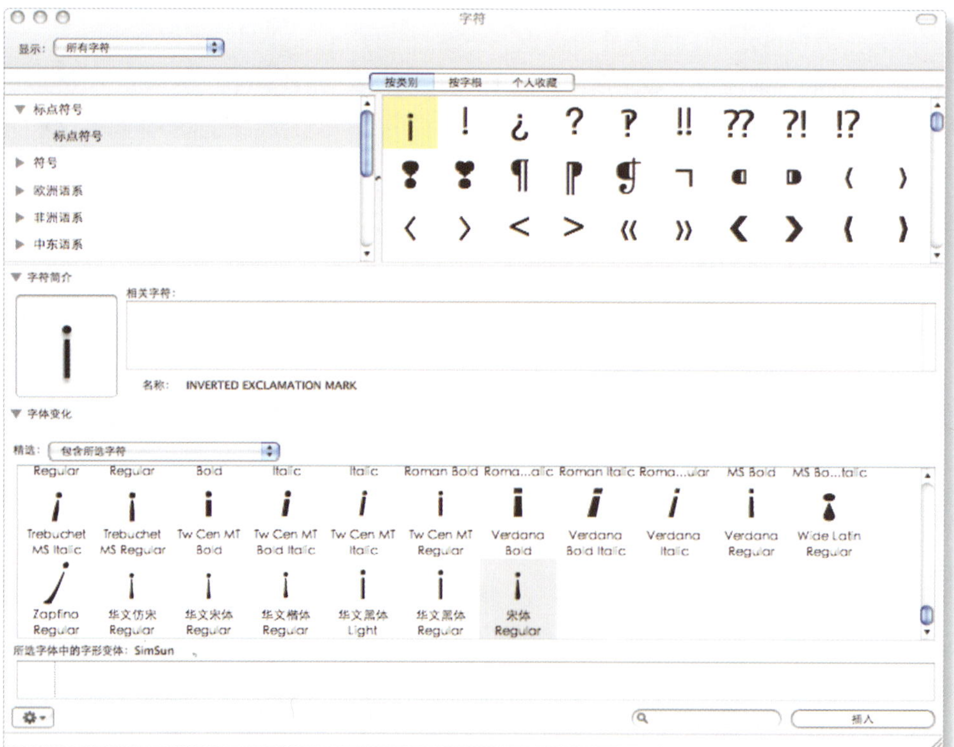

字体面板：预览字体

苹果公司在众多使用者的千呼万唤下，终于在字体面板中增加了字体预览的功能，现在使用者可以在使用某字体前通过 Mac OS X 系统中内置的字体面板对字体进行预览（几乎适用于所有的程序）。在任一程序界面中按键盘上的组合键 Command+T 打开字体面板，在该面板的左下方单击操作按钮，在其弹出的菜单中选择“预览”，在字体面板的上方会出现一个预览窗口，该窗口中会实时显示使用者所选择的字体、样式、大小，真正做到所见即所得。

字体面板：精简的字体面板

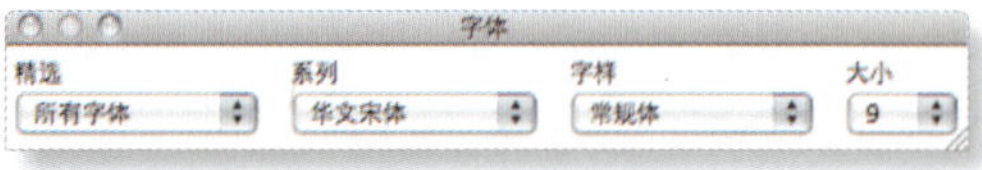

字体面板值得让人称道，但其面板窗口有些过大，那么如何能在使用字体面板时缩小其窗口呢？其实使用者只需单击字体面板上的绿色按钮，系统就会自动缩小其到适合当前屏幕的大小。另外，在缩小的字体面板窗口中单击窗口右下角的调整大小标志，按住鼠标左键不放向左侧拖动鼠标，则可以将字体面板缩小到最小。即便在字体面板以最小窗口显示时，使用者依然可以通过其窗口中的下拉菜单正常使用其所有的主要功能。再次单击缩小的字体窗口上的绿色按钮，字体窗口会恢复到原来的显示状态，使用者又可以使用字体窗口中的所有功能。即使你平常不会用到字体窗口，也建议你打开字体面板体会一下苹果系统的神奇。

字体册：查看有问题的字体

使用了有问题的字体后（即字体与系统不兼容）很有可能会让文档的显示（或系统）出现问题。如想查看一下当前系统中是否存在有问题的字体，可以在应用程序文件夹中双击“字体册”图标启动“字体册”程序，在打开的程序窗口中选择一个可能存在问题的字体或按住键盘上的 Command 键单击选择多个字体，然后在“字体册”程序的菜单栏上选择“文件－验证字体”，打开验证字体的窗口，使用者在该窗口中可查看所选字体是否有问题。单击出现问题字体名称左侧的箭头标志，可以查看该字体的具体问题。如需删除出现问题的字体（前提是你完全明白此操作的后果），勾选出问题字体名称前的复选框后，单击窗口右下角的“删除选中的项”按钮即可。

字体册：清除重复的字体

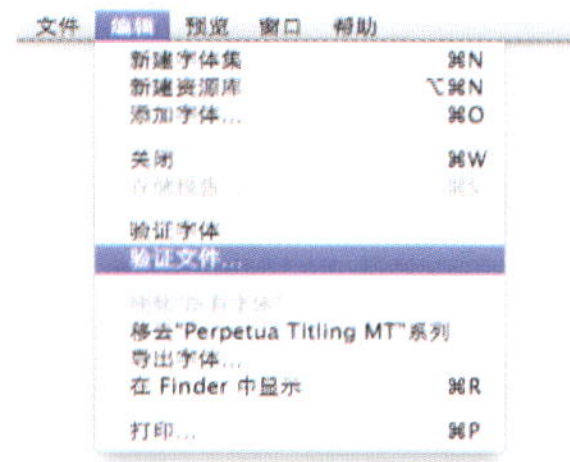

程序或系统不稳定的一个常见原因就是因为使用者使用了重复的字体（即安装在磁盘中的相同字体），此时使用者可以通过字体册程序清除重复的字体。当字体册程序发现使用者所安装的字体出现重复的情况时，会在重复的字体右侧以一个黑色的小圆点进行标示。使用者在重复的字体中选择欲保留的一种字体，然后在字体册程序的菜单栏上选择“编辑－解决重复”，则字体册会自动禁用重复字体，而仅保留使用者所选的字体。为了系统的稳定，建议当某字体出现重复时禁用所有重复的字体或者按照以上方法仅保留重复字体中的一种字体，而不要同时使用重复的字体。

字体册：精简字体列表

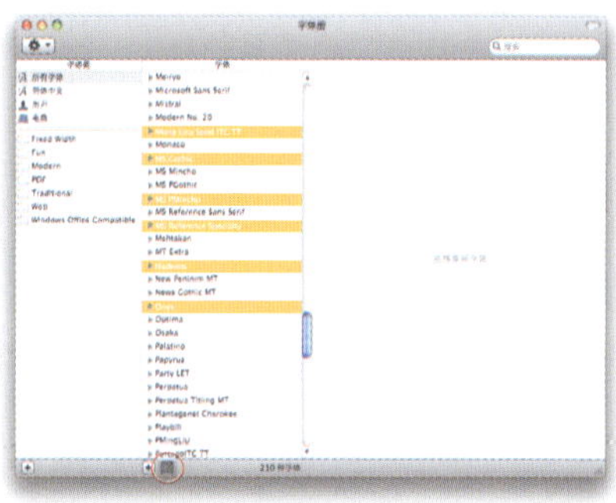

在过去，计算机的使用者需要以很高的价钱去购买字体（每种字体高达几百美元），所以经常有一些人会炫耀自己的计算机中安装了 20 种字体。但现在成千上万的字体已经可以免费使用了，像我们这些在过去根本没钱购买字体的人，终于可以随心所欲地安装所有的字体了。但是平心而论，我们日常使用的字体能有几个？除非你是一个 PC 用户，需要使用 Power Point 程序做展示，否则 4、5 种字体即可满足日常 90% 的工作需要了。我的计算机里一共安装了 256 种字体，本书中所采用的是其中一种名称为 Myriad 的字体，如果我是在本书的第 1 章介绍本技巧，就不得不花费很多时间在长长的字体列表中寻找 Myriad 字体了。但感谢字体册程序的自动启用字体功能（系统默认已经启用该功能），使用者可以在字体册程序窗口的“字体集”分栏中选择“所有字体”，然后在右侧的“字体”分栏中选择不常用的字体，单击如图所示红圈中的按钮，即可将所选的字体关闭。当打开的文档需要使用已经关闭的字体时，字体册会自动启动所需的字体。现在，当使用者需要选择字体时，打开字体面板看见的是一个精简的字体列表，而无需再在长长的列表中寻找所需字体那么麻烦了。

字体册：创建自定的预览文本

系统默认情况下，当使用者预览字体时预览窗口中所显示的文本是“ABCDEFGHIJKLMNO…”，虽然这样显示使用者可以了解字体的显示效果，但是如果在预览时预览窗口中显示的是使用者当前工作中所使用的文本则效果会更好。首先在字体册中选择所需的字体，然后按键盘上的组合键 Command+3（为字体册程序的菜单栏上的“预览”菜单中的““自定”命令的快捷键），系统会高亮选择窗口中默认的预览文本，使用者此时可输入自定义文本进行覆盖。更酷的是，字体册还支持复制粘贴功能，使用者可以将当前工作中使用的文本直接复制并粘贴到预览窗口中。

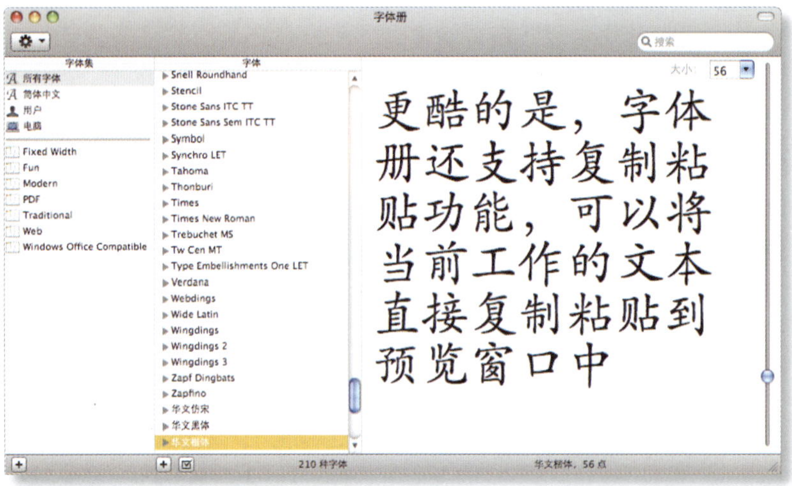

字体册：调整预览字体的大小

如希望以不同的大小对字体进行预览，使用者可以在字体册窗口最右侧的预览分栏中通过滑动条对字体大小进行调整，但该方法的缺点是滑动条的移动速度太快和过于随意（无法正确选择版面设计所使用的字体大小），所以不得不经常需要在预览窗口中“大小”的下拉菜单里选择一种大小合适的字体。使用者通过以下方法可以让选择字体的大小变得更加快捷：打开“大小”的下拉菜单后，通过键盘上的上下方向键选择所需字体的大小。与使用滑动条不同，通过上下方向键在列表中进行移动时字体不会随着变化，仅当使用者将光标移动到所需的字体大小上，按回车键（Return）后，预览窗口中的字体才会应用刚才所选的字体大小进行显示。

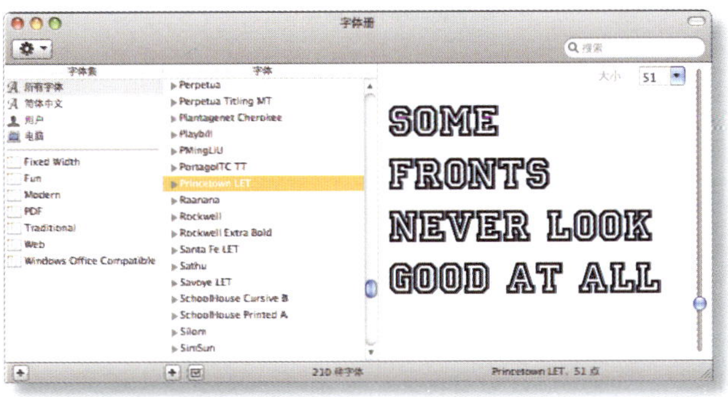

字体册：用并列窗口对字体进行对比

如果正在考虑使用何种字体，而且供选择的字体种类仅剩下几个时，可以将字体在不同的窗口中打开，然后将窗口并列排放，以更好地进行对比选择。在字体册窗口的“字体”分栏中双击需要对比的某一字体，打开单独的窗口预览该字体，以同样方式打开另一个需要对比的字体预览窗口，现在拖动窗口，将两个窗口并列在一起进行对比。如果需要，使用者可同时打开尽可能多的字体预览窗口进行对比选择。另外，在打开的字体预览窗口中，使用者还可以通过窗口上方的下拉菜单选择字体和字样。

字体册：搜索所有包含某一字样的字体

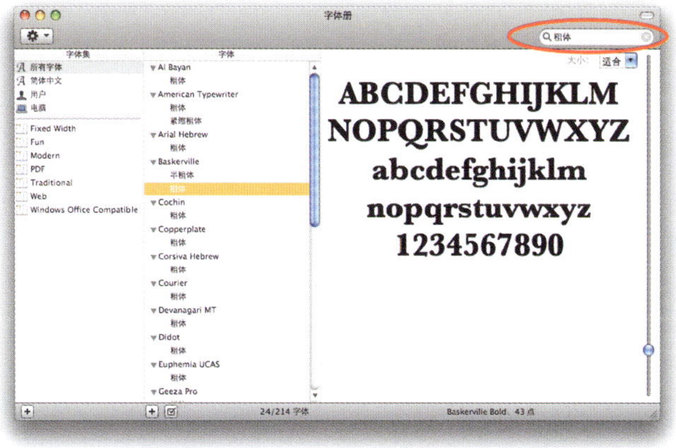

如果在进行某一项工作时需要使用粗体作为标题的字体，但不清楚该使用何种字体的粗体，可以在字体册程序窗口右上角的搜索框中输入“粗体”，则“字体”分栏中会显示出所有包含“粗体”的字体。单击某一种字体，通过键盘上的上下方向键在列表中选择并预览该字体的粗体字样。当然，此方法除了用于搜索包含“粗体”字样的字体外，还可以搜索包含其他字样如斜体等的字体。

字体册：导出文档所需的字体

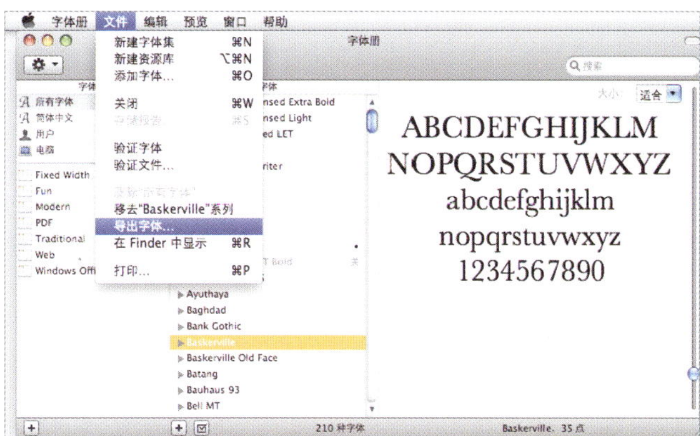

如果与其他人共同进行同一项工作或将文本文件发送给其他人进行修改时，必须先保证其他人的计算机上安装了所需的字体，通常在该情况下使用者将不得不在硬盘中到处搜索所需字体，然后将其复制到所需位置。在字体册程序中，使用者只需在程序窗口中（仅在字体窗口中搜索即可，而无需在硬盘中进行搜索）选择所需的字体，然后在字体册的菜单栏上选择“文件 – 导出字体”即可完成操作。

iCal：自定 iCal 邀请信息

如果通过 iChat 程序邀请某人参加一个会议，则该程序会给被邀请人发送一条非常直白、商业味很重的电子邮件邀请函。而 iCal 程序则不同，使用者可以自定义 iCal 程序所使用的邀请信息，如设定为以下内容“如果你想保住你的工作，那么你最好在今天下午四点准时参加会议”，其操作非常简单。

步骤一：在应用程序文件中按住键盘上的 Control 键，单击 iCal 程序的图标，在弹出的快捷菜单中选择“显示包内容”，在打开的窗口中进入 Contents/Resources/zh_CN.lproj 文件夹，找到名称为 iTIP.string 的文件，使用文本编辑程序打开该文件。

步骤二：打开该文件后，找到以下内容“/* Mail body when sending an invitation to an event (IP 56) */”，该文本下方所显示的是当 iCal 邀请某人参加会议时系统默认发送的信息内容，我们可以对其进行编辑，替换成个人喜欢的内容。但是 iCal 会使用该信息内容中的变量，以替换信息中的收信人的姓名、会议时间等，所以在编辑时不要改变信息中的变量“%@”。例如，默认的邀请信息内容为“%@ has invited you to the iCal event: %@, scheduled for %@ at %@ (%@)”。我们可以将其修改为“%@ 警告你要去参加关于 %@ 的会议，如果你想保住你目前这份卑微的工作，最好准时在 %@ 的 %@ 出现”。修改完毕后关闭该文件，存储所做的修改，重新启动 iCal 程序即可使用 iCal 发邀请信息来吓唬你的雇员了。

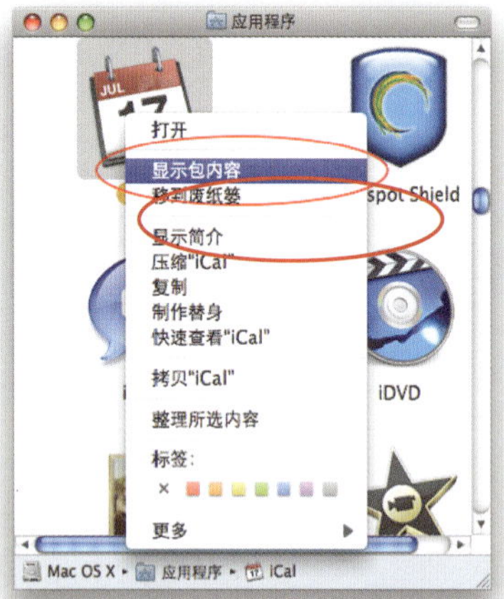

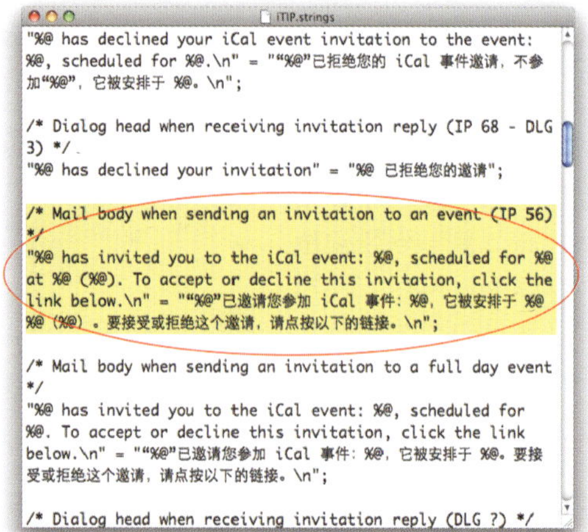

iCal：打破事件只能输入一行的限制

在 iCal 中添加一个新的事件时，系统默认情况下，按回车键并不会另起一行继续输入，而是代表结束事件的输入（因为 iCal 中不允许输入多行文字）。其实很少人知道，使用者在输入事件时，按住键盘上的 Option 键，然后再按回车键（Return）就可以另起一行继续进行事件的输入。

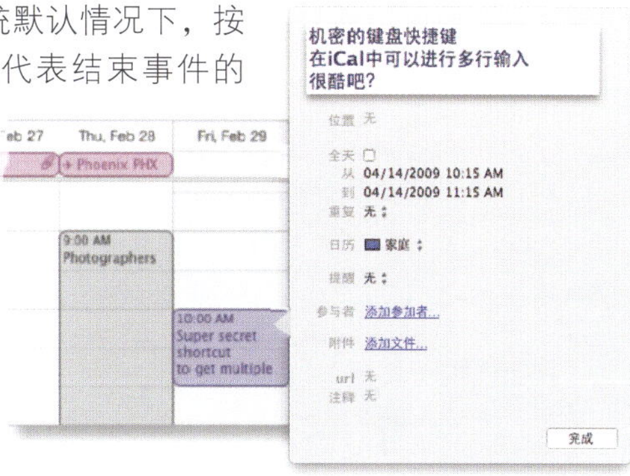

iCal：在事件中添加网络链接

在 iCal 中添加一个新的事件时，使用者可以同时添加关于事件的网络链接（如关于该事件的地图、注册信息、旅馆等相关信息），以便在需要时作为参考。在添加新的事件（或修改已经添加的事件）时，在添加或编辑事件的界面中单击“url”后面的“无”（在事件界面的底部），在出现的文本框中输入网络链接，此时输入的网络链接必须是一个完整的网络地址（如 http://www.something.com）。如果希望网络链接显示在事件的标题中，则需要将网络地址输入在事件的标题栏上，而不是“url”栏中，此时输入的网络链接的两边需要用尖括号括起来，例如 <http://www.something.com>。这时可以使用介绍过的多行输入事件的技巧，在第一行中输入事件的名称，然后另起一行，在第二行中输入网络链接。

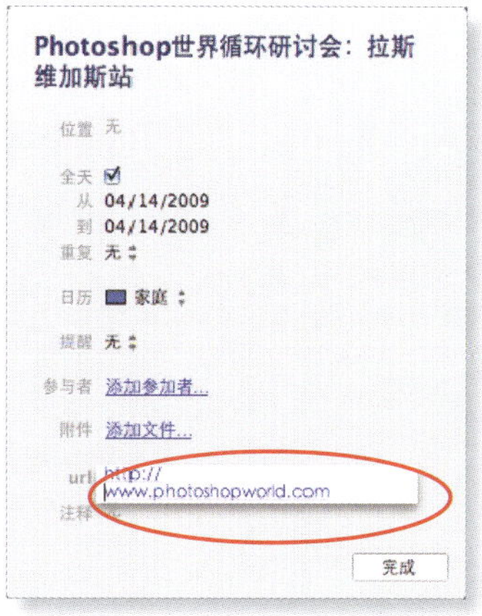

iCal：设定音乐提醒

如果 iCal 在提醒时可以播放自己喜欢的歌曲，那么为什么还要用系统默认的恼人声音呢？在 iCal 窗口中双击一个事件，在弹出的事件概述窗口中单击“编辑”按钮。在事件编辑窗口中选择“提醒”（系统默认情况下，当前的提醒设置为“无”），在弹出的菜单中选择“打开文件”，此时你一定以为如其他大多数的软件一样，在选择这个选项后，系统会弹出一个文件选取窗口让你选择歌曲文件，但根本没出现文件选取窗口，而是又出现了“iCal”和“15 分钟前”这两个选项。现在我们来分析一下：在这两个选项中，从字面意义上看，“15 分钟前”这个选项似乎和打开文件没什么关系，所以可以排除掉；那么只能选择“iCal”选项，但是选择后依然没有出现文件选取窗口，别着急，在其弹出的菜单中选择“其他”，现在熟悉的文件选取窗口就出现了，选择希望在 iCal 提醒时播放的音乐文件即可。我的 iCal 在提醒时会播放 Temptations 乐队的歌曲《准备好》。

iCal：相关日历的归类

如果你有一些相关的日历，可以选择将其归类，进行分组管理，这样在需要时，可以很方便地找到所需的日历。假设你在 iCal 中已经添加了自己喜欢的职业橄榄球队和业余橄榄球队的赛程日历，那么你可以将这两个日历放到一个日历组别中，按住键盘上的 Shift 键，在 iCal 窗口的左下角单击加号（＋）按钮（此时加号变为多个重叠日历的图案），即可创建一个可展开的日历组别。现在，在 iCal 窗口左侧的侧边栏上将“日历”列表中需要归类的日历拖放到刚创建的组别中即可完成操作。为了让界面看起来更加整洁，可以单击组别左侧的三角标志取消组别的展开。

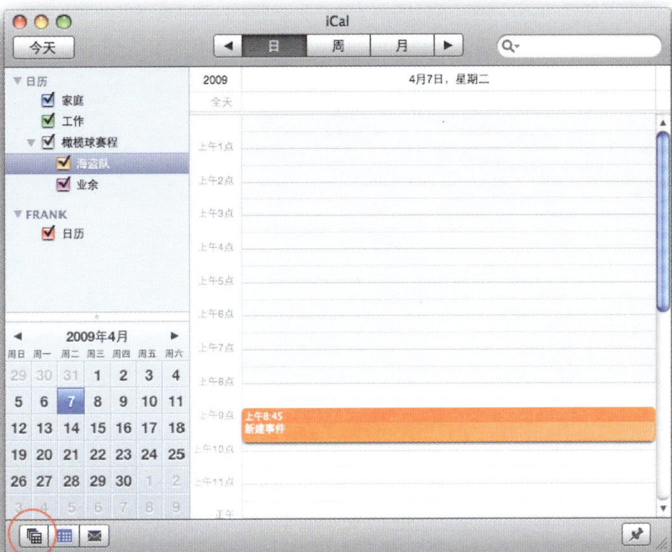

iCal：自动创建生日日历

如果在地址簿的联系人信息中添加了联系人的生日信息，那么 iCal 可以根据地址簿中的信息自动创建一个生日日历，便于使用者查看哪些联系人即将要过生日。在 iCal 程序界面中，按键盘上的组合键 Command + 逗号键打开程序的偏好设置，在“通用”选项卡中勾选“显示生日日历”选项前的复选框。设定后，在 iCal 窗口左侧的侧边栏上会出现一个名称为“生日”的日历，并根据地址簿中的信息标出了联系人的生日，这样当某人过生日时，就可以提前准备好一份大礼了。

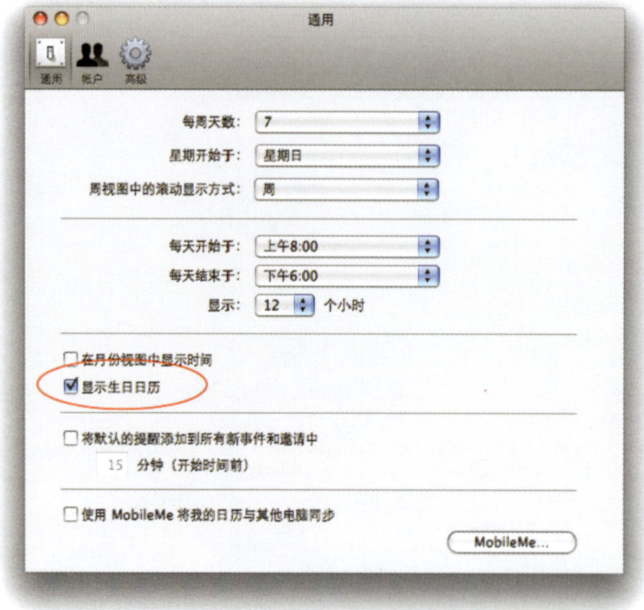

iCal：自动发送事件邀请

如果你准备开一个会议，可以通过 iCal 自动向参加会议的人员发送会议邀请。首先在 iCal 中创建一个新的会议事件，接下来在该事件的编辑窗口中（在 iCal 窗口中双击已经存在的事件，然后选择“编辑”可为已经存在的事件添加事件的参加者）单击“添加参加者”链接，在出现的文本框中输入参加者的姓名或电子邮箱地址，随着使用者的输入，系统会在地址簿中搜索符合条件的联系人信息，并以列表方式提供给使用者进行选择，按回车键（Return）即可选择列表中的联系人。重复以上步骤可添加多个参加者，添加完毕后单击“发送”按钮，系统会自动启动 Mail 程序向参加者发送邀请邮件。注意：此方法的前提是地址簿程序的联系人信息中，必须包含参加者的电子邮箱地址。

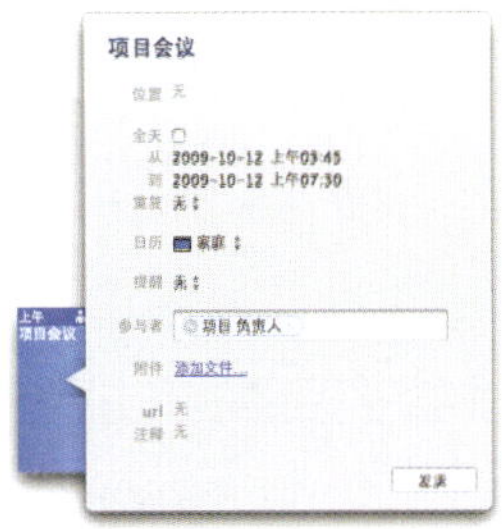

iCal：自动发送手机邮件提醒

如果你像我一样，必须设置多个提醒才能记住约会、生日、会议等事情，那么可以考虑让 iCal 自动发送事件提醒到你的手机上（当然，前提是你的手机具备收发电子邮件的功能）。首先要在地址簿程序中（注意不是 iCal 程序中），将你的手机邮箱的地址添加到你的联系人信息中（即在地址簿程序中，添加到“我的卡片”的联系人卡片中）。然后在 iCal 中创建一个事件，在事件的编辑窗口中单击“提醒”选项后的“无”，在弹出的菜单中选择“电子邮件”，设定提醒类型为“电子邮件”方式，此时在出现的电子邮箱地址中选择手机邮箱的地址，并设定 iCal 在事件到期多长时间前发送手机邮件即可。只要你的手机和计算机都处于开机状态，而且计算机连接到了因特网上，则到设定时间时，iCal 就会自动向你的手机发送事件提醒邮件。

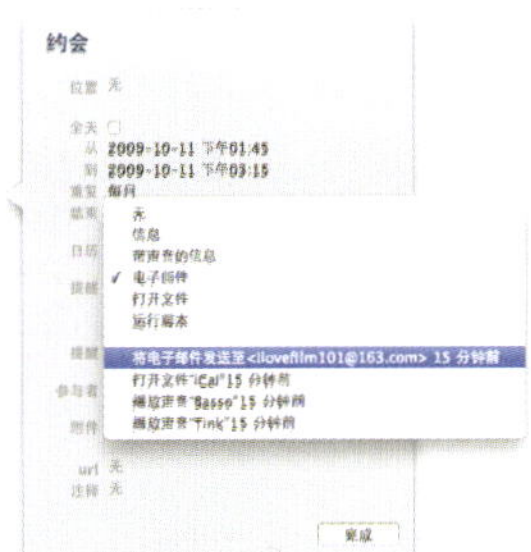

隐私保护

如果你的计算机中保存有“敏感”信息，那么你肯定不希望当自己离开计算机片刻，如去星巴克喝杯咖啡或去冲凉的时候，有人可以随便在你的计算机里查看你的个人信息。你可以在苹果系统的菜单中选择“系统偏好设置”，在打开的设置界面中单击“安全”图标，在该设置窗口的“通用”选项卡中勾选“从睡眠或者屏幕保护中唤醒电脑时，要求输入密码”选项前的复选框即可。设置前，请牢记该计算机的登录密码。

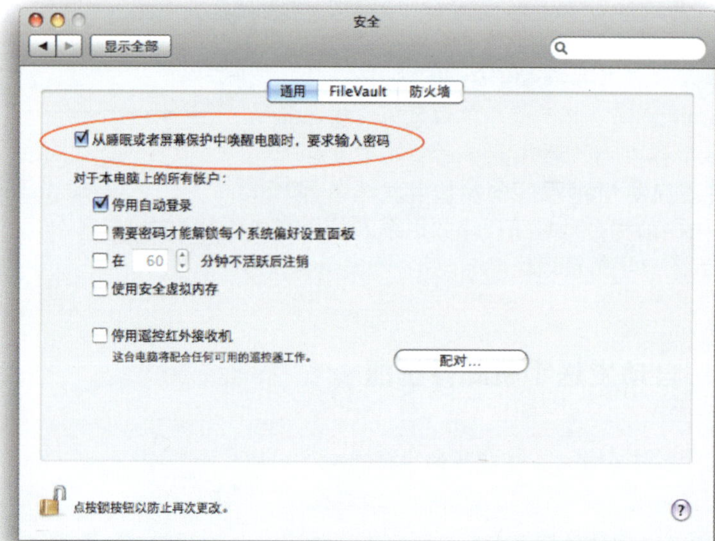

设定默认的打印机

在以前的 Mac OS X 操作系统中，系统默认将打印机设定为使用者最后一次所使用的打印机。如果使用者总是使用同一台打印机打印，但某天仅使用其他打印机打印了一份文档，在下次打印时，系统就会默认使用你仅打印了一份文档的打印机，而不是你常用的打印机，这非常让人恼火。现在，因为 Leopard 操作系统允许使用者自行设定系统默认的打印机，所以完全可以避免刚才所说的情况再发生了。在苹果系统的菜单中选择"系统偏好设置"，在打开的设置界面中单击"打印与传真"图标，然后在该窗口下方的"默认打印机"下拉菜单中选择所需的打印机，切记不要选择"上一次使用的打印机"即可。

删除多余的语言包

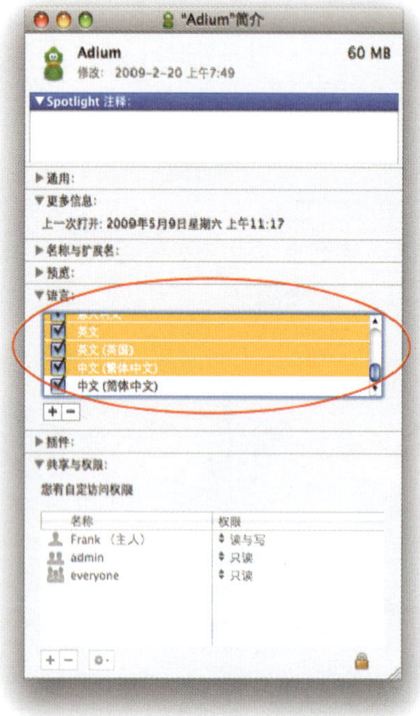

每个程序在安装的时候都会安装语言包，以使程序界面和菜单显示的是使用者可以看得懂的本国语言（在朋友的计算机上将系统语言设置为外国语，如匈牙利语，是一件很有趣的事），但一般安装的语言包中除了本国语以外，还包括其他国家的语言。因此，如果使用者精通 108 种外语，就可以每天使用一种语言的界面了。但对于大多数人来说，多余的语言包不但没有用，还会占用大量的磁盘空间。使用者可以通过下面的方法将多余的语言包删除：单击任一程序的图标，按键盘上的组合键 Command + I 打开文件的“简介”窗口，使用者在该窗口中可以查看文件的“通用”、“更多”和“文件名与扩展名”等相关信息。如果该程序安装有语言包，则在该窗口中会显示“语言”信息，单击“语言”旁的三角标志展开该信息项，即可查看所有已安装的语言包信息。取消语言包前的复选框的勾选，只会禁用该语言包，而不会将其删除。使用者需要在语言包列表中单击任一语言，按键盘上的组合键 Command + A 选择所有的语言包，接下来按住键盘上的 Command 键单击需要保存的语言包，取消对其的选择操作，然后单击语言包列表下的减号（ – ）按钮即可将所有选择的语言包删除到废纸篓中。以我的计算机为例，仅从 Leopard 系统默认安装的程序中删除的语言包文件就有 30000 个，容量有 486MB。提示：删除时屏幕上会显示警示信息，忽略该信息，然后删除即可。

刻录文件夹中的快捷方式

在 Leopard 操作系统中新建一个刻录文件夹（在 Finder 程序的菜单栏上选择“文件－新建刻录文件夹”，或在 Finder 窗口的工具栏上单击带有齿轮图案的按钮，即“操作”按钮，在弹出的菜单中选择“新建刻录文件夹”），将欲刻录的文件拖入到该文件夹中，此时使用者在刻录文件夹中看到只是代表原文件的快捷方式（快捷方式图标的左下角都带有箭头标志），单击窗口右上方的“刻录”按钮进行刻录。则刻录进光盘的依然是原文件，而不是该文件夹中的快捷方式，因为 Leopard 系统在刻录时会根据文件夹中的快捷方式找到其所代表的原文件，而不是真的将原文件复制到刻录文件夹中，这种方式节省了复制文件的时间，从而使在 Leopard 系统中刻录光盘的时间要快于之前版本的操作系统。

刻录多区段光盘

通常，当我们将数据刻录到光盘中后，光盘就不能再用来刻录了，但是在刻录时可以使用下面的方法。首先创建一个文件夹（普通文件夹或刻录文件夹都可），命名文件夹后，将需要刻录的数据拖入文件夹中。接下来打开用户的“应用程序”文件夹，进入“实用工具”文件夹中启动“磁盘工具”程序。待程序启动后，在磁盘工具的菜单栏上选择“文件－新建－文件夹的磁盘映像”，在打开的文件选取窗口中选择刚刚新建的文件夹，单击“映像”按钮，在接下来出现的存储对话框窗口中输入新建映像的名称，不要改变其他设定，保存即可（如果创建的是刻录文件夹，在保存时屏幕上会出现对话框询问保存镜像所使用的扩展名名称，选择“使用 .dmg”）。映像保存完成后，在磁盘工具窗口左侧的侧边栏中使用者可以看见使用所选文件夹创建的映像名称，选择该映像名称，在磁盘工具的工具栏上单击左侧的“刻录”按钮，当屏幕上出现插入空白刻录光盘的提示时，将空白的刻录光盘放入计算机的光驱中，在接下来出现的刻录选项窗口中单击右侧蓝色、带有向下三角图案的按钮展开选项窗口，然后勾选“保留光盘为可附加”选项前的复选框，最后选择刻录即可。当以后需要继续刻录数据时，将该光盘放入光驱中，重复以上操作步骤可以继续添加新的数据资料到光盘中，第二次进行刻录时，操作步骤简单很多，只是进行到最后的刻录步骤时，对话框中的“刻录”按钮变成了“添加”按钮。注意：此方法仅适用于 CD 光盘的刻录，无法用于刻录 DVD 光盘。

打开网络共享

以前只有在那种身着正装，坐在比监狱的房间还小的隔间中日复一日工作的人才能接触到因特网。但现在，以我家为例，4 个人拥有 5 台计算机、5 台打印机、一个扫描仪和一个视频电话，还有 3 台路由器，虽然部分原因是因为我对科技比较痴迷，但主要是家庭网络如今已经非常普遍了。Leopard 系统让网络中的计算机（苹果计算机或其他系统平台的计算机）进行文件共享变成自动化，使用者通过以下方法就可以让自己的计算机在网络中处于可见状态。在苹果系统的菜单中选择“系统偏好设置”，在打开的设置界面中单击“共享”图标，在该设置窗口中勾选“文件共享”选项前的复选框，则在 Finder 窗口的侧边栏上，其他苹果计算机的使用者就可以在“共享的”列表中看到使用者的计算机名称了。在下页的内容中将介绍如何让连接在同一网络中的其他人可以访问使用者计算机中的文件。

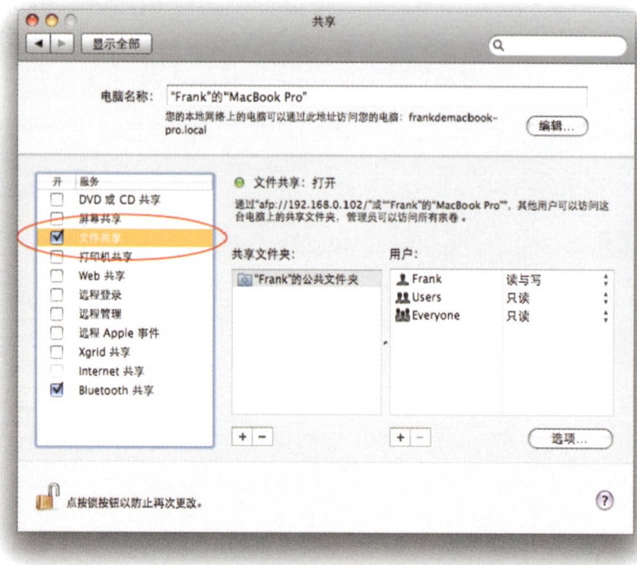

设置访问者的权限

上一页的技巧中介绍了如何启用“文件夹共享”功能，以让网络中的其他人可以在网络中看见你的计算机。但看见是一回事，而允许他们进入计算机访问文件则是另外一回事。就好比人们每天开车驶过我门口的街道，可以看见我的屋子，但我还没傻到在家门口立上一块写着“屋门未锁，欢迎做客”的牌子。在系统偏好设置中，使用者可以在“共享”中设置计算机访问者的权限。在“共享”设置窗口中，通过“共享文件夹”分栏下的加减号按钮可以添加和删除用来共享的文件夹，而用“用户”分栏下的加减号按钮则可以添加和删除允许访问共享文件夹的使用者。在第三个分栏中，单击与访问者对应的上下三角标志可以设定该访问者的访问权限。至于窗口右下方的“选项”按钮，普通使用者无需对此进行设置。

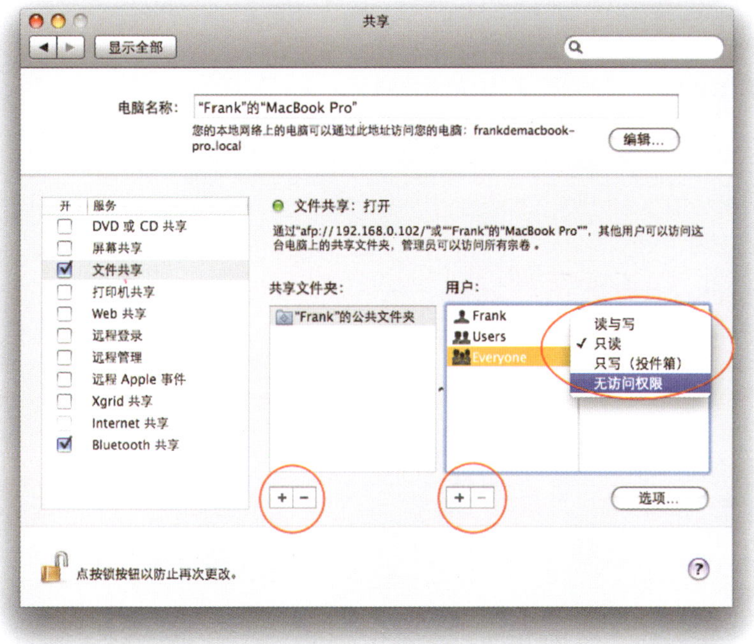

暂时共享文件夹

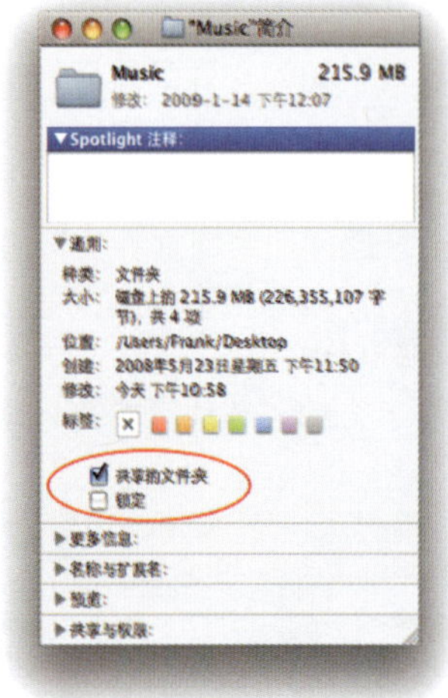

如果希望暂时与某人共享某一文件夹，可以在选择该文件夹后，按键盘上的组合键 Command + I 打开文件的“简介”窗口，在该窗口中的“通用”信息中勾选“共享的文件夹”前的复选框即可马上共享该文件夹中的内容。如果在共享文件夹前，使用者没有在系统偏好设置的“共享”中启用“文件共享”功能，则屏幕上会出现提示信息对话框，提醒使用者“嘿，傻瓜，必须先要启动文件夹共享功能”。此时单击该对话框中的“打开共享偏好设置”按钮，系统会自动打开“共享”设置的设置窗口，方便使用者进行相关设置。

请将共享文件放入“秘密”投件箱

在系统默认情况下，使用者会自动使用客人账户登录到联网的其他计算机中，客人账户的唯一权限是将文件放入对方计算机的“投件箱”文件夹以共享文件。使用者可以将自己需要共享的文件放入“用户文件夹”（带有房子图案的文件夹，其名称通常为计算机使用者的姓名）中的“公共”文件夹中，这样同一网络中的其他人可以使用客人账户访问“公共”文件夹中的内容。但是联网的其他使用者如果希望将文件与机主进行共享时，他们只能将共享的文件放在“公共”文件夹中名称为“投件箱”的文件夹中，“投件箱”中的文件只有机主有权限访问，其他联网的使用者是无法访问的。例如，如果我通过客人账户登入到你的计算机中，在 Finder 窗口的侧边栏上选择你的计算机，右侧窗口中会显示你的“公共”文件夹，此时我如果将共享文件直接拖入到该文件夹中，系统会弹出一条“粗鲁”的提示信息提醒我没有权限将文件放入该文件夹。我只好双击打开“公共”文件夹，看到该文件夹中名称为“投件箱”的文件夹后，将共享文件放入该文件夹中，屏幕上会出现如图所示的提示信息“可以将文件放入该文件夹中进行共享，但该文件对通过客人账户登录的使用者是不可见的”。我对此共享功能的问题是：首先，大多数人都是直接将文件拖放到文件夹图标上进行文件移动，而不会打开文件夹；另外，正常情况下人们会认为将文件放入名称为“公共”的文件夹应该就可以共享文件；最后，当使用者试图将文件放入“公共”文件夹进行共享时，系统仅提示无权进行该操作，而没有进一步提示正确的做法是将共享文件放入此文件夹中的“投件箱”中，或者为什么不能自动替用户完成将文件放入“投件箱”的步骤呢？这就好比你走入五角大楼，将一份文件交给前台接待人员让其转交给你在此工作的朋友时，前台人员告诉你这是违反规定的，但是你却可以进入五角大楼地下的机密作战室，将文件直接交给你的朋友。这听起来有点不可思议，但进行文件共享时就是这样。

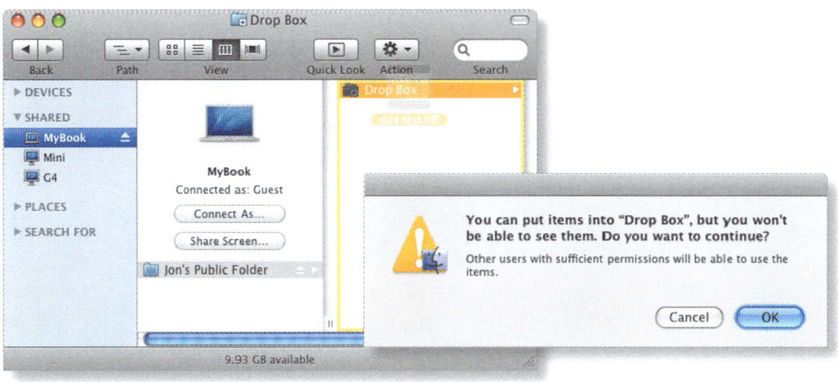

共享屏幕功能

在苹果操作系统中，使用者可以通过“公共”文件夹与其他联网的使用者共享文件，通过“共享”设置中的“文件共享”功能让其他人直接访问使用者计算机中的资料。除此以外，使用者还可以启动“屏幕共享”功能与其他人互相共享计算机的屏幕，双方就可以互相远程控制对方的计算机，如使用对方计算机内的程序或亲自动手在对方的计算机上进行操作以帮助对方解决遇到的问题，在操作过程中，对方可以在屏幕上看到所有的操作过程，总之这是一项非常实用的功能。在苹果系统的菜单中选择“系统偏好设置”，在打开的设置界面中单击“共享”图标，在该设置窗口中勾选“屏幕共享”选项前的复选框，在右侧窗口中设定允许共享的使用者为“所有用户”（慎用该选项）或“仅选定的用户”即可。启用“屏幕共享”功能后，其他已经启用该功能的计算机的名称会显示在任一 Finder 窗口侧边栏上的“共享为”列表中。在列表中选择一个计算机，然后单击如图所示的“屏幕共享”按钮（根据使用者 Finder 窗口的显示方式不同，该按钮会看起来与图示有所不同），在弹出的窗口中输入用户名和密码，则所选计算机的屏幕会显示在使用者的桌面上。使用者不需要共享自己的屏幕就可以直接访问其他计算机的屏幕。

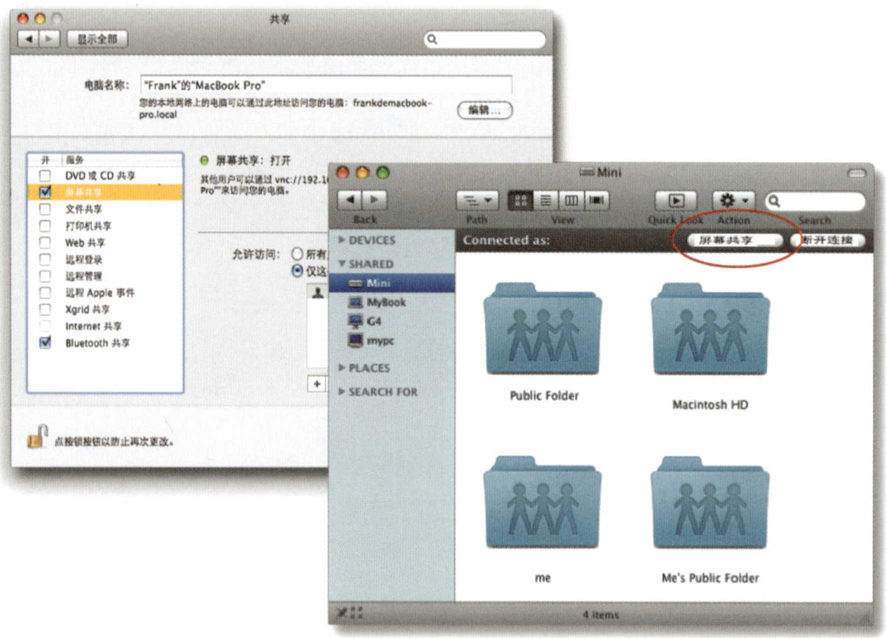

预览：自定义预览程序的工具栏

如同 Finder 程序一样，使用者也可以自定义预览程序的工具栏，让其仅显示个人所需的工具按钮。使用预览程序打开任一文件，按住键盘上的 Control 键在预览程序窗口的工具栏上单击任意位置，在弹出的快捷菜单中选择“自定义工具栏”，屏幕上会弹出自定义工具按钮窗口，此时将所需的工具按钮拖放到工具栏上，即可将其添加到工具栏中。或者在工具栏上单击不需要的工具按钮，按住鼠标左键不放将其拖出工具栏，可以将其从工具栏中删除。值得注意的是，自定义 Finder 与预览程序的工具栏有一点区别，弹出窗口中的工具按钮会根据当前窗口中所打开的文件类型而不同，如果窗口中打开的是图片类型的文件，则在弹出的自定义工具按钮窗口中不会显示文字编辑类的工具按钮，而如果窗口中打开的是文本文件，在弹出的自定义工具按钮窗口中不会显示图片编辑类的工具按钮。

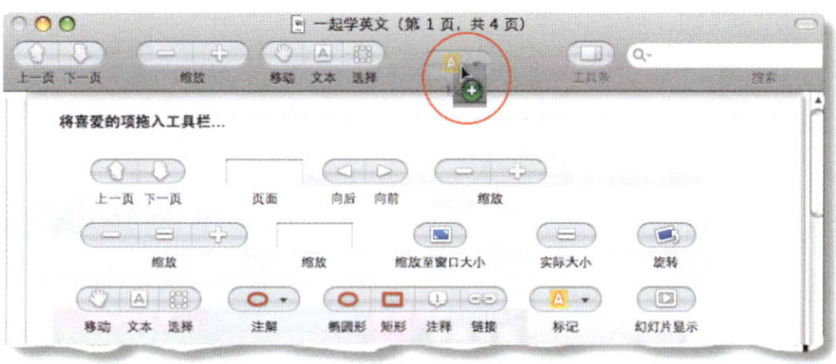

预览：指派颜色描述文件

图片的色彩管理是非常重要的，没有颜色管理，打印出来的图片会与你在照相机、计算机的屏幕上所看到的不一样，通过为图片文件指定颜色描述文件可以解决这个问题。在预览程序界面中的菜单栏上选择“工具－指派描述文件”，在弹出窗口的下拉菜单中选择所需的描述文件即可为任何打开的 JPEG 或 TIFF 格式的图片文件指定颜色描述文件。如果图片文件本身已经指定了描述文件，可以在预览程序的菜单栏上选择“工具”后，不选择“指派描述文件”，而选择“匹配描述文件”。

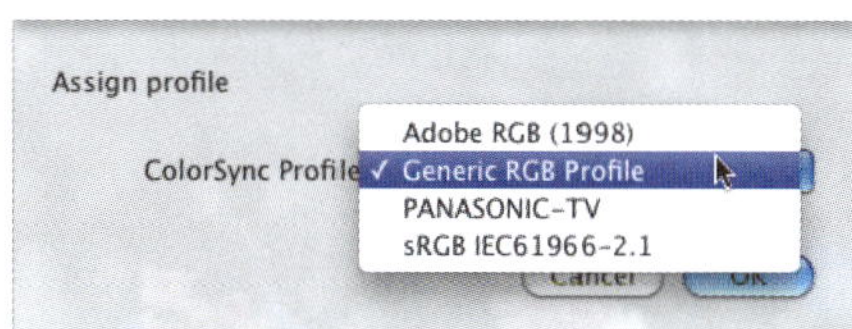

预览：PDF 注解

如果要为 PDF 格式的文件添加注释、高亮文本等，你自然而然地会想到 Adobe Acrobat Pro 这个专业软件。但如果仅是为了简单的注解功能，你完全可以不用花费 400 美元去购买该软件，因为预览程序就内置了这个功能。启动预览程序，如果工具栏中没有添加过注解工具按钮（参见上一页的技巧），可以在预览程序菜单栏上的"工具"菜单中选择需要的菜单命令。虽然预览程序的注解能力无法与昂贵的 Adobe Acrobat Pro 软件相比，但进行添加注释、笔记、链接、高亮文字、使用橄榄形和矩形标示文字等工作还是绰绰有余的。所有的注解都可以保存在 PDF 文件中，便于使用者与其他人进行分享。

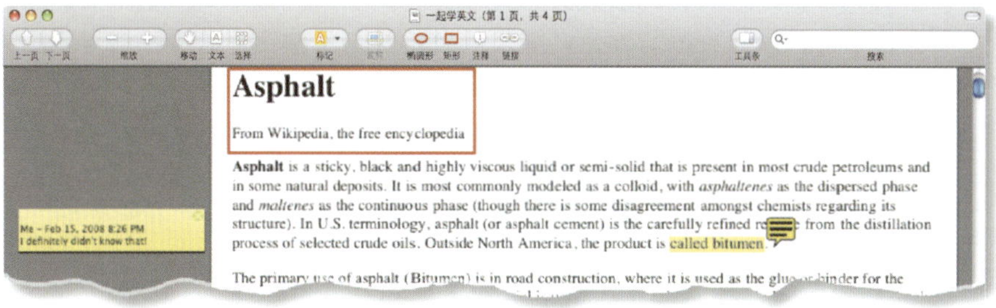

预览：填写 PDF 文件的表格

我曾经听老人说，在 20 世纪 70 年代末 80 年代初期，他们是使用打字机打印文档和填写表格。我没有打字机，所以在填写 PDF 文件的表格时，我使用的是预览程序。在打开的 PDF 文件中单击表格中需要填写的位置，直接输入内容，输入完成后按键盘上的 Tab 键自动选择下一个需要输入的表格，全部填写完毕后，如其他预览程序支持的文件一样，通过打印机打印出来即可，虽然这听起来没有使用打字机打印有趣，但却非常简单。说不定有一天我也能幸运地拥有一台打字机。

预览：单页打印多张图片

预览程序现在已经具备了单页打印多张不同图片，或在单页中打印多张相同图片的实用功能。首先使用预览程序打开一张图片文件（JPEG，TIFF 或 PNG 等格式），在工具栏中单击“工具条”按钮（这里就不再提示如何添加工具按钮了，请参见以前相关的技巧）打开工具条，接下来将其他图片格式的文件拖放添加到工具条中。然后在工具条中单击任一位置，按键盘上的组合键 Command ＋ A 选择工具条中的所有图片后，按组合键 Command ＋ P 打开打印窗口，在该窗口下方的“每页的图像数”下拉列表中选择单页需要打印的图像数。如果希望在单页中打印多张相同的图片，需要勾选“每页打印 X 份”（X 为使用者在“每页的图像数”下拉菜单中选择的数字）选项前的复选框。设置完成后，建议使用者先在打印窗口中的预览窗口中预览欲打印文件的效果，然后进行文件的打印。

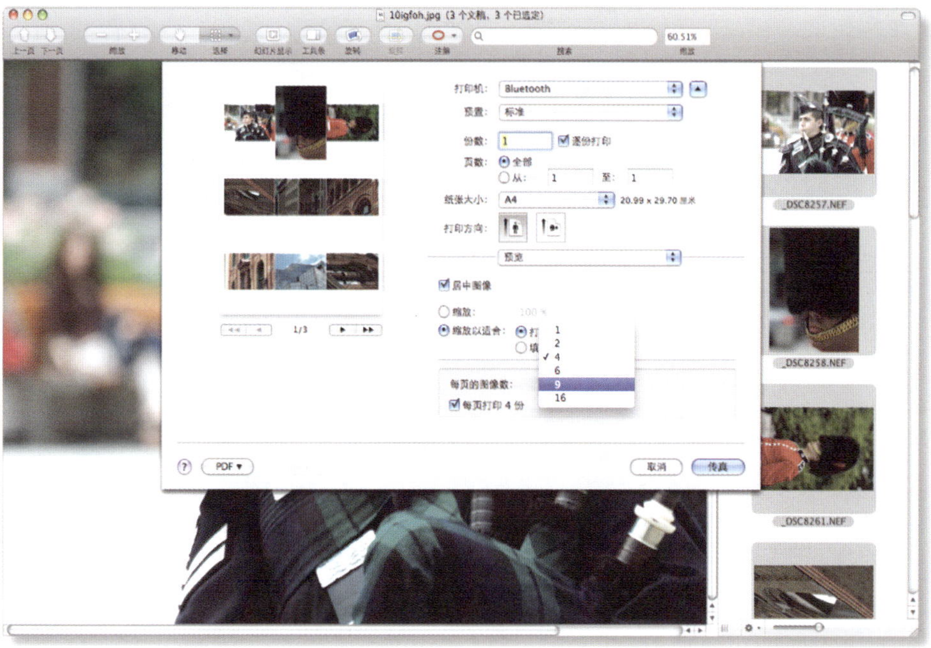

DAVE GALES

预览：单页打印多个文档

以上技巧仅适用于图片格式的文件，但无法在单页中打印多个文档（如果我就此问题求助其他人，可能也不会得到让人满意的答案，而我只能在其回答问题时不时地点头、用手摩擦下巴，一边附和“嗯嗯，你说得有道理”以增加情景的戏剧效果）。其实我们可以通过以下方法来达到目的：首先需要将欲打印的文档转换为 PDF 格式的文件（如 Pages、文本编辑和 Numbers 等程序都具备这个功能），然后使用预览程序打开转换好的 PDF 格式文件，在预览程序的菜单栏上选择“文件－存储为”，在弹出的存储对话框中的“格式”下拉列表中选择“JPEG”，将 PDF 格式文件保存为 JPEG 格式的图片文件。接着使用上一页介绍的技巧即可以达到单页打印多个文档的目的了。

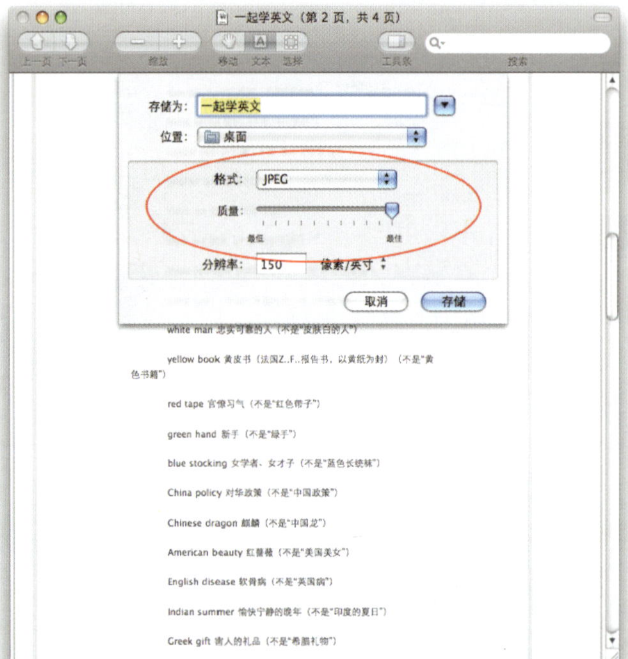

预览：调整图片的颜色和曝光度

预览程序内置了类似 iPhoto 程序的调整图片颜色和曝光度的功能，甚至还具备 iPhoto 所没有的对图片的黑白度进行控制的功能。使用预览程序打开一个图片文件，在该程序的菜单栏上选择“工具 – 调整颜色”，会出现如图所示的浮动控制窗口，通过该窗口上的滑块即可调整图片的颜色和曝光度，还可以调整图片颜色的黑白级别和图片清晰度。使用者可以试着调整各个滑块以查看相应的效果，只要单击窗口中的“全部还原”按钮，图片就会恢复到初始状态。

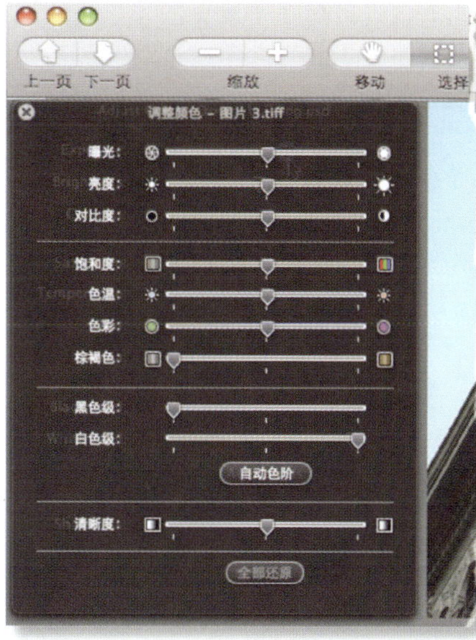

预览：查看照片的 EXIF 信息

EXIF（Exchangeable image file format）信息指的是使用数码相机拍摄时，自动保存在所拍摄照片文件中的一些拍摄数据信息，如照片的拍摄时间、拍摄相机的品牌名称、曝光度、快门速度和焦距等信息。使用者通过预览程序可以查看拍摄照片的 EXIF 信息，打开照片后，按键盘上的组合键 Command + I 打开照片文件的“一般信息”窗口，单击该窗口中间的标签，即“更多信息”标签，可以查看该照片的 EXIF 信息，其中所显示的信息要比你想象中多很多。

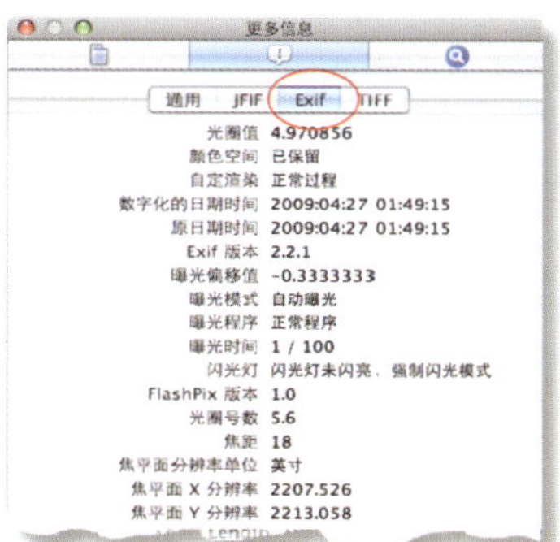

预览：去除照片的背景

通过预览程序所提供的工具，使用者可以轻松去掉照片的背景。打开照片文件，在预览程序的工具栏上单击“选择”按钮，按住鼠标左键不放，在弹出的菜单中选择“使用颜色提取”，接下来按住鼠标左键拖动选择需要去除的背景区域。如果不小心误选了不想去除的区域，按住键盘上的 Option 键，使用鼠标拖动选择误选区域就可以取消选择。选择好需要去除的背景区域后，按回车（Return）键即可。按键盘上的组合键 Command + Option + B（或者在预览程序的菜单栏上选择“显示－显示图像背景”），照片上显示为棋盘状格子图案的区域为已经被去除的部分。

预览：更精确地去除照片的背景

从上面的技巧中我们知道了如何通过“颜色提取”的方法去除照片的背景，但如果照片背景的颜色非常相似，那么选择需要去除的区域是非常困难的，而且经常会出现误选的情况。其实这个时候可以尝试一下“化整为零”的方法，因为使用者可以在选择区域后继续拖动选择其他区域，所以我们可以通过多次选取的方法最终达到选择整个区域的目的。如果在选择时出现误操作的情况，通过按下键盘上的组合键 Command + Z 可以恢复操作。

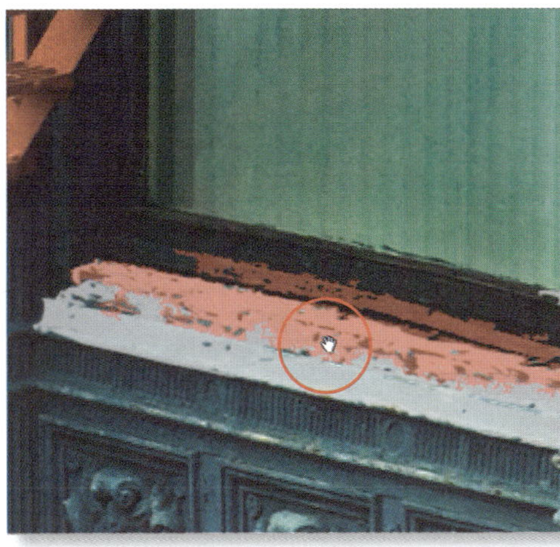

预览：图片的局部特写

在预览程序中，使用者可以选择多种方式来放大或缩小查看图片。在程序的工具栏上默认显示有“放大”和“缩小”的工具按钮，此外使用者还可以自行在工具栏上添加“缩放至窗口大小”和“实际大小”工具按钮，但我最常用的缩放方式为“缩放到所选”。在预览程序打开的图片上，拖动鼠标选择需要放大查看的区域，在程序的菜单栏上选择“显示－缩放到所选”或直接按键盘上的组合键 Command ＋ *（星号键）（即按组合键 Command ＋ Shift ＋ 8），则所选区域会放大充满预览程序的窗口。更棒的是，当放大局部为“特写”时，按住键盘上的空格键，然后使用鼠标拖动图片，可以保持以当前图片的放大比例查看其他部分的图片。

DAVE GALES

预览：调整预览程序中缩略图的显示方式

用预览程序快速查看一些照片或图片文件真是再方便不过了，当使用者使用预览程序打开了多个图片格式文件时，在其工具条中会显示所有图片的缩略图，使用者通过拖动工具条下面的滑块可以调节缩略图显示的大小，同时可以直接拖动缩略图调节其排列的顺序。但更简单的方法是单击工具条下方的“操作”按钮，即齿轮状的按钮，在弹出的菜单中选择“排序方式按”，接下来在子菜单中可以选择按照图片的“名称”、“大小”和“关键字”等方式对缩略图进行排序。更酷的是，选择一种排序方式后，在缩略图的文件名称下面会显示该方式的相应信息。例如，如果选择了按图片的“大小”进行排列，则图片不但会自动按照图片文件的大小从小到大排列，还会在图片缩略图下方显示每个图片的容量大小，而按“日期”排列时，则显示的是创建图片的日期时间。

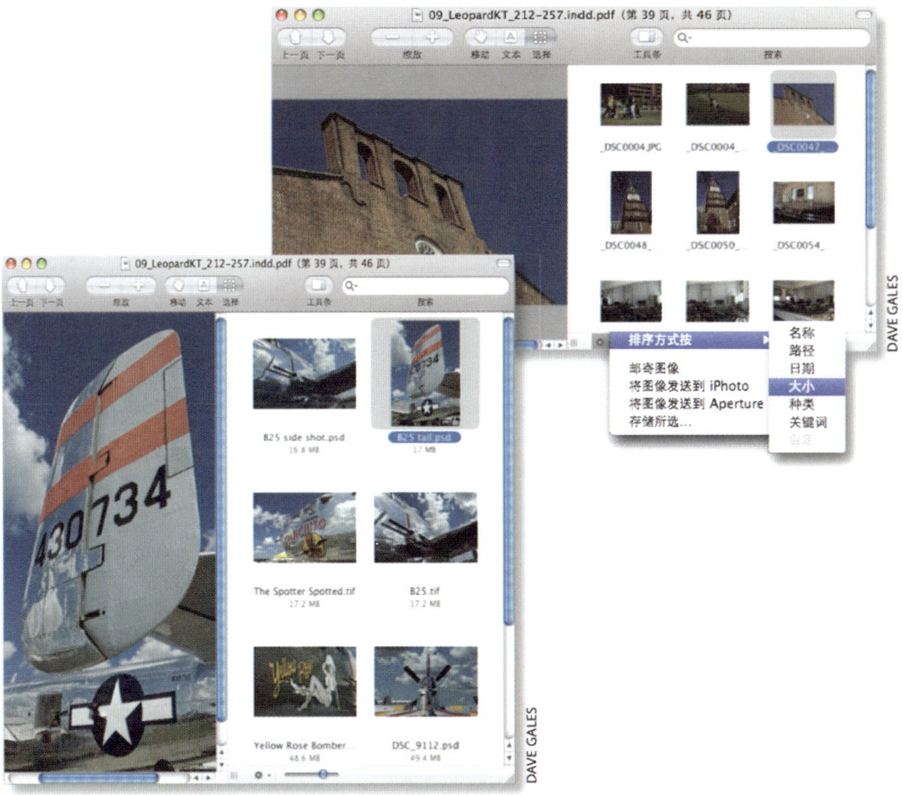

预览：选择竖向排列的文字

如果希望将 PDF 格式文件中的文字复制到文本编辑程序中，以便更容易地进行编辑，通常需要先在打开的 PDF 文件中选择所需的文字，按键盘上的组合键 Command + C 复制所选文字，然后在文本编辑程序的窗口中按组合键 Command + V 粘贴文字即可。但如果在选择文字的时候按住键盘上的 Option 键，然后拖动鼠标则可以选择竖向排列的文字，这样对于选择一个分栏中的文字是非常方便的，当所选择的文字粘贴到文本编辑程序或电子表格中时，就不需要删除没用的文字了。

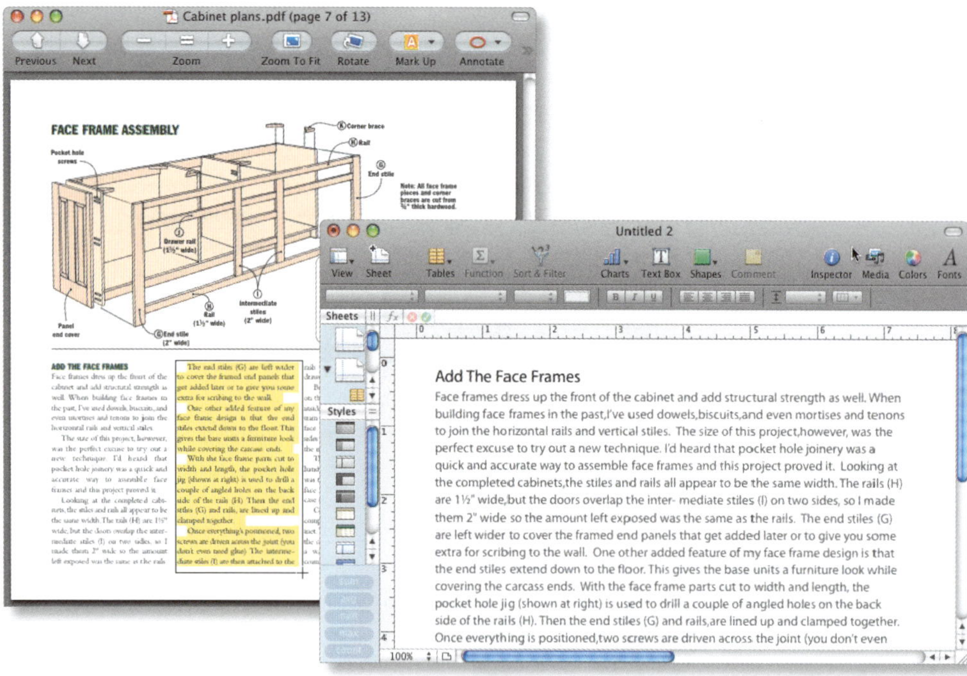

预览：将任何所选内容变成图片

预览程序另外的一个很酷的功能是可以将在 PDF 格式文件中选择的内容作为图片插入到其他程序创建的文档中。在预览程序的菜单栏上选择“工具 – 选择工具”，然后在 PDF 文档中拖动鼠标选择希望用作图片的内容，按键盘上的组合键 Command + C 进行复制。接着在其他程序的窗口中按键盘上的组合键 Command + V 进行粘贴，则所选的内容就作为图片插入到了文档中，同其他图片文件一样，使用者可以对该图片进行移动、缩放和添加阴影等图片特效的操作。如果插入的对象是 Photoshop 软件，则插入的图片会作为矢量图智能对象存在单独的图层中，方便使用者在制作计划书、报告和使用说明等文件中使用。

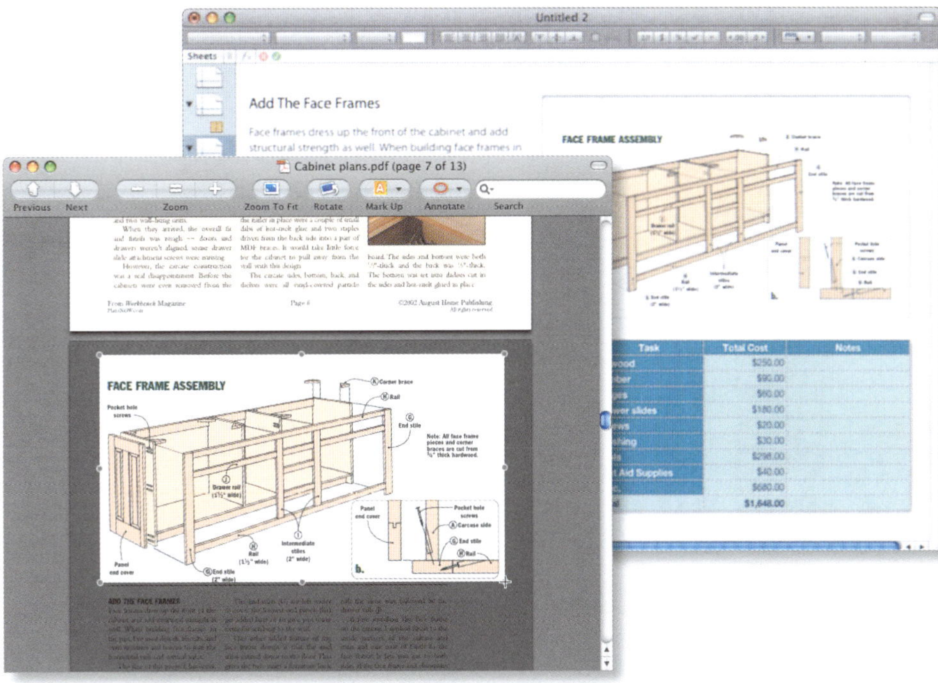

便笺：治疗健忘的特效药

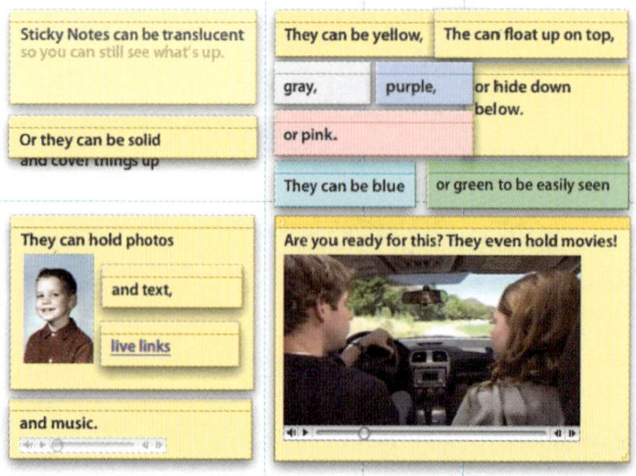

我这个人比较健忘，常常忘记一些事情，我说的这些事情可不是指倒垃圾这样的家庭琐事（虽然我也经常忘记倒垃圾），而是像预约、工作截止日期、银行存款、付清账单和旅行一类的重要事情。便笺虽然不能提高使用者的记忆力，但能在关键时刻提醒你。

便笺：创建便条的多种方法

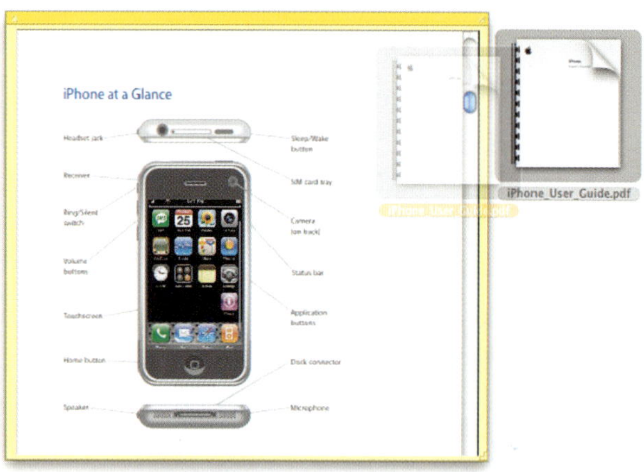

便笺程序的易创建性使其成为使用者在日常操作中必不可少的一个工具。在任意一个Finder窗口中，按键盘上的组合键Command + Shift + Y即可创建一个新的便条进行文字记录。当阅读文档需要记笔记时，高亮文档中所需的文字，按组合键Command + Shift + Y即可直接将文字复制到打开的便条中。另外，选择PDF、图像、视频和音频格式文件后，按组合键Command + Shift + Y即可使用所选文件创建便条。如果当前系统中已经打开了便笺，那么只需拖动文件到已经创建的便条窗口中即可将文件添加到便条中。当便条无法完全显示其图片或文档内容时，使用鼠标拖动便条窗口的右下角可以扩大便条的窗口界面，还可以通过键盘上的翻页键（Page Up 和 Page Down 建）在原窗口中滚动显示。当便条中的内容是多页面的PDF格式文件时，便条窗口中会显示滚动条，以方便用户滚动浏览所有页面的内容。

便笺：自动排列便条

由于用便笺程序创建便条非常方便，所以使用者的屏幕上很有可能堆满了便条，如果想移动便条，却只能一次移动一个便条，而无法像在选择文件时那样，通过按住键盘上的 Shift 或 Command 键同时选择多个便条进行移动。此时，使用者可以在便笺程序的菜单栏上选择“窗口－排列”，在“排列”的子菜单中选择所需的排列方式，便条会收缩窗口，按照所选方式自动排列。虽然便条的位置可能还不是最理想的位置，但现在的屏幕看起来整洁多了。

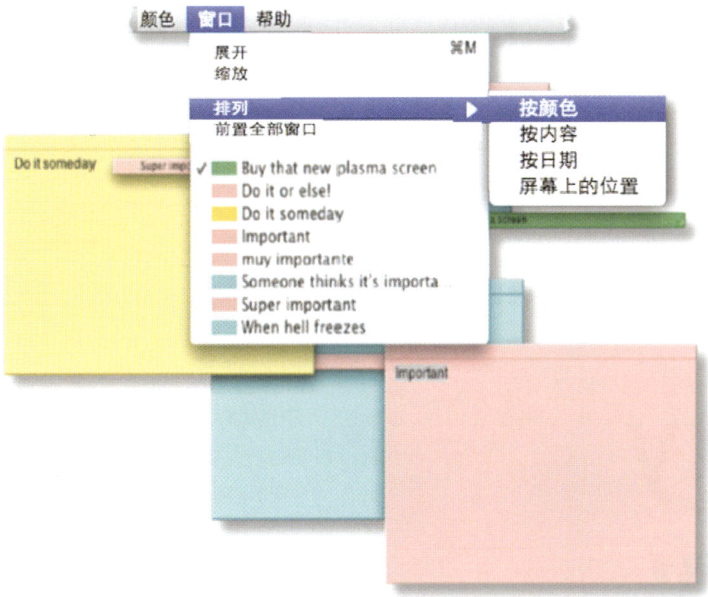

文本编辑：字体控制中心

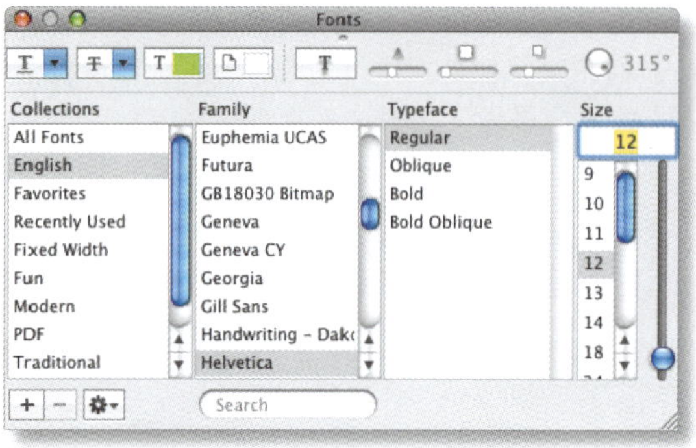

在文本编辑程序的界面中，按键盘上的组合键 Command + T 可以打开文本编辑程序的“字体控制中心”——字体面板。在这里使用者可以设定字体的类型、字样（粗体，斜体等）和字体的大小等。在字体面板的左下方单击“操作”按钮，在弹出的菜单中选择“显示预览”，可以在出现的字体预览窗口中放大预览所选字体的效果。通过预览窗口下方的工具栏上的按钮，可以进行改变字体的颜色、添加下划线等操作。

文本编辑：调整字符间距

字符间距指的是英文单词中的字母之间或中文中字与字之间的距离。在正常的文字格式下，如以宋体 5 号、Times New Roman 四号等格式输入文字，使用者不会注意到字符间距。但如果输入字号非常大的文字时，则字符间的距离看起来就很大了（如图中的上图所失），若希望缩小字符间的距离，可以高亮选择需要调整距离的两个字母（或是整个单词），然后在文本编辑程序的菜单栏上选择“格式－字体－字距调整－紧排”，因为每次调整的程度很小，所以可能需要按此方式调整多次才会看到效果。为避免每次都要选取菜单命令那么麻烦，建议使用者在系统偏好设置中的“键盘与鼠标”中将“紧排”命令设置为键盘快捷方式，如 Option ＋右方向键，而将“松排”命令设置为 Option ＋左方向键。

文本编辑：项目符号和编号列表

使用者可以通过文本编辑程序自动创建带有项目符号和编号的列表，首先输入列表的项目，每输完一项后按一次回车键（Return），列表项目输入完毕后高亮列表项目，在文本编辑程序的菜单栏上选择“格式－文本－列表”，在弹出的项目符号和编号列表窗口中，选择所需的符号或编号即可。设置后，在窗口上方拖动标尺上的三角符号，可调整项目符号和编号与文字间的距离。

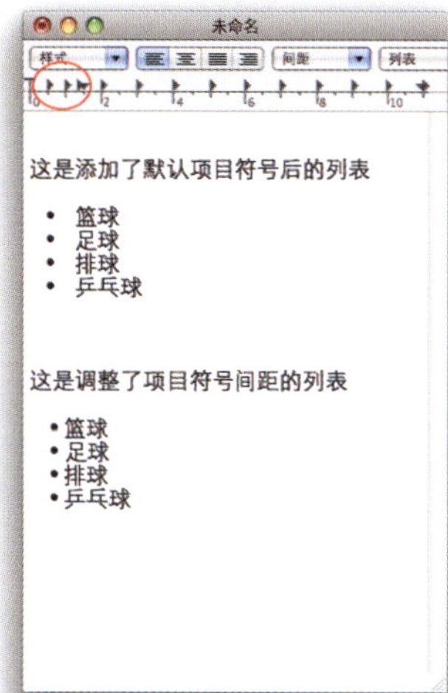

文本编辑：单词拼写检查

文本编辑程序也支持Leopard操作系统中多数程序可以使用的拼写检查功能。在检查单词拼写时，可以不必在菜单中选取命令，而只要按住键盘上的Control键单击红色下划线标示的单词，在弹出的快捷菜单中，系统会自动将最相符的拼写放在列表中的第一项上。选择正确的单词拼写，则系统会自动使用选择的单词替换使用者所输入的单词。

文本编辑：将文本保存为 Word 格式

如果你很喜欢使用文本编辑程序，并经常需要将文本文件与其他操作系统平台的使用者进行共享，而对方计算机中只安装了微软的 Word 软件，那么你可以在保存文本文件时，在存储窗口中单击“文件格式”后面的下拉菜单，将系统默认的存储格式 RTF（Rich Text Format）改为一种 Word 格式，保存即可。

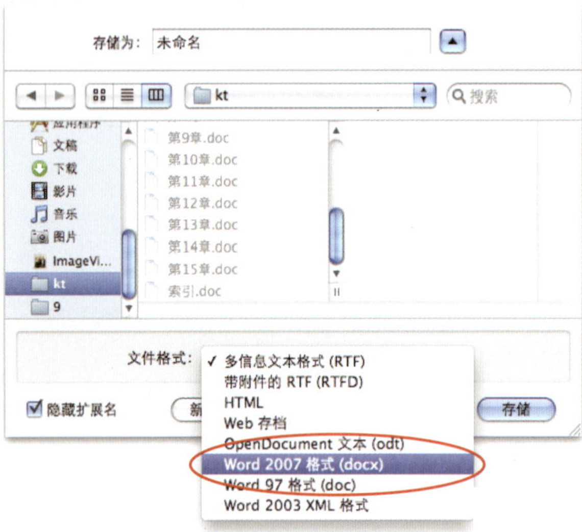

第10章

Cool & the Gang

超酷技巧总动员

Cool & the Gang

超酷技巧总动员

你一定会指出本章的标题写错了，应该是“Kool & the Gang”而不应该是“Cool & the Gang”，既然你这么了解这个乐队，那么乐队里哪一位是Kool呢？主唱？错了，主唱是JT，Kool其实是乐队的贝司手，而且是乐队的创始人。那么该乐队的第一首销量达到百万的单曲的歌名是什么？《女士之夜》（Ladies Night）？《庆祝》（Celebration）？《热力四射》（Too Hot）？《新鲜》（Fresh）？都不是，乐队的第一首销量达到百万的单曲的歌名是《Jungle Boogie》。怎么样，承认吧，除了知道这个乐队名称的拼写以外，你对这个乐队并不太了解。那么这和本章内容有什么关系呢？这是因为本章所包含的都是些“热力四射”的使用技巧，只能单独用一章内容来介绍，以此作为一种“庆祝”（我知道这句话里用的双关语比较牵强，但我不在乎）。

英文单词的拼写提示

在输入文字而不确定单词的拼写时，苹果系统的英文单词拼写提示功能可以根据已经输入的字母自动进行预测并给出以输入字母为开头的单词供使用者选择。所以在输入一个单词时，只要输入所能记住的几个首字母后按键盘上的 F5 或 Esc 键，则系统会自动给出预测的单词列表。在列表中选择正确的单词，则该单词会自动插入文本中，如果提示中没有需要的单词，再次按 F5 或 Esc 键，单词列表就会消失。例如，虽然我作为一个摄影家的时间可能比本书一些读者的年龄都大（更不要说我在上小学三年级的时候，每次周五的单词拼写比赛都是第一名），但我就是记不住照相机的英文单词最后是以“ara”还是以“era”结尾。还好我可以记住该单词的前面几个字母，所以在输入这个单词的开始几个字母“cam”后，按 F5 或 Esc 键，则会出现以“cam”为开头的单词列表，选择正确的拼写“camera”即可。我喜欢这种能让自己看起来更加聪明的功能。注意：此实用功能在微软的 Word 中是无效的，这又给了你一个理由，让你抛弃 Word，而投入苹果的 iWork 和 Pages 软件的怀抱。

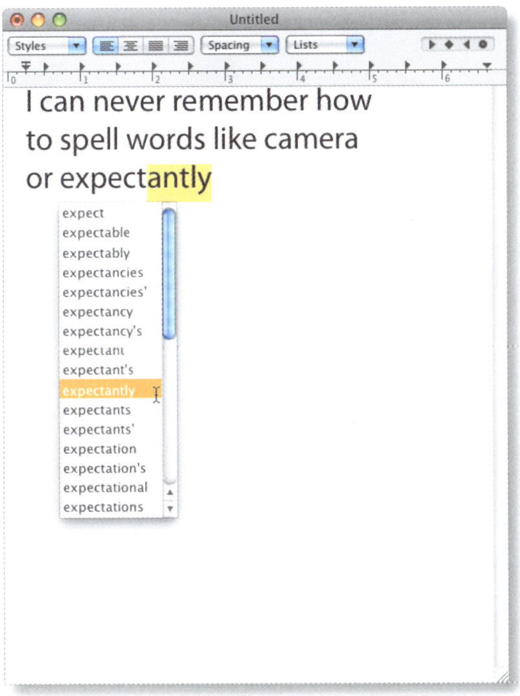

“左撇子”的福音

我经常暗地里希望自己是一个“左撇子”，因为这样似乎看起来更酷一些。我的儿子就是一个“左撇子”。因为大部分人都习惯使用右手，所以对于习惯用左手的人来说，很多时候都不是很方便，比如剪子、线圈笔记本和双键鼠标都是以使用右手的人的习惯来设计的。本页介绍的技巧可以让“左撇子”在操作苹果计算机时能更舒服地使用双键鼠标。在苹果系统的菜单中选择“系统偏好设置”，在打开的设置界面中单击“键盘与鼠标”图标进入鼠标和键盘的设置窗口，在“鼠标”选项卡中重新设定鼠标的左右键，将左右键功能倒置，以方便用左手来操作鼠标。

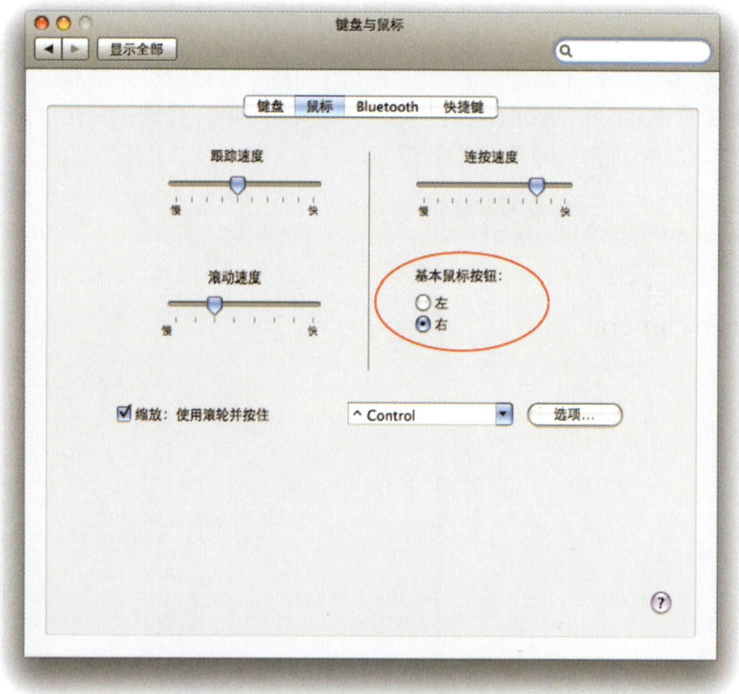

计算器隐藏的高级功能

如果有人认为 Mac OS X 内置的计算器程序过于简单，这样想也无可厚非，因为该程序本身看起来就是一个只能进行简单运算的计算器。但事实上，其简单的外表之下却隐藏着高级计算的功能，甚至连大名鼎鼎的物理学家史蒂芬•霍金都用得上（但前提是史蒂芬•霍金需要使用计算器）。在计算器程序的菜单栏上选择“显示－科学型”，计算器会摇身一变变成一个高级计算器。想必有些读者甚至连计算器上面的按键是做什么的都不太清楚，虽然我很愿意逐一为读者解释每个按键的功能，但本书的编辑却说这和本书无关，所以我只能爱莫能助了。下次再听到某人诋毁苹果操作系统的计算器程序时，我就可以自鸣得意，暗暗嘲笑其无知了。

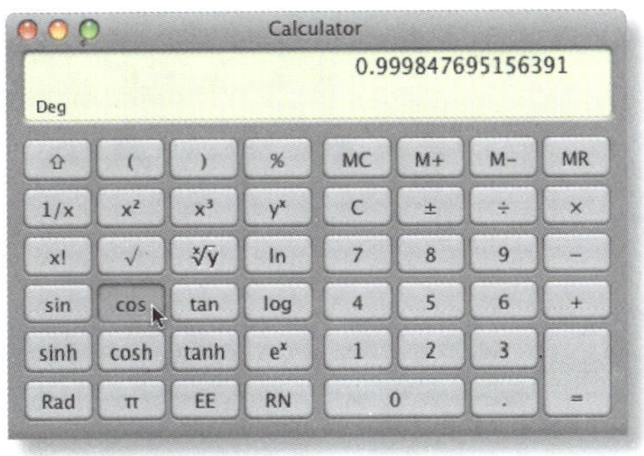

计算器的转换功能

计算器除了可以进行大多数人不了解也不常用的科学计算以外，还可以用来进行日常生活中常用单位的换算，如将英亩转换成公顷、卡路里转换为焦耳或尔格、千瓦转换成马力，另外还可以用其进行一些不常用的单位换算，如将里换算成公里、华氏转成摄氏度、美元兑换成英镑（或兑换成匈牙利货币福林）。在计算器中输入数字，然后在计算器程序的菜单栏上选择“转换”，在其菜单中选择转换的单位类型，接下来在弹出的对话框中选择转换的单位名称即可。在如图所示的例中，我将一年的天数 365 天转换成分钟数，想看一下这一年中我浪费了多少时间来琢磨苹果系统的功能，天啊，还好转换的不是闰年的天数。

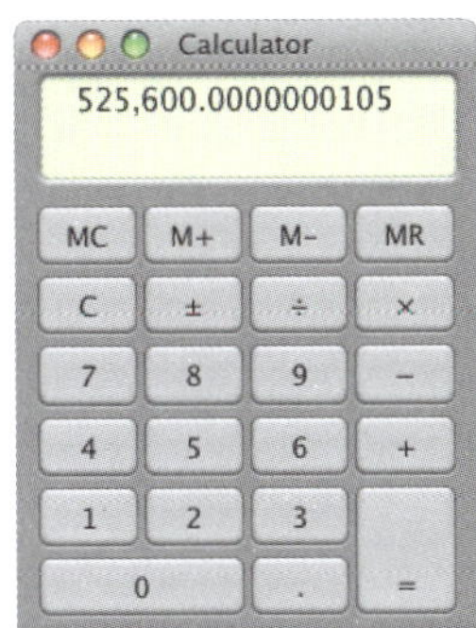

屏幕截图

Leopard 系统中内置的“抓图”程序是一款屏幕截图软件，该软件位于用户的“应用程序”文件夹下的“实用工具”文件夹中。虽然该软件可以用来截图，但如果想快速进行截图操作，可以不用启动该软件，按键盘上的组合键 Command + Shift + 3 即可将整个屏幕截图，截图时系统会发出类似于照相机快门的声音特效（估计这是唯一能再次听到老式相机的快门声音的机会了），并将截图保存在计算机的桌面上。而按键盘上的组合键 Command + Shift + 4 后，单击鼠标，按住鼠标左键不放拖动以选择截图的区域松开鼠标左键，则将只截取鼠标拖动区域内的画面。

窗口截图

通过前面的介绍我们已经知道了如何快速地截取整个或部分屏幕的图片，但如果仅需要截取一个 Finder 窗口或对话框的图片该如何操作呢？虽然也可以通过按键盘上的组合键 Command + Shift + 4，然后用鼠标选择需要截图的区域进行截图。不过更简单的方法是按键盘上的组合键 Command + Shift + 4 后，不选择截图区域而直接按空格键，鼠标指针会变成一个照相机的图案，移动鼠标，照相机所碰到的任何窗口都会被高亮显示，此时单击则只截取该窗口的截图。更棒的是，如果需要截图的窗口位于当前窗口的后面，只要鼠标指针（即照相机）能接触到该窗口的任何一部分，整个窗口就会高亮，单击鼠标即可截取该窗口的图片。所截取的图片为完整的窗口图片，而并非只是眼睛所能看到的部分，很神奇吧？

DAVE GALES

一键将截图转换成 PDF 文件

以上介绍的方法都会将截图以图片格式文件（系统默认的截图文件格式为 PNG 格式）保存在使用者的桌面上。但很多时候，如果将截图保存为 PDF 格式文件，则可以更好地与别人分享。虽然通过“预览”程序可以轻松地将 PNG 格式的文件转换为 PDF 格式文件，但更方便的方法是，在截图时按 Command + Option + Shift + 3 组合键截取整个屏幕或按 Command + Option + Shift + 4 组合键截取选定区域，此时截取的图片会保存在系统缓存的剪贴板中，而不会保存在桌面上，那么该如何一键将其转换为 PDF 格式文件呢？按照以上方法截图后启动“预览”程序，然后按键盘上的组合键 Command + N，则系统会自动使用保存在剪贴板中的文件（本例中为刚才的截图，该方法适用于保存在剪贴板中的任何类型文件）创建一个新的文件，最后按 Command + S 组合键保存该文件，在出现的对话框中的“格式”下拉列表中选择“PDF”，将截图保存为一个 PDF 文件，据我所知，这是创建 PDF 文件最快捷的方法。

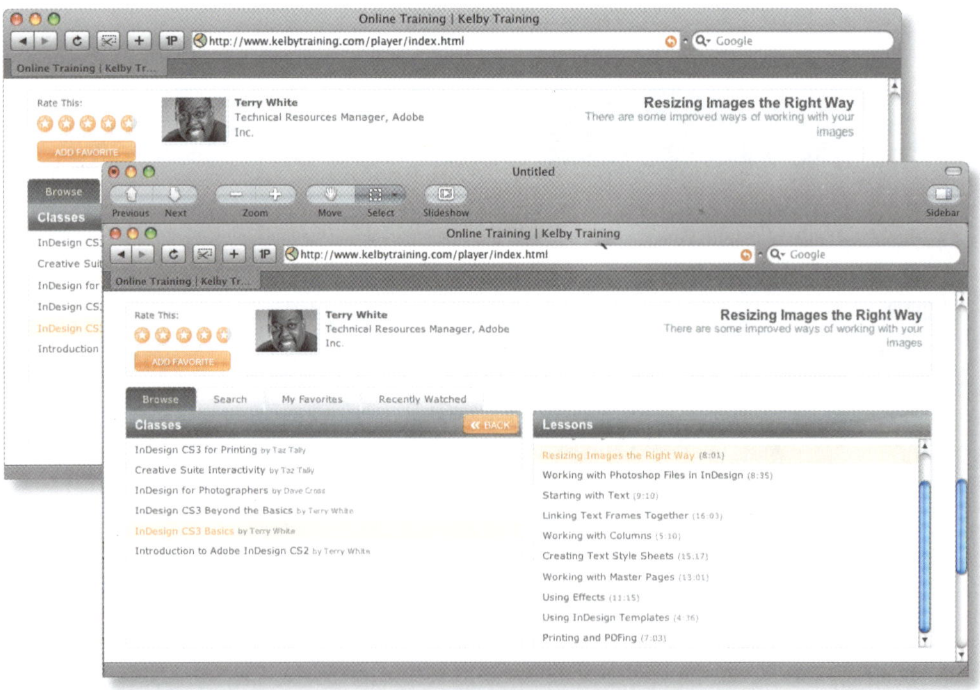

PDF 格式文件的转换

还记得过去如果想与其他人分享一份文件，那么其他人的计算机中必须安装有创建该文件的程序才能正常打开进行查看，那是一段痛苦的日子。后来 Adobe 公司推出了 PDF 格式文件，该格式文件的好处是同一文件无论是在 PC 还是苹果计算机上看效果都是一样的。虽然 Adobe 公司提供了免费的 PDF 查看软件，却没有提供免费的转换软件，所以使用者还需要使用其他软件先将创建的文件转换成 PDF 格式。让人高兴的是，在苹果系统中使用者可以免费将几乎所有的文件转换为 PDF 格式。打开需要转换为 PDF 格式的文件，通过按键盘上的组合键 Command + P 打开打印对话框，在对话框的底部单击“PDF”按钮，在下拉菜单中选择“存储为 PDF”，在弹出的对话框中输入文件名称，按回车键（Return）即可完成文件格式的转换。

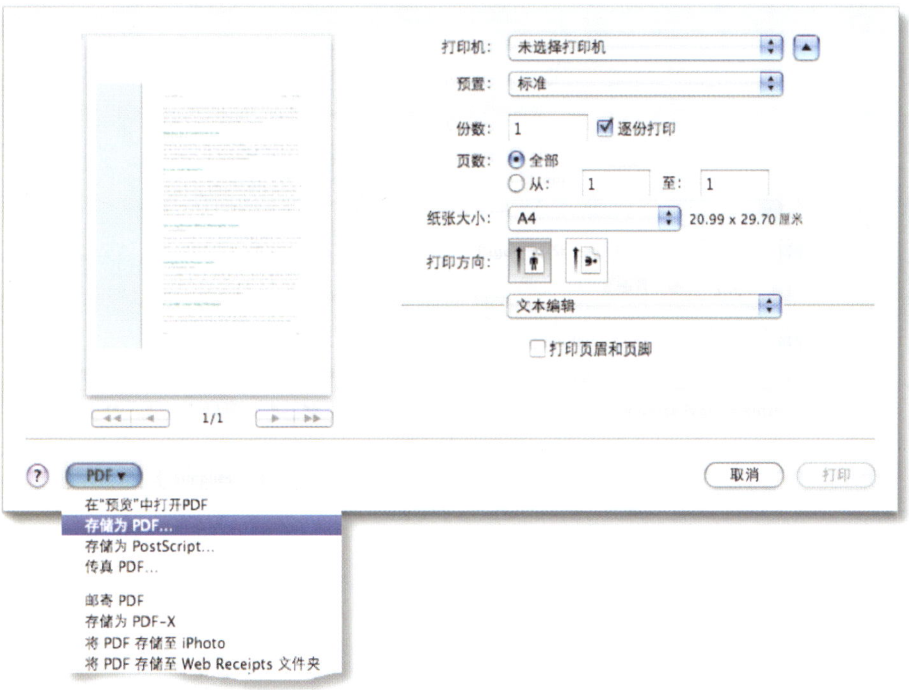

一键将网页上到图片添加到 iPhoto 中

浏览网页时，按住键盘上的 Control 键单击网页上的图片，在弹出的快捷菜单中选择“将图像添加到 iPhoto 照片图库”即可将网页中喜欢的图片添加到 iPhoto 中。

使用快速查看功能预览音频文件

如果使用者需要在几百个音效文件中寻找所需的文件，但又不想在 iTunes 中同时打开所有的文件，那么使用快速查看功能进行预览是非常好的方法。按住键盘上的 Shift 键单击选择多个排列在一起的音频文件，按空格键，然后单击播放键即可预览所有选择的文件，这就像是一场音乐演唱会，待听到自己喜欢的音乐时，暂停音效“幻灯片”的播放，记下音乐的名称以便将来找到该文件，然后继续预览文件。另外，通过同样的方法也可以同时预览多个视频文件，预览视频时不但可以看到画面，同时也可以听到声音。

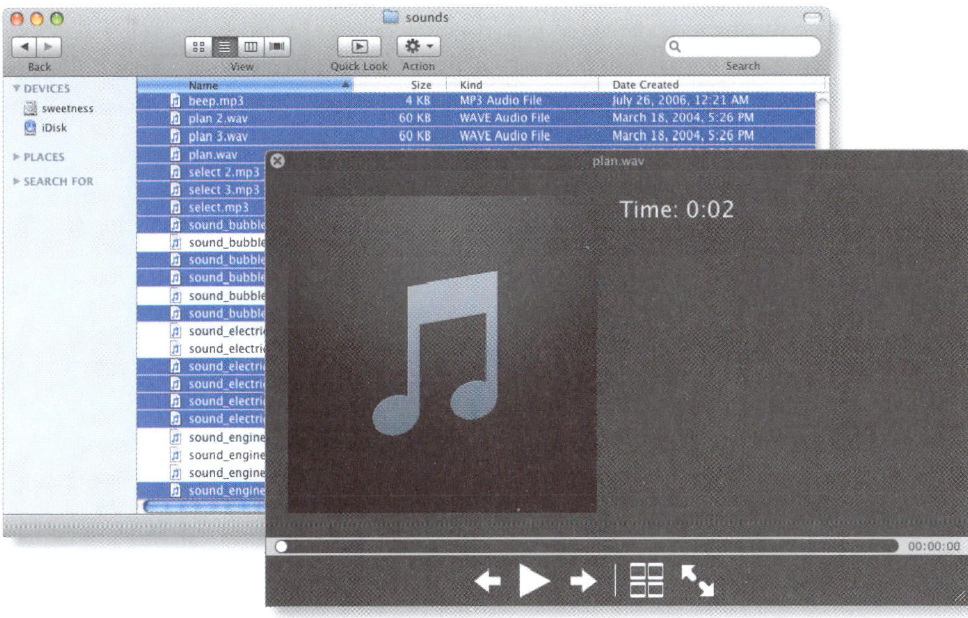

使用 RSS 订阅作为屏保

如果使用者是新闻狂，那么可以使用 RSS 订阅作为计算机的屏保。在苹果系统的菜单中选择“系统偏好设置”，在打开的设置界面中单击“桌面与屏幕保护程序”图标，在设置界面的“屏幕保护程序”选项卡中单击左侧列表“Apple”分类下的“RSS Visualizer”，系统默认显示的是苹果公司的 RSS 新闻信息。单击“选项”按钮，在弹出的窗口中可选择屏保所使用的 RSS 订阅或直接在文本框中输入 RSS 订阅的地址。设置后，当屏幕保护程序启动时，屏幕上会显示实时更新的 RSS 订阅信息供使用者进行查阅。

最酷的屏幕保护程序

在苹果系统的菜单中选择“系统偏好设置”，在打开的设置界面中单击“桌面与屏幕保护程序”图标，在“屏幕保护程序”选项卡左侧的列表中选择“图片文件夹”作为屏幕保护程序，此时在右侧屏保预览窗口下方使用者可以选择以下 3 种屏保显示类型。第一种显示类型为与之前版本的苹果操作系统一样的淡入淡出风格的“幻灯片”显示类型。后两种显示类型为 Leopard 系统独有的显示类型，分别为“拼图”显示类型（其效果类似将图片一张一张放在桌面上）和“马赛克”显示类型（系统会用图片文件夹中的多张图片共同拼成一个图案）。而这 3 种显示类型中，“马赛克”显示类型的效果是最酷的，如果不是像我这样意志力坚强、非常自律的人，则很有可能会坐在计算机前花上几个小时的时间欣赏该屏幕保护程序的显示效果。

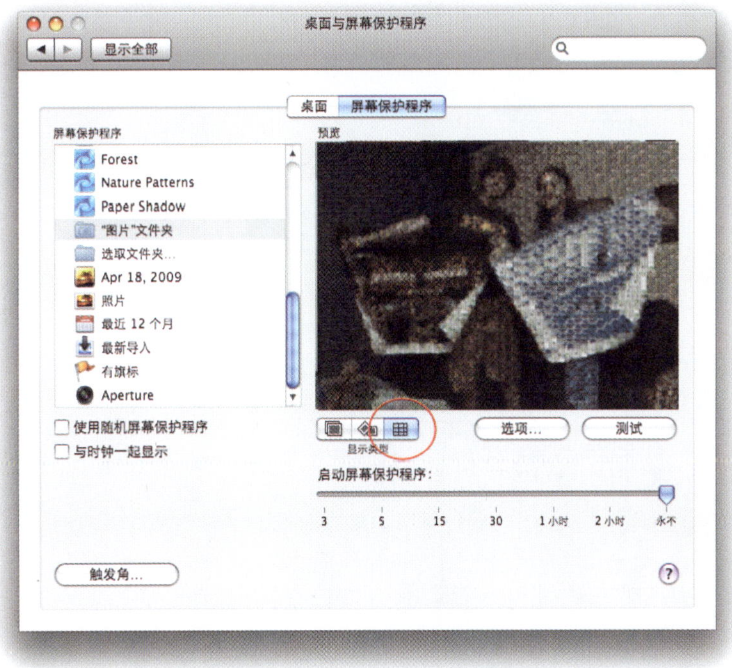

iTunes 插图屏幕保护程序

我非常喜欢 iTunes 插图屏幕保护程序，但很多人可能还不知道有这个屏幕保护程序，该程序会搜索使用者的 iTunes 中专辑的封面图片，并使用这些图片拼成一个巨大的专辑封面，其中每个单独的专辑封面图片会逐一翻转变成其他的专辑封面。在苹果系统的菜单中选择“系统偏好设置”，在打开的设置界面中单击“桌面与屏幕保护程序”图标，在“屏幕保护程序”选项卡左侧的“屏幕保护程序”列表中选择“iTunes 插图”（如看不到选择列表，请先单击“Apple”左侧的小三角标志），单击“测试”按钮即可预览该屏幕保护程序的显示效果。单击“选项”按钮，在弹出的窗口中滑动“行数”滑块可选择专辑图片的数量，从而控制专辑封面显示的大小。如果你没使用过该屏幕保护程序，建议你赶紧尝试一下！

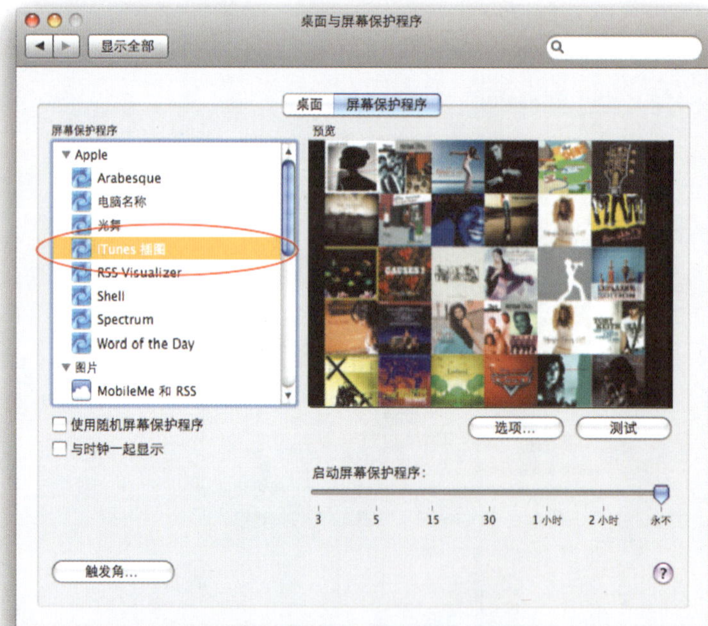

最后一个关于屏幕保护程序的技巧

在苹果操作系统的“系统”文件夹中，有文件可以用作屏幕保护程序。但如果使用者对这些文件毫无了解，那最好不要随意改动这些文件，不过只要按照我下面所说的操作，有我为你保驾护航，就不用担心对系统造成任何的影响。首先，在 Finder 界面中，按 Command + Shift + G 组合键，在弹出的对话框中输入以下引号中的内容：“/System/Library/Compositions”，按回车键（Return）后会打开一个名称为“组合”的文件夹。接下来，按键盘上的组合键 Command + N 打开一个新的 Finder 窗口，在该窗口中选择“用户文件夹（一般为以计算机使用者姓名命名的文件夹）– 资源库”，进入其中的 Screen Savers 文件夹中（如果没有该文件夹，需要创建一个同名的文件夹）。然后回到“组合”文件夹窗口中，选择其中的所有文件，按住键盘上的 Option 键将所有文件拖放到 Screen Savers 文件夹中（这么做仅是将所选文件的副本放到该文件夹中，源文件依然保留在原文件夹中），关闭所有的 Finder 窗口。接下来在苹果系统的菜单中选择“系统偏好设置”，在打开的设置界面中，单击“桌面与屏幕保护程序”图标，在“屏幕保护程序”选项卡左侧的“屏幕保护程序”列表中选择“其他”，然后在列表中单击屏幕保护程序的名称，此时可以在右侧窗口中预览其显示效果，但并不是所有的都可以正常使用（如果愿意，可以进入 Screen Savers 文件中删除同名的文件）。对于能使用的屏幕保护程序来说，建议使用者单击预览窗口下方的“选项”按钮对其颜色进行一下调整，因为系统默认情况下，其显示效果都是灰色的，此外，还可以添加单张或多张图片以让其显示效果更加戏剧化。以后没事可做的时候，可以在设置里把玩一下这些曾经被隐藏的屏幕保护程序。

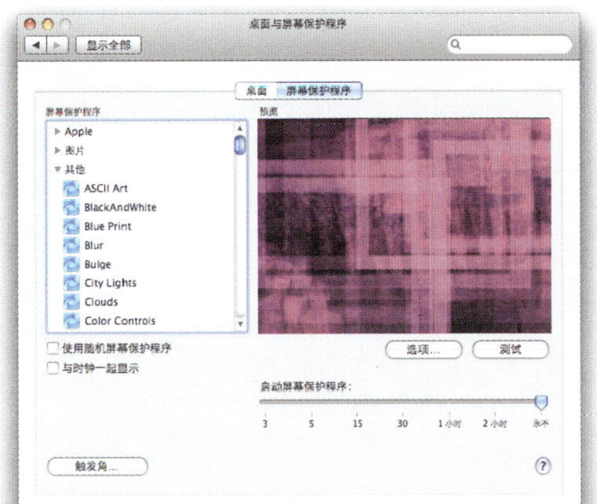

电话簿 Widgets 程序的小技巧

每天，苹果计算机的使用者都会多次使用到 Dashboard 功能，因为不管在哪个工作界面中，只要按 F12 键或单击 Dock 上的 Dashboard 程序图标就可以打开该功能，而且其所能使用的大量 Widgets 程序也大大扩展了其实用功能。下一次使用地址簿 Widgets 程序时可以试试这个小技巧，在通过地址簿 Widgets 程序调出某人的联系信息时，单击信息中的电话号码，则该号码会放大显示在屏幕上（如图所示）。此技巧同样适用于正常的地址簿程序，但在 Dashboard 中看起来效果更好。

谷歌 (Google) 地图 Widgets 程序的小技巧

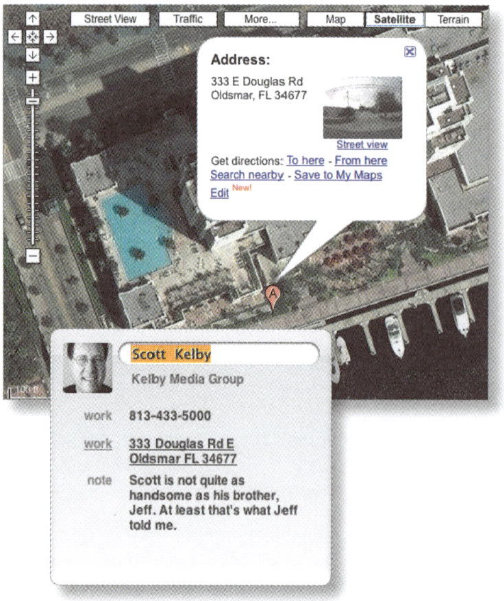

此技巧是上面技巧的一个延伸，当调出联系人信息时（参见上面的技巧），不要单击其电话号码，而点击其地址信息，则系统会自动启动 Safari 程序（或其他系统默认的因特网浏览器程序）登录谷歌 (Google) 地图网页，将点击的地址显示在地图中。

打开同一 Widgets 程序的多个副本

有时，需要一个 Widgets 程序的多个副本以满足使用的需要，如我就会同时打开多个天气预报 Widgets 程序，查看接下来的旅行中多个目的地城市的天气状况。我比较适合炎热的天气，所以如果所去城市的气温较低，则我需要提前做好准备。在计算机上按 F12 键或单击 Dock 上的 Dashboard 程序图标启动 Dashboard，在屏幕的左下角单击加号（＋）按钮打开 Widgets 程序工具栏。在该工具栏中多次单击某一 Widgets 程序的图标，就可打开多个 Widgets 程序，不过此时所有打开的同一 Widgets 程序是叠放在一起的，需要使用者通过鼠标拖动使其分开，然后为每个 Widgets 程序设定不同的参数。

预览程序的图片格式转换功能

使用预览程序可轻松地对图片文件进行格式的转换，例如，使用者将格式为 TIFF（Tagged Image File Format，即标签图像文件格式）格式的图片上传到某网站上时，发现该网站限制上传的图片格式必须为 JPEG(Joint Photographic Experts Group，即联合图像专家组) 格式。此时使用预览程序打开 TIFF 格式的图片文件，接下来在预览程序的菜单栏上选择“文件－存储为”，在弹出的对话框中的“格式”下拉菜单中提供了多种图片格式供使用者选择，选择所需的图片格式，最后保存即可。

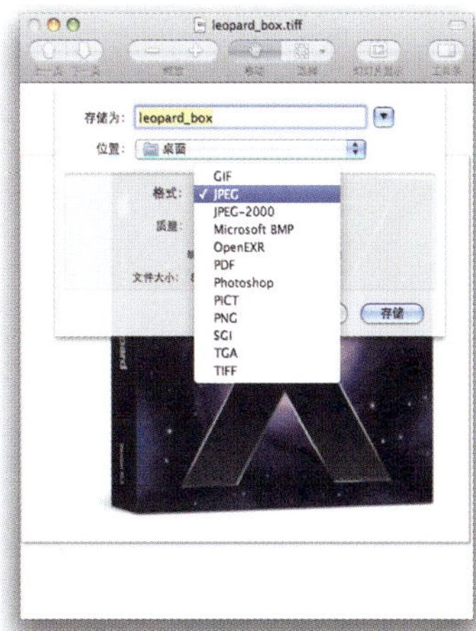

在 Finder 窗口中查看新邮件

本技巧将介绍如何创建一个“智能文件夹”以便使用者在任何 Finder 窗口中都可查看新收到的电子邮件。按照以下说明步骤进行操作，并成功完成，则可以证明你在成为苹果操作系统高手的道路上又前进了一步。

步骤 1: 通过按键盘上的组合键 Command + Option + 空格键打开 Spotlight 搜索窗口，单击该窗口上方工具条最右侧的加号（+）按钮，此时窗口中会出现一个搜索限制条件工具栏。

步骤 2: 在所打开的搜索限制条件工具栏中单击“种类”下拉菜单，选择“其他”，然后从弹出的列表中选择“Spotlight 项”，单击“好”按钮，退出选择界面。

步骤 3: 再次单击加号（+）按钮以添加一个新的搜索限制条件工具栏，在该工具栏上，单击“任意”，在弹出的下拉菜单底部选择“其他”，然后在其后出现的文本框中输入“邮件”（仅输入引号内的内容），此时，窗口中将会显示保存在计算机中的所有电子邮件。如希望查看所需的邮件，则需要通过搜索条件对搜索结果进行进一步的筛选。

步骤 4: 单击加号（+）按钮添加新的搜索限制条件工具栏，然后在“种类”下拉菜单中选择“创建日期”，从接下来出现的下拉菜单中选择“今天”。最后单击窗口上方搜索工具条上的“存储”按钮，在出现的窗口中为该搜索输入名称，切记一定要勾选“添加到工具条”选项前的复选框，然后保存即可。

现在，在任一 Finder 窗口的侧边栏上将会看到刚才所创建的“智能文件夹”，单击该“智能文件夹”即可查看当天收到的新邮件。恭喜你完成了晋级技术高手的所有步骤。

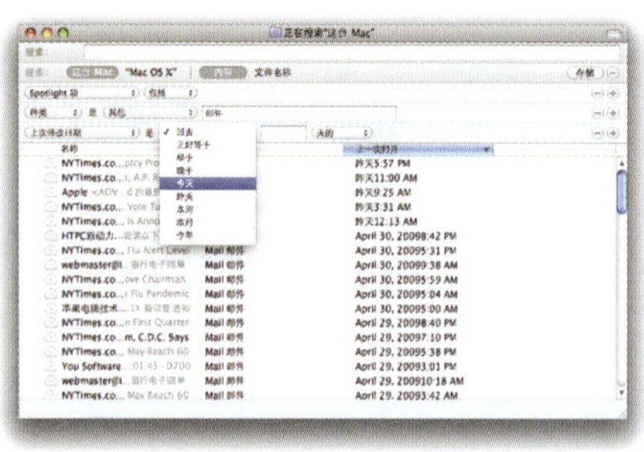

通过快速功能预览邮件

如果已经创建了“智能文件夹”以自动搜索新邮件（参见上页技巧），在该“智能文件夹”中单击任一邮件，按空格键即可通过系统的快速查看功能预览邮件的内容，而无需启动 Mail 程序。预览时，通过键盘上的向上和向下方向键可查看列表中的上一封和下一封邮件的内容。

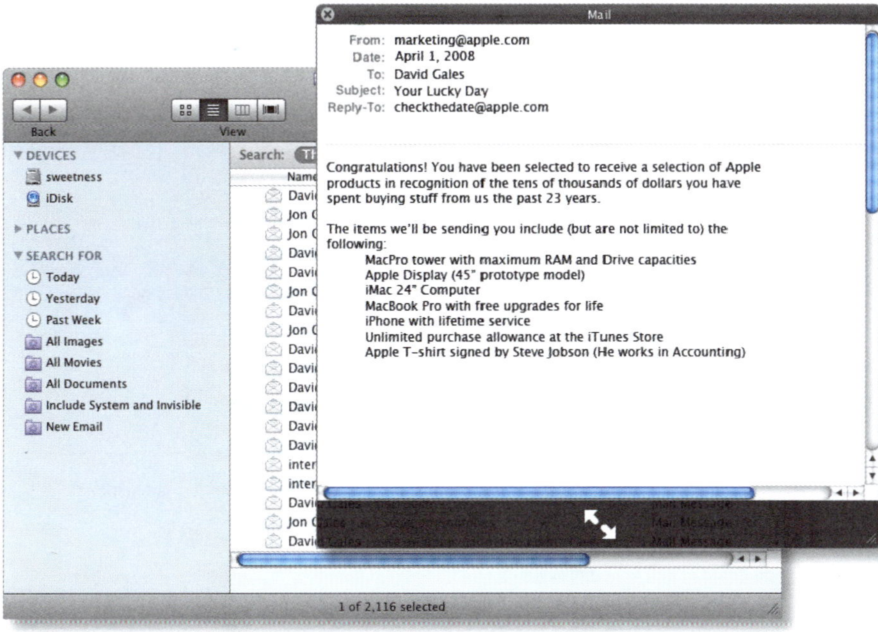

为其他计算机用户创建客人账户

假如你的飞机失事掉到荒岛上，那么为其他使用者创建一个客人账户则是非常方便实用的一项功能，这样当其他人使用你的计算机时就可以查看他的信箱中的邮件、浏览网页、在线购物等，但是却无法查看机主所保存的文件资料，一方面可以避免误操作对机主的文件数据造成损失，另一方面又可以防止在机主的文件中添加多余的文件资料。在苹果系统的菜单中选择“系统偏好设置”，在打开的设置界面中单击“账户”图标，系统默认情况下，已经创建了一个客人账户，但仅允许该客人账户访问“共享文件夹”内的内容，可以在“账户”设置界面中勾选“允许客人登录到该电脑”选项前的复选框，此时“家长控制”功能变为可选状态，启用该功能后，机主可对客人账户进行其他权限设置。创建客人账户后，其他人在系统登录界面中选择客人账户即可登录使用计算机，客人账户会拥有初始的空白桌面、默认的 Dock 工具栏以进行日常的操作，但是却没有权限访问机主的文件资料，而且当客人账户结束工作、关闭或注销账户后，其所做的任何操作如对邮件的操作、因特网浏览历史和信息记录等都会被删除，这也是为了保护客人账户的隐私。

将其他文件合并为一个 PDF 文件

通过预览程序，使用者可以将 TIFF、JPG 格式等预览程序所支持的文件合并为一个 PDF 格式文件。选择一个预览程序所支持的文件，按 Command + C 组合键将其复制到系统的剪贴板中，然后启动预览程序，按键盘上的组合键 Command + N 使用刚复制到剪贴板中的文件创建一个新文件。然后在继续添加其他文件前，先将该文件保存为 PDF 格式。接下来在预览程序的菜单栏上选择“文件 – 存储”(键盘组合键为 Command + S)，该方法的关键是在出现的存储对话框中，要在“格式”的下拉菜单中选择“PDF”格式。保存后，则现在创建了一个包含单一文件的 PDF 格式文件，最后要做的就是继续添加多个文件。首先通过键盘上的组合键 Command + Shift+D 打开预览程序的工具条，将所需的其他文件直接拖放到工具条中完成文件的添加，在工具条中拖动已添加的文件可以调整文件的排列顺序，最后按 Command + S 组合键保存文件即可。

为联系人姓名注音

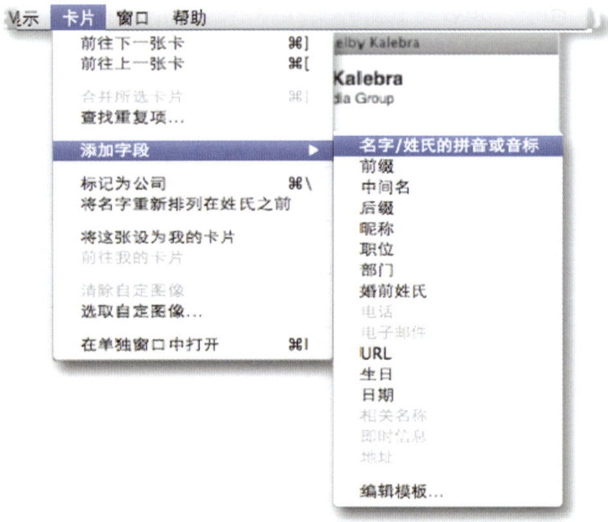

在地址簿程序中添加了新的联系人信息后，地址簿程序可以帮助使用者记忆该联系人姓名的发音。添加联系人信息时，在地址簿程序的菜单栏上选择“卡片－名字姓氏的拼音或音标”，则在联系人姓名的上方会出现一个文本框，在该文本框中输入该联系人姓名的拼音或音标即可。以后双方再见面，称呼对方时将会让对方对你的印象更深刻。

微调系统的音量

按键盘上的音量控制键（带有音量图案的功能键）可对系统的音量进行调整，每次按键则系统音量会增大或降低 1/16 级别，但如果按住键盘上的 Option ＋ Shift 组合键则可以对系统的音量进行细微调节，每次按音量控制键则系统音量会增大或降低 1/64 级别。注意：如果使用者使用的是苹果笔记本计算机，而且在系统偏好设置中的“键盘与鼠标”中勾选了“将 F1、F2 等键用作标准功能键”选项的复选框，则需要按住位于键盘左下角的 Fn 键以及 Option ＋ Shift 才可以对系统音量进行微调。

第11章

极速体验

提升效率的技巧

Mac OS X KILLER TIPS

极速体验

提升效率的技巧

如果我教给你一些让你在Mac OS X系统中大幅提高效率的技巧，那么你愿意付多少钱？50美元？70美元？还是100美元？事实上，你只要按照定价34.99美元就可以购买本书。我想如果你刚才所说的是50美元，那么相当于多付了15美元，而如果说的是100美元，则相当于多付了65美元。再想一下，本书中只有这一章的内容是关于如何提高工作效率的，而你仅为了这一章就愿意出50～100美元的价钱，当然你还必须为其他章节的内容付钱，因为其他章节并不是关于如何提高工作效率的内容，所以我给你一个友情价，每章仅收费10美元，你可以算一下，这本书的价钱应该是多少？而现在，如果在亚马逊在线购物网站订购本书，还可以在原价的基础上再享受30%的折扣，你一定会毫不犹豫地购买这本书吧。我只希望当你从本书内容中获益时，会因为所付出的价钱有一丝的内疚感。

常用键盘快捷键

COMMAND ＋ C，COMMAND ＋ X，COMMAND ＋ V

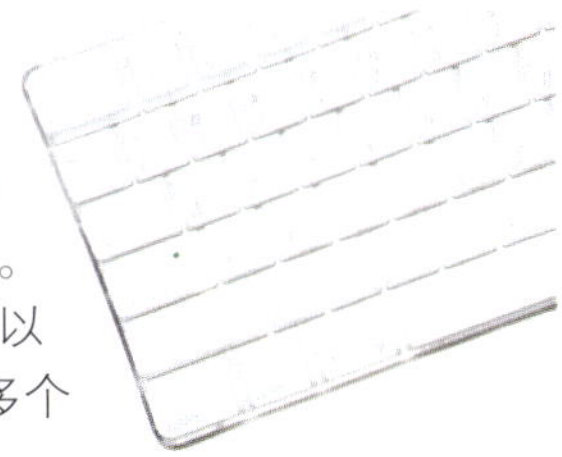

Command ＋ C：复制所选内容到系统缓存的剪贴板中。Command ＋ X：剪切所选内容到系统缓存的剪贴板中。Command ＋ V：将系统缓存的剪贴板中保存的内容粘贴到鼠标插入点位置。以上 3 个键盘快捷方式中的 C、X 和 V 键排列在键盘的一行中，所以我将它们称之为“快捷键家族”，并且通过它们还可以延伸出其他多个键盘快捷方式。

COMMAND ＋ N，COMMAND ＋ SHIFT ＋ N

以下是每天都会用到的两个键盘快捷方式。Command ＋ N：打开一个新的 Finder 窗口。使用该快捷键可打开多个 Finder 窗口，然后拖动文件到不同文件夹中进行文件复制，这是非常方便的。Command ＋ Shift ＋ N：在当前窗口中创建一个空白文件夹。

SHIFT ＋单击，COMMAND ＋单击

Shift ＋单击：按住键盘上的 Shift 键，在排列在一起的文件中单击第一个和最后一个文件，可以选择两次单击文件之间的所有文件。Command ＋单击：按住键盘上的 Command 键，单击可以选择没有排列在一起的多个文件。

COMMAND ＋删除键（Delete）

Command ＋删除键（Delete）：将所选文件移动到废纸篓中。

COMMAND ＋ S，COMMAND ＋ SHIFT ＋ S

Command ＋ S：使用当前文件的原有文件名进行文件的存储。Command ＋ Shift ＋ S：为文件命名并选择保存位置后，再进行文件的存储。

空格键

在 Finder 窗口中选择一个文件，按空格键可以使用系统的快速查看功能预览所选文件，而无需启动用来打开该文件的程序。我通常都用这种方法查看邮件和预览音频与视频文件。

COMMAND ＋空格键，COMMAND ＋ OPTION ＋空格键

Command ＋空格键：打开 Spotlight 搜索栏进行文件搜索。Command ＋ Option ＋空格键：打开 Spotlight 搜索窗口进行文件搜索。

COMMAND ＋ W

关闭当前窗口。每天的日常操作中打开的窗口会有几百个，如果不是有这个快捷键，则使用者每天都需要大量进行鼠标点击操作。

COMMAND ＋ A

在 Finder 窗口中，通过该快捷键可以选择当前窗口中的所有文件。而在某一程序中，使用该快捷键会选择当前窗口中的所有内容。

COMMAND ＋ P

通用的打印快捷键。

寻求帮助

在多数程序界面中，通过按键盘上的组合键 Shift + Command + ?（问号）可以打开该程序的帮助栏，在该栏中输入关键字，然后在搜索结果中可以选择所需的帮助信息。如果所选择的搜索的结果是该程序的菜单命令，则系统会自动打开对应的菜单，并用蓝色的浮动指示条将该命令标示出来。在搜索结果中，前面带有救生圈图案的项目为帮助主题，单击可以查看该主题的详细信息。

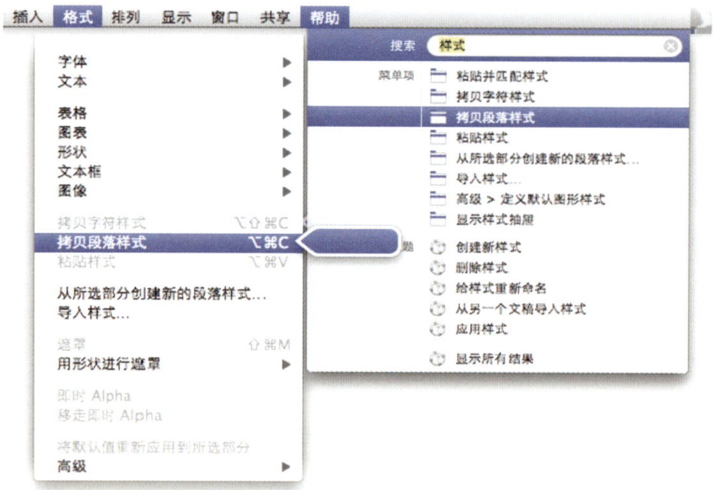

快速整理（打乱）图标的排列顺序

以“图标”显示方式浏览文件时，如果在“显示选项”（快捷键为 Command + J）窗口中的“排列方式”下拉菜单中选择的是“贴紧网格”，则所有图标会沿着看不见的网格整齐排列，此时按住键盘上的 Command 键拖动图标，可以忽略“贴紧网格”的设定，将图标放在任意位置上，反之亦然。另外，如果你是一个向往自由、厌倦条条框框对你的束缚（或换句话说，一个邋遢的人）的人，而且你在“显示选项”窗口中的“排列方式”下拉菜单中选择的是“无”，那么桌面图标是凌乱堆放在一起的，此时按住键盘上的 Command 键拖动图标，可以将其按照网格方式排列，至少暂时可以让图标排列看起来非常的整洁。

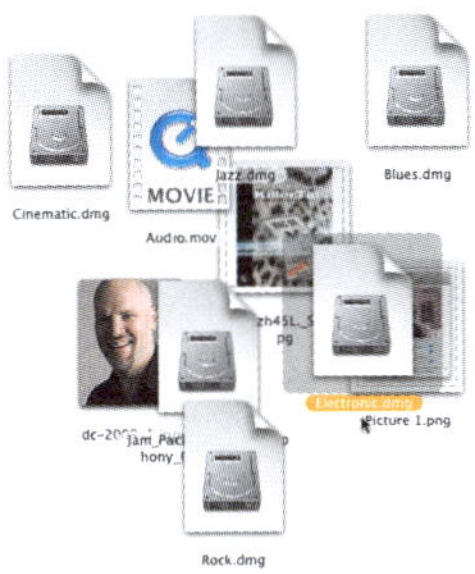

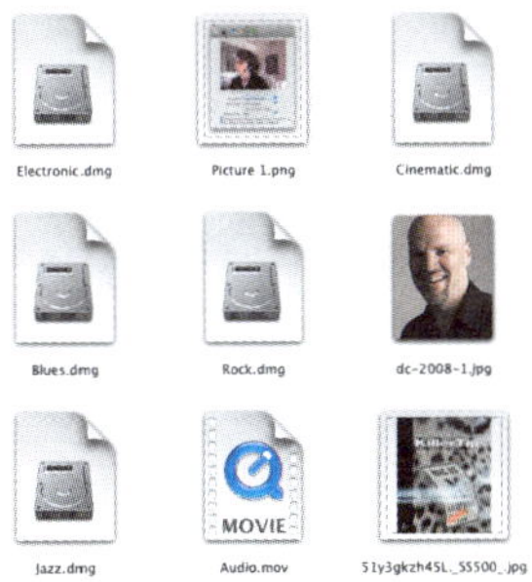

将生词添加到字典中

基本上在任何程序中输入文字时，如果不希望系统将某个特定的单词识别为错误的拼写（如你的姓名，公司名称等），可以将该单词添加到系统的字典中。添加方法是：输入一个单词（如我的名字 Kebly），然后按住键盘上的 Control 键单击该单词，在弹出的快捷菜单中选择“学习拼写”，系统就会将其添加到拼写字典中，以后再输入该单词时，系统就不会将其标示为错误的单词。

自由前往任何位置

在 Finder 窗口中，按键盘上的组合键 Command +【(左括号)可以回到之前浏览的窗口。但更方便快捷的方法（如本章标题所说的，速度就是一切）是按住键盘上的 Control 键单击窗口最上方的标题，则会弹出该文件在计算机中的完整路径列表，在列表中选择任一路径名称即可直接进入该位置。更绝的是，此方法不但适用于 Finder 窗口，还同样适用于程序窗口。现在，无论你当前在哪个位置，通过该方法就可以自由进入所需位置了。

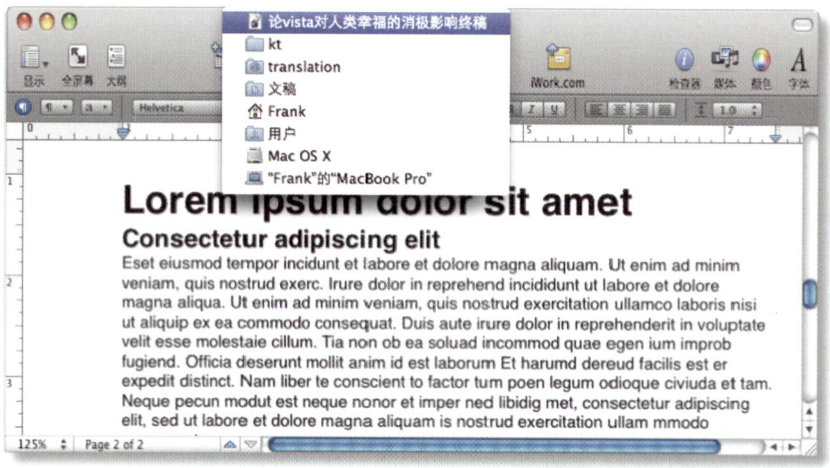

使用 Dock 上的程序图标快速打开所选内容

以下介绍的两个方法可以大大节省工作的时间。假如你想将某文档中的一段文字或一张照片通过电子邮件发送给朋友分享，无需进行复制粘贴操作，只需选择所需文字（或选择欲发送的照片或图片文件），将其拖放到 Dock 上的 Mail 程序图标上，系统就会自动启动 Mail 并打开新邮件编写窗口，并将所选的文字或图片文件添加到邮件中。另外，如果在文档中遇到了需要了解的内容，可以选择文档中的关键字或短语，将其拖放到 Dock 上的 Safari 程序图标上，系统就会自动启动 Safari 程序，并使用谷歌 (Google) 搜索引擎搜索相关信息。以上方法的唯一缺憾是仅适用于大部分程序，但并不能用于所有的程序。

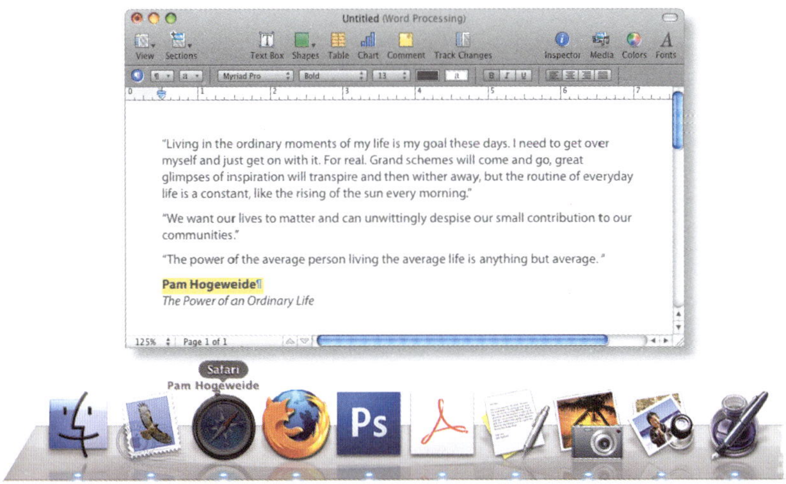

开机时自动运行指定的程序

如希望开机时自动运行某程序，可以按住键盘上的 Control 键单击 Dock 上该程序的图标（或者单击 Dock 上该程序的图标，按住鼠标左键不放），在弹出的快捷菜单中选择“登录时打开”即可。另外，还可以将开机自动运行的程序设置为启动时处于隐藏状态，即只有当使用者单击该程序图标后，屏幕上才会显示该程序的窗口。在苹果系统的菜单中（或 Dock 上）选择“系统偏好设置”，在出现的设置窗口中单击“账户”图标，在其窗口左侧列表中选择自己的账户，然后在右侧窗口的“登录项目”选项卡中勾选需要开机自动运行时隐藏的程序前面的复选框。

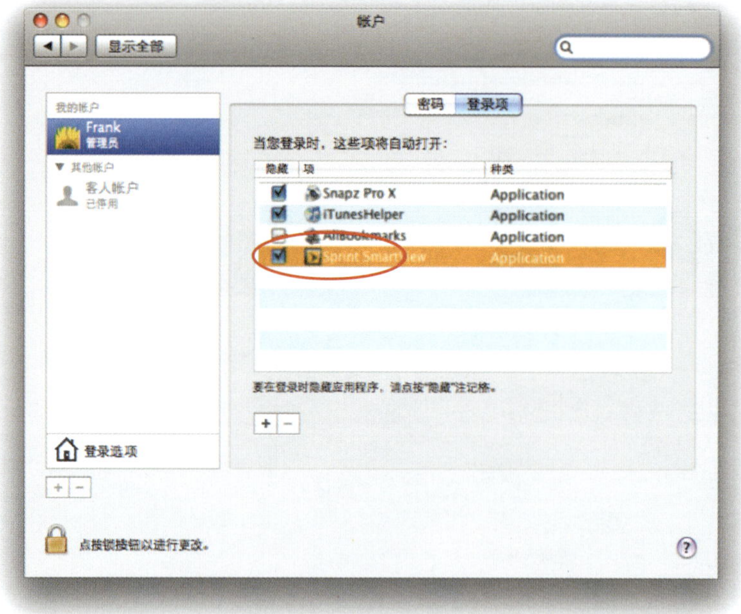

开机时自动打开指定文档

让我们将上面所讲的技巧继续延伸一下，设置机器开机时自动打开指定的文档。我的妻子看到这个标题时觉得非常不理解，谁会每天开机时都会重复打开一个文档？我告诉她，我就是设置了在开机时打开多个文档，这样我就可以节省一些时间跟她聊天了，当然我妻子对我后面这句话持有强烈的怀疑态度。所以，如果你想节省点时间用来和你的伴侣谈心，就重复我们上面所讲的方法，不过这次要选择的是文档而不是程序。

将文件快速保存到桌面上

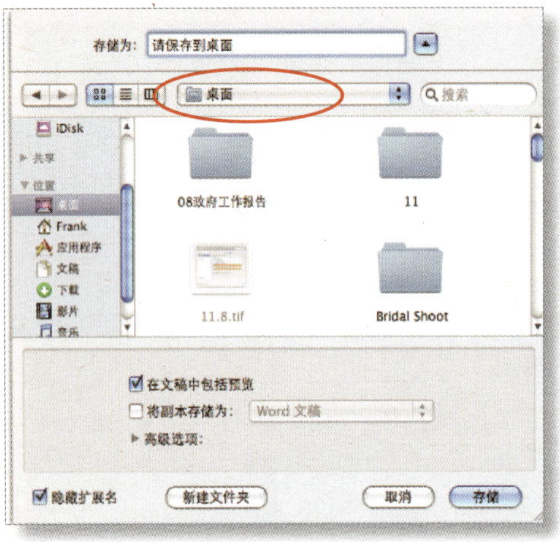

在文件存储窗口中，按键盘上的组合键 Command + D 可以直接将文件保存的位置设定为“桌面”(如图所示)，使用者只需命名文件，单击“存储”按钮就可以了。另外，还可以将文件保存位置快速设定为用户的“文稿”文件夹(系统的“文稿”文件夹的设计意图就是用来存储文件)，在文件存储窗口中按 Command + Shift + H 组合键，窗口中的保存位置会显示用户文件夹(即一般为以使用者姓名命名的文件夹)的文件列表，在列表中选择“文稿”，保存即可。

文件“存储为”时的省时妙法

本方法是在苹果操作系统中进行文件保存的一个特殊方法，很值得你在聚会中，至少是在苹果计算机使用者的聚会中展示一下。通过“存储为”菜单命令进行文件保存时，如果此时使用者在 Finder 窗口中可以看到用来保存该文件的文件夹，将该文件夹拖放到“存储为”窗口中的任意分栏中，则文件的保存位置会自动设定为该文件夹。使用者如果在“存储为”窗口中看不到文件分栏，则需要先单击“存储为”文本框后面的蓝色、带有向下箭头标志的按钮。建议你尝试一下该方法，而且我相信你一定会喜欢这个方法，并会在以后的操作中反复使用这个技巧。

在“存储为”窗口中快速定位所需位置

系统默认情况下，通过按键盘上的组合键 Command + Shift + S（菜单“存储为”命令的键盘快捷键）打开存储窗口时，当前文件的文件名已经高亮显示在“存储为”的文本框中，使用者可以直接输入新的文件名称进行更改。而在该窗口中选择文件的保存位置时，可以使用键盘上的 Tab 键和方向键快速定位到所需位置。在窗口中按 Tab 键，选择的焦点将在界面中不同的项目间切换，当选择的焦点定位在侧边栏时，按上下方向键选择所需的文件夹后，再按一下 Tab 键，此时貌似什么都没有改变，其实现在的选择焦点已经定位到刚选择的文件夹中的第一个文件上了。如果你不相信的话，你随意按一下方向键就可以看到选择的文件高亮显示出来，现在是不是为怀疑我感到内疚了？没关系，我可以理解。通过以上所讲的方法选择好文件保存的位置后，按 Tab 键，当选择的焦点回到“存储为”文本框时，输入文件的新名称，按回车（Return）键或单击“存储”按钮保存即可。本方法初看起来像有画蛇添足之嫌，但使用几次后，你就会体会到该方法的快捷了。提示：如果使用者在“存储为”窗口中看不到 Finder 窗口的侧边栏，需要先单击“存储为”文本框后面的蓝色、带有向下箭头标志的按钮。

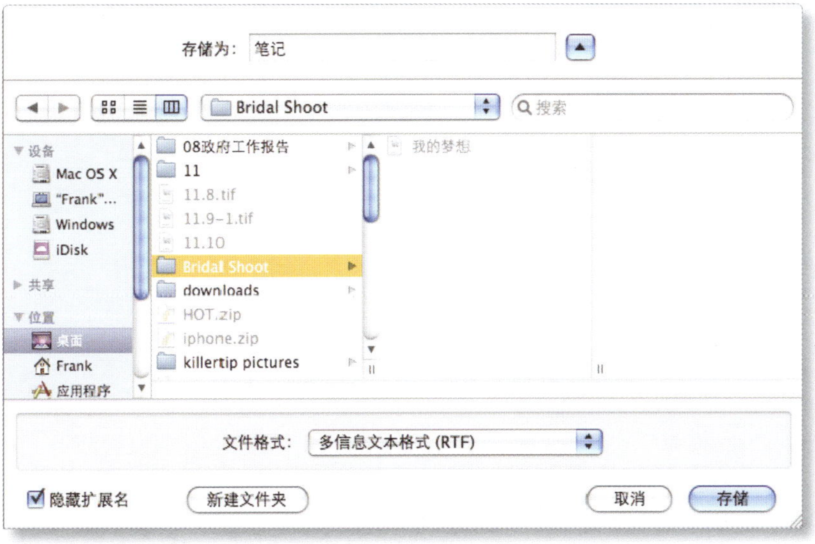

Finder 窗口的路径栏

首先打开一个 Finder 窗口，然后在 Finder 的菜单栏上选择“显示－路径栏”，则所有 Finder 窗口 的下方都会显示当前文件的完整路径，使用者可以方便地查看自己当前所在的位置。更棒的是，在路径栏中双击任一文件夹名称，则可以直接进入该位置。而且选择需要移动的文件后将其拖到路径栏上的任一文件夹名称上，即可将所选文件移动到该位置中。虽然在 Finder 窗口中显示路径栏牺牲了一点显示空间，但却为使用者带来了方便。

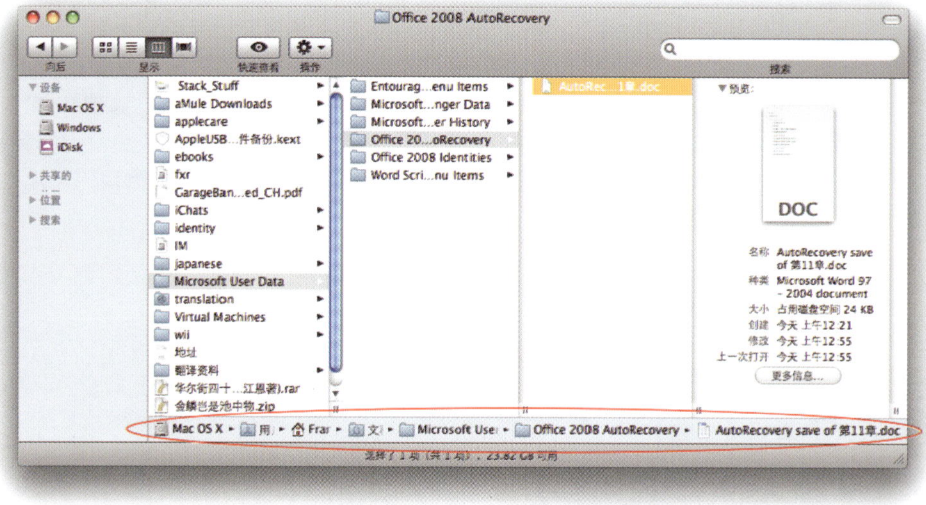

快速查看功能的缩略图浏览方式

本方法可以让你的快速查看功能变得更加“快速”。通常，我会通过系统的快速查看功能浏览一个图片文件夹的内容，在系统默认情况下，当预览多个图片文件时，快速查看功能会自动切换到幻灯片模式，如果图片文件不多，这种幻灯片浏览方式还不错，但大多数时候，我都是同时预览几百张图片文件，所以如果能使用缩略图浏览方式则更好。此时，单击快速查看窗口下方的“索引表”按钮，即带有四个方框图案的按钮，就可以将快速查看功能切换到缩略图浏览方式。如果你是那种只喜欢使用键盘进行控制的人，可以在快速查看窗口中按 Command + 回车键（Return）将其切换为缩略图浏览方式。在缩略图界面中，通过键盘上的方向键选择一张图片后，再按 Command + 回车键（Return）或直接用鼠标点击，都可以重新使用幻灯片浏览方式浏览所选的照片。

在新窗口中打开侧边栏项目

这是我的朋友 Terry White 发现的一个技巧：正常情况下，在 Finder 窗口的侧边栏中单击一个文件夹的图标，系统会在当前窗口中打开该文件夹。但如果按住键盘上的 Command 键后再单击侧边栏中的文件夹，系统则会保持当前窗口不变，并在新的 Finder 窗口中打开所选的文件夹。而按住键盘上的 Option 键单击侧边栏中的文件夹，系统则会关闭该窗口，并在新窗口中，打开所选的文件夹。

关闭多个程序的最快方法

在任一程序界面中，按组合键 Command + Q 可以关闭当前程序。但如果需要关闭多个当前打开的程序，最快捷的方法是按住键盘上的 Command + Tab 组合键，此时屏幕上会显示一个包含当前所有打开程序的工具条，每按一下 Tab 键（继续按住 Command 键），会在工具条中高亮显示下一个程序的图标，当需要关闭图标高亮的程序时，按键盘上的 Q 键（因为此时使用者还在继续按住 Command 键，所以相当于使用的还是 Command + Q 键），即可关闭该程序。继续按 Tab 键，然后再按 Q 键即可依次关闭所有的程序。如果在此过程中不小心松开了 Command 键，那么系统会自动将计算机中的所有文件删除，并格式化硬盘，当然这是开玩笑的。如果不小心松开了 Command 键，只不过是屏幕上的程序工具条会消失而已，重新按住键盘上的 Command + Tab 组合键，屏幕上会再次出现程序工具条。

更改打开文件的默认程序

在计算机中双击一个文件，系统就会使用支持该文件格式的程序将其打开，那么系统怎么知道该使用哪个程序呢？据不可靠的信息说，Leopard 操作系统的开发人员是聚在一起边喝啤酒，边在餐巾纸上为每个类型的文件指定了默认的应用程序。在系统默认情况下，这种设定基本都是正确的，如 Photoshop 程序用来打开 Photoshop 文件，Safari 程序用来打开 HTML 格式文件，文本编辑程序可以打开文档等。另外，系统还允许使用者为某类型的文件（尤其是在那些开发人员喝醉之前所能想出的常用格式）指定用来打开的默认程序。例如，系统默认打开 JPEG 格式文件的程序是预览程序，但对我来说，我更希望使用 Photoshop 程序来打开，此时可以在计算机中选择任一 JPEG 格式的文件，按键盘上的组合键 Command + I 打开文件的“简介”窗口，在该窗口的“打开方式”下拉菜单中选择“Photoshop”（或其他支持该类型文件的程序），此时将“简介”窗口关闭，则所做修改仅适用于当前所选的文件。如果希望该设置适用于所有 JPEG 格式的文件，则需要单击窗口中的“更改全部”按钮，然后关闭“简介”窗口。现在，当你双击一个 JPEG 格式文件时，系统将自动使用设定的 Photoshop 软件来打开该文件，而不是原来系统默认的预览程序。

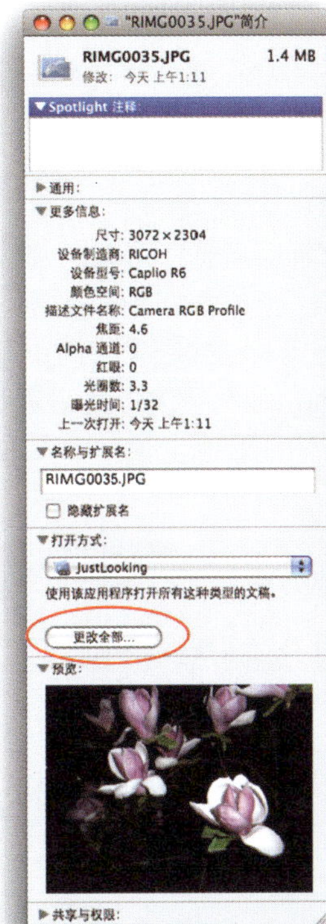

DAVE GALES

快速隐藏所有打开的窗口

记住这个技巧，说不定哪天它就能救你于危急之中。假如明天就是结婚纪念日，而你正坐在计算机前为明天的纪念日在因特网上购买礼物，听到你的配偶走了过来，你肯定不想让她知道你正在做什么，否则她会认为你对纪念日根本不重视，明天就是纪念日了，今天才想起买东西。此时你可以按住键盘上的 Command + Option 组合键，然后单击桌面上的任意位置，系统会将当前屏幕上的所有窗口隐藏起来。但如果你的配偶是那种心思缜密的人，那么她肯定会心里生疑，难道你坐在计算机前就是盯着空白的桌面吗？所以最好是在在线购物的同时，在桌面上打开一个掩饰用的窗口，如令人乏味的电子报表、数据文件或 HTML 文档等文件，当听到你的配偶走过来时，按住键盘上的 Command + Option 组合键，然后单击掩饰用的窗口，则系统会将除该窗口外的所有窗口隐藏起来。需要恢复时，单击已经隐藏窗口的程序图标即可在屏幕上恢复该程序所打开的窗口。

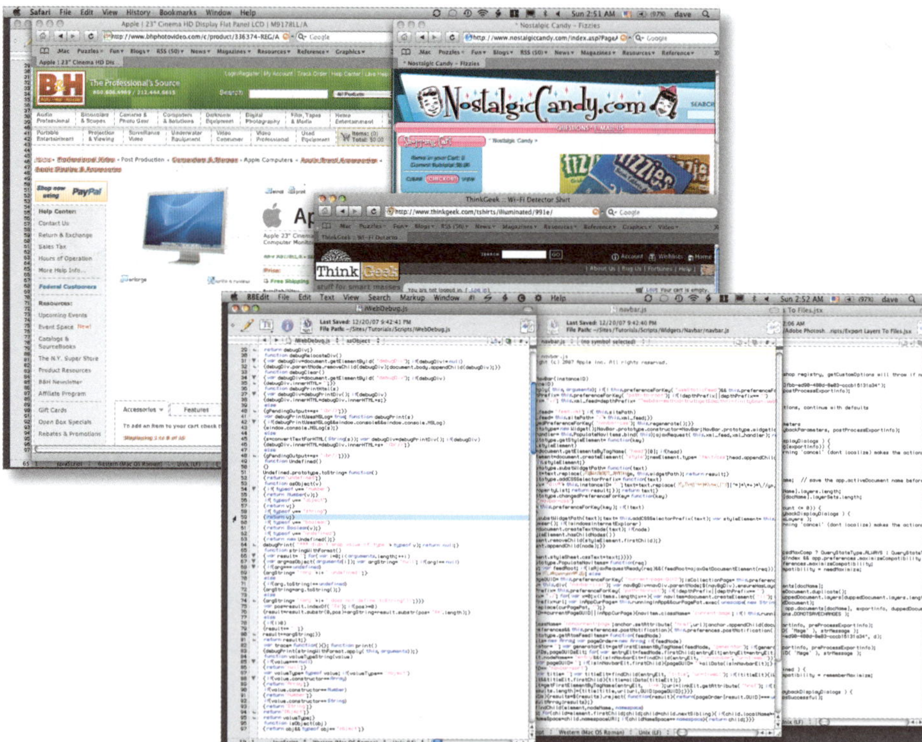

保持联系人组别信息的更新

如果你是工作团队中的一员，或者参加了教会、体育爱好者组织等，那么保持组员联系信息的更新会是一件很麻烦的事。下面介绍的方法可以帮你解决这个问题，当组员的联系人信息发生改变或添加了新的组员时，让他们马上联系有权修改组别联系人信息的人（假设这个人就是你），那么你可以在地址簿中修改好信息后，在地址簿中的“组别”分栏中单击组别的名称，然后将其拖到 Dock 上的 Mail 程序图标上，松开鼠标左键，系统会自动启动 Mail 并打开新邮件编写窗口，并将组别联系人的 vCard 添加为邮件的附件，你只需在收件人的地址栏中填入该组别的名称发送邮件即可。所有该组别的组员收到你的邮件后，单击邮件中的附件可以将新的联系人信息导入到他们的地址簿中，如果联系人的信息出现重复（当然，在这种情况下，大多数联系人信息都是重复的），地址簿会弹出对话框让使用者选择所需的操作。此方法中，关键是如何让联系信息更改的联系人及时通知维护地址簿信息的人，其他的按照以上所讲的方法操作就非常简单了。

群发组别邮件

如果你在地址簿中创建了如朋友、同事、苹果计算机爱好者等联系人组别，那么你可以同时向该组别中的所有成员发送电子邮件。按住键盘上的 Control 键单击组别的名称（本例中为“项目”），在弹出的快捷菜单中选择“发送电子邮件给项目”，系统会自动启动系统默认的电子邮件程序，打开编写新邮件窗口，地址栏中显示的是该组别的名称（而不是该组别中每个成员的邮箱地址），输入邮件主题和正文后选择“发送”则该组别中的所有成员都会收到此邮件。

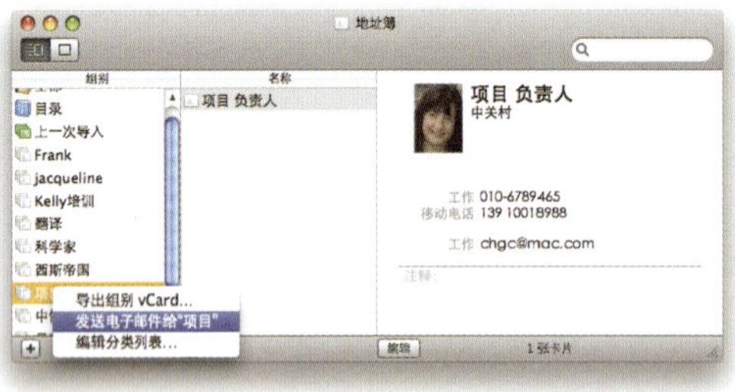

启用 script 脚本功能

在用户的“应用程序”文件夹中打开 AppleScript 文件夹，在该文件夹中双击启动 AppleScript 实用工具程序，在弹出的窗口中勾选“在菜单栏中显示脚本菜单”前的复选框，关闭 AppleScript 实用工具程序。此时，在屏幕上方的任务栏中单击刚添加的脚本图标，所弹出的列表中是已经编写好的脚本程序，无需使用者再对其进行编写，在列表中选择所需的脚本，系统会执行该脚本程序以自动完成特定操作任务。

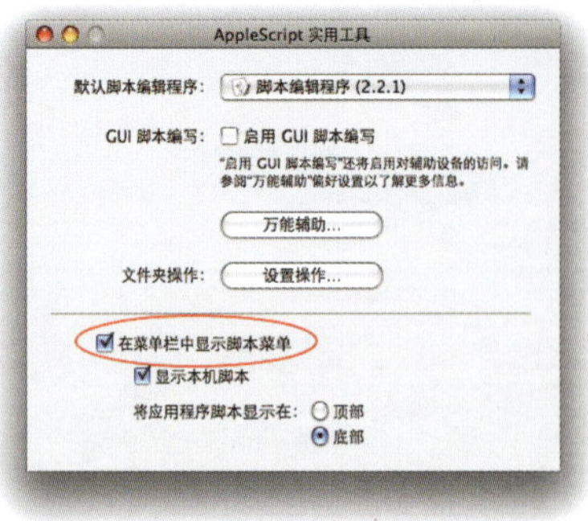

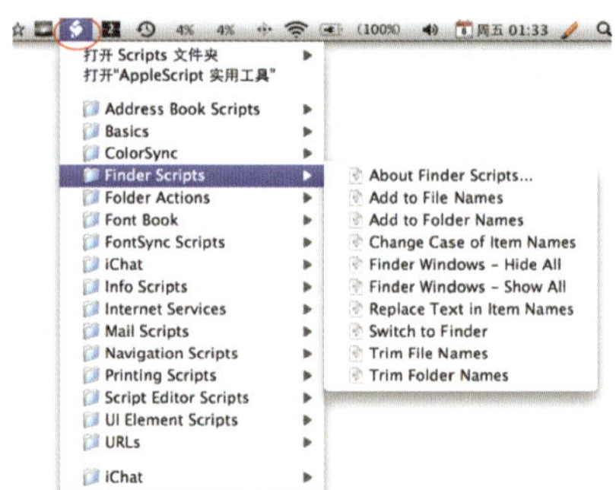

打开常用设置的快捷方式

日常使用中，“显示”、“声音”和“键盘与鼠标”是大家经常用到的 3 个设置。苹果公司为这 3 个设置分别设定了键盘快捷键，便于用户快速打开所需设置。

Option + F3 组合键　　声音　　（F4 或 F5 键）
Option + F1 组合键　　显示　　（F2 键）
Option + F8 组合键　　键盘与鼠标　　（F9 或 F10 键）

可能有些键盘上相对应的按键有所不同，例如我现在使用的迷你蓝牙键盘或最新的平板键盘，大家可以自己尝试一下，找出正确的按键。另外，苹果笔记本计算机的使用者根据其在系统偏好设置中的“键盘与鼠标”设置，在使用以上的键盘快捷方式时，可能还需要使用键盘上的功能键（Fn）。

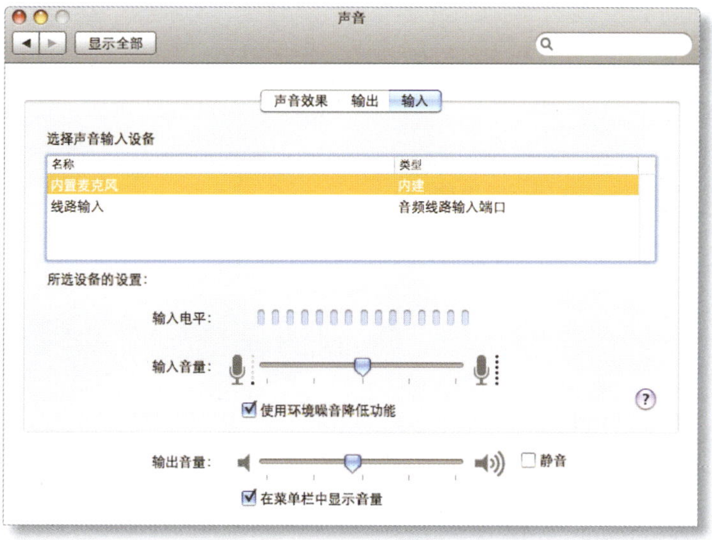

在列表方式浏览时，将文件移出文件夹

在以列表方式浏览文件时，通过拖放的方法可以很容易地将文件从一个文件夹中移动到另一个文件夹中。但是，如果是想将文件从一个文件夹中移动到当前窗口中呢？你可以自己尝试一下，看是不是像你自己想的那么简单？其实，在以列表方式浏览文件时，将一个文件夹中的文件拖出，然后将其拖放到当前窗口上方的任一分栏上，如“名称”或“修改日期”分栏上，松开鼠标左键，则该文件会从文件夹中移出并放置在当前窗口中。

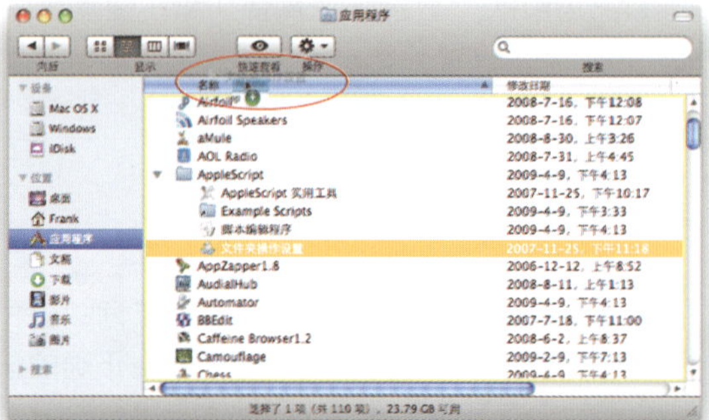

快速切换 Finder 窗口的显示方式

通过以下的键盘快捷键可以不单击 Finder 窗口上的显示方式按钮，而直接切换到对应的显示方式。

图标浏览方式：	Command + 1
列表浏览方式：	Command + 2
分栏浏览方式：	Command + 3
Cover Flow 浏览方式：	Command + 4

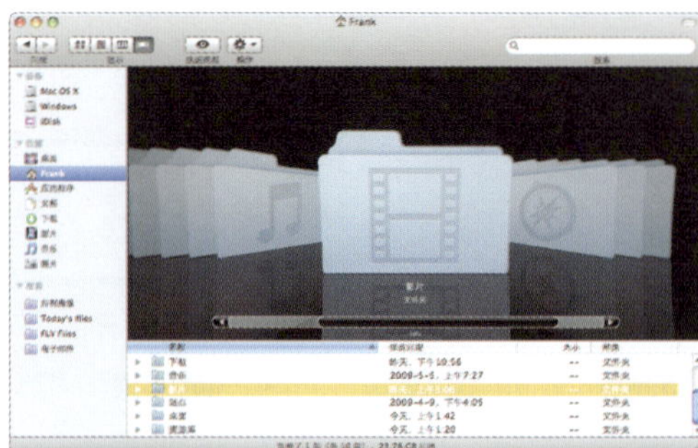

特殊字符的个人收藏列表

如果经常使用©、™、°F、®、£、÷、ä和¼等特殊字符，可以将这些字符添加到字符面板的个人收藏列表中，这样在以后使用时可以节省寻找字符的时间。打开字符面板（参见218页），在该面板左侧的分类列表中选择字符的分类，然后在右侧的字符预览窗口中选择所需的字符，接下来单击面板左下方的齿轮状按钮，即操作按钮，在弹出的菜单中选择“添加到个人收藏”。重复该步骤添加所有自己常用的字符。不用担心在添加某字符时在面板窗口下方的“精选”中所选择的字体模式，该窗口中显示的仅是包含该字符的字体，并显示字符在该字体中显示的效果而已，当在一个文档中插入字符时，字符会自动与所插入文本的格式相匹配。使用特殊字符的个人收藏列表的方法是：与正常操作时一样，先打开字符面板（在程序的菜单栏中选择“编辑－特殊字符”），接下来无需选择字符分类，只需单击字符预览窗口上方的“个人收藏”标签即可。虽然这样操作有点麻烦，但最起码不需要在所有的分类中寻找自己所需的字符了。

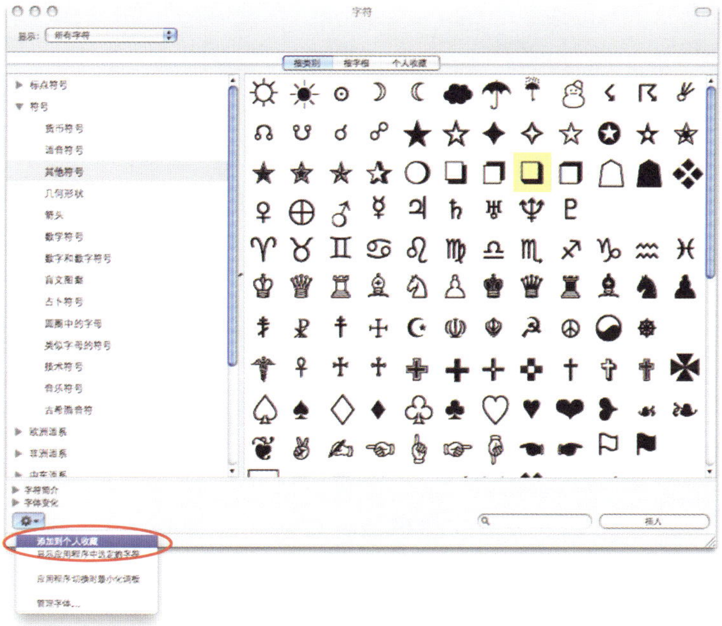

无需关闭计算机

本技巧主要是针对刚从 PC 阵营转到苹果阵营的使用者。下次当你在一个有公共无线 WI-FI 网络的地方时注意听一下，可以听到使用某操作系统的计算机的开机声音，我敢肯定有 90% 的声音都是 Windows 系统的开机声，注意我这里说的不是从休眠中恢复的声音，而是系统开机的声音。为什么会出现这个情况呢？这是因为使用 Windows 操作系统的笔记本计算机的使用者基本上都会在工作结束后选择关机，而不是使机器处于休眠状态。因为 Windows 系统的休眠功能是一直被人所诟病的，一旦休眠后，在恢复时通常因出现问题而无法使用。所以如果你原来使用的是 Windows 操作系统，那么当你使用苹果笔记本计算机结束工作时，不用关机，只需将显示屏合上机器就会进入休眠状态，而在需要时，打开显示屏机器就会马上恢复到正常的工作状态。你知道这些吗？虽然这听起来不可思议，但很多苹果计算机的使用者对自己的机器能时刻保持随时可使用的状态而感到自豪。休眠是一件美妙的事，好好享受吧！

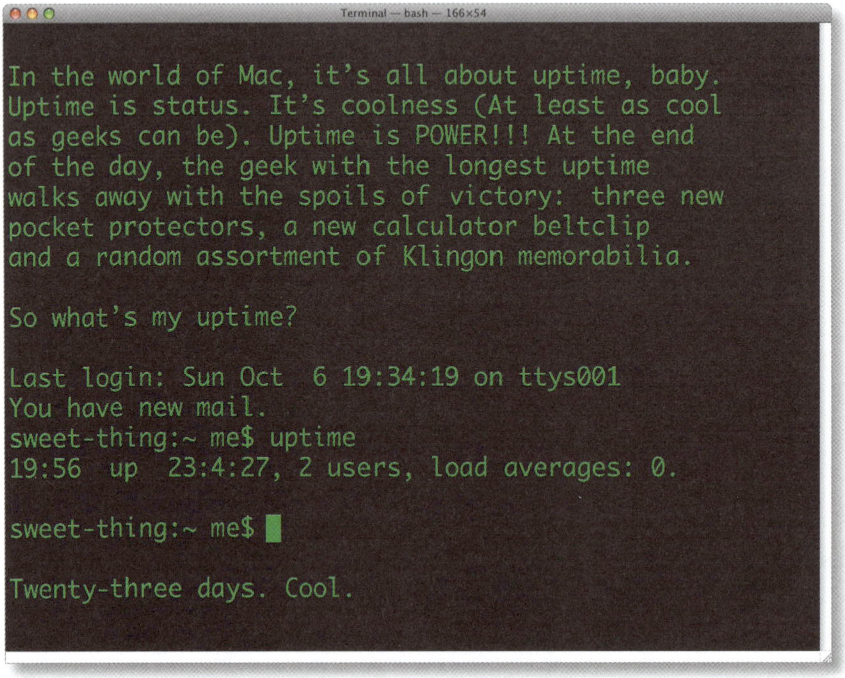

快速调整警告声音的音量

在屏幕上方单击任务栏右侧的音量控制图标（如果看不见音量控制图标，可以在系统偏好设置中的“声音”设置中勾选“在菜单栏中显示音量”选项前的复选框），通过弹出的音量控制滑动条可以调整系统的音量。而按住键盘上的 Option 键单击该图标，此时通过滑动条可调整系统警告声音的音量。

使用维基百科

维基百科是世界各地人们共同合作、集体创作的智慧结晶，用它查询资料非常方便。如果你使用的程序恰好支持字典功能（实际上，我也不知道如何辨别一个程序是否支持该功能，使用者只能使用我下面介绍的方法自行测试了），按住键盘上的 Control 键单击程序窗口中的文字，在弹出的快捷菜单中选择“书写工具 – 在 Wikipedia 中搜索”，此时如果你的计算机已经连接到因特网上，则系统会自动启动网络浏览器登录维基百科网站，并搜索与所选文字相关的内容。

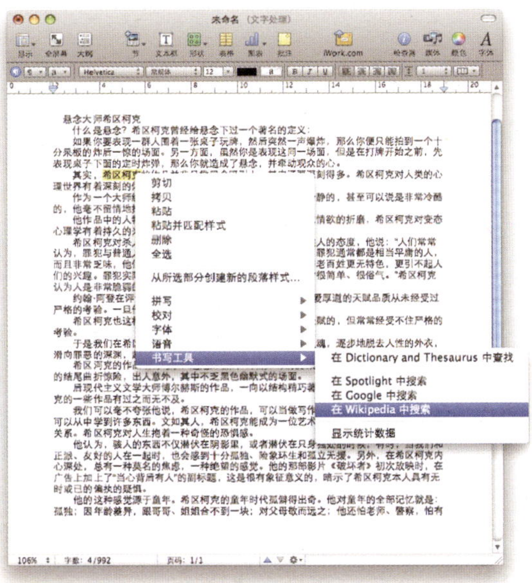

清理侧边栏

如果在 Finder 窗口中的侧边栏上的项目过多，可以将不需要的项目直接拖出侧边栏将其删除。当需要使用该项目时，在计算机找到该项目，将其拖放到侧边栏上，即可将其重新添加到侧边栏中。

选择对话框中的次要选项

对文件进行修改后，如果没有保存就直接关闭该文件窗口，屏幕上会出现一个提示对话框，提醒使用者如果不保存所做的修改就会丢失，并让用户在 3 个选项中进行选择，分别是“存储”、“取消”和“不存储”。除了使用鼠标单击选择以外，此时按回车键（Return）可以直接选择对话框中系统默认的“存储”选项，按字母 D 键可以选择“不存储”，而按字母 C 键可选择“取消”选项。注意：如果对话框中的“不存储”按钮为图示中的情形，则必须按 Command + D 组合键才能选择该选项，而且只能通过鼠标单击来选择“取消”选项。

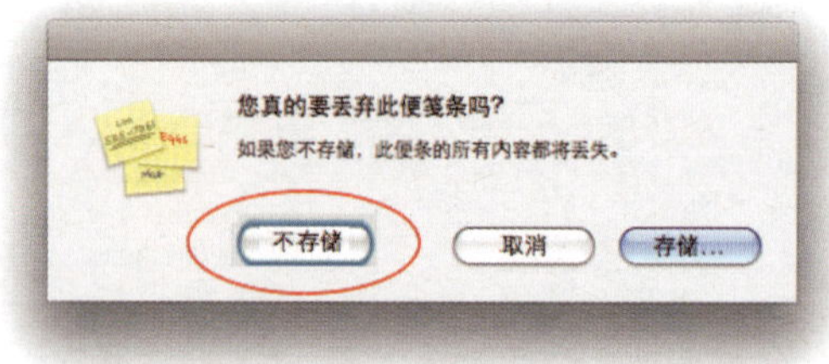

快速打开 Widgets 程序工具条

我很喜欢 Dashboard 中的各种 Widgets 小程序，它们使用起来非常方便，但问题是，如果在 Dashboard 中打开太多的 Widgets 程序会消耗很多系统内存。另外，打开 Dashboard（单击 Dock 上 Dashboard 的图标或按键盘上的 F12 键），按键盘上的组合键 Command + 加号键就可以直接打开 Widgets 程序工具条，而不必在 Dashboard 界面中使用鼠标单击左下角的加号（+）按钮那么麻烦了。再按一次该组合键，工具条会从界面中隐藏。

复制粘贴文本的格式

这是我每天都会用到的一个技巧。假设你将一个文档中的文本内容复制粘贴到另一个文档中，如图所示的例子中，我在网上复制了一些航班的信息，并将它粘贴在用 Numbers 软件创建的一个航班表中，此时粘贴内容的格式（桔色的文字）依然为网页上的格式，与我创建的航班表的格式截然不同，如果不是系统威胁我，如果我改动了粘贴内容的格式，就必须连续观看 48 个小时《Brady Bunch》，那么我完全可以快速将粘贴内容本身的格式删除。首先选择所需格式的文字内容，接下来按 Command + Option + C 组合键（该组合键与 Command + C 的功能不同，它复制的是所选文字的格式），然后选择需要改变格式的文字，再按 Command+Option+V 键将复制的格式应用到所选文字上即可。

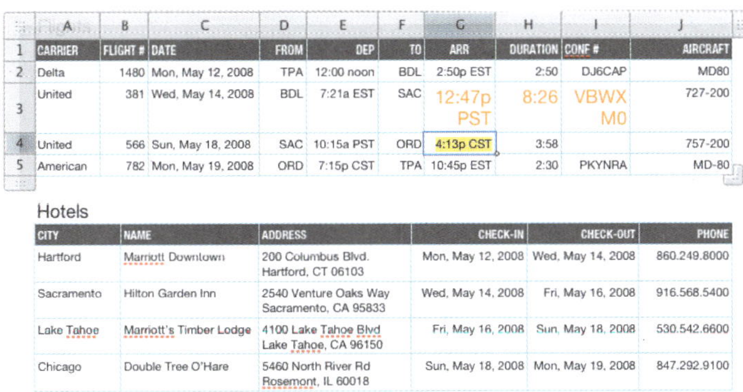

CARRIER	FLIGHT #	DATE	FROM	DEP	TO	ARR	DURATION	CONF #	AIRCRAFT
Delta	1480	Mon, May 12, 2008	TPA	12:00 noon	BDL	2:50p EST	2:50	DJ6CAP	MD80
United	381	Wed, May 14, 2008	BDL	7:21a EST	SAC	12:47p PST	8:26	VBWXM0	727-200
United	566	Sun, May 18, 2008	SAC	10:15a PST	ORD	4:13p CST	3:58		757-200
American	782	Mon, May 19, 2008	ORD	7:15p CST	TPA	10:45p EST	2:30	PKYNRA	MD-80

Hotels

CITY	NAME	ADDRESS	CHECK-IN	CHECK-OUT	PHONE
Hartford	Marriott Downtown	200 Columbus Blvd. Hartford, CT 06103	Mon, May 12, 2008	Wed, May 14, 2008	860.249.8000
Sacramento	Hilton Garden Inn	2540 Venture Oaks Way Sacramento, CA 95833	Wed, May 14, 2008	Fri, May 16, 2008	916.568.5400
Lake Tahoe	Marriott's Timber Lodge	4100 Lake Tahoe Blvd Lake Tahoe, CA 96150	Fri, May 16, 2008	Sun, May 18, 2008	530.542.6600
Chicago	Double Tree O'Hare	5460 North River Rd Rosemont, IL 60018	Sun, May 18, 2008	Mon, May 19, 2008	847.292.9100

快速浏览影片

如果你目前还没有下定决心购买一款多键带滚动轮的鼠标，那么读完本技巧后，你可能会马上上网订购一个。在使用 QuickTime Player 播放影片时，滚动鼠标的滚动轮可以控制影片快进浏览影片内容，或者后退到自己没有看到的片段。如果你使用的是笔记本计算机，并且在设置中启用了双指滚动功能，那么可以不用鼠标进行控制，只用双指在触控板上左右滑动即可。

打开多个检查器

这虽然不是 Leopard 系统的新功能，但是却有很多人不知道这个技巧。在使用带有“检查器”的程序时（苹果公司推出的 i 系列软件都含有这个功能），当你打开检查器选择一个选项时，就会关闭之前的选项窗口，而显示你所选的选项窗口。以 Pages 这个软件为例，打开检查器后单击“表格检查器”按钮，在该选项窗口中设置单元格边框的格式，接下来，当你单击“文本检查器”按钮时，“表格检查器”窗口会被“文本检查器”窗口所取代，在该窗口中设置了文本对齐方式后，如果你想进行单元格的合并，打开“表格检查器”窗口时，则“文本检查器”窗口又会被取代。这确实很让人讨厌，不过如果你按住键盘上的 Option 键单击检查器中的按钮时，程序会使用新的窗口打开该控制选项，而不会在同一个窗口中取代之前的选项窗口了。使用该方法可以同时打开多个选项窗口，甚至可以打开多个同一选项窗口，虽然这样做没什么意义，但我以前经常这么做。

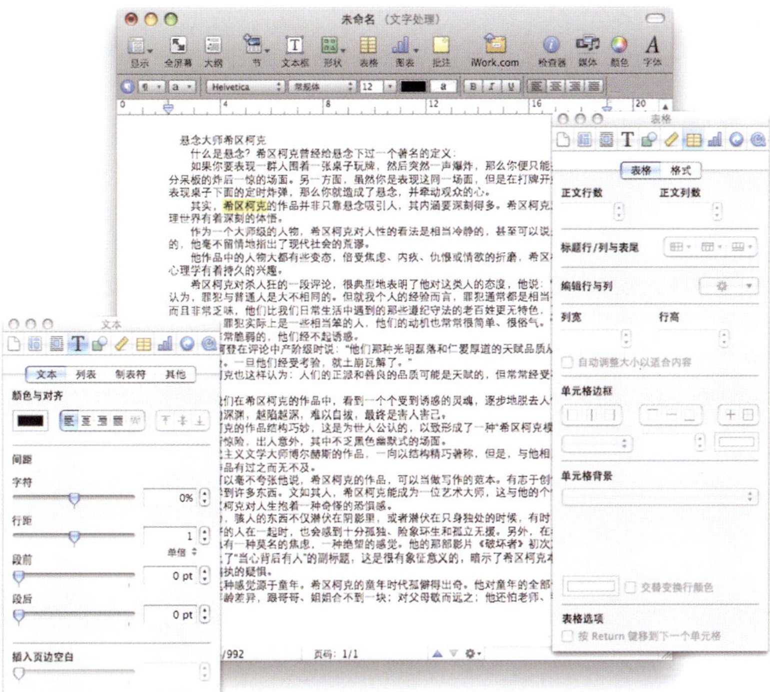

打开程序偏好设置的快捷方式

在程序界面中按 Command + 逗号键可以打开该程序的偏好设置，但如果你以为再次按该组合键就可以关闭偏好设置窗口，那你就大错特错了，关闭窗口的快捷键是前面已经介绍过的 Command + W 组合键。

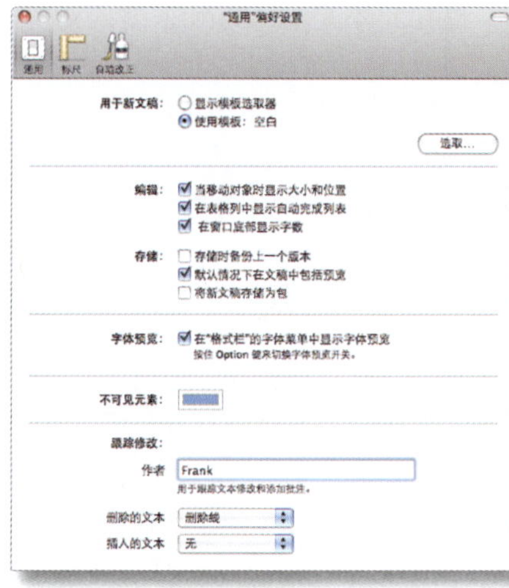

复制智能邮箱

智能邮箱（从名字中你应该可以看出来，这个是 Mail 中的功能）可以帮助使用者更好地对邮件进行管理，随时能找到所需的邮件。通常使用者创建的智能邮箱的条件都比较简单，如从某发件人收到的邮件等。但如果你是那种喜欢将事情变复杂的人，你可以创建一个如图所示的智能邮箱。创建完成后，如果你还希望继续创建一个同样的智能邮箱，只是需要将发件人改成其他的人，那么你可以按住键盘上的 Control 键，在 Mail 程序窗口的侧边栏上单击已经创建的智能邮箱，在弹出的快捷菜单中选择“复制智能邮箱”，接下来双击复制的智能邮箱并重新命名，修改其限制条件即可。

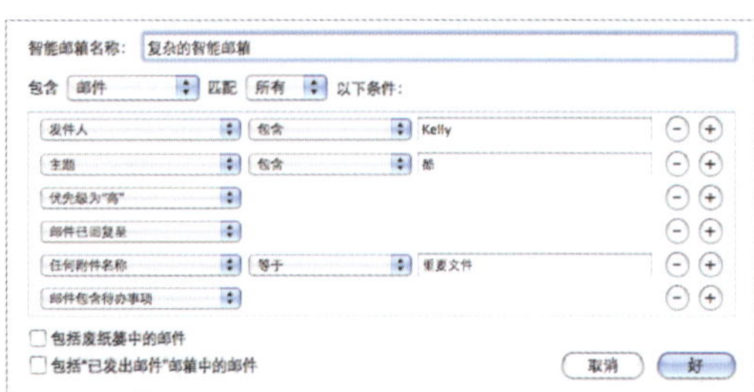

在打印对话框中预览文档

你曾经有多少次在办公大楼中另一侧的打印机中打印了一份文档，当你不远千里步行过去后才发现，打印时将应该竖向打印的文档以横向方式打印出来了。我就曾做过这种事，至于出现过多少次这样的情况，我还是不说好了。Leopard 系统新推出的众多新功能中，其中我喜欢的一项功能就是在打印文档时可以在打印窗口中先对文档进行打印预览，以确定打印的是自己所需的格式。打印时，按键盘上的组合键 Command + P 打开打印窗口，使用者在窗口的左侧可以看到一个文档预览窗口，如果打印的是多页文档，通过预览窗口下方的箭头按钮可以预览打印文稿的所有页面，确定后，单击“打印”按钮即可。提示：如果在打印窗口中看不到预览窗口，需要先单击“打印机”下拉菜单右侧蓝色的、带有向下箭头的按钮以显示完整窗口。

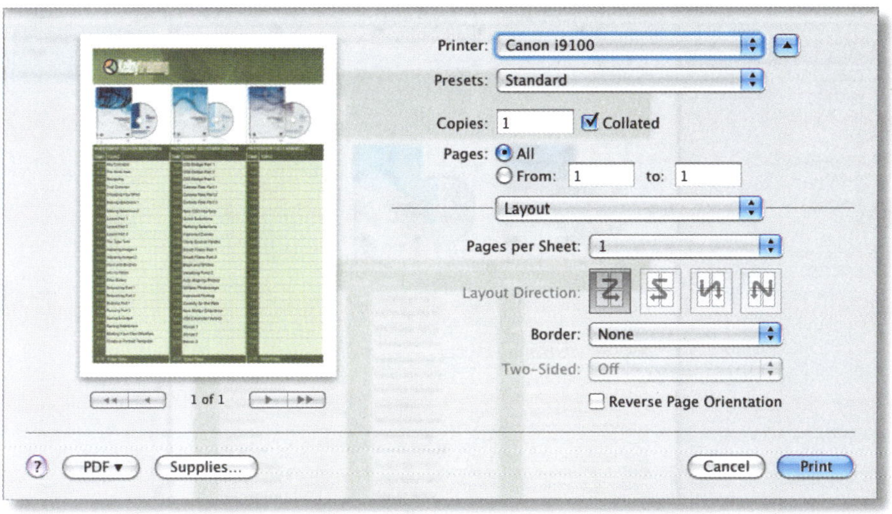

记忆不同位置所用的默认打印机

如果你使用的是笔记本计算机，并需要在不同的地方使用打印机进行打印，Leopard 操作系统会记住你在不同地方最后一次所使用的打印机，并根据当前地点的不同自动选择打印机进行打印，这是不是很神奇？当我在家里的时候，家里只有两台打印机，所以我可以很容易就记住哪个是我所用的打印机，但到了办公室里，在我的打印机列表中会显示近 60 台打印机，根本不可能记住我应该使用哪台打印机，但现在一切都变得简单了，因为 Leopard 系统会替我记住。

快速关闭 Widgets 程序

按住键盘上的Option键，将鼠标移动到任一Widgets程序的界面上时，该Widgets程序的左上角会出现一个X形按钮，单击该按钮即可关闭该Widgets程序。

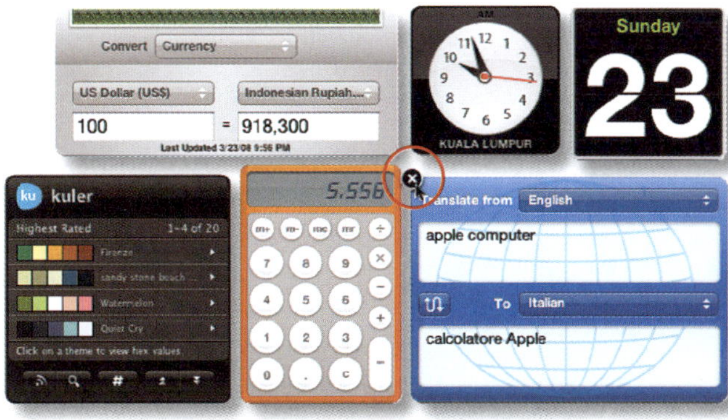

禁用 Widgets 程序

Widgets程序不但有趣还可以随时调用，但如果打开了太多的Widgets程序，会消耗大量计算机的CPU和内存，当然如果你是一个有钱人，连你孩子的玩具都是计算机的CPU和内存，那就另当别论了。对于大多数的普通人来说，可以打开Dashboard（按键盘上的Dashboard键或F12键），单击界面左下角的加号（+）按钮打开Widgets程序工具条，接下来单击工具条最左侧的Widgets图标（或单击工具条上的“管理Widgets”按钮），打开Widgets程序管理窗口。在该窗口中取消Widgets程序前的复选框的勾选，即可禁用该Widgets程序，但该Widgets程序并没有从计算机中删除，还保存在计算机中，需要时只要在打开的Widgets管理窗口中勾选已经禁用的Widgets程序前的复选框即可重新使用该Widgets程序。如希望将从因特网上（苹果公司的官方网站或其他网站）下载的Widgets程序从计算机中彻底删除，可以进入“用户文件夹－资源库－Widgets”文件夹中，该文件夹中保存的是用户从网上下载的Widgets程序，选择需要删除的程序后，按组合键Command＋删除键（Delete）将其放入废纸篓即可。

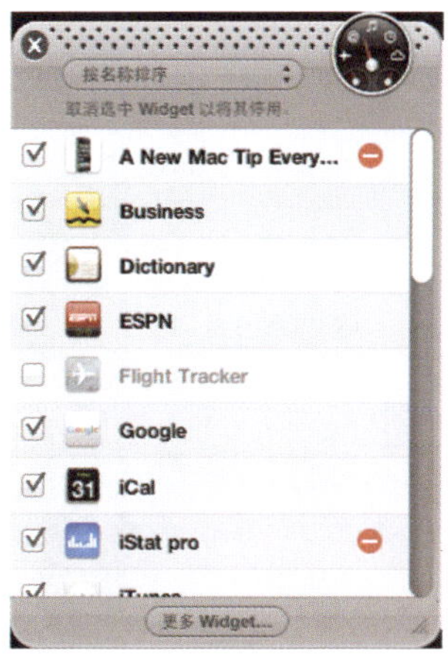

在同一窗口中打开所有图像

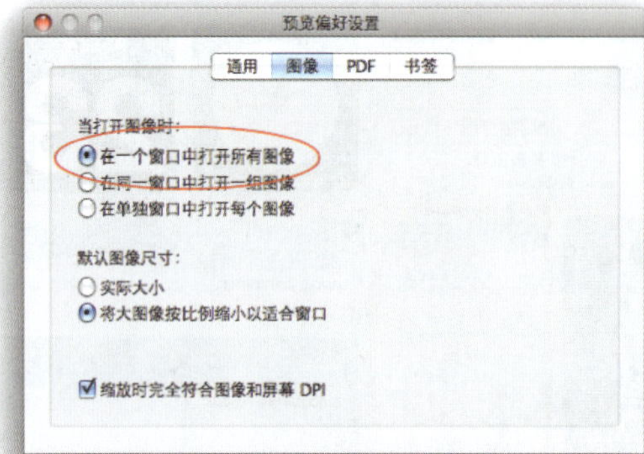

通过预览程序浏览多张图片文件时，可以设定使用预览程序将所有图片在同一个窗口中打开，并在侧边栏中显示所有图片的缩略图，而不是将所有的图片分别显示在单独的窗口中。启动预览程序，在其菜单栏上选择“预览－偏好设置”，在“图像”选项卡中选中“在同一个窗口中打开所有图像”单选按钮即可。现在打开一个图片文件后，之后再打开的图片都会显示在该窗口中。

批量调整图片的大小

这是一个能让你通过预览程序节省时间的技巧。在预览程序中只需单击几次鼠标，就可批量调整图片的大小：选择需要调整大小的图片，将其拖放到 Dock 上预览程序的图标上，待预览程序打开这些文件后，按 Command + A 组合键选择侧边栏中所有图片文件的缩略图，然后在预览程序的菜单栏上选择“工具－调整大小”，在出现的对话框中输入图片的尺寸，单击“好”按钮即可。

批量旋转图片

如果需要对多个图片文件进行旋转操作，最快捷的方法是：使用预览程序打开这些图片文件，然后通过 Command + A 组合键选择侧边栏中所有图片的缩略图，按 Command + R 组合键可将所有图片向右旋转 90°，而按 Command + L 组合键则是将所选图片向左旋转 90°。如果经常需要对图片进行旋转操作，可以按住键盘上的 Control 键单击预览程序的工具栏，在弹出的快捷菜单中选择“自定义工具栏”，在弹出的窗口中将“旋转”工具按钮拖放添加到预览程序的工具栏中，以后就可以一键旋转图片了。

DAVE GALES

自动转换网络链接

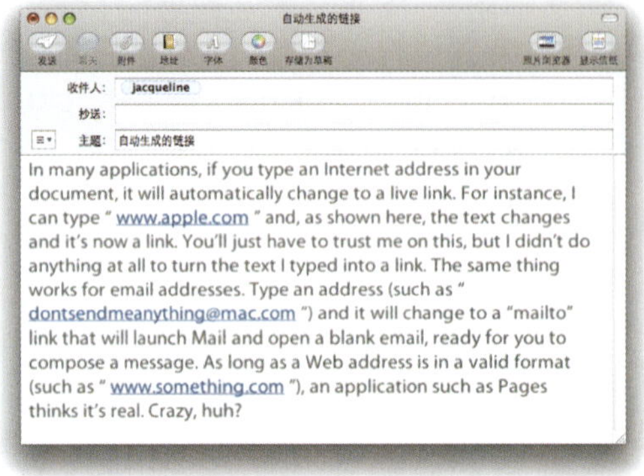

在大多数程序中，当使用者输入一个网络链接时，系统会自动将该链接转换成活链接，即单击就可以访问该链接的网页内容。例如，当我输入 www.apple.com 时，如图所示，其文字的颜色发生了改变，已经变成一个活链接了。同样，对于输入的邮箱地址（如 dontsendmeanything@mac.com），系统也会自动将其变成一个活链接，单击就可以启动 Mail 程序打开新邮件编写窗口，并将单击的地址添加到收件人地址栏中。只要输入的内容是正确的网址或邮箱地址，无论该网址或邮箱地址是否真实，就会出现以上所说的情况。

将文字设定为网页链接

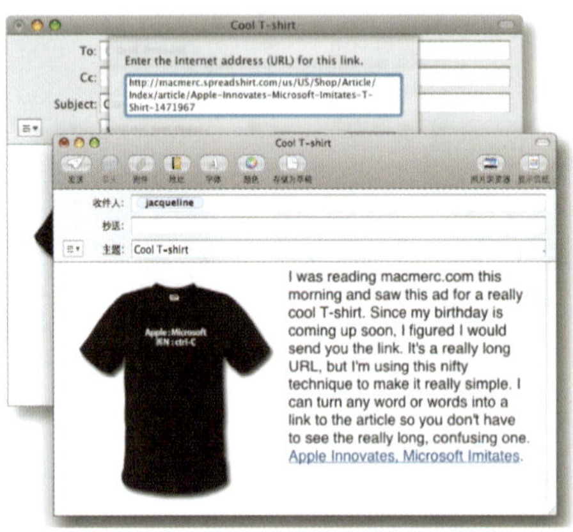

当你将一个网页链接发给朋友分享时，该网络链接很有可能会显示为一长串人类根本无法理解的格式，虽然你的朋友只要单击该链接就可以直接进行访问，但这却让你的邮件看起来很不美观。其实有一个很简单的方法能解决这个问题：首先在浏览器的地址栏中按 Command + C 组合键复制需要共享的网络地址，然后在邮件窗口中按住键盘上的 Control 键，单击一个单词或之前已经高亮选择的多个文字，在弹出的快捷菜单中选择“链接 – 添加”，在弹出的对话框中粘贴（Command + V 键）刚才所复制的网络地址，单击“好”按钮，关闭窗口。操作完成后所选的文字会代替长长的网络地址，单击该文字即可访问链接的网页内容。

在图标浏览方式时，查看更多的文件信息

以图标方式浏览文件时，使用者能看到的只是文件夹或文件的名称。但是如果在以图标方式显示的 Finder 窗口中通过键盘上的组合键 Command + J 打开“显示选项”窗口，在该窗口中勾选“显示项简介”选项前的复选框后，则可以看见如文件夹内项目的数目、图片文件的分辨率、音频和视频文件的长度等更多对使用者操作有帮助的文件信息。注意：设置后，仅仅该窗口中的文件或文件夹会显示此类信息，而该窗口中的文件夹中所包含的项目需要单独进行设置后，才能显示此类信息。

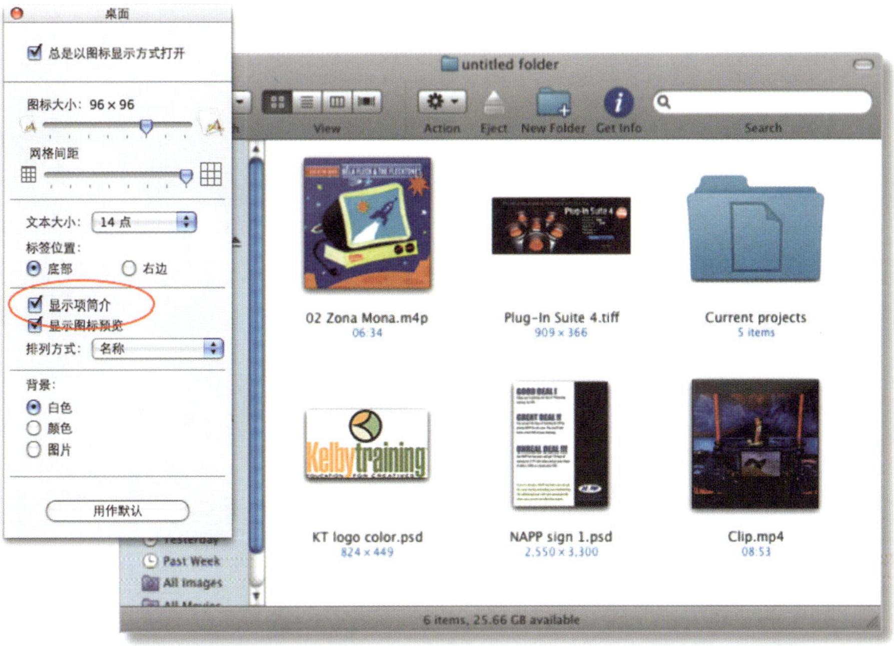

第12章

不再抓狂

远离令人烦恼的系统提示

Mac OS X KILLER TIPS

不再抓狂

远离令人烦恼的系统提示

在苹果Mac OS X操作系统的日常使用中，当你为其系统的易用性和华丽界面而赞叹不已的同时，也可能会因为系统的某些设定而感到不胜其烦，客观地说，这不是系统本身的问题，对使用者来说，它是一个天使还是恶魔，这完全取决于使用者对系统的掌控力。本章将介绍如何解决那些让人讨厌的麻烦，但是千万不要误以为Mac OS X是苹果公司首个包含了恼人特性的操作系统。还记得以前版本的操作系统中出现的那个气球状的帮助程序吗？虽然苹果公司的本意是想对屏幕上的帮助界面进行改革，但该程序如此糟糕，以至让人觉得这应该是由“黑暗王子”本人（而不是达斯•维德和艾尔•迪亚波罗）亲自操刀设计出来的。这对苹果操作系统的使用者是一个提醒，即便该系统如此出色，但其还是会含有一些“邪恶”的东西，本章将助你驱魔除妖，还你一片净土。

视频聊天时隐藏自己

当我通过 iChat 和某人视频聊天时，我发现必须在屏幕上看到自己的图像是件非常恼人的事情，不知道是什么原因，屏幕上的我看起来就是不上相，和我想象中的差距太大。幸运的是，iChat 可以让图像从屏幕上隐身。在 iChat 程序的菜单栏上选择“视频 - 隐藏本地视频”即可。现在我不用担心自己在视频中的囧样了。

少睡觉——多干活

你是否曾经遇到过这种情况，将笔记本计算机的适配器连接了电源，但它还是每隔 5 ~ 10 分钟就进入一次休眠？老实说，这真的让我抓狂，如果你也遇到了这样的情况，可以在接好电源后，在“系统偏好设置”（在苹果系统的菜单中）中单击“节能器”图标。在设置窗口中的“休眠”选项卡中（如果看不到“休眠”选项卡，则需在窗口的左下角单击“显示细节”按钮），拖拽上方的滑动条到适合的时间点（比如 30 分钟及以上）以设定计算机的休眠时间。设置后，就算你深夜加班结束忘记了让笔记本计算机进入休眠，系统也会在到达设定时间时自动让计算机进入休眠状态。

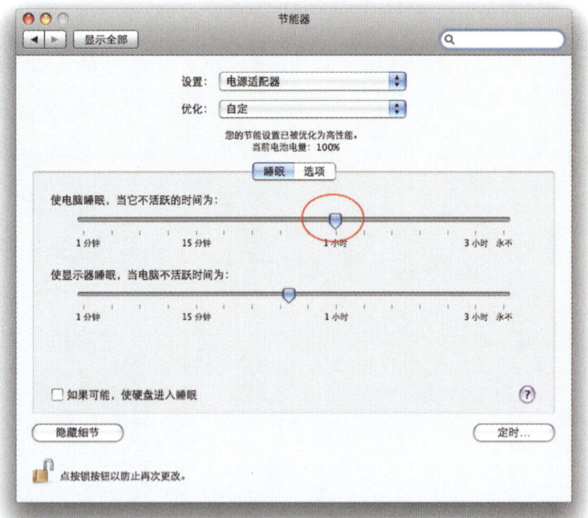

密码保护功能

对于个人计算机的使用者来说，每次进行一些诸如移动文件夹或安装软件这样简单的操作时，都需要输入密码来确认操作是很令人讨厌的。不幸的是，在 Leopard 操作系统中，你是无法阻止系统要求你输入密码的，而幸运的是，当你在设置或编辑自己的用户账户时，可以在密码输入框中什么也不输入。这样在操作时，系统要求你输入密码的时候，你只需按回车键（Return）确认即可。但随之出现的问题是，当其他人使用你的计算机时可以进行任何操作而不会受到限制，如可以随心所欲地获取机主的信用卡号码，或使用机主的用户名和密码登录网站（比如像苹果在线商店和亚马逊这样提供一键购买服务的网站），查看机主的财务信息、医疗信息和私人信函等。

此外，还有使用无线网络的问题。在家时，我通过家中设置的无线网络可以直接访问网络中其他计算机中的文件，而在出差时，无论在哪个城市，只要打开计算机，通过“回到我的 Mac”功能就可以远程访问家中计算机的资料。但当我坐在坦帕市国际机场中登录机场的免费 WIFI 网络，准备远程访问家中的计算机时，我在计算机中看到了如图所示的画面。坦白地说，我对于无线上网的安全性从没重视过，虽然没有为计算机设置密码就等于将计算机完全暴露在网络中，但其他人也并不一定会私自访问你的计算机中的资料，但是你要知道，很多 14 岁大的孩子对此可是蠢蠢欲动。

我以往属于“不需要密码”的那类人，但是最近我不再那样了，并且为我的计算机设置了密码以保护个人资料的安全。不时需要输入密码进行确认确实让人有点痛苦，但相比有人进入计算机获取了自己的资料信息，哪个会让你更痛苦？

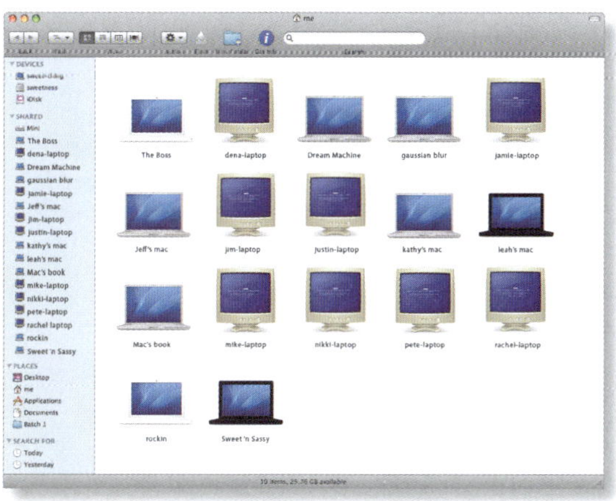

禁用大写键

对于有些人来说，掌握这个技巧就值购买本书的钱了（坦白地说，我爱这些人）。打开“系统偏好设置”界面（在苹果系统的菜单中），然后单击“键盘和鼠标”图标，在“键盘”选项卡中单击窗口下方的“修饰键”按钮，在弹出的窗口中的“Caps Lock”下拉菜单中选择“无操作”，然后保存设置，退出设置窗口即可禁用键盘上的大写键。

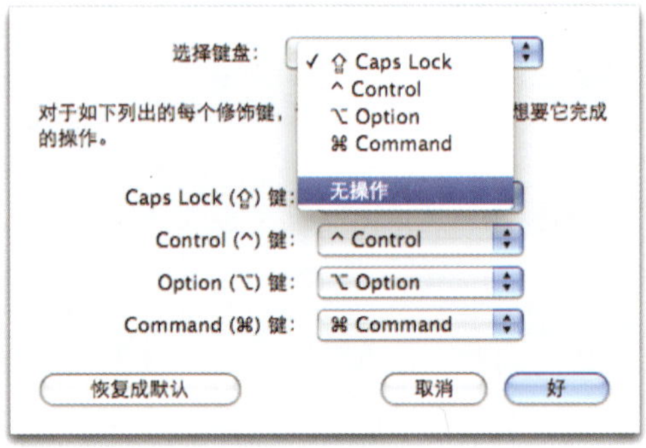

无提醒关机

每次在苹果系统的菜单中选择“关机”后，屏幕上就会出现一个对话框询问是否真的要关机。你是不是觉着这个提醒信息很烦人？下次再关机时，只要按住键盘上的 Option 键，在苹果系统的菜单中选择“关机”后，系统会直接关机，而不会拿询问你是否真的要关机这个问题来侮辱你的智商了。

消除按功能键时的声音回馈

如果你使用的是那种右侧带有系统音量控制键的键盘（就像大部分 MacBook 的键盘一样），那么每次按下这些音量控制键时，都会听到系统发出哔的声音作为确认按键的反馈。如果这些小小的哔哔声让你不胜其烦，那么可以按住键盘上的 Shift 键的同时再按音量控制键，这样可以暂时禁止系统发出反馈的声音。如果你希望永久性地关闭这个功能，可以在苹果系统的菜单中选择“系统偏好设置”（或者按住键盘上的 Option 键再按音量控制键），在打开的系统偏好设置窗口中单击“声音”图标，然后在“声音效果”选项卡中取消“当音量改变时播放反馈”选项前的复选框即可。

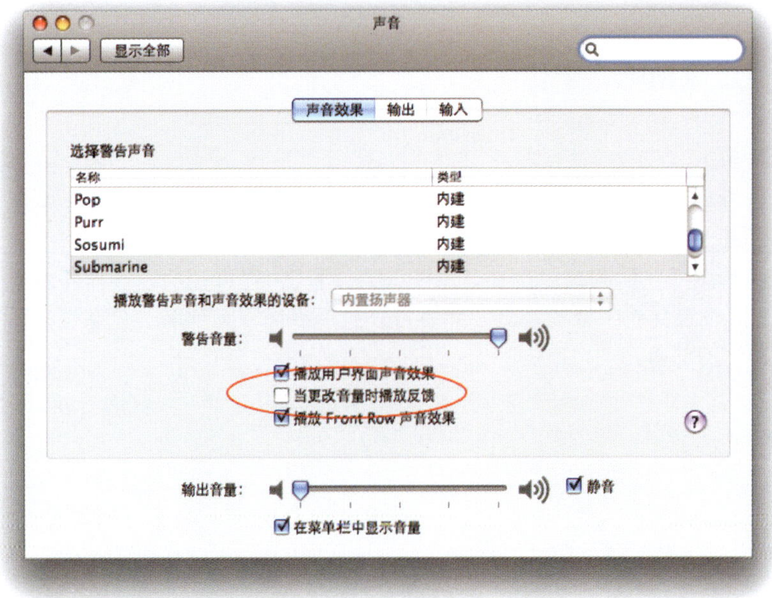

窗口最小化时的“缩放效果”

在系统默认情况下，将窗口缩小到 Dock 上时采用的是“神奇效果”，初看之下觉得这个效果非常酷，但是没多久你可能就会希望采用缩小窗口速度更快的“缩放效果”。启用该效果的方法是：按住键盘上的 Control 键，单击 Dock 上的分隔线，在弹出的快捷菜单中选择“最小化时使用－缩放效果”。

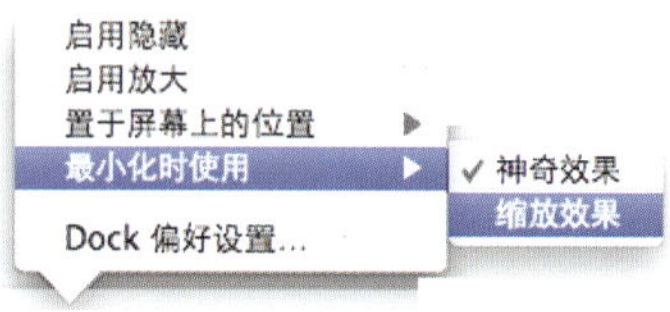

停止跳动吧，求你了！

每次启动一个应用程序时，该程序的图标就会在 Dock 中上下跳动像一个要糖吃的三岁孩子。我知道现在程序启动的时间比以前快了许多，但是这个上下跳动的图标还是让我烦心不已。如果出于一些奇怪的理由，你喜欢数它跳了多少下，那你完全可以忽略以下内容。在苹果系统的菜单中选择“系统偏好设置”，在打开的设置界面中单击“Dock”图标，在其设置界面中取消勾选“弹跳打开应用程序”选项前的复选框，即可禁止程序启动时图标的跳动。

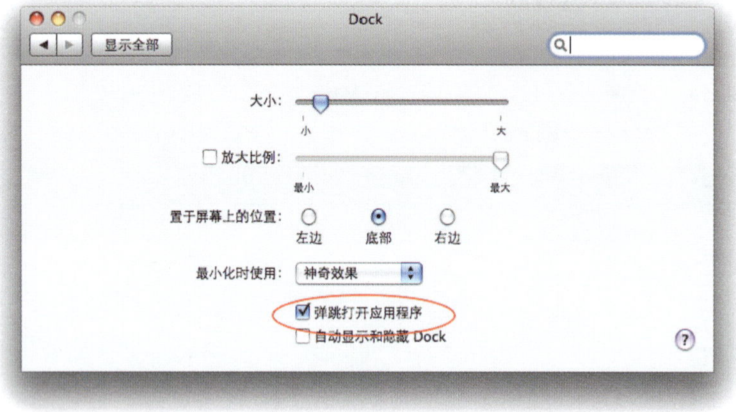

关闭 QuickTime Player 的内容指南

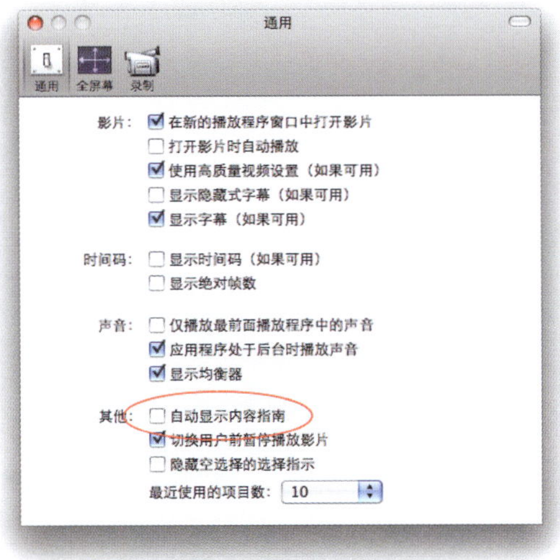

如果在计算机连接到因特网时启动 QuickTime Player 程序，则该程序会首先会从因特网上下载并播放一个广告短片（通常情况下是新推出的音乐专辑或电影的广告），此项功能美其名曰“内容指南”，其实不过是“强制性广告”的委婉语罢了。在启动 QuickTime Player 程序后，在该程序的菜单栏上选择“偏好设置”，然后在“通用”选项卡中取消“自动显示内容指南”复选框中的勾选，即可关闭这个恼人的功能。

关闭 Dock 的放大显示功能

对于某些人来说这可是个比较尴尬的话题，所以我会尽量小心谨慎地处理这个问题。如果你在屏幕上缩小了 Dock，那么 Dock 的放大显示功能是非常有用的。然而，如果你和大多数人一样，Dock 上仅放置了默认数量的图标，此时图标是清晰可辨的，那么放大显示功能就显得有点多余了。当我的妻子看到 Dock 上本来就已经足够大的程序图标，被放大得更大显示在屏幕上，她的第一反应就是 :“有什么办法可以把这个讨厌的功能关闭吗？”解决办法如下 : 按住键盘上的 Control 键，单击 Dock 上的分隔线，在快捷菜单中选择“关闭放大”。

关闭软件更新

系统的“软件更新”的本意是好的，每天早晨，当你还在梦乡时，系统会自动连接苹果公司的服务器查看是否有系统或软件更新，如果发现更新，系统会弹出窗口显示更新软件的信息，让使用者选择下载并安装这些更新。下载更新时，如果你的计算机的因特网连接速度够快，那么你甚至都不会注意到后台正在进行的下载操作，只需在下载完成后安装所更新的软件即可。但如果当我正拼命忙于如期完成工作或是马上要收拾东西出门时，系统提示你有软件更新，这时候该怎么办？由于大家都说只有失败者才会拒绝苹果公司的产品，所以所有人都对苹果的东西诚惶诚恐、感恩戴德。我也是这样，所以此时我只能选择进行下载更新，这样当我因为没能如期完成工作炒了鱿鱼，最后流落街头成为一个瘾君子时，最起码我还有苹果系统的最新软件。但如果你不想为此冒险而毁了自己的一生，你可以设定系统进行自动更新的时间，或者干脆设定为手动进行软件更新。在苹果系统的菜单中选择“系统偏好设置”，在打开的设置界面中单击“已安装的更新”图标，在其窗口下方取消“检查更新”复选框中的勾选，则系统不会再检查软件的更新。当然如果你不想采取如此大胆极端的方法，可以不取消该复选框的勾选，而是在其下拉菜单中选择一个适合自己的更新时间，如设定为每月检查一次软件的更新。

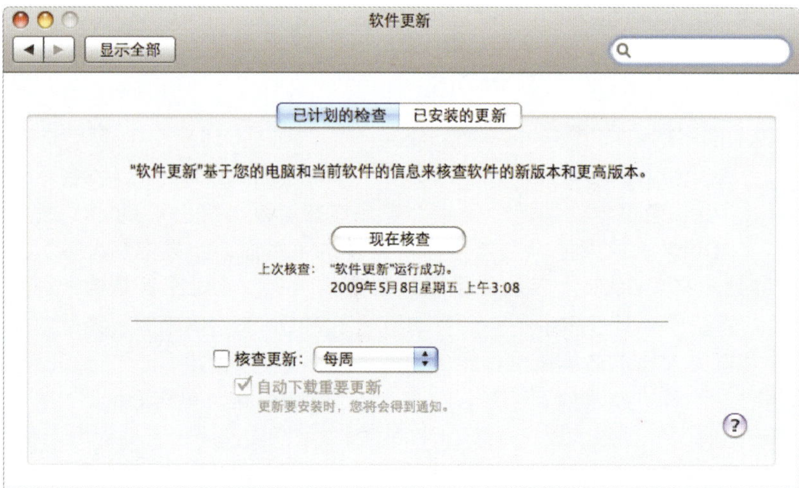

是的，我确定要清空废纸篓

从没有见过这样的情况，执行一个简单的命令时，系统就会问：“您确定要这样做吗？”在苹果系统默认情况下，每次清空废纸篓时，系统都会问这样烦人的问题（这已经成为苹果系统多年的习惯了）。在 Mac OS 系统中，禁用清空废纸篓提示的方法和之前版本的苹果系统有些不同，在 Finder 的菜单栏上选择“偏好设置”，在打开的设置窗口中单击“高级”图标，然后取消该窗口中“清倒废纸篓之前显示警告”复选框中的勾选即可。

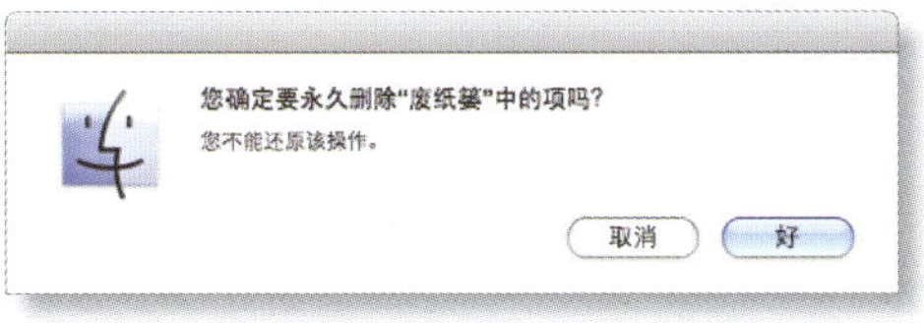

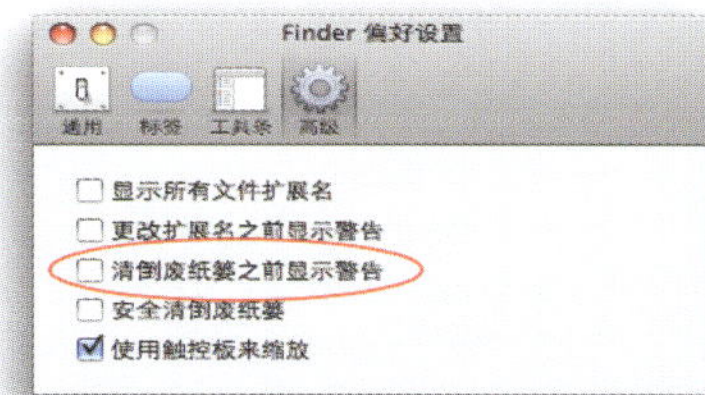

打印完成后，自动退出打印程序

打印文件时，Dock 上显示打印机的图标是正常的。但是，当打印结束时，其图标还依然显示在 Dock 上，则有点让人郁闷了。其解决方法是：在下一次打印文件时，单击 Dock 中的打印机图标，按住鼠标左键不放，在弹出的菜单中选择“自动退出”，然后再次单击 Dock 中的打印机图标，按住鼠标左键不放，在弹出的菜单中选择“退出”。从现在起，当打印结束时，打印机的图标将自动消失，你再也不用每次对着打印机图标暗暗诅咒了。

关闭更改扩展名之前显示的警告

假如出于某种原因需要更改文件的扩展名（即文件名称圆点后紧接的名称），这似乎很容易。单击一个文件，待系统高亮显示其名称后删除文件的扩展名，输入新的扩展名，按回车键（Return），此时屏幕上会弹出如图所示的警示信息，提示你如果坚持一意孤行，这样做会对整个人类文明造成破坏。为了避免更改文件名造成文件无法打开，而又不冒犯使用者，Leopard 系统提供了一个聪明的折中办法——可以同时使用两个扩展名。而我有一个更好的建议：在 Finder 界面中，按键盘上的组合键 Command + 逗号键打开 Finder 的偏好设置，在“高级”选项卡中取消“更改扩展名之前显示警告”复选框的勾选，当下次再更改扩展名时，就不会看到烦人的系统提示了。

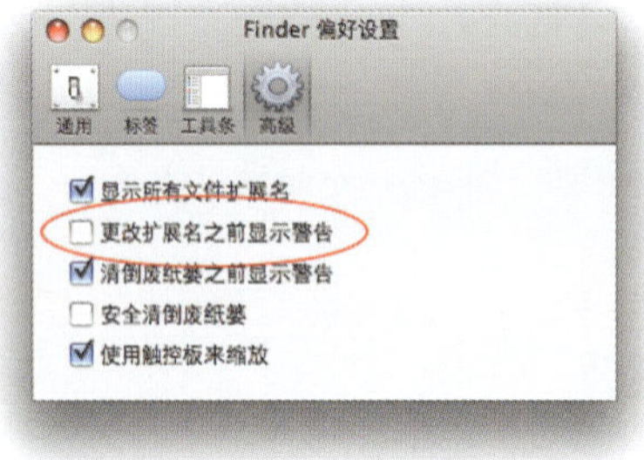

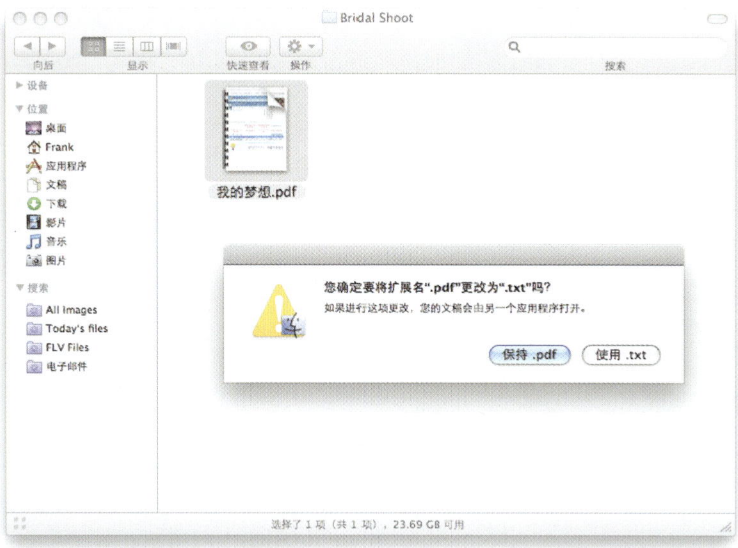

改变 Mail 备忘录中的字体

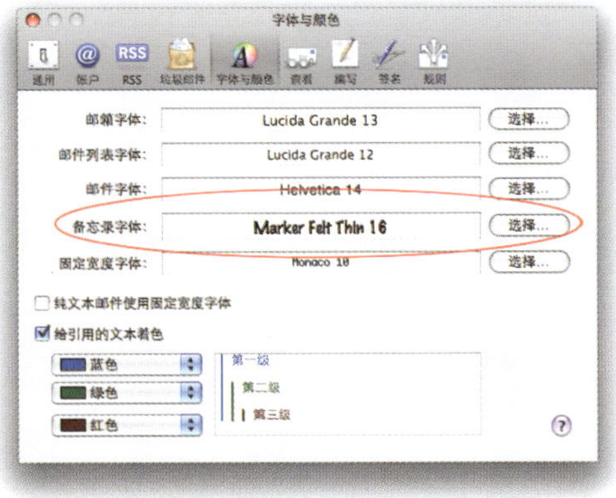

我喜欢 Mail 的快速创建备忘录和待办事项的功能。但是其备忘录所使用的默认字体为 Marker Felt，让我感觉自己的备忘录像是出自一个 12 岁女孩之手一样，就差在字母“i”上用心形来代替圆点本身了。如果你希望备忘录能看起来正常些，可以在 Mail 程序的菜单栏上选择“偏好设置”，在打开的设置窗口中单击“字体与颜色”图标，接下来单击“备忘录字体”后的“选择”按钮，在弹出的“字体”窗口中选择一种自己喜欢的字体。

重新排列系统偏好设置中的图标

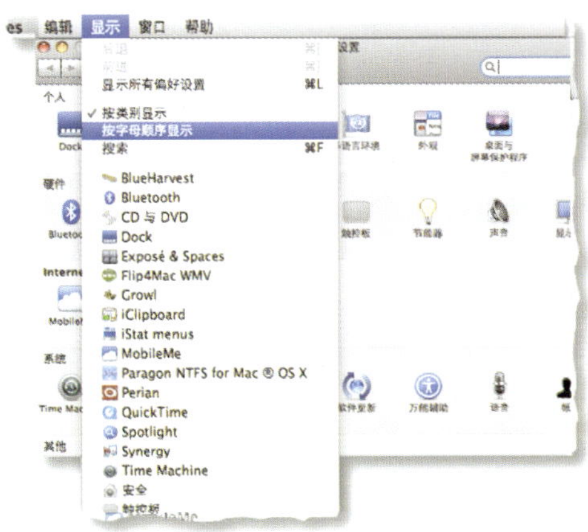

每当我需要对系统进行设置时，会浪费很多时间在“系统偏好设置”窗口中寻找所需偏好设置，因为在系统默认情况下，其窗口中的图标是按照个人、硬件、Internet 与网络、系统和其他这 5 个类别进行排列的。由于我总记不住像“声音”或“节能器”设置是在哪个分类下（如果你想知道的话，可以告诉你这两个设置都位于硬件分类中），最终只好依靠图标来定位所需的设置。其实，使用者可以在下次打开系统偏好设置时在其菜单栏上选择“显示－按字母顺序显示”，则所有的设置会依照名称的首字母顺序排序。现在，除非你在幼儿园时就开始逃学，或者记不住拼音表，否则可以非常容易地找到你所需要的设置。

第13章

爱数码，爱生活

iLife系列软件操作技巧

Mac OS X
KILLER TIPS

iLife数字生活

iLife 系列软件操作技巧

“Agna consed tatie dolorperit am，sum iore dolorercilla feummy nummy nim dunt dolenisim dolore feuipit nullum dolore”这是一首由12世纪的名叫“Gregory and the Chants”的乐队所演唱的歌曲的歌词，其赞美的是激发创意的力量。在歌中，歌手将每个人内心中所蕴含的力量称为“feummy nummy”。而正是这种内在的力量激励着米开朗基罗去进行雕塑创作，激励了莫扎特谱写乐曲，激励着莫奈去绘画，同时也激励着我写下了本章的开篇介绍。哦，等一下，也许激励我的这种力量和他们的不同，因为昨天我妻子刚给我买了一瓶新的Tums，如果你觉得心中的创意苦于无法施展，而让你的内心感到灼痛，那么iLife系列软件就是你表现自己创意的最佳工具，但如果你的灼痛来自你的胃，而不是创意的话，本周CVS（Consumer Value Stores）正在低价促销Tums。

GarageBand：10 个最基本的键盘快捷方式

如同苹果计算机上的大多数软件一样，使用者可以通过键盘快捷键控制 GarageBand 程序的操作，但没有必要记住数量众多的快捷键，因为在使用中不会用到所有的快捷键（而且有些则是让人根本不想使用的键盘快捷键），但使用者应该熟悉和掌握以下最基本的快捷键，否则会在软件使用过程中大大降低工作效率。

- 空格键：播放 / 暂停乐曲的播放。
- Z 键：跳回到乐曲的开始位置。
- Command + 删除键（Delete）：删除当前所选择的音轨。
- M 键：静音 / 取消静音。
- S 键：播放当前音轨，将其他音轨静音。
- C 键：打开 / 关闭歌曲的循环播放。
- Command + U 键：打开 / 关闭程序内置的节拍器。
- Command + L 键：显示 / 隐藏“循环浏览器”。
- R 键：开始 / 停止录制。
- Command + D 键：复制所选音轨。

掌握这 10 个最基本的键盘快捷键会让使用者操作 Garage Band 程序时更加得心应手。

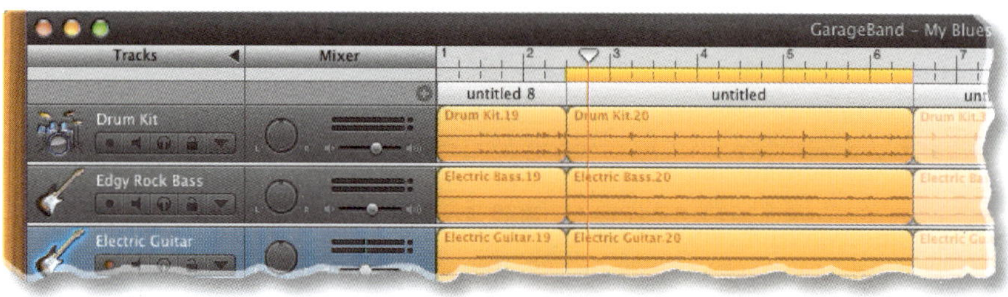

GarageBand：键盘乐器

通过 GarageBand 程序进行乐曲录制时，如果没有外置的键盘乐器，可以选择使用该程序内置的虚拟键盘或直接通过按键输入来模拟键盘乐器的弹奏。在 GarageBand 程序窗口中通过按键盘上的组合键 Command + K 调出虚拟键盘乐器（下一页技巧将介绍如何将该虚拟键盘进行放大），单击虚拟键盘界面左上方的按钮将其切换为“音乐键入”状态，此时乐器的按键上会显示计算机的键位名称，在计算机的键盘上按对应的键位即可进行乐曲弹奏。使用者在刚开始使用的时候可能会有些不习惯，但稍稍熟悉一下就可以轻松地进行乐曲的输入。建议读者即使有真实的键盘乐器也应该尝试使用一下虚拟键盘，否则当你突然产生了灵感而身边又没有真实的键盘，那么就无法记录乐曲了。

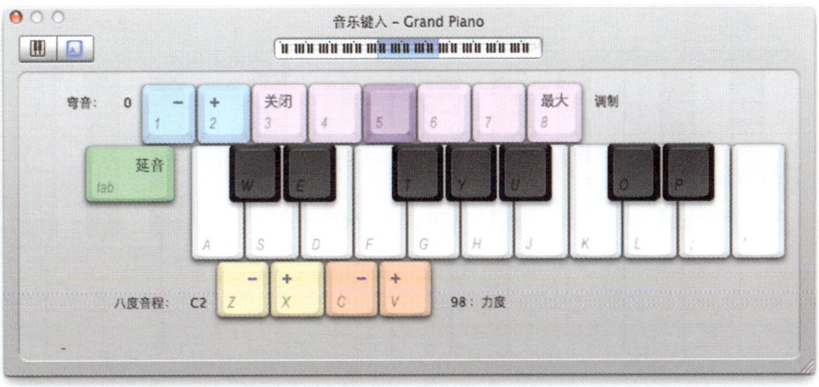

GarageBand：超大尺寸的虚拟键盘

在 GarageBand 中创建了一个新的音轨后，选择 Grand Piano 作为音乐输入工具，调整好姿势，活动一下手指做好弹奏音乐的准备，然后通过键盘上的组合键 Command + K 调出虚拟键盘乐器。当大家在收音机广播中听到播音员的声音时，脑海中可能会想象出这个人的相貌吧？因为播音员的声音都充满了磁性，就如在美国橄榄球宣传片中所听到的画外音一样，但当你在一个活动中见到播音员本人的时候，你可能会感到失望，因为声音和本人很可能很不相符。而当你在 GarageBand 程序中调出虚拟键盘时，你会再次出现这种感觉，当然我们并没有期望出现的是 88 键的全键盘乐器，但也没有想到出现的会是像屏幕上这个口香糖大小的键盘乐器。其实，当虚拟键盘出现时，单击键盘右下角的缩放标志，按住鼠标左键不放，即可将键盘的窗口拖动到使用者所需的大小。

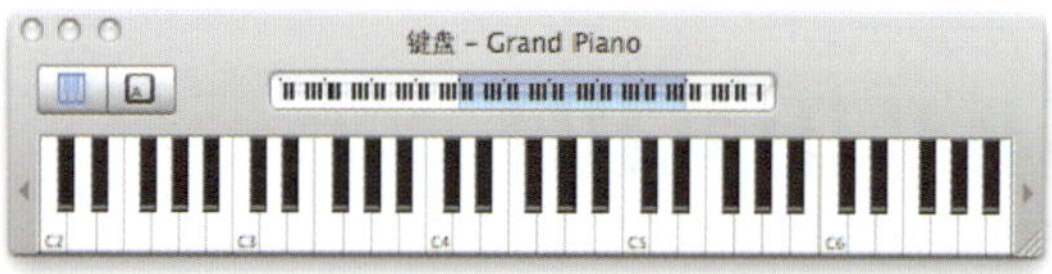

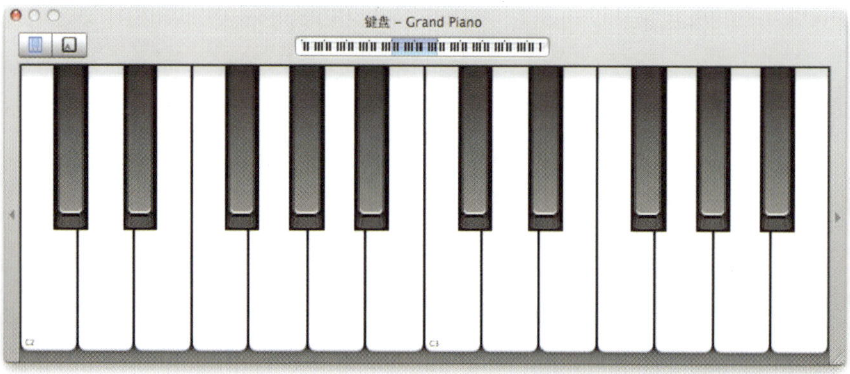

GarageBand：打印乐谱

如果你曾经使用过老版本的 GarageBand 程序，那么一定知道打印选定音轨的乐谱是一件很麻烦的事情，不过在 Leopard 系统中这个问题解决了，只要选择需要打印的音轨，通过键盘上的组合键 Command + P 就可以直接打印所选音轨的乐谱，而无需像原来那样，要先截图然后再通过剪切和复制来进行打印了。在 Leopard 系统中，GarageBand 不但能够直接打印乐谱，而且打印出来的效果也让人赏心悦目。

GarageBand：创建编配片段

根据其音乐类型，任何乐曲都可以被分作多个音乐片段，如一首典型的乡村音乐或摇滚乐至少可以划分为前奏、独唱、和声和结尾这几个片段，有时还会加入过门、回转片段，让音乐变得更加多元化。GarageBand 程序允许使用者对当前编辑的音轨进行音乐片段的划分，以便进行后续的编辑工作。在 GarageBand 程序界面中，通过键盘上的组合键 Command + Shift + A 调出“编配”按钮（该按钮位于第一个音轨上方），单击“添加”按钮（即音轨左侧，几乎无法看清的加号（+）标志），拖动新添加的“编配片段”的两侧以覆盖所需的音节。建议不要使用软件添加时自动生成的“未命名”作为片段名称，使用者可以双击默认的“未命名”，然后输入自定义名称。重复该步骤可创建多个“编配片段”，直到满足个人的需要为止。

GarageBand：编辑编配片段

将音乐划分为编配片段以后（参见上一页的相关技巧），就可以对各个编配片段进行编辑了。假如我们将所编辑的音乐分为前奏、独唱、和声和结尾片段，则当前片段的排列顺序为前奏 / 独唱 / 和声 / 结尾，这是很基本的编配方式，但是有点单调。我们可以试着增加一段独唱片段，在当前编辑界面中单击独唱片段，按住键盘上的 Option 键拖动独唱片段，则系统会自动复制该片段，将其拖放到和声片段的后面。当然我们不会让独唱过后就是结尾，所以再使用同样的方法复制和声片段，将其拖放到独唱和结尾片段之间。现在乐曲中已经添加了一个独唱片段和一个和声片段，感觉要比原来好一些，但是这样的编配依然显得有点单调，所以我们可以单击最后添加的独唱片段，然后按键盘上的删除键（Delete）将其删除，并在原位置上添加一个和声片段。现在的编配看起来虽然不错，但是 3 个和声片段连在了一起，此时分别制作一个过门片段和回转片段，然后拖动过门片段（此时无须按住 Option 键），将其放在最后的两个和声片段之间，而将回转片段放在过门和最后一个和声片段之间，这样编配就可以圆满结束了。在编配乐曲中的片段时，使用者可以按住键盘上的 Option 键，然后以拖动复制，或者移动、剪切复制的方式对编配片段进行编辑，直到自己满意为止。使用编配片段的好处在于当使用者拖动一个编配片段时，其所包含的音轨会同时移动，这样使用者就无需担心在编辑时漏掉某个音轨，想象一下，若将鼓乐器的音轨遗漏了还可以蒙混过关，但如果遗漏的是吉他音轨则大事不妙了。

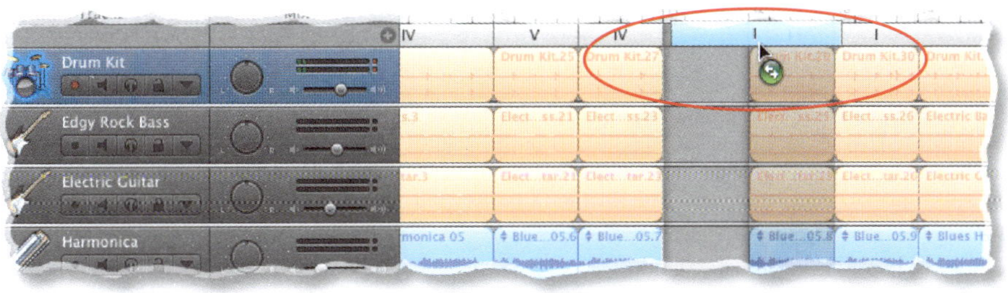

GarageBand：熟悉“循环浏览器”

虽然乍看之下循环浏览器的操作界面有点让人摸不着头脑，但一旦熟悉其操作方法后，就会发现其采用的是一种非常聪明的搜索方法，可以让使用者很方便地找到个人所需的音乐循环。在 GarageBand 程序的界面中，通过键盘上的组合键 Command ＋ L 打开循环浏览器（如果你读过本章开篇的技巧，应该已经知道了这个快捷键），浏览器中显示的是 30 种乐器的关键词按钮。使用者通过这些按钮可以搜索所需的音乐循环，而且还可以在搜索时选择“按调式”、“按乐器”和“按风格”3 个类别进行分类搜索，此外如果曾将一些音乐循环做过标记，那么还可以在“个人收藏”分类中进行搜索。欲搜索个人喜欢的音乐循环，只需在循环浏览器中单击带有乐器名称的按钮即可。选择的按钮越多，则搜索出的循环就越精确。例如，当我单击了“独奏”、“纯音”、“吉他”、“欢快的”、”轻松的”、“乡村音乐”按钮搜索音乐循环时（我女儿对乡村音乐非常痴迷），循环浏览器会在成千上万首音乐循环中进行筛选，并最终给出 4 个可能的搜索结果。搜索时对单击按钮的顺序没有要求，单击了某个按钮后，如果改变了主意，只需再单击该按钮即可取消所做的选择。单击循环浏览器左上角的“还原”按钮，可以从头开始新的搜索。另外，如果读者的循环浏览器上的按钮看起来与截图上的不同，参见下一页的技巧就可以知道原因了。

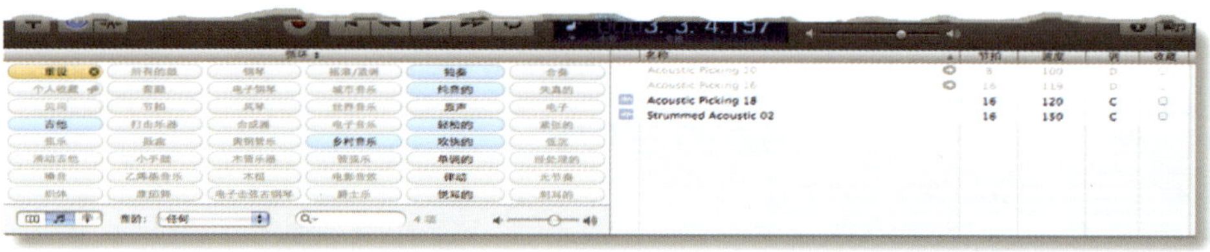

GarageBand：调整循环浏览器上关键词按钮的顺序

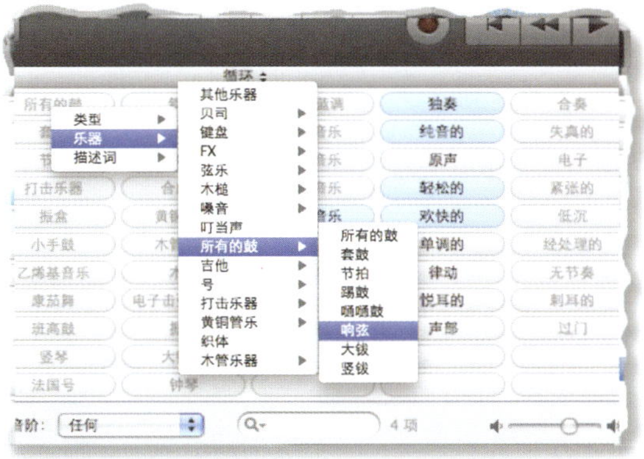

如果你不喜欢循环浏览器中关键词按钮的排列顺序，则可以按照个人的喜好轻松调整这些按钮。例如，如希望将打击乐的按钮放在循环浏览器的上方，只需单击该按钮，然后按住鼠标左键不放将其拖放到所需位置即可。另外，使用者按住键盘上的 Control 键后，单击“所有鼓类”按钮，在弹出的快捷菜单中选择“乐曲 – 所有的鼓 – 响弦”即可将名称为“所有鼓类”的按钮用“响弦”这个名称来代替。使用此方法还可以将任一乐器的关键词按钮变成一个表示风格的关键词按钮。

GarageBand：使用程序内置的调音器

GarageBand 程序中已经内置了电子调音器，便于使用者用它来对真实的吉他、贝司等乐器进行声音的校对。使用内置的调音器时，首先需要创建一条“真实乐器”音轨（在 GarageBand 程序的菜单栏上选择“音轨 – 新轨道 – 真实乐器”），接下来在程序窗口中的 LCD 显示屏上，单击屏幕左侧的向上和向下的箭头，直到屏幕上显示一个音叉的标志为止，现在弹奏真实乐器，根据屏幕上调音器显示的音高即可进行声音的校对。

GarageBand：查看隐藏的循环浏览器按钮

系统默认情况下，在循环浏览器中仅显示了30个乐器的关键词按钮（其中包含几个留待使用者自定义的空白按钮），其余的按钮是隐藏起来的，使用者看不到。如希望查看其余的隐藏按钮，在循环浏览器上方的黑色、拉丝金属表面的工具栏上单击任意位置，向上拖动即可显示隐藏的关键词按钮。

GarageBand：数量众多的特效

GarageBand 程序为使用者提供了大量的音乐特效，数量多得让人难以置信。我曾经从事过音乐领域的工作，很难想象通过 GarageBand 程序，只需轻点几下鼠标即可为音乐添加各种各样的特效。在 GarageBand 程序界面中，按键盘上的组合键 Command + I 打开轨道信息查看窗口，单击该窗口上方的“真实乐器”标签，窗口左侧分栏中会显示乐器分类列表，在该列表中选择一种乐器分类后，窗口右侧的分栏中会显示该乐器分类所包含的特定乐器。在轨道信息窗口的最下方单击“详细信息”的箭头标志，在出现的详细信息窗口中，显示的是最常用的音效列表及当前所选乐器使用的音效预置。如果在音效预置的下拉菜单中没有所需的预置，使用者可以自定义预置以满足自己的需要，这让 GarageBand 的音效预置可以有不同的组合，其数量不计其数。

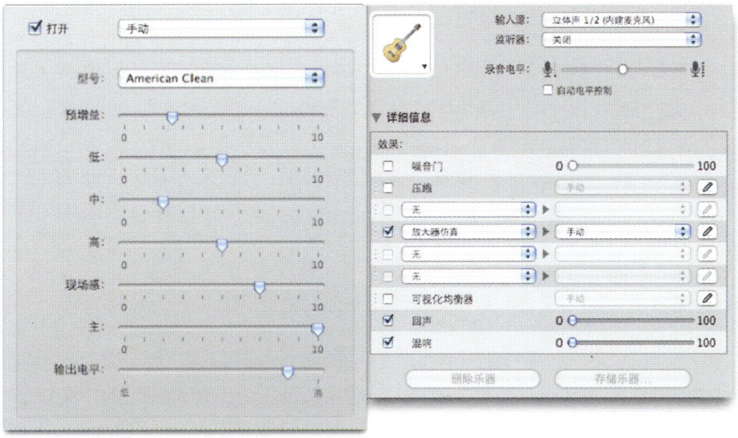

GarageBand：为单音轨添加“自动”功能

如果一只乐队以为在演奏乐曲时，每个人都要用最大音量来弹奏所有的音符，那么这个乐队的歌曲肯定听起来非常糟糕。好的乐曲是要高低起伏、轻重相结合的，所以一个优秀的作曲家在作曲时会充分考虑到乐曲力度强弱的变化，乐曲中有的部分需要包含所有乐器的声音，而有的部分则只有一种乐器的声音就好。GarageBand程序允许使用者为每条乐器音轨设定多个力度强弱的变化。在音轨轨道名称下方的按钮中，单击最右侧的三角形按钮，即“显示或隐藏轨道自动”按钮，可以查看对应音轨的自动化曲线。在出现的自动化曲线窗口中，默认的参数是“轨道音量”，在需要改变音轨音量的地方，单击音轨下方的自动化曲线窗口中横线上的对应位置，则单击的位置会出现一个圆球标志，即控制点，上下拖动控制点即可增加或降低该音轨的音量，重复以上步骤，改变音轨的中其他部分的音量。在一个音轨中，根据使用者的需要可以随心所欲地对音轨的不同部分进行力度强弱的调节。此外，单击“轨道音量”，在下拉菜单中选择“添加自动”，在出现的列表中还可以选择其他音轨参数，以对其进行调节。

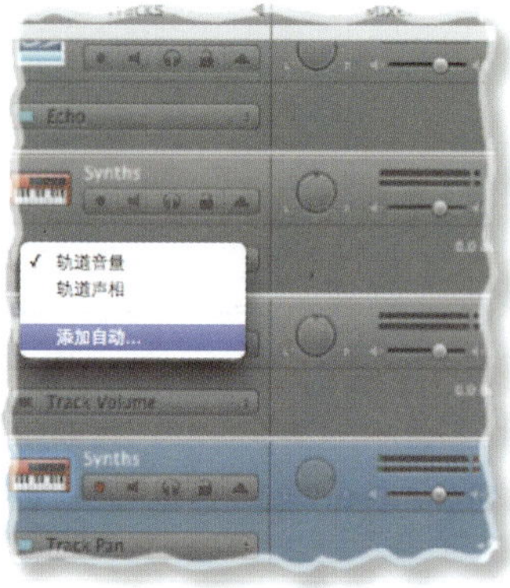

GarageBand：同时为多条音轨添加音效

如希望为整首歌曲添加某一音乐效果，首先在GarageBand程序界面中按键盘上的组合键Command + B，在GarageBand窗口下方显示主轨道。如果当前“轨道信息”窗口没有打开，按键盘上的组合键Command + I打开该窗口，接下来在“轨道信息”窗口中单击窗口上方的“主轨道”标签，在窗口左侧分栏中选择主轨道的类别，接下来在右侧分栏中选择主轨道预定的设置，此时在“轨道信息”窗口下方的“详细信息”窗口中，使用者可以查看所选预置的默认参数。如果使用者是一名录音师（或立志成为录音师），可以单击每个预置后面类似铅笔图案的按钮，对预置的参数进行手动调节。

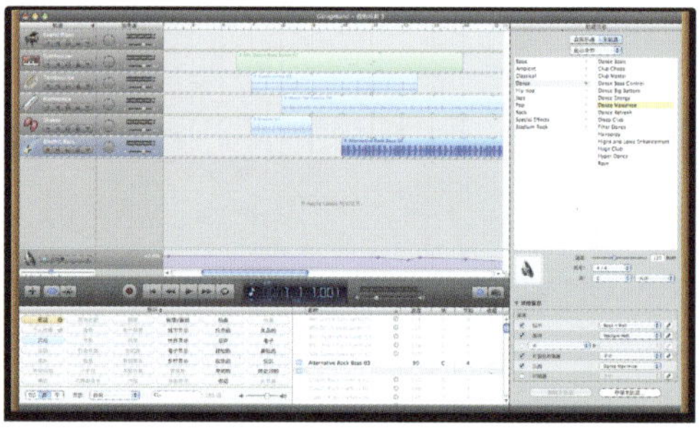

GarageBand：精确调整声相盘

每个轨道的混音器（如果看不到混音器，请按键盘上的组合键 Command + Y）中都有一个声相盘用来控制一个轨道在立体声场中从左至右的位置。通过单击声相盘的边缘进行调整时，声相盘会以整数倍进行调节，例如，单击其右侧边缘，则会依次调整为 + 16、+ 32、+ 48、+ 64，但如果使用者单击声相盘的中间位置，按住鼠标左键不放，上下移动鼠标时，声相的位置每次会递增或减少 1%。另外，按住键盘上的 Shift 键拖动音轨音量的滑块时，可以精确调整音轨的音量。

GarageBand：添加淡出效果

如果不知道该如何结束音乐，可以试试专业人士的做法——使用淡出作为音乐的结尾。在 GarageBand 程序界面中，按键盘上的组合键 Command + B 调出主轨道，然后在 GarageBand 程序的菜单栏上选择“轨道－淡出”，此时主轨道的音量曲线的结尾部分会添加了一些控制点，这些控制点形成了一段 10 秒钟的淡出效果。拖动这些控制点可以调整淡出效果的时间和强度。记住：淡出效果的曲线越陡，则淡出的时间越快。

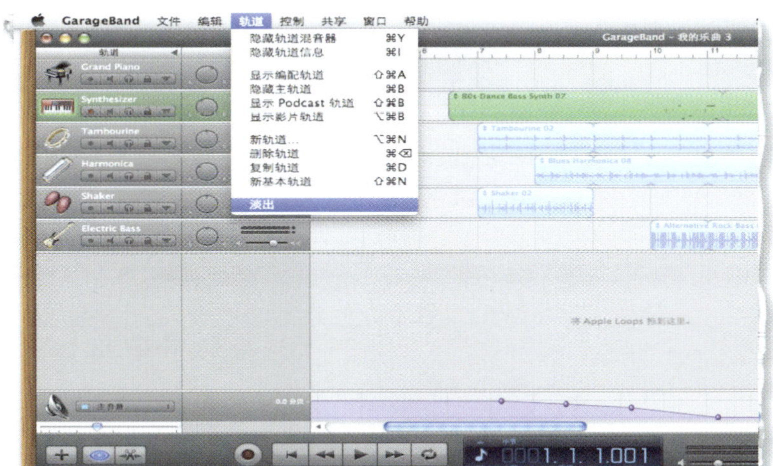

GarageBand：将循环添加到乐曲中时，先试听循环

有的时候，单独听某一个循环的效果非常不错，但是如果将该循环添加到时间线窗口中后，却发现其与其他循环无法融合在一起。下面这个方法可以试听一个循环与创建的乐曲同时进行播放的效果，却又不必将该循环添加到时间线窗口中。首先单击播放按钮播放创建的乐曲，接下来在循环浏览器窗口中单击需要试听的循环，一两秒后，就可以听到所选循环与创建乐曲合并在一起的效果，循环会自动与乐曲同步。如果发现效果不错，可以将该循环添加到时间线窗口中创建一个新的音轨。而如果该循环不适合乐曲，也避免了将该循环添加到时间线窗口中后还得将其删除的麻烦。

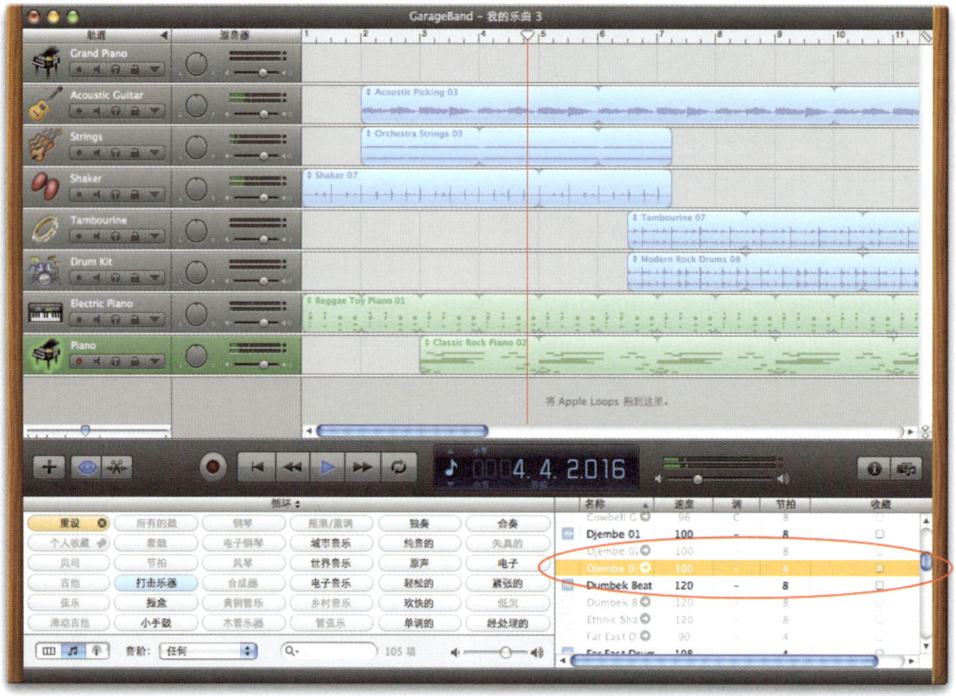

GarageBand：不仅仅是制作乐曲

在过去的几年里，Podcast（播客）逐渐流行起来，但多数 Podcast 发布者对其发布的 Podcast 的制作质量并不怎么重视，很明显他们还没有用 GarageBand 程序来制作 Podcast。GarageBand 不但是音乐编辑的利器，对制作 Podcast 也是信手拈来。启动 GarageBand 程序，在启动时的欢迎窗口中选择“创建新 Podcast 专题节目”，然后进行 Podcast 节目的制作即可。即便你不使用 GarageBand 的所有功能来进行节目的制作，最起码可以用 GarageBand 来录制 Podcast 节目的音轨，清晰的声音效果会给节目加分不少。如果能再尝试用一下 GarageBand 的音效，那么制作出的专业声音效果肯定会让你的 Podcast 鹤立鸡群、独树一帜。

GarageBand：组建自己的神奇乐队

当我学习演奏布鲁斯音乐时，我会买一张除主音吉他以外仅录制了伴奏的布鲁斯音乐光盘，然后拿出我的吉他，随着光盘里的伴奏音乐弹吉他，假装自己正在孟菲斯市一个烟雾缭绕的俱乐部里表演。现在有了 GarageBand 的帮助，我终于可以组建自己的乐队来实现我的音乐梦想了。启动 GarageBand 程序，在欢迎窗口中选择“Magic GarageBand”，当舞台出现后在窗口下方选择一种音乐风格，然后单击窗口右下角的“试听”按钮。此时舞台的幕布缓缓打开，而你的乐队已经等候在舞台中间，等着你的加入了。待掌声逐渐消失，单击“播放”按钮，乐队即开始演奏一个循环，此时单击窗口中的任一乐器，在窗口下方会出现可替代该乐器的乐器列表。如果你选择的音乐风格是“Slow Blues”，想听听使用 Gritty 吉他代替小号（Horn）来演奏音乐华彩部分的效果，你可以在舞台中间命令小号手休息一下（即单击小号 Horn 乐器的图片），然后在窗口下方的乐器列表中单击 Gritty 吉他图标，将其放入舞台中，稍等即可欣赏到吉他演奏华彩的效果了。这种感觉非常酷，尤其是当你不是一个乐手的时候。当舞台上的一切设置好后，单击窗口右下角的“创建项目”按钮，即可将乐曲保存，留待日后随时欣赏。

iMovie：没有想象中的糟糕

如果你刚接触苹果操作系统，而且没有使用过之前版本的 iMovie 程序，那么你可能会认为 iMovie’08 是个很不错的软件。该软件正如其名称一样，可以用来存储你所有的视频，在你需要时能帮你快速找到所需文件（就像 iPhoto 软件用来管理图片文件一样），或者像在其他软件复制粘贴文本一样，通过 iMovie 可以将视频编辑在一起，还可以轻点鼠标就将制作好的影片上传到因特网上（如 YouTube 或 Mobileme）与其他人分享。但如果你因为轻信了苹果公司，将你计算机上的老版本 iMovie 升级到了 iMovie’08 版本，那么你可能会暴跳如雷、乱扔东西，甚至发邮件去骚扰 Steve Jobs，因为 iMovie’08 相对其之前版本的 iMovie，功能缩减了不少。所以我建议：

- 接受这个事实。iMovie’08 不是 iMovie HD，所以不要企盼它能具备 iMovie HD 的强大功能。
- 利用 iMovie 的简单性来处理一些家庭或朋友所拍摄的视频。
- 在计算机中安装 iMovie HD 软件，用它进行影片的高级编辑工作（用来编辑影片而不是短视频）；如果用户没有 iMovie HD 软件，iMovie’08 软件的使用者在网上注册后，可以从苹果公司的官方网站免费下载 iMovie HD 软件。

DAVID GALES

iMovie：快速浏览功能

尽管我对 iMovie’08 颇有微词，但是 iMovie’08 还是具备一些值得让人称道的新功能，如允许使用者快速浏览影片的功能。在“事件资源库”中选择任一事件，该事件的影片会以胶片的形式显示在右侧的窗口中（如果“胶片”这个词不能让你回想起在小学的一间黑屋子里，黑板上挂着屏幕，观看一卷 16 毫米影片的图像被投射在屏幕上的情景，那么这句话应该是“该事件的影片会以一系列的缩略图形式显示在窗口中”）。如果所需的视频片段没有在影片剪辑的开始位置，使用者可以在剪辑中移动鼠标，将鼠标指针定位在需要的视频片段位置上，当鼠标指针在影片剪辑中开始移动时，预览窗口中会播放指针所经过的影片内容。但这不是播放整个影片剪辑，而只是方便使用者快速浏览影片内容，以找到自己所需的视频片段。

iMovie：恼人的播放头信息

当使用者使用上页介绍的快速浏览功能浏览影片剪辑时，一定会注意到在鼠标指针的上方会显示一个信息框，其显示的是当前剪辑创建日期，其中唯一的一个有用信息就是鼠标指针所在帧的时间。如果你像我一样觉得该消息框非常烦人，可以在iMovie程序的菜单栏上选择“显示”，在该菜单中，取消“播放头信息”的选择（或按键盘上的组合键Command + Y），以取消该信息的显示。

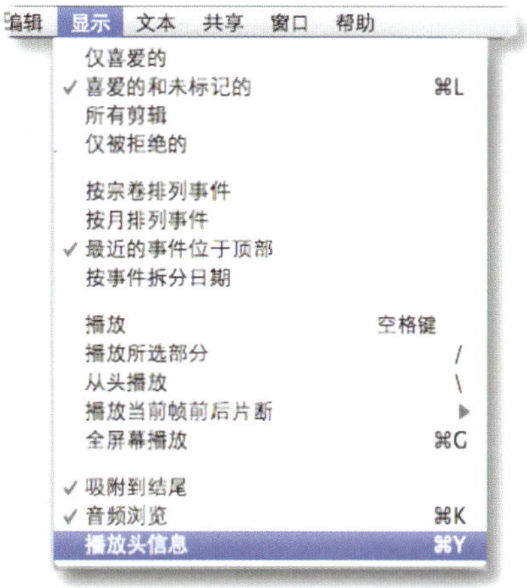

iMovie：按天分离事件

假如你拍摄了新西兰10日游的视频，希望将10日内所拍摄的视频片段编辑成一部影片，片中每一天所拍摄的内容作为10个单独的部分，那么iMovie可以帮你完成这个工作。当然，你可以先将10日内所拍摄的影片导入到iMovie中，然后再按照影片拍摄的日期手动将影片分为不同部分。但如果你在将影片导入到iMovie中时，单击“创建新事件”按钮后，勾选了“按天分离新事件”选项前的复选框，则iMovie会根据影片拍摄时所嵌入的拍摄日期自动创建多个部分，免去你需要观看影片然后手动创建10个部分的麻烦。

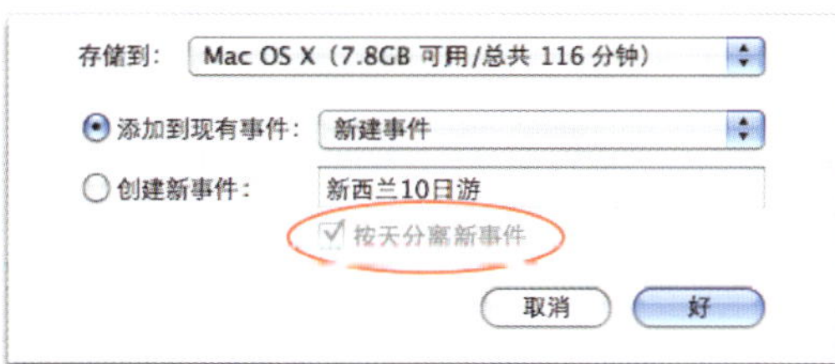

iMovie：仅导入所需的影片

亲自参加孩子的学校活动比观看整整 83 分钟的活动录像要有趣得多，幸好 iMovie 允许使用者在导入拍摄的影片时，无须导入整部影片，可以仅导入 3 分钟你的孩子所在班级演唱的视频片段。操作方法如下。

步骤 1: 将视频导入窗口中的开关放置在“手动”位置上（如图中红圈所示）。

步骤 2: 在视频导入窗口中，通过快进和快退按钮浏览影片内容，将影片定格在需要导入视频片段的开始位置。

步骤 3: 单击“导入”按钮开始从设定的位置导入影片。

步骤 4: 在需要导入视频片段的结束位置单击“停止”按钮，停止影片的导入。每次停止导入时，iMovie 会需要几分钟时间来创建导入视频片段的缩略图。

步骤 5: 重复以上的 2 ~ 5 步，导入多个视频片段。

小技巧：下一次在拍摄视频时，不要将摄像机放到三脚架上后就开始一直拍摄，仅拍摄所需的视频即可，如当你的孩子在舞台上开始表演时再开始拍摄。

iMovie：拖动合并事件

如果使用者拍摄了很多的影片，那么 iMovie 中的事件数量也一定不少，为了便于管理，使用者可以将多个事件进行合并。例如可以将所有家庭成员生日聚会的视频都归类到名称为“生日”的事件中。合并事件的两个方法分别是：(1) 在“事件资源库”窗口中选择一个或多个事件，将其拖入到某一事件上，松开鼠标左键，即可将所选事件进行合并。(2) 选择多个事件后，按住键盘上的 Control 键单击所选的事件，在弹出的快捷菜单中选择“合并事件”。如果改变主意希望将某个视频片段从合并的事件中去除，可以单击包含需要分开视频片段的事件，接下来在该事件的剪辑中选取所需的视频片段（或按键盘上的组合键 Command + A 选择整个事件），然后在 iMovie 程序的菜单栏上选择“文件－在选择的剪辑前面分离事件”即可。

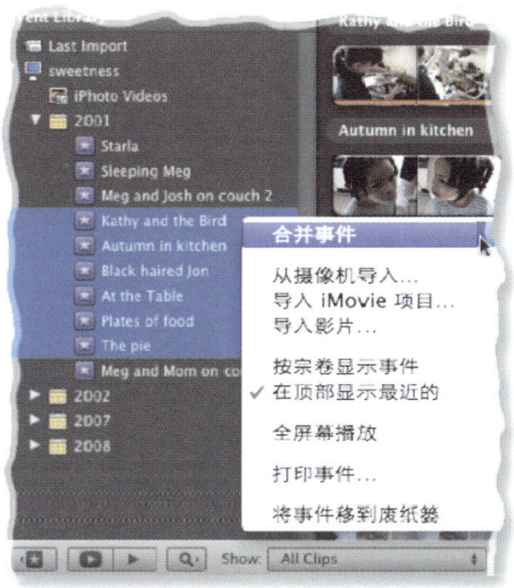

iMovie：节省磁盘空间的方法

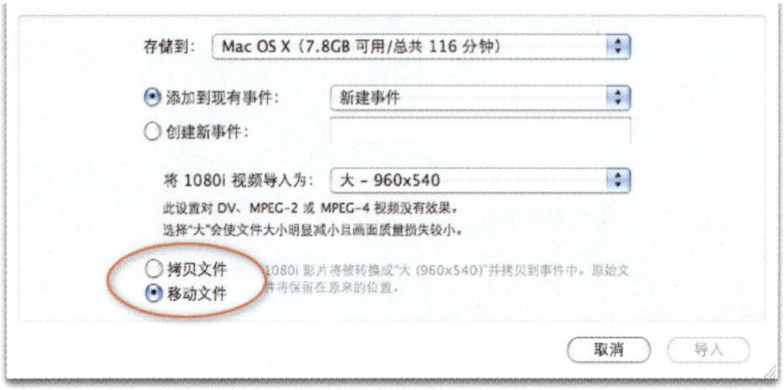

视频需要占用磁盘中的大量空间，这里说的是以 GB 计算的磁盘空间，每 5 分钟的视频会占用大约 1GB 的磁盘空间。好消息是随着科学技术的发展，现在磁盘的容量也越来越大，但坏消息是使用者可能需要在桌子上放置一块外置的移动磁盘以备不时之需。下面的方法可以帮助使用者节省一些磁盘空间。iMovie’08 只能使用保存在“事件资源库”中的影片资料，所以如果希望编辑保存在磁盘中的影片时，必须先将该影片导入到 iMovie 的资源库中，导入时 iMovie 会确认所导入的影片是 iMovie 支持的视频格式。在 iMovie 程序的菜单栏上选择“文件 - 导入影片”，在出现的窗口中，使用者可以选择在导入时是将影片复制还是移动到“iMovie 项目”文件夹中。除非使用者希望在磁盘中保存某一影片的副本，否则选择将影片移动到“iMovie 项目”文件夹中可以节省磁盘空间，不然过不多久，使用者的计算机中的磁盘空间就所剩无几了。

iMovie：设定默认选择的时间长度

如果使用者希望从不同的影片剪辑中选取相同时间的视频片段来创建一个新的iMovie项目，那么肯定会喜欢以下这个技巧。系统默认情况下，使用者在影片剪辑上单击鼠标就可以选择从点击位置开始，时长为4秒的视频片段，选择后将所选视频片段直接拖入到项目浏览器中即可。如果你想改变默认选择的时间长度，可以在iMovie程序的菜单栏上选择“iMovie－偏好设置”，在设置窗口中的选项“在事件浏览器中点按会选择”的下方，使用者可以看见一个时间滑块，拖动滑块即可调整选择时默认时间的长度。

iMovie：快速选取视频片段的几个技巧

以下为在影片剪辑中快速选取视频片段的几个技巧。

- 选取视频片段后，按住键盘上的 Shift 键，在影片剪辑上单击新的位置可以改变已经选择片段的起始位置。
- 单击黄色选取框的左侧或右侧边框，可拖动调整选取片段的起始位置。
- 通过事件浏览器窗口右下方的帧数滑块，可以帮助使用者更精确地选择所需的视频片段。

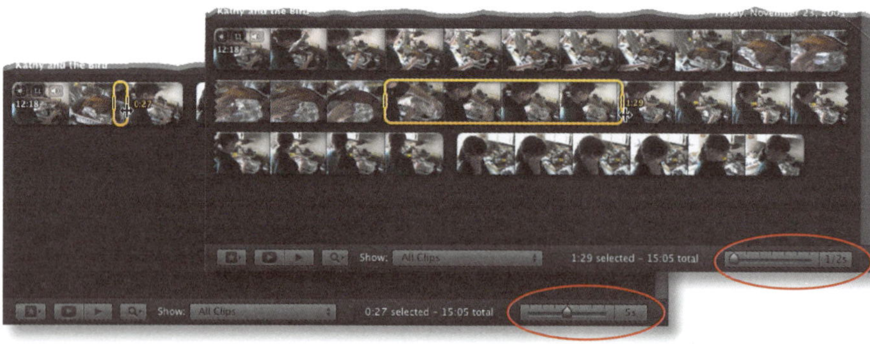

iMovie：保持时间长度不变，选择合适的位置

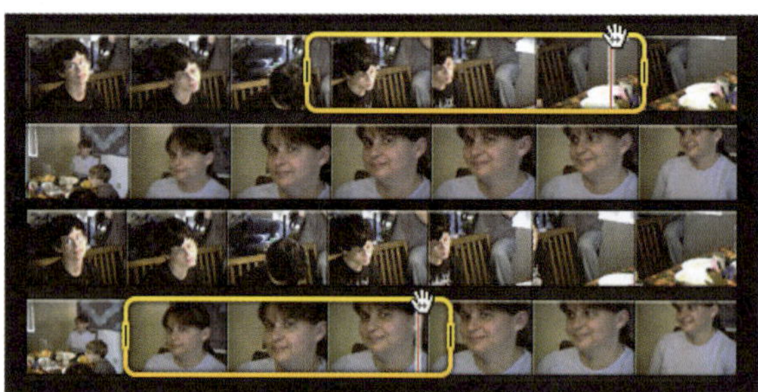

选取视频片段时，如果当前选择片段的时间长度正是使用者所需要的，但是该视频却不是使用者所选的视频片段怎么办？很简单，带上摄像机，拖家带小坐飞机再回到视频拍摄的地方重新拍摄就可以了。更节省时间的方法是在事件浏览器窗口中，将鼠标移动到当前选取框的上边缘或者下边缘，待鼠标指针变成手的形状，并且手上显示有两个反向箭头标志时，即可以拖动该选取框到影片剪辑中所需位置上。注意，只有当手状鼠标指针的上面显示有箭头标志时，才能使用本方法。

iPhoto：从照相机中导入照片

系统默认情况下，将照相机或存储卡与计算机相连后，系统会自动启动 iPhoto 程序，并在 iPhoto 程序的窗口中显示照相机或存储卡中的图片缩略图，使用者可以选择所需图片（按住键盘上的 Command 键，可单击进行多项选择），然后单击“导入所选照片”按钮导入所选照片或者单击“导入全部”按钮，将所有照片都导入到 iPhoto 中。导入完成后，可以在 iPhoto 中删除不需要的照片。

DAVE GALES

iPhoto：将磁盘中的图片导入到 iPhoto 中

苹果公司的 iLife 和 iWork 系列软件之间可以完美地无缝对接，互相访问不同程序中的数据。例如，当使用者在使用 Numbers 软件时（苹果公司 iWork 系列软件中的一个软件），在其工具栏上单击“媒体”按钮，即可访问计算机中的任何音频、视频和图片文件。如果使用者都是通过 iLife 和 iWork 系列软件对上述类型文件进行管理的，则在程序中访问这些数据是件非常简单的事情，这也是为什么我们最好将所有图片类型的文件都导入到 iPhoto 中的原因。如希望将磁盘中已有的图片导入到 iPhoto 中，可以在 iPhoto 程序的菜单栏上选择“文件 – 导入至图库”，在出现的文件选取窗口中找到所需图片导入即可。

DAVE GALES

iPhoto：批量为照片评级

在 iPhoto 中，使用者可以批量为图库中的照片进行一星到五星的评级。首先，在图库中选择一张希望评为五星级别的照片，然后按住键盘上的 Command 键，单击继续选择其他希望评为五星级别的照片，选择多张照片后，按键盘上的组合键 Command ＋ 5 即可批量为所选的照片评为五星级别。现在重复此步骤，按键盘上的组合键 Command ＋ 4 可以为照片批量评定四星级或按组合键 Command ＋ 3 评定三星级等，依此类推。注意：如果看不到照片的评级，需要按键盘上的组合键 Command ＋ Shift ＋ R 以显示照片的评级。

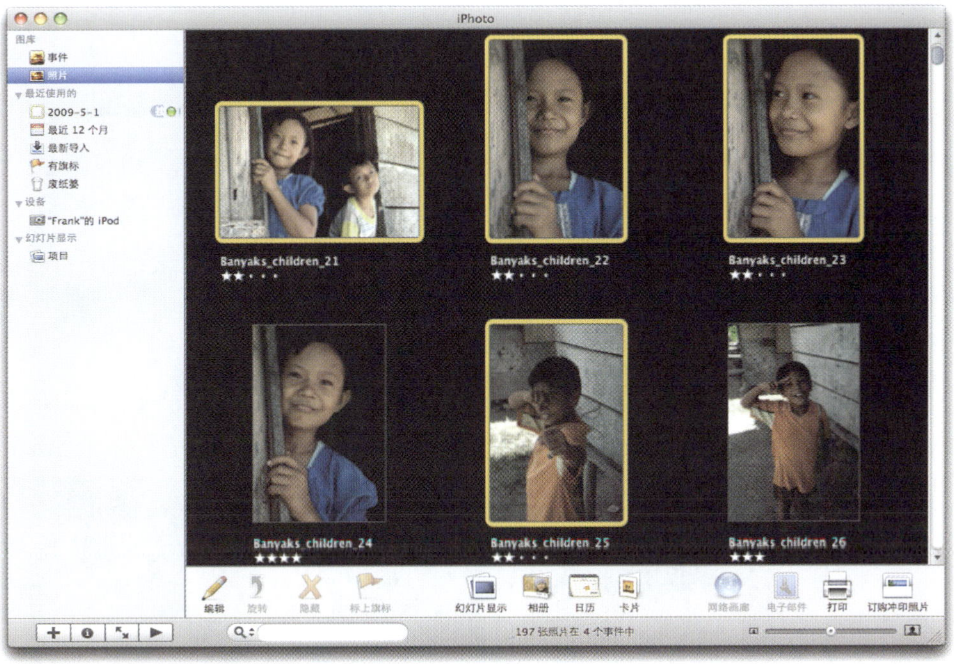

DAVE GALES

iPhoto：自动按照事件分类照片

我们的生活是以一个又一个的事件来作为标记的，而不是日期。例如，我会记得教女儿学习骑自行车、一天夜里我用背包背着我的儿子、熊吃掉了我们所有的食物、小儿子的首堂飞行课和我小女儿第一次的小提琴独奏等，但如果你问我这些事件发生的时间，我却完全答不上来。同样的道理，照片的管理也是这样，当将照片导入到 iPhoto 中时，让 iPhoto 自动根据事件对照片进行分类，可以让照片管理变得更加轻松。假如你导入的照片中即包括在 2 月 3 日拍摄的 73 张照片，又包括在 2 月 13 日拍的一些照片，那么 iPhoto 会自动将其分类为两个事件。使用者在 iPhoto 程序的菜单栏上选择“iPhoto－偏好设置”，在打开的设置窗口中单击“事件”图标，在该界面中的“自动分离成事件”的下拉菜单中，可以设定对事件分类时的时间标准。

DAVE GALES

iPhoto：设定事件的缩略图

在 iPhoto 中浏览事件时，每个事件都会显示一个缩略图作为事件的代表，如果使用者不喜欢某事件当前的代表照片，即官方称谓的“关键照片”，可以很容易地将其替换为自己喜欢的照片。在事件的“关键照片”上移动鼠标，即可在事件窗口上浏览该事件中的所有照片，当浏览到喜欢的照片时，按住键盘上的 Control 键在事件窗口上单击该照片，在弹出的快捷菜单中选择“设为关键照片”即可。

DAVE GALES

iPhoto：并列对比照片

通过 iPhoto 对照片进行编辑修改时，使用者可以在同一窗口中对照片进行对比，这是一项非常方便的功能。操作的方法是选择对比照片的缩略图（最多可同时对比 8 张图片），在 iPhoto 程序的菜单栏上选择“显示－全屏”，或是在 iPhoto 窗口的左下角单击“全屏”按钮。在进行照片对比时，如果想将其中的一张照片替换为其他照片，可以单击激活该照片（激活的照片四周会出现白色的方框），然后通过键盘上的方向键将其替换为其他的照片。或者直接在窗口上方的照片缩略图中，单击选择所需的照片。现在将鼠标移动到屏幕的下方，即可以使用修改工具对照片进行编辑了。

DAVE GALES

iPhoto：批量旋转照片

回想一下在我们的日常生活中，当你去电影院看电影时，屏幕是竖着放置的吗？电视机的屏幕有竖着放的吗？计算机的屏幕呢？甚至于我们家里的和工作的办公室里的墙壁大多数是水平的，这似乎说明我们在拍摄照片时最好也横向拍摄，所以当 iPhoto 在导入照片时，都是以横向的分辨率来导入照片的，而那些不是横向拍摄的照片都需要对其进行图片旋转操作。当然，使用者可以选择需要旋转的图片，然后单击工具栏上的“旋转”按钮来完成操作。但如果有多张照片都需要进行同样的旋转操作，使用者可以先通过 iPhoto 窗口下方的滑块缩小缩略图的尺寸，以便在窗口中看见更多的照片，然后按住键盘上的 Command 键单击选择多个需要操作的照片，最后单击“旋转”按钮即可。

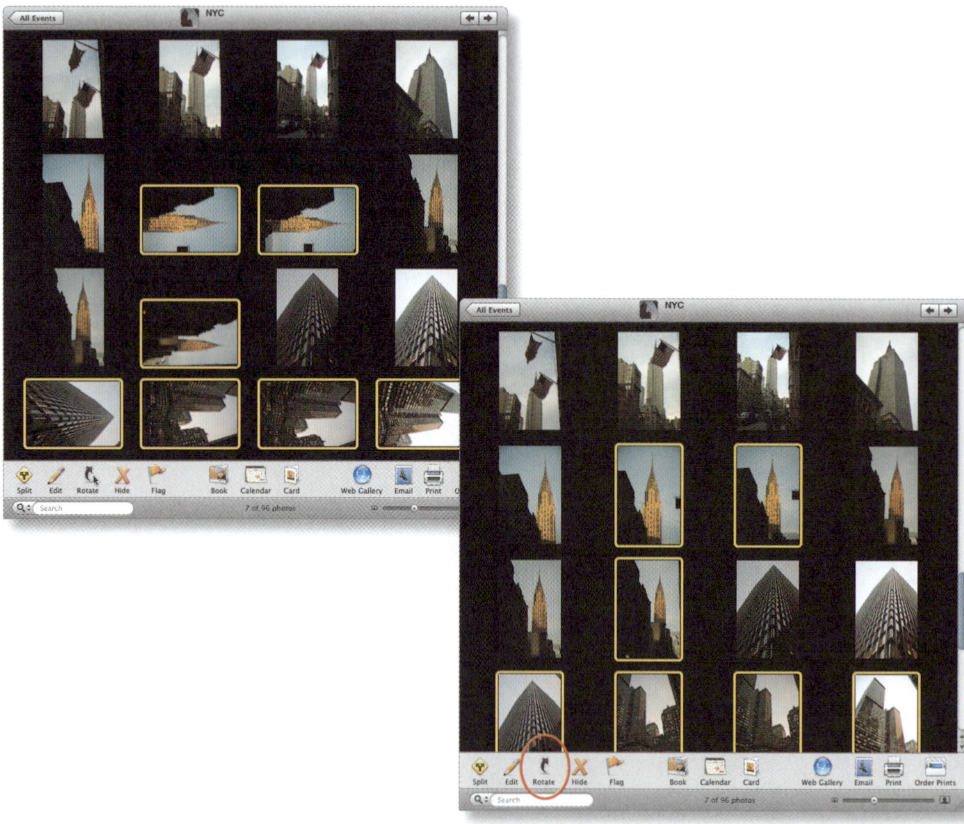

DAVE GALES

iPhoto：反方向旋转照片

系统默认情况下，单击“旋转”按钮，图片会逆时针转动，但如果按住键盘上的 Option 键然后单击“旋转”按钮（此时，该按钮上的箭头标志会指向右侧，而不是正常情况下的左侧），可以顺时针旋转图片。如果想永久改变“旋转”按钮转动的方向，可以在 iPhoto 程序界面中按键盘上的组合键 Command + 逗号键打开 iPhoto 的偏好设置，在“通用”选项卡中的“旋转”中选择默认的旋转方向。

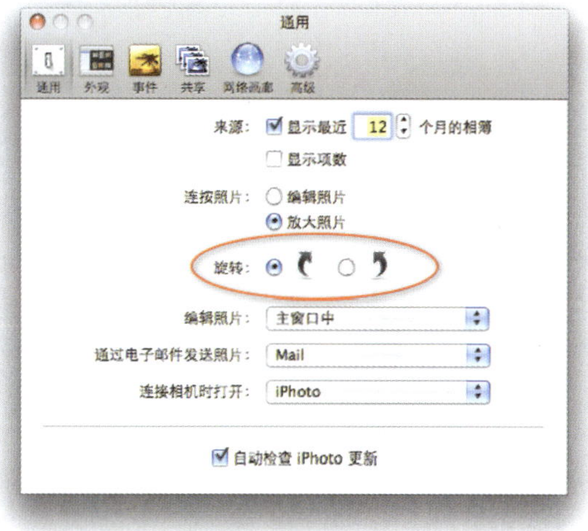

iPhoto：将 iPhoto 窗口背景设定为黑色

纯黑色背景是摄影家非常喜欢的背景颜色，所以将 iPhoto 窗口背景的颜色设定为纯黑色会为你添加一丝摄影家的气质。在 iPhoto 程序的菜单栏上选择“iPhoto – 偏好设置”，在“外观”设置窗口中将“背景”的滑块拖动到滑动条最左侧，即“黑色”的位置即可。如希望 iPhoto 窗口中所显示的图片缩略图周围有一圈白色方框，可以在“边框”选项组中勾选“轮廓”前的复选框，或者取消“边框”中所有选项前的复选框的勾选，则缩略图周围不会显示任何效果。

iPhoto：解决照片的白平衡及其他问题

左图中显示的是一张颜色不正常、有些偏色的照片，每个家庭的盒子中或橱柜里的相簿中肯定都会有类似颜色不正常的照片（通常是颜色偏黄或偏红色），那么你一定很高兴知道通过 iPhoto，使用者只需轻点几下鼠标就可以将照片修复正常。当你将那些有问题的照片扫描并导入到 iPhoto 中后，进入照片编辑模式（如果在 iPhoto 的偏好设置中设定了以其他程序进行照片的编辑，可以通过下面的方法使用 iPhoto 进行编辑：选择所需照片，然后单击窗口左下角的“编辑”按钮）。在编辑模式中，单击“调整”按钮（如果看不见该按钮，可拖动调节窗口的大小，以完整显示所有的工具按钮）。通常一张有问题的照片需要进行多方面的调整，如本例中的照片需要调整的是照片的曝光度和白平衡，这两项操作的顺序不分先后，但我通常会先调整照片的白平衡。调整白平衡需要两个步骤：首先，在“调整”窗口中单击“滴管”工具，然后在照片中单击中性灰色区域，如阴影中的白色区域。现在看一下照片的颜色，虽然还没有达到最佳效果，但与原来的情况相比，是不是好了很多？由于这个操作的原理比较复杂，所以我再多说几句，当你第一次单击后，再单击第二次的时候，如果照片的颜色突然发生巨变，那么说明你所单击的不是中性灰色区域，应该选择正确的位置，重新再单击。解决了照片的色偏问题后，可以继续对照片的曝光度和对比度进行相应的调整。

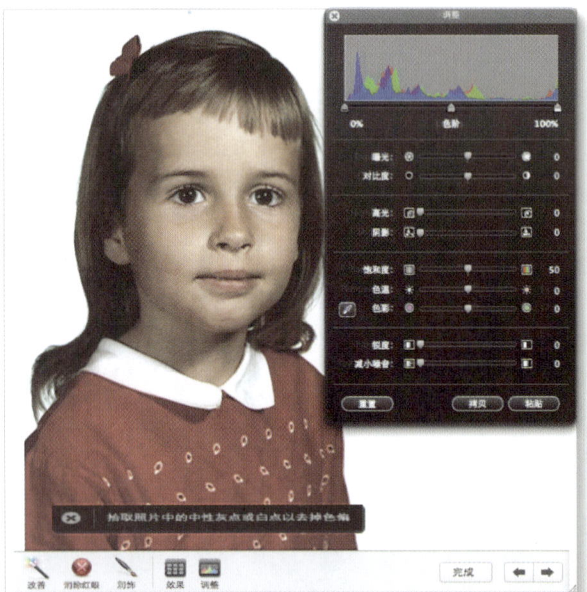

DAVE GALES

iPhoto：复制粘贴以应用调整的设置

对一张照片进行调整修改后，可以直接复制调整该照片时所设置的参数，然后将其应用到其他的照片上。对照片调整后，单击调整窗口右下方的“拷贝”按钮，然后双击打开需要应用该调整设置的照片，在工具栏中单击“调整”按钮，接下来单击该调整窗口中的“粘贴”按钮即可将刚复制的调整设置应用到当前编辑的照片上。

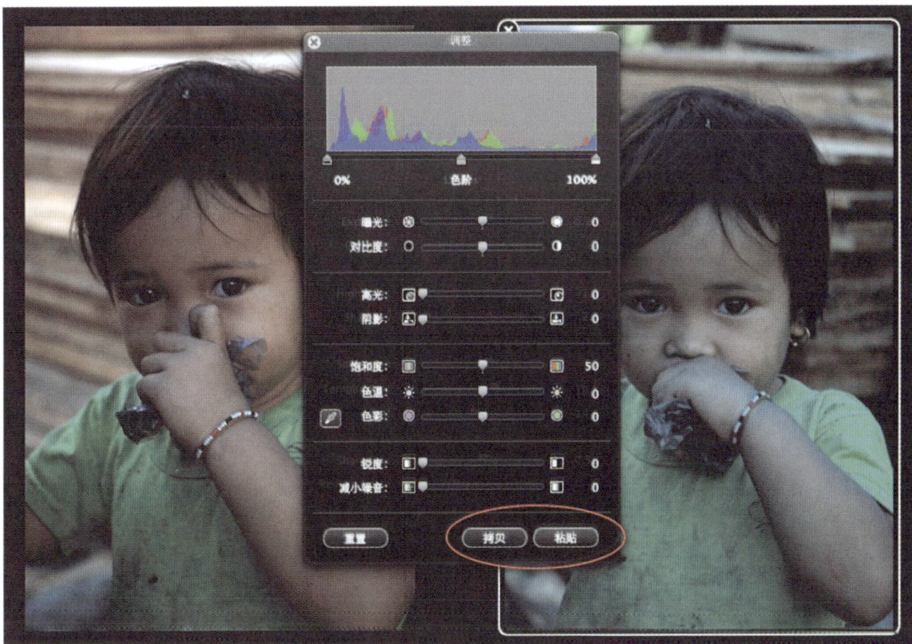

DAVE GALES

iPhoto：剪裁照片

去年夏天我们在渥太华参加 Photoshop 研讨会时，正好在去下一个城市前有几天时间可以游玩一下。而这张士兵照片是我当时在一个不知名的墓地前，士兵进行换岗仪式时所拍摄的，当时他们就在我住酒店的街道对面。谁看到这样的场景不会拍一张照片以作留念呢？我非常喜欢这张照片，但对我来说，照片里的那把刺刀有点大煞风景，但如果不是这样的话，可能我也没有机会来介绍在 iPhoto 中如何进行照片剪裁的技巧了。双击打开需要进行剪裁操作的照片，进入照片编辑模式，接下来单击“剪裁”按钮。如果对剪裁的照片有比例上的限制，可以在照片下方的下拉菜单中选择所需的剪裁比例，并在列表最下方选择剪裁的方向。系统默认情况下，“限制”复选框是已经勾选的，所以单击剪裁框的边缘，可以按照所选比例拖动改变剪裁框的大小。使用者可随时取消“限制”选项的勾选，自定义所需的剪裁比例。在剪裁框中单击鼠标，鼠标会变成手状标志，此时可不改变剪裁框的大小，拖动剪裁框到所需位置。剪裁框中的网格线可方便使用者通过三分法进行构图，当剪裁完成后，单击“应用”按钮即可。

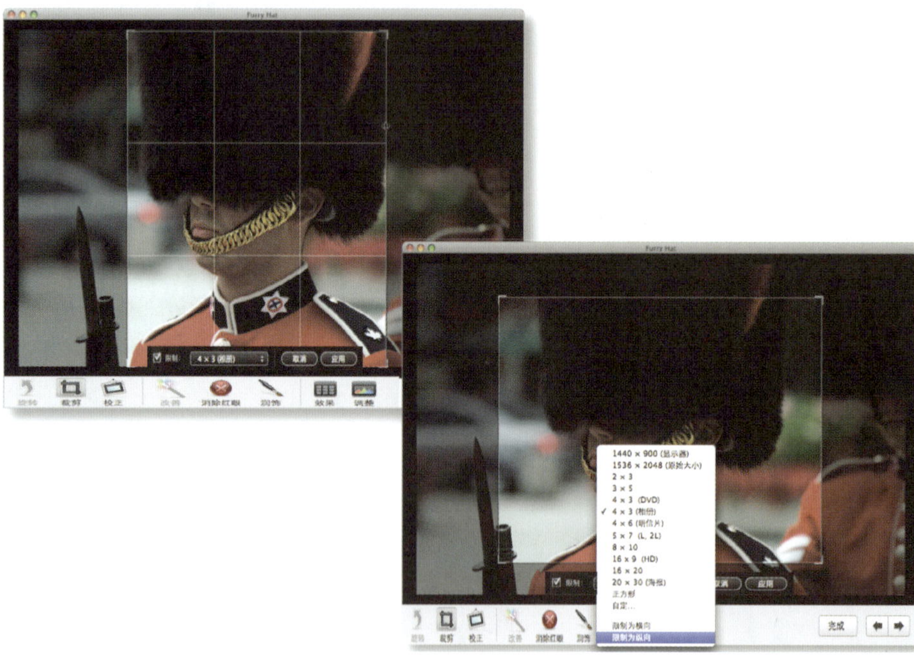

DAVE GALES

iPhoto：去除照片上的斑点和灰点

如果你曾经拥有生产 Clearasil 牌祛痘膏公司的股票，那么你应该为我这一生中购买了几千支的 Clearasil 牌祛痘膏而好好感谢我。当我还是少年时，我曾一直梦想赶紧长大，那样就不用担心脸上长痘痘的问题了，现在，我早已不再年少，但那个梦想还在继续。幸好，在 iPhoto 中去除脸上的痘痘要比在现实生活中容易得多。打开需要处理的照片，单击“润饰”工具按钮，此方法的原理就是使用鼠标的点击逐渐扩大颜色区域直到将需要去掉的部位完全遮盖住。使用者可以左右拖动润饰工具的滑块来调节当前“润饰”工具的区域大小，此时鼠标的圆形会放大或缩小以作标示。将鼠标放在需要去除区域的中心，然后开始点击鼠标即可。另外，“润饰”工具还可以用来去除照片上的灰点、亮光物体上的反射、划痕等。去除划痕时，使用鼠标沿着划痕拖动即可。

DAVE GALES

iPhoto：出色的照片调整功能

iPhoto’08 中添加了一些非常高级的图片编辑工具，这些工具通常都只有在高端软件中才能使用得到。在 iPhoto 中打开需要编辑的照片，单击窗口下方的“调整”按钮。别被调整窗口中的那些设置吓到你，其实大部分的设置简单明了，只要亲自动手拖动选项对应的滑块，看看其对图片产生的效果就能了解每个设置的作用了。而且无论最终效果如何，只要单击窗口左下角的“重置”按钮，所有的设置都会变为默认的状态，或者按住键盘上的 Option 键，此时“重置”按钮会变成“复原”按钮（如图所示），单击“复原”按钮则图片的设置会恢复到上次修改时所设定的数值。通常照片需要调整的是照片的“曝光”和通过“阴影”滑块来提高人物脸部和阴影部分的亮度来增加照片的细节表现力，并适当调节下照片的“锐度”。通过这些微小的调整，即可让你的照片变得更加出色。

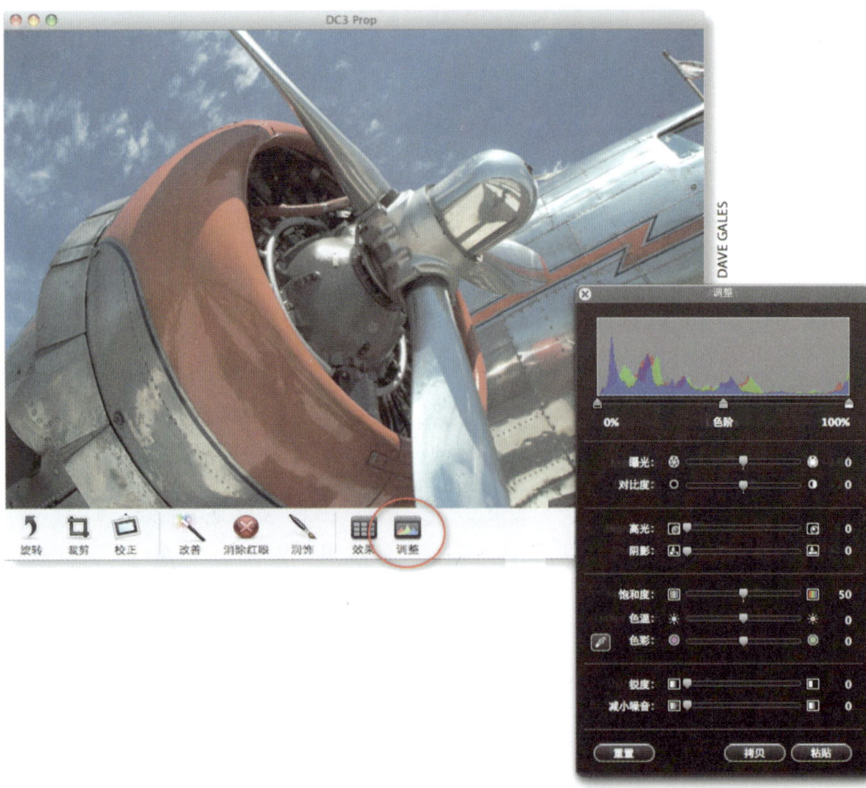

iPhoto：鼠标双击的默认操作

根据使用者在 iPhoto 中的设置不同，在 iPhoto 窗口中双击一张照片的缩略图时，即可放大显示照片或直接进入照片编辑模式（在 iPhoto 窗口中进行编辑或启动其他图片编辑程序进行编辑，参见本页的下一个技巧）。无论当前鼠标双击操作的默认设置是什么，按住键盘上的 Option 键时双击鼠标左键，系统会执行在设置的两个操作中与当前设定不同的操作。如希望永久性改变鼠标双击的设定，可以在 iPhoto 界面中按键盘上的组合键 Command + 逗号键打开偏好设置，在窗口中的“连按照片”后进行选择。

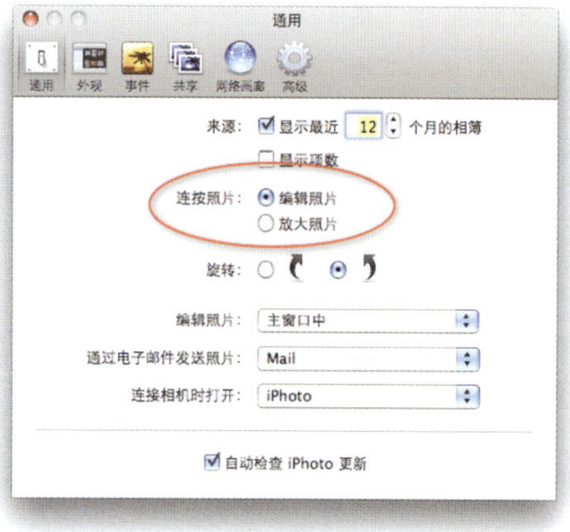

iPhoto：使用其他程序编辑照片

通过 iPhoto 内置的图片编辑功能，使用者完全可以对照片进行色调调整、去除红眼等编辑操作。此外，iPhoto 还允许使用者双击照片后，启动如 Adobe 公司的 Photoshop 或 Photoshop Elements 等其他图片编辑软件对照片进行编辑。在 iPhoto 程序的菜单栏上选择“iPhoto - 偏好设置”，在“通用”选项卡中的“编辑照片”的下拉菜单中，可以选择用来编辑图片所使用的软件。设置后，在 iPhoto 中双击照片时，系统会自动启动所选的软件对图片进行编辑。

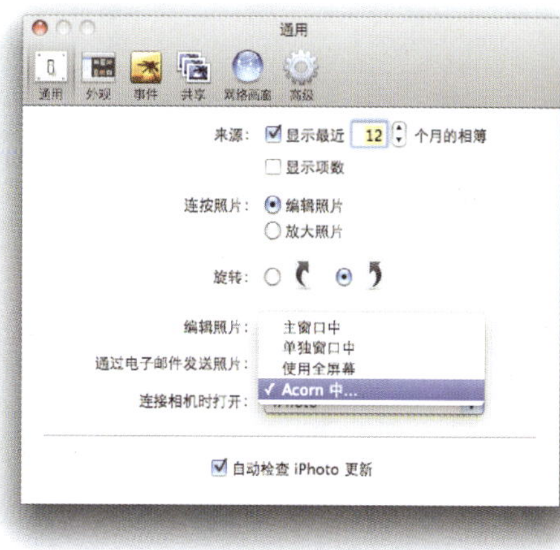

iPhoto：为照片添加特殊效果

我们拍摄的照片中，不客气地说，有的很一般，有的则还不错，但是感觉缺点什么。如果照片是运动员的话，我们可以试着用点兴奋剂来提高运动成绩，但 iPhoto 却可以用更好的方法让照片看起来更好，即为照片添加特殊效果。在 iPhoto 的窗口中双击一张照片进入编辑模式（如果在 iPhoto 的偏好设置中，设定了使用其他图片编辑软件进行编辑操作，则需要按住键盘上的 Control 键，单击需要编辑的照片，在弹出的快捷菜单中选择“编辑”），接下来单击窗口下方的“效果”按钮（如果在窗口下方看不到该按钮，需要调整窗口的宽度才可以完整显示窗口下方的所有工具按钮）。在出现的窗口中，单击对应效果的缩略图即可为当前编辑的照片添加所选的效果，单击效果缩略图下方的左右箭头可以增加或减少效果的强度。照片的效果是可以叠加的，本页图示中的照片就分别添加了“复古”、“边缘柔化”和“晕影”的效果，从而看起来与原图有很大的不同。如果对所添加的效果不满意，可以在效果窗口中单击中间的“最初状态”缩略图，则照片会恢复到添加效果前的初始状态。

DAVE GALES

iPhoto：使用所选照片创建相簿

还记得那种每页带有粘纸和用来盖住照片的塑料纸相簿吗？如果每页粘纸上的胶不会毁了你的照片，那么塑料纸上所含的化学成分也会把照片毁掉。而且我们通常都将相簿束之高阁，很少会再翻看里面的照片。但是我可以将 iPhoto 中创建的相簿同步到我的 iPod 播放器上随身携带，随时随地都可以翻看照片，而且点击几下鼠标就能替换相簿中的照片，也不用担心粘胶会毁坏照片了。以下是在 iPhoto 中创建相簿的几种方法。

选项 1: 在 iPhoto 窗口中选择所需照片，然后在 iPhoto 程序的菜单栏上选择"文件 – 用所选内容新建相簿"。

选项 2: 从不同的事件中选择所需照片创建一个相簿时，首先选择所需照片，接下来按键盘上的组合键 Command + 句号键为该照片添加旗标，然后继续在不同的事件中重复此步骤为所需照片添加旗标，只添加旗标就可以，不用担心照片是否被选择的问题。当所需的照片都添加了旗标后，在 iPhoto 窗口的侧边栏中单击"有旗标"，则右侧窗口中会显示出所有刚才添加了旗标的照片，按键盘上的组合键 Command + A 选择所有带旗标的照片，最后在 iPhoto 程序的菜单栏上选择"文件 – 新建相簿"。

选项 3: 在 iPhoto 程序的菜单栏上选择"文件 – 新建相簿"，在出现的窗口中输入新建相簿的名称，创建一个相簿。接下来在 iPhoto 的窗口中选择欲添加到相簿的单张或多张照片后，将其拖动到侧边栏上刚创建相簿的名称上，待鼠标指针上出现绿色的加号（+）标志时，松开鼠标键即可将所选照片添加到相簿中。

iPhoto：点击两次将相簿发布到因特网上

在过去的几年中，苹果公司想出了很多方法以便让使用者能轻松地将个人照片和影片上传到自己的个人网站上，这里说的可不是那种简陋的个人网站，苹果公司所提供的网站模板让个人网站看起来与其他专业网站相比毫不逊色。另外，iPhoto 程序出色的网络整合能力和上传时的傻瓜式操作都让人赞不绝口。还记得上一页技巧中我们所创建的相簿吗，现在只要点击两下鼠标就可以将它上传到因特网上。

点击 1: 在 iPhoto 的侧边栏上单击欲上传的相簿的名称，然后按键盘上的组合键 Command ＋ A 选择该相簿中的所有照片。

点击 2: 单击工具栏中的“网络相簿”按钮，输入相簿名称，按回车键（Return）开始上传到因特网上。

很简单吧？你可能已经注意到，创建网络相簿的窗口上可以进行一些设置，但那需要进行更多的鼠标点击。现在你的相簿已经上传到因特网上了，下页的技巧将介绍如何对网络相簿进行设置。

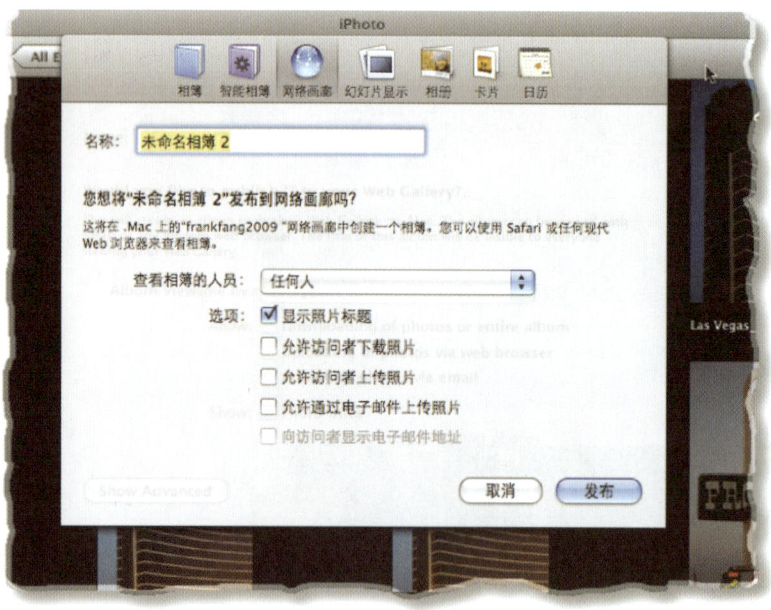

iPhoto：网络相簿的设置

在上页技巧中，我们说到创建网络相簿时的窗口上可以进行一些设置，但需要进行更多的鼠标点击，那样就与上一页技巧的标题冲突了。现在，我们在本页中来了解一下那些设置的具体作用。

- 允许下载照片或整张相簿：勾选该复选框后，相簿的访问者可以下载相簿中的照片。
- 允许通过网络浏览器上传照片：勾选该复选框后，可以通过网络浏览器为相簿上传照片。
- 允许通过电子邮件上传照片：这是非常酷的一项功能。勾选该复选框后，使用者在发布相簿后会获得该相簿指定的电子邮箱地址，使用者或知道该邮箱地址的朋友向该邮箱发送照片就可以将照片添加到相簿中。另外，启用该功能后，还可以勾选“向访问者显示电子邮件地址”选项前的复选框，则所有相簿的访问者都可以看见该相簿的指定邮箱地址。

iPhoto：设定网络相簿的访问权限

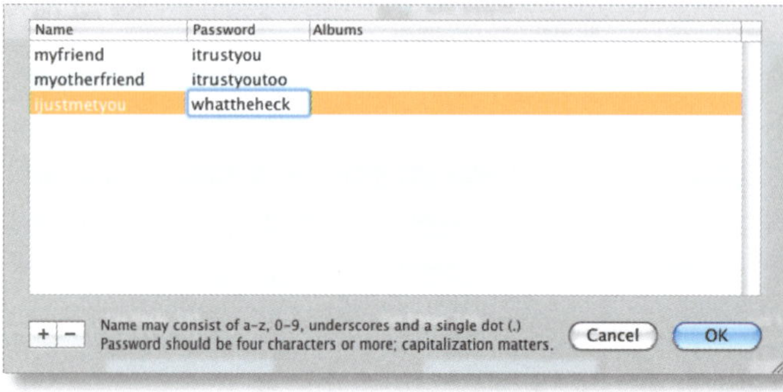

如果使用者将相簿上传到因特网上时，允许所有访问者都可以看到该相簿的电子邮箱地址（参见上页相关内容），那么该相簿中可能会出现许多莫名其妙的照片，给相簿发布者带来不必要的麻烦。其实使用者可以为网络相簿设定一些限制，以避免发生这种情况。在上传相簿的窗口中的“查看相簿的人员”下拉菜单中，不要选择“任何人”，而是选择“编辑名称和密码”，这样使用者就可以为自己信任的人创建登录网络相簿的账户和密码。如此设置的相簿不会出现在使用者的公共相簿中，而是有指定的网络地址，使用者可以将该网络地址告诉已经为其设立了账户和密码的人。通过这种方式，使用者可以根据情况对所发布的网络相簿进行不同的设置。提示：在 iPhoto 的侧边栏上选择已经发布的相簿，然后在窗口左下方单击工具栏上的“设置”按钮，可以对已经发布的相簿设定访问权限。

iPhoto：自动将网络相簿中的照片添加到 iPhoto

对于计算机来说，一个网络相簿不过是表象不同，其实质依然是数字 0 和数字 1，就是说像使用者可以通过 Safari 订阅 RSS 一样，使用者所发布的网络相簿也是可以进行 RSS 订阅的。相簿访问者只需要单击网络相簿窗口上方所显示的“Subscribe”（订阅）按钮即可使用 RSS 软件订阅网络相簿及时了解该网络相簿内照片的更新，或者选择使用 iPhoto 将网络相簿内更新的照片自动下载到其 iPhoto 中进行保存。

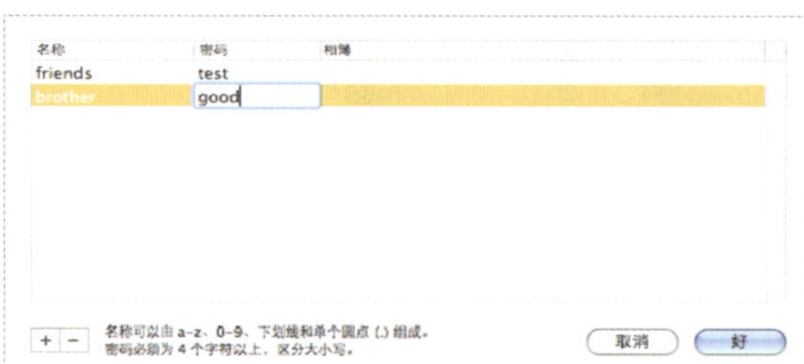

第14章

骄傲不是一种罪过

Leopard操作系统的华丽技巧

Mac OS X
KILLER TIPS

骄傲不是一种罪过

Leopard操作系统的华丽技巧

我还记得在微软的Windows 98操作系统推出之际，我一个使用PC的朋友在向我描述微软那些优秀的孩子们开发出的新系统的种种神奇时，竟然激动地有点语无伦次，我当时真是为他感到悲哀，这都是因为Windows系统一直以来能让用户感到激动的地方简直太少了，所以我还是假装认真地倾听，并不时地插话道“哇，这是真的吗”、“简直是太棒了”，以表明我真的为此感到惊讶。当他说完后，我伸手在口袋里拿出一个朋友送给我的圆形徽章，上面写着“Windows98=mac84”。大多数时候，当PC用户夸夸自谈时，苹果计算机的用户都不得不努力控制自己的真实感情，尤其是苹果的Leopard操作系统中的种种超炫功能让这种克制变得更加困难。是的，我承认苹果系统中的有些功能可能只是表面看起来很华丽，但这种华丽本身并没有错，而且其大多数的功能都不仅做到了操作界面华丽，而且功能则更加强大。所以，苹果计算机的用户应该为自己感到骄傲，这不是一种罪过，上帝会原谅你们的，因为上帝使用的也是苹果计算机。

向疯狂的人们致敬

苹果公司与其他品牌电脑的一个显著区别就是其对产品设计精益求精的美学理念，该精神不但体现在其对电脑产品外观的设计上，甚至表现在其产品外延配件的设计上。如果你将苹果笔记本计算机的电源适配器与戴尔那砖头式的电源适配器比较一下，即可看出其设计的独具匠心，另外，苹果产品配备的连接线（白色的连接线一定是苹果公司出品的），其产品的包装盒（这是我至今为止唯一保存的包装盒），甚至是其专卖店里提供的购物袋上都可见一斑。苹果公司对产品细节的打造在其 Leopard 操作系统中体现得淋漓尽致，就拿其系统中的程序图标这一毫不被人注意的小细节来说，所有图标中，我最喜欢的程序图标是文本编辑程序的图标，大家在使用该程序时，也许会注意到其图标的文本中会有一些文字，你一定以为这只是用来充数、保证图标美观的文字罢了，但是将图标放大后，你会发现图标上的文字其实是苹果公司第一个电视广告画外音的文本（由 Richard Dreyfuss 配音，该广告原版本的时间为 60 秒，但在 1988 年的电视剧《Seinfeld》最后一季中播放的仅是其 30 秒的版本，并只播放了一次）。该广告的标题为“疯狂的人”，此文本的原出处是一本由 Jack Kerouac 所写的小说《在路上》（On the Road）（该小说的作者本身就是一个疯狂的人，他将此段文本的原文打印在 120 英尺的卷纸上，目前该卷纸为 Jim Irsay 所有，此人同时也是美国橄榄球队印地安纳波利斯小马队的拥有者）。为防止读者无法从图标上阅读该文本，下面附上该图标上的原文。

Here’s to the crazy ones. The misfits. The rebels. The troublemakers. The round pegs in the square holes. The ones who see things differently. They’re not fond of rules. And they have no respect for the status quo. You can praise them, disagree with them, quote them, disbelieve them, glorify or vilify them. About the only thing you can’t do is ignore them. Because they change things.

向那些疯狂、桀骜不驯、离经叛道、惹是生非的人们致敬，他们与这个世界格格不入，但却又独具慧眼，他们憎恨墨守成规，他们不屑安于现状，我们可以赞扬或否决、崇拜或诽谤他们，但我们唯一无法做到的是忽视他们的存在，因为，他们改变了一切。

死亡蓝屏图标

这个图标是另一个我非常喜欢的一个图标。在一个共享网络中，使用者在 Finder 窗口中可以看到其他连接在同一局域网的计算机图标，Leopard 操作系统会根据连接在网络的计算机的系统而使用不同的图标进行区别，如果网络中连接有使用 Windows 操作系统的计算机，则会显示下面的图标，即每个 Windows 系统的用户都非常熟悉的那个恐怖的死机蓝屏图案。本章中的所有技巧都可以用来向 PC 使用者进行炫耀，让他们垂涎三尺，但如果你让他们看见本页内容，则他们很有可能会惊出一身冷汗、浑身颤抖。我不知道该图标是苹果公司里的哪一位想出来的，但这个图标真是堪称一绝。

欣赏全尺寸的图标

我不知道读者是否能完全理解本页技巧的标题的含义，所以我先解释一下。在苹果的 Leopard 操作系统中，所有的图标都是经过精心打造的，但是在系统中，当图标以正常大小显示时，使用者是不会看清楚图标的细节的。但可以通过以下方法以全尺寸大小查看图标，首先单击需要观看的图标（无论该图标当前所在窗口的显示方式是以图标，分栏等方式都没有关系），接下来按 Command+C 组合键将图标复制到系统缓存的剪贴板中，启动“预览”程序，在“预览”程序界面中按键盘上的组合键 Command+N，则系统会使用剪贴板中的内容，即刚刚复制的图标，创建一个新文件。在新创建窗口的透明背景中显示的是刚才所选图标的放大预览，此外还包含了该图标其他各种尺寸的缩略图。此时，在欣赏图标的同时，不禁要赞赏一下幕后那些无名的图标设计人员，是他们对细节美的追求让 Leopard 系统看起来美不胜收。

DVD 播放程序：在单独窗口中显示字幕

想象一下在观赏 DVD 节目时能以单独窗口显示字幕的情形，接着请再想象一下究竟会有谁会这么做。没想出答案？我也一样。但不管怎样，使用者只要在 DVD 播放程序的菜单栏上选择“功能 - 隐藏字幕 - 单独窗口”（当然在这之前要在选择“单独窗口”的子菜单上先选择“打开”才可以实现该功能，也许此时你会想明白为什么会使用这个功能了，但我还在想这个功能究竟有什么用，如果有两台显示器，一台显示器用来播放 DVD 节目，而另一台显示器用来显示字幕？我不确定这样对欣赏节目有什么帮助，但最起码知道 DVD 播放程序有这个功能还是很不错的。

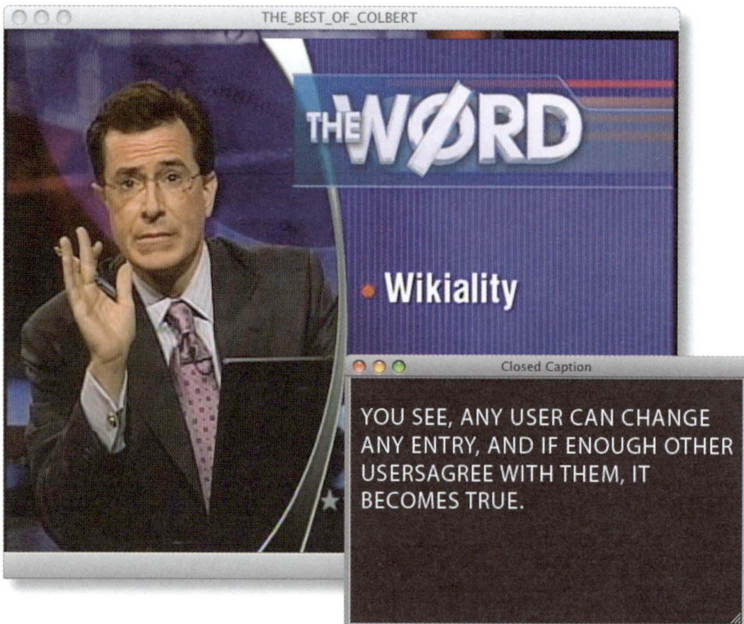

Spotlight 搜索中暗藏的计算功能

虽然我不确定是否会经常使用到这个功能，但是该功能使用起来确实非常方便。如果需要快速进行计算，只要按组合键 Command+ 空格键打开 Spotlight 搜索栏，在该栏中输入计算公式（如图所示），输入结束后，在搜索结果列表中即会看到计算的结果。如果想进一步进行计算，按回车键（Return）就可打开系统内置的计算器程序。不要被 Spotlight 简单的外表所迷惑，其计算功能可是非常强大的，能够胜任群、平方、立方根、对数甚至是三角函数的计算，所以当你参加一个聚会，想在朋友面前风光一下的时候，可以打开你的苹果计算机然后在 Spotlight 搜索栏中输入 “atan（1）”，接下来以权威的口气对你的朋友宣布：“1 的反正切函数值是 0.785”（一定要精确到小数点后 3 位），当你的朋友们对此感到目瞪口呆时关上计算机，在他们问你什么是反正切函数前马上离开。

Dashboard 功能中的超级慢动作特效

如果不是忙于追赶工作进度，或是写一份临终遗嘱，那么在关闭 Dashboard 时（正常情况下，可以鼠标单击 Dashboard 程序图标，按键盘上的 F12 键或者单击屏幕上除 Widgets 以外的任何区域关闭 Dashboard），可以尝试以下这个方法：按住键盘上的 Shift 键后，单击屏幕上除 Widgets 以外的任何区域（也可以用鼠标单击 Dashboard 程序图标，或按键盘上的 F12 键），则 Dashboard 会以超级慢的动作逐渐在屏幕上消失。而且按住键盘上的组合键 Option+Shift 后，单击 Widgets 程序界面上的关闭按钮，则关闭 Widgets 程序时会显示类似的特效，效果同样非常酷。另外，在打开 Dashboard 界面后，按住键盘上的 Shift 键单击屏幕左下角的白色加号，即可以慢动作特效打开 Widgets 工具条的按钮，我特别喜欢当工具条打开时，那个白色加号按钮缓缓转动的效果（以平常方式打开 Widgets 工具条时，我从来没能看见过该效果）。那么为什么苹果公司会在 Dashboard 中加入超级慢动作特效呢？我想应该是苹果公司知道我们就是喜欢这种傻傻的小玩意。

Expose 功能炫技 1

Expose 功能不但显示效果让人赞叹不已，同时也是日常操作中得力的助手，但千万不要忘记有机会要炫耀一下你的 Expose 功能。为使炫耀达到最好效果，首先打开多个程序窗口，然后按键盘上的 F9 键，稍等几秒，待你的朋友激动得心跳已经无法控制时，再按 Tab 键来演示一下，此时每按一次 Tab 键，则系统会切换到下一个程序窗口，而且同一程序所打开的窗口会同时高亮显示。

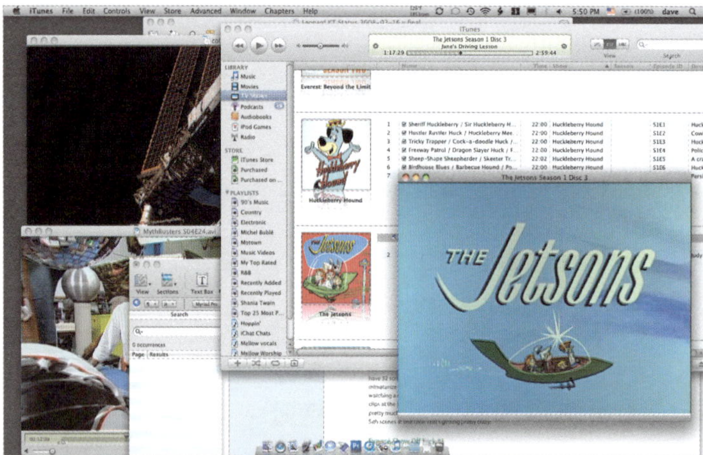

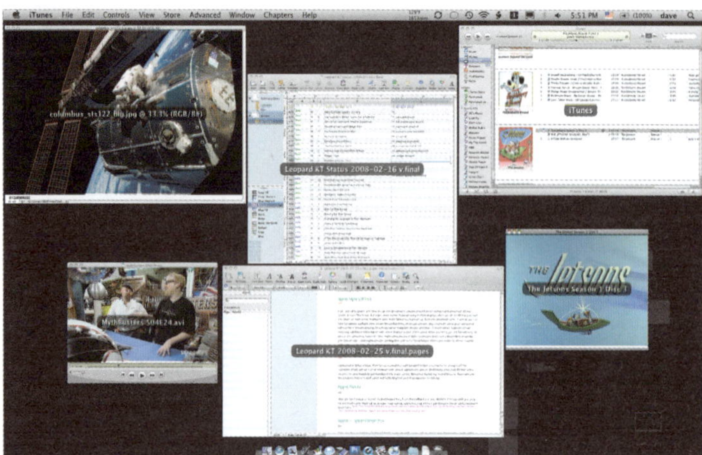

Expose 功能炫技 2

当你使用了上页介绍的炫技 1 以后，可以使用本页介绍的技巧作为压轴表演，按住键盘上的 Shift 键以后，再按 F9 键，则 Expose 功能中所显示的全部窗口会以超级慢动作的特效缓缓恢复为正常状态，此时你的朋友应该已经瞠目结舌，无话可说了。提示：通过按住键盘上的 Shift 键，让操作进入慢动作特效的方法同样适用于其他的操作，如按住键盘上的 Shift 键后，正常将 Finder 窗口缩小到 Dock 上时，该操作也会以慢动作特效来显示。再次说明，这个技巧仅是用来“表演”的，但正如那首著名的歌名所说的“表演必须继续”（《the show must go on》）。

Expose 和 Space 功能的组合技巧

我们知道在拳击运动中，首先要用一系列的直击猛击对手的头部，然后再使用左右的组合拳将对手彻底击倒。下面介绍的就是“组合拳”技巧：使用该技巧的前提是首先要保证 3 个或 4 个 Space 空间中，每个空间中都打开了不同的程序窗口。Space 空间的数量并不重要，可根据个人喜好设置多个 Space 空间。然后按键盘上的 F8 键，则屏幕上会同时显示所有的 Space 空间，此时如果你的朋友们还没有对此感到惊奇，那唯一的可能就是几分钟前你已经向他们展示过 Space 功能了。现在你的朋友们已经落入你设下的圈套了，接下来让我们完成组合技的第二步，当所有空间显示在屏幕上时按 F9 键，则每个空间中所打开的程序窗口都会以 Expose 功能来显示，想必此时，你的一些朋友应该会马上准备跑去最近的苹果专卖店抢购一台苹果计算机了。

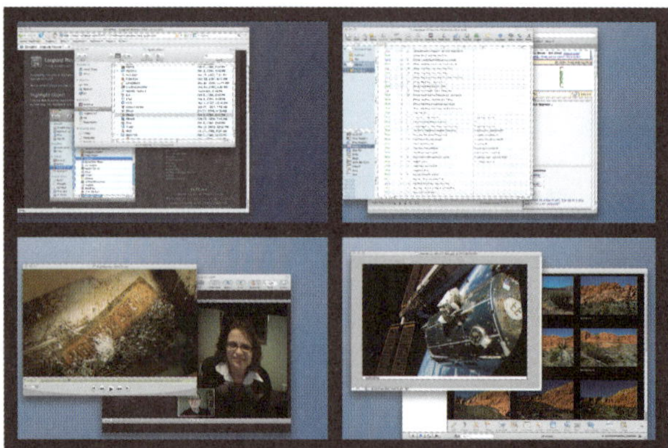

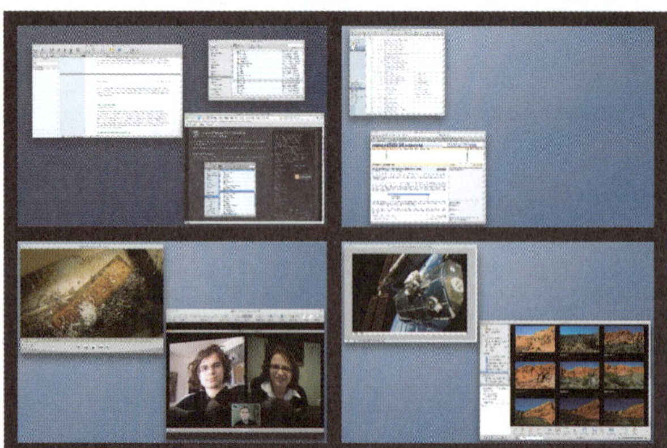

为地址簿中的联系人照片添加特效

使用者可以在地址簿中，为联系人的照片添加各种很棒的显示特效。在打开的地址簿程序中，单击一个联系人的姓名（当然必须是带有照片的联系人），接下来在程序窗口的底部单击“编辑”按钮，然后双击联系人照片的缩略图，在打开的照片编辑窗口中，使用者此时应该可以在“取消”按钮的上方看见带有照相机图案和涡旋形状图案的两个按钮，单击涡旋形状图案的按钮，则屏幕上会出现一个包含原联系人照片和其他8个添加了各种特殊效果照片的预览窗口，单击该窗口下方的左右箭头可以预览48种不同的特效，选择喜欢的特效预览图，然后单击“设定”按钮，则联系人的照片会添加相应的特效。总的来说，该功能没什么太大的用处，但是用来炫耀和开开玩笑还是很不错的。

搜索无极限

通过 Spotlight 窗口进行搜索时，系统允许使用者通过各种条件对搜索结果进行筛选，其细致程度已经到了令人发指的程度。例如，如想搜索在 2006 年 8 月 5 日，一个阴天（限制条件：当白平衡设置为阴天）的下午 2 点 38 分，使用尼康 D200 相机，将其设定为光圈优先模式、ISO 速度为 350、手动对焦、焦距为 173mm、曝光时间为 1/300、f/19 光圈时，为女儿 Autumn 所拍的分辨率为 2800×3600 的照片？没有问题，按 Command+Option+ 空格键打开 Spotlight 搜索窗口，在窗口上方的搜索限制工具条上单击加号添加搜索限制，此时在“种类”下拉菜单中所列的仅是常用的搜索条件，这里我们需要单击该菜单中的“其他”，在打开的对话框中共计有 157 个（我曾经清点过总数目）其他的搜索条件以供我们选择。添加一条搜索限制后，再在搜索条件的工具条上单击加号以添加另一个条件，随着添加的条件增多，则搜索到的结果会越来越少。建议你不妨像一些技术狂人那样，尝试一下设定尽可能多的搜索条件进行搜索，你会惊讶无论设定的搜索条件多么苛刻，系统依然能搜索到符合条件的文件。技术狂人总是做些世人觉得奇怪的事情，但其实这正是他们觉得快乐之处。

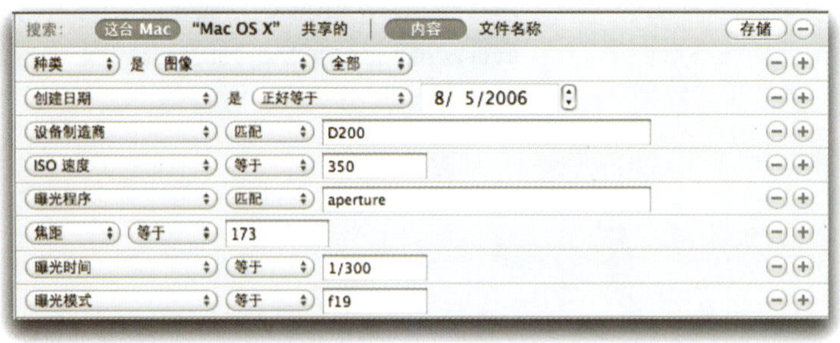

ColorSync 实用工具的炫技

我很确定 ColorSync 实用工具是非常重要的一个程序，但只是不清楚它到底哪里重要，不过该功能看起来很酷，而且是用来向 PC 使用者进行炫耀的最好工具（也许这就是苹果公司当初设计这个程序的主要原因）。在应用程序文件夹中打开“实用工具”文件夹，双击“ColorSync 实用工具”图标，在打开的窗口工具栏上选择“描述文件”图标，接下来在其窗口中，单击“系统”左侧灰色的向右小箭头，在显示的列表中选择“普通 RGB 描述文件”，此时在 ColorSync 实用工具界面的右侧会显示 Lab 图示。下面才是关键，图示中的物体是一个 3D 模型，单击该模型，按住鼠标左键不放拖动该模型，则模型会随鼠标的移动而旋转变化，非常酷的 3D 显示效果，但对我来说似乎毫无用处，不过我就是喜欢。

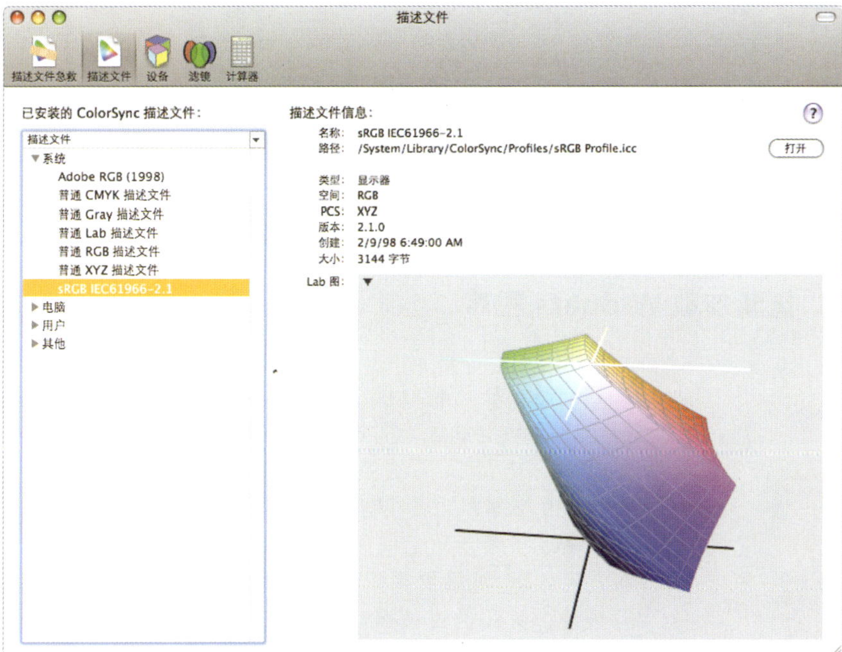

自定接收到新邮件的提示音

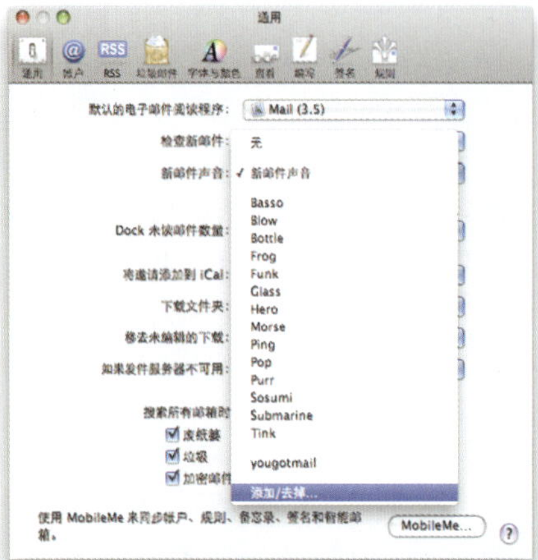

如果不喜欢苹果系统内置的新邮件提示声音，使用者可以根据个人喜好设定其他的声音来进行替代（我使用的是下载的美国在线 AOL 的经典新邮件提示音：You' ve Got Mail)。将用来替代系统新邮件提示音的声音文件放在用户主文件夹下的“资源库”文件夹中的 Sounds 文件夹中，然后在 Mail 程序的菜单栏上选择“Mail- 偏好设置”，在打开的设置窗口的工具栏中单击“通用”图标，接下来单击“新邮件声音”下拉菜单，在该菜单中应该可以看到刚才放入 Sounds 文件夹中的声音文件的名称。如果没有的话，在该菜单中选择“添加 / 去掉”（如图所示），在弹出的选择文件夹的对话框中，系统会自动打开 Sounds 文件夹，单击刚才放入 Sounds 文件夹中的声音文件，然后单击“完成”按钮将其添加到“新邮件声音”下拉菜单声音列表中，选择该声音即可。

重新加载 Widgets 程序

虽然该技巧貌似仅仅是为使用者增加了使用的乐趣而已（屏幕上的显示效果非常有趣），但实际上该技巧也起到了一定实用的效果。在 Dashboard 中单击任一 Widgets 程序，然后按键盘上的组合键 Command+R，该 Widgets 程序会马上快速旋转（恕我没有更好的词来形容该特效），然后再重新出现。除其显示效果看起来非常有趣外，其实通过该操作也是在重新加载该 Widgets 程序时（相当于重新将其从 Widgets 程序工具条中拖放到 Dashboard 中），会刷新该 Widgets 程序的数据。建议读者尝试操作一下（仅操作一次几乎是不可能的，任何人都会操作多次来观看其消失的特效）。注意：不要频繁对同一 Widgets 进行该操作，否则可能会引起 Dashboard 出现崩溃的情形（这可不是开玩笑）。

查看天气预报 Widgets 中的所有天气变化

如果你使用过 Dashboard 中的天气预报 Widgets，想必一定会注意到苹果公司为该程序设计了大量的天气变化图案，使用者能马上看到设定城市当前的天气情况（包括当前是白天还是黑夜，以及当前月亮的形状）。但如果你所居住的城市的天气情况比较稳定，缺少变化（例如，我所居住的佛罗里达州的坦帕市除了阳光普照就是大雨倾盆），那么通过天气预报 Widgets 所看到的天气变化图案就会很单调（没有机会看到如下雪、结冰和冰雹等天气变化的图案），不过如果使用者按住键盘上的 Command+Option 组合键，单击天气预报 Widgets（不要点击到天气预报界面中的城市名称，否则系统会自动打开 Safari 浏览器，显示关于该城市的天气详情），则可以浏览所有的天气变化图案。此时天气预报的 Widgets 上的城市名称会变成 Nowwhere（中文直译为无名城市），而该城市的天气情况会随着使用者的每次点击而变化（天气如此善变倒是很像美国的西雅图市）。

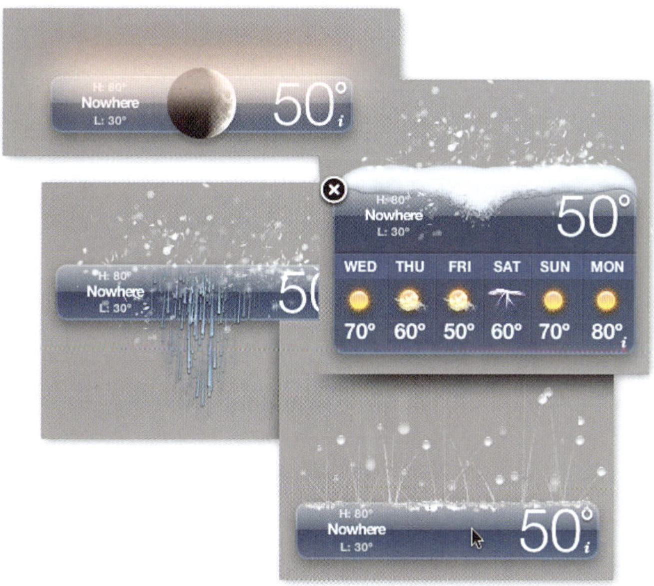

如果可以让时间倒流

本技巧仅是为了增加使用的乐趣而已，因为实话实说，本技巧根本没有什么实用价值。记得在下一次调整系统时间时，如果你的朋友或同事在旁边观看，此时要打开“系统偏好设置”（在苹果系统的菜单中），然后在其中的“日期与时间”中进行设置，首先在“日期与时间”的设置界面中，取消“自动设置日期与时间”复选框的勾选，接下来不要输入时间和日期，而是在界面中的钟表预览图示中用鼠标拖动钟表的时针和分针来进行时间的设定。再次说明，该技巧没有任何实用价值，不过每次当我用这个方法进行时间设置时，旁边观看的人都感到有点不可思议，当然如果旁观的人是瑞士人，则另当别论。

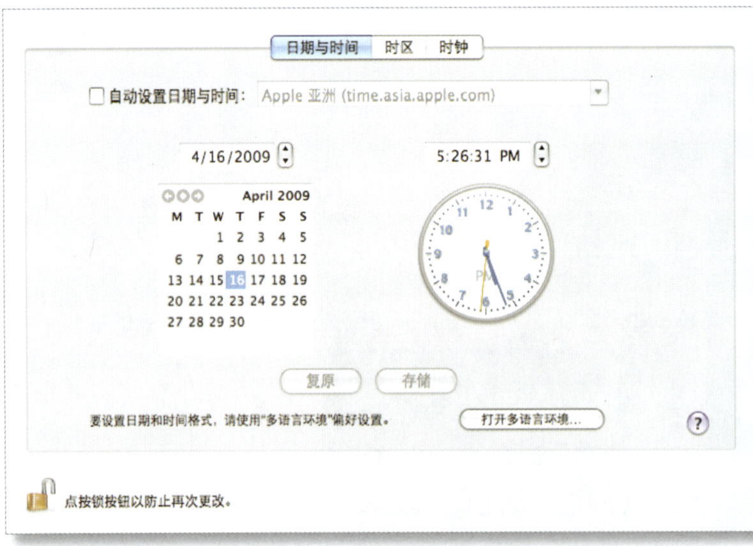

在 iMovie 程序中，慢动作交换窗口位置

在 iMovie 程序窗口中有两个主要的窗口，即项目资源库窗口和事件资源库窗口，系统允许使用者将两个窗口的位置进行互换。但本页中将介绍如何以特殊效果进行窗口位置互换，而不是以系统默认的方式。正常情况下，使用者只需单击“窗口交换”按钮（位于项目资源库窗口和事件资源库窗口中间工具栏上，最左侧的第二个按钮），两个窗口的位置即可以进行互换，但如以前介绍过的一样，在单击“交换窗口”按钮前，先按住键盘上的 Shift 键，则窗口会以慢动作形式进行窗口位置的交换。

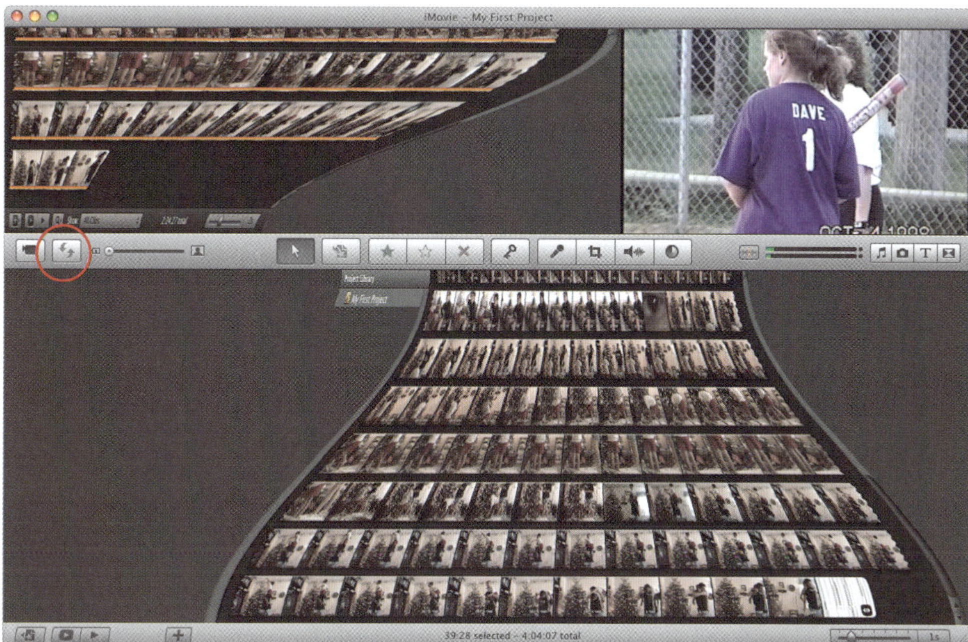

Photo Booth 的乐趣

Photo Booth 是苹果操作系统内置的一款非常有趣的软件，该软件具备许多的实用功能，如可以通过该程序拍摄个人照片以作为系统登录、Mail 和 iChat 程序账户的显示图片。实际上，我觉得这些功能都是苹果公司后来所添加的，因为只有这样，成人们才能名正言顺地使用这款用户目标定位为 13 岁以下儿童的软件，从而能够在没人看见的情况下，在苹果电脑前俯首弄姿进行拍照，而且通过软件的特效，拍照时可以假装自己是一位站在法国埃菲尔铁塔前作报道的记者，或是在黄石公园或四季中任一季节的过山车上的户外活动爱好者。下面是关于使用 Photo Booth 软件进行拍照时的几个技巧：如果拍照时按住键盘上的 Shift 键点击拍照键，则在拍照时，屏幕上不会出现类似闪光灯的效果（有时，这种屏幕闪动的效果会消除一些拍照的效果）；或者在拍照时，按住键盘上的 Option 键点击拍照键，可以取消拍照时的倒数计时，直接就进行照片的拍摄，这对不希望拍照等待的使用者来说是非常有用的一个技巧。

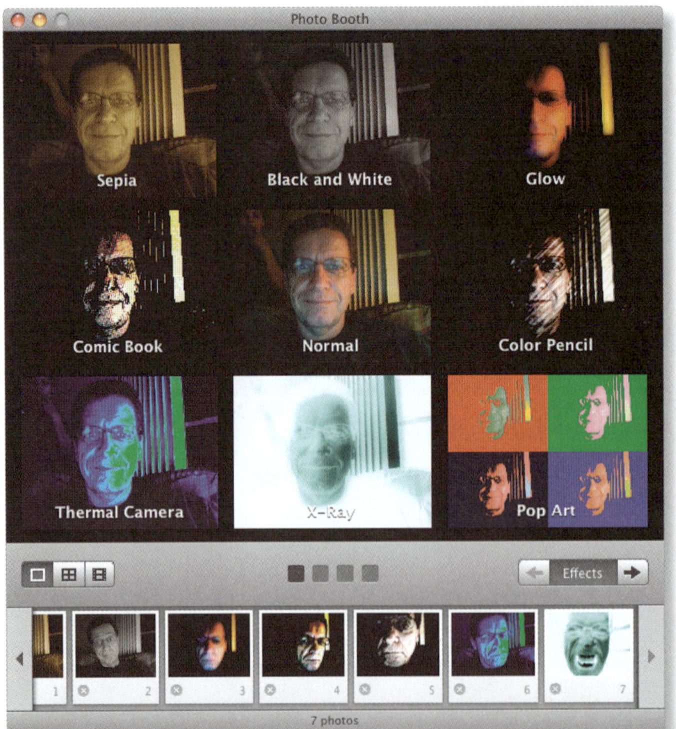

第15章

恶搞技巧

Mac OS X系统中的恶作剧技巧

恶搞技巧

Mac OS X 系统中的恶作剧技巧

虽然本章的篇幅很短，但本章内容应该是（a）最有趣（b）最残忍（c）以上两者都是（是“有趣”还是“残忍”，这在于读者是“阅读本章技巧”还是“将其付诸于实践”）。原计划本书中并没有包括本章内容，但是在写本书其他章节的过程中，我有时会想：“如果你不知道这些技巧，而有人用这些技巧对你的计算机做些小手脚的话，那么完全可以让你计算机的操作变得一塌糊涂”，另外，这些技巧还很可能会让恶作剧的实施者成为一个英雄，首先在受害者的计算机上动些手脚，当受害者不知所措、彷徨无助时，“勇敢”地站出来施以援手，点几下鼠标就轻松解决了问题，既让受害者感激涕零、无限崇拜，又让同事赞不绝口。我觉得在本章中公布这些技巧是非常安全的，因为我深信本书的读者一定不会是那种滥用能力的人，我说得对吧？哎，人呢？怎么没人回应……

改变 iChat 程序的提醒方式

恶作剧指数：6 修复难度：7

在 iChat 程序中，使用者可以设定当 iChat 出现某一状态时，系统读出 iChat 事件（如好友上线、收到新信息等）。首先，启动其他人计算机上的 iChat 程序，在其菜单栏上选择“iChat – 偏好设置”，在设置界面中单击“提醒”图标，在该选项卡的“事件”下拉菜单中选择任一事件，接下来勾选“事件发生时宣布”选项前的复选框即可，重复此步骤，可为尽可能多的事件设定声音朗读。当其他人启动 iChat 程序后，该设置一定会让他们为此发疯的。虽然可能不用太长时间，他们就会研究出如何关闭事件的朗读声音，不过这足够让恶作剧的人开心片刻了。如果还想做得更加“残忍”一些，可以在“提醒”选项卡中不勾选“事件发生时宣布”选项前的复选框，而是勾选“运行 AppleScript”的选项，在出现的选择脚本窗口中，进入用户“应用程序”文件夹中的“AppleScript”复选框，在 Example Scripts 文件夹中选择一个适当的程序脚本（毕竟这是朋友的计算机，所以不要太过分），如隐藏所有的 Finder 窗口、打印当前的窗口内容或将系统的声音设定为最大等脚本。

设定按 Shift、Option 和 Command 键时系统发出声音

恶作剧指数：7 修复难度：6

启用万能辅助功能后，通过屏幕上所显示的符号，使用者可确保按下正确的辅助键进行操作。除此以外，万能辅助还具备朗读键盘输入的键名等其他辅助功能。

如果每次按下 Shift、Option 和 Command 键时，系统就发出打字机的声音，并且在屏幕的右上角还会出现代表键位的巨大图标，你会不会发疯？但如果这种情况出现在你朋友或同事的计算机上，会不会很有趣？很明显，这两道问题的答案都是肯定的。在苹果系统的菜单中选择“系统偏好设置”，在打开的设置界面中单击“万能辅助”图标，选择“键盘”选项卡，在该选项卡中的“粘滞键”后选择“开”即可。我怀疑你的朋友或同事是不会知道如何来关闭这个选项的，所以他们只有两个选择：（1）接受这个现实；（2）重装系统。

让 CD 和 DVD 播放更有“特色”

恶作剧指数：6 修复难度：7

如果你的朋友或同事中有人使用 CD 光盘播放音乐，那么将变成欢乐的音乐会。正常情况下，将音乐 CD 光盘放入计算机的光驱后，系统会自动启动 iTunes 进行音乐播放。但这指的是正常情况，如果将音乐 CD 光盘放入计算机的光驱后系统没有启动 iTunes 进行音乐播放，而是自动上网下载最近的美国天气情况图，并启动“预览”程序，将天气情况图显示在屏幕上，而当你的朋友反复尝试插入 CD 光盘，所得到的都是天气情况图，这样应该很有趣吧？其设置的方法是：在苹果系统的菜单中选择“系统偏好设置”，在打开的设置界面中单击“CD 与 DVD”图标，接下来在显示的界面中的“插入音乐 CD”后的下拉菜单中选择“运行脚本”出现选择脚本窗口，进入用户“应用程序”文件夹中的 AppleScript 文件夹下，双击进入 Example Scripts 文件夹，在其文件夹下的 URLs 文件夹中选择“Download Weather Map.scpt”，然后单击“选取”按钮关闭选取对话框。当然，这仅仅是一个用来开始的范例，读者可尝试其他不同的脚本，如打印脚本或邮寄脚本，现在感觉很兴奋吧？

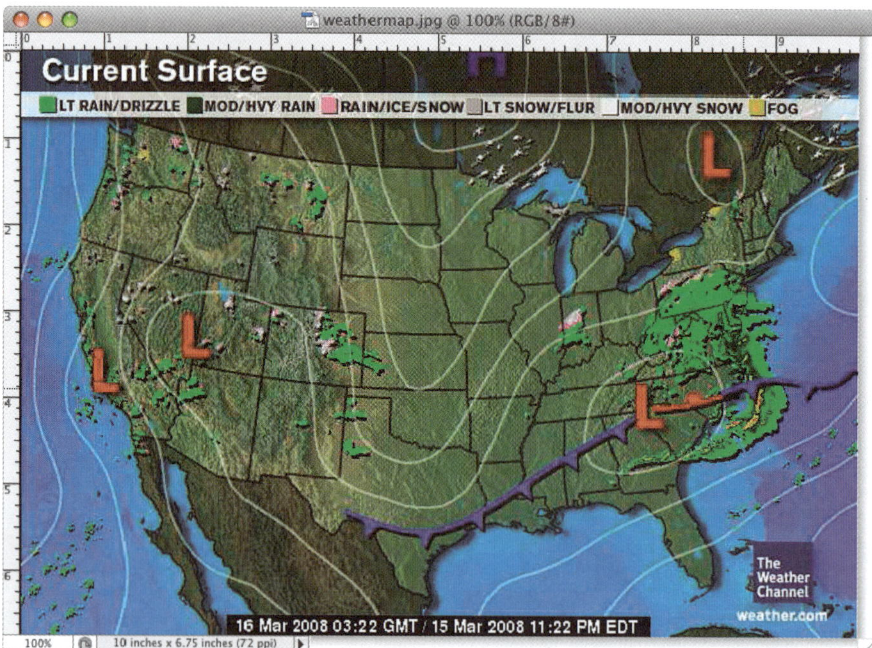

跟我说话吧，宝贝

恶作剧指数：6　修复难度：7

VoiceOver 是一项让人惊奇的功能，视觉上有缺陷的人可以通过该功能来正常操作苹果计算机。每次在菜单中选择操作命令打开一个窗口，或将鼠标移动到对话框上的某一选项上，基本上使用者做任何操作，系统都会发出声音来提醒使用者当前可行的操作或是刚才所做过的操作，对视觉上有缺陷的使用者来说这是不可缺少的一项功能，但对视觉正常的使用者来说，如果开启了该功能，则不断出现的声音提醒却会让人心烦。由于该功能对于大多数的人来说都是不常用的，则很少有人注意到该功能，更不要说知道如何来开启或从本章的目的来说如何关闭这个功能了。想像一下，如果你的朋友（同事或死敌）在计算机上所做的任何操作，系统都会发出类似精神病患者的声音来进行提示，那将会是一个什么样的情景啊。设置的方法是：在苹果系统的菜单中选择“系统偏好设置”，在打开的设置界面中单击“万能辅助”图标，首先在设置面的 VoiceOver 下面选择“开”，接下来单击“打开 VoiceOver 实用工具”按钮，所出现的工具窗口就是用来设置恶作剧的主要地方。先在窗口左侧的工具栏中单击“通用”按钮，此时可选择删除或改变右侧窗口中“登录问候”文本框中的文字，以避免你的受害者察觉 VoiceOver 功能已开启。接下来单击左侧工具栏中的“语音”，将默认的系统声音 Alex 换成 Deranged，如果将 Deranged 声音的“音高”调整为“20”，则声音会听起来更加诡异。最后关闭对话框，退出系统偏好设置，等待欣赏好戏吧。如果你的朋友已经使用苹果计算机一段时间，他很有可能会打开“系统偏好设置”中的“语音”设置查看是否为该设置下的选项造成这种异常情况，当然肯定会失望地一无所获。顺便说一下，如果你的朋友工作深夜加班，将室内灯光调暗，然后用上面所说的方法在设置中将系统默认的声音设定为 Whisper，然后将系统音量调到最大音量，那么所设置的声音应该会将你的朋友吓得半死，建议试用这个方法时最好手上拿个拖把防身。提醒：在 VoiceOver 实用工具窗口左侧的工具栏上，可以单击其他的类别，调整其选项试试看效果如何。

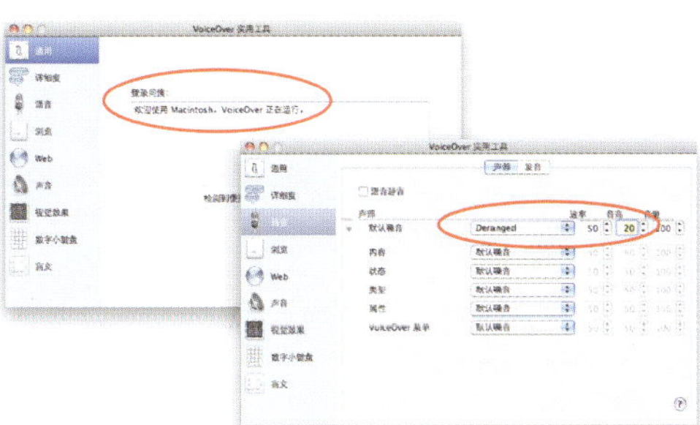

改变键盘的默认布局

恶作剧指数：6 修复难度：7

本技巧可以说既隐秘，又不易被人发现，对受害者来说还是相当恼人的。例如，将键盘默认的键盘布局从“美国英文”调整为“英国英文”，这种改变是很隐秘的，当事人可能根本不会注意到有任何改变，除非在输入“#”这个符号时（输入方法为按住键盘上的 Shift 键，然后按数字键 3），使用者会发现所输入的符号变成了英国货币英镑的符号（£），而让他们大为不解的是为什么明明键盘上印着的是“#”符号，怎么输入时却会变成英镑的符号？当然这种改变相对来说是非常小的，通常不会被人注意。或者可以将键盘的布局改成“匈牙利文”，正常输入没有什么变化，只是在输入字母 Y 的时候输入的却是 Z，因为在匈牙利文的键盘布局中，两个字母的键位正好是相反的。最有趣的是当使用键盘布局为匈牙利文的键盘输入标点符号时所发生的标点改变。想要改变键盘默认的布局，需要在苹果系统的菜单中选择“系统偏好设置”，在打开的设置界面中单击“多语言环境”图标。在其设置界面中选择“输入法菜单”选项卡，在该选项卡中的多国语言键盘的布局列表中勾选所需的键盘布局，并取消“在菜单栏中显示输入法菜单”选项前的复选框的勾选（避免通过该菜单发现所做的设置改变），退出系统设置，然后离开作案现场。注意：要避免当深夜加班身心疲惫时，错误地在自己的计算机上使用了该方法，那么第二天早上你可能会在 PRAM 重置、重启 3 次系统和修复计算机磁盘权限后才意识到问题所在。当然我说的这绝对不是我本人的经历，而是我一个朋友的经历。

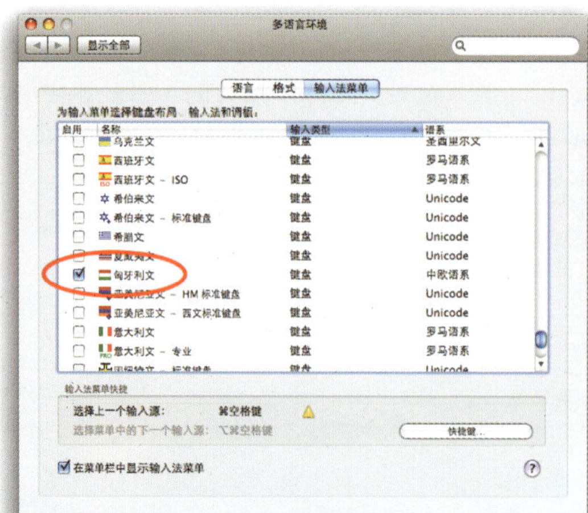

伪造骇人的对话框信息

恶作剧指数：10+　修复难度：8

想象一下这个情景：你的同事吃完午餐回到计算机前，双击一个文件夹，文件夹中保存的是他这 3 周来一直使用的项目资料，此时弹出一个对话框显示："警报：出现严重的读写错误，文件夹中的内容已经损坏，无法进行恢复"。该情景怎么样？听起来很有趣吧，伪造对话框非常容易，因为这是利用了 Leopard 操作系统内置的一项功能来实现的。首先单击一个文件夹，通过键盘上的组合键 Command + I 打开该文件夹的信息简介窗口，接下来单击窗口中"Spotlight 注释"旁边的小箭头标志，在其出现的文本框中输入用来吓人的警示信息（借用我刚才所说的警示信息或者读者自己编写一条，如该文件夹受到病毒感染这个信息也不错），再次单击"Spotlight 注释"旁边的小箭头标志隐藏文本框，然后关闭信息简介窗口。现在，按住键盘上的 Control 键单击刚才设置的文件夹，在弹出的快捷菜单的下方选择"更多－配置文件夹操作"，在出现的文件夹配置对话框中勾选"启用文件夹的操作"复选框，接下来在对话框的左下角单击加号（＋），出现一个标准的选取文件窗口，选择刚才设置的文件夹，然后单击"打开"按钮，在出现的选择脚本对话框中选择"open － show comments in dialog.scpt"，单击"附加"按钮完成设置，现在坐好等着欣赏好戏吧。

伪造更惊人的对话框信息

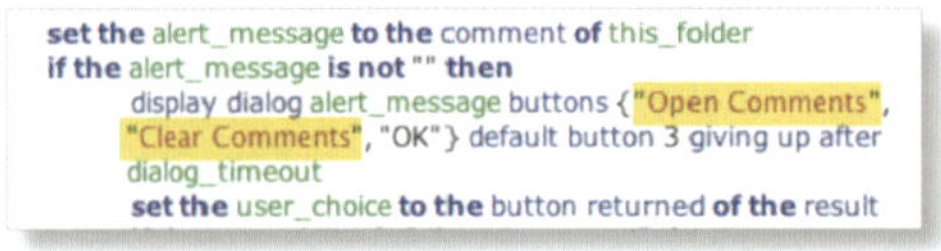

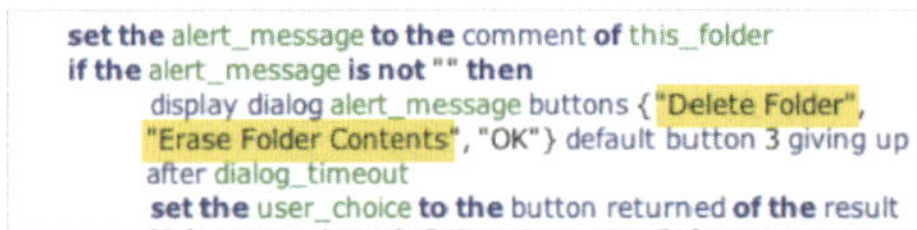

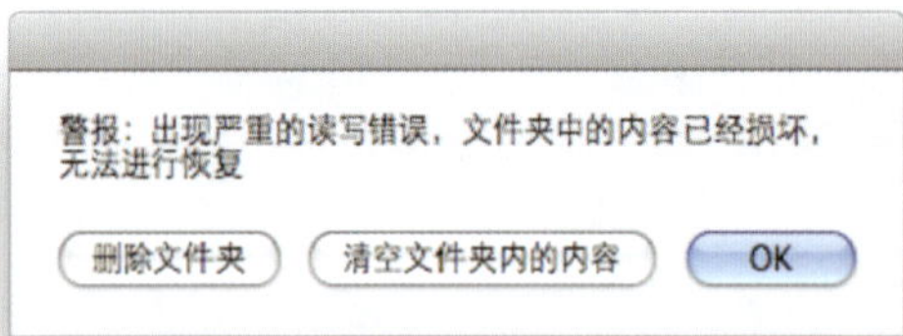

恶作剧指数：10+ 修复难度：10+

如果你真想做一个恶人的话，可以进一步将上面所说的方法加强一下效果。首先重复上页的操作步骤，但是在单击“附加”按钮后选择脚本的名称，然后单击“编辑脚本”按钮（不要被此步骤吓倒，此步骤是不需要任何的脚本编辑知识的），在打开的脚本编辑窗口中向下浏览，找到“display dialog alert message buttons”字样的文本，然后将其后面将会显示在对话框按钮上的文本“Open Comments”和“Clear Comments”引号中的内容换成其他内容（如换成“删除文件夹”和“清空文件夹内的内容”），按键盘上的组合键 Command + S 保存对脚本所做的修改，退出“编辑脚本”和“文件夹操作设置”窗口。最好确定一下，当你同事打开文件夹时附近没有小孩子在身边，因为我觉得你的同事肯定是要念“三字经”的。注意：即使选择了伪造的对话框中的按钮，如“删除文件夹”等按钮，是不会对文件夹和文件夹中的资料造成任何损害的。

隐藏桌面上所有的一切

恶作剧指数：5 修复难度：4

此方法适用于经常在桌面上保存许多文件的人。首先隐藏所有已经打开的窗口，然后通过键盘上的组合键 Command + Shift + 3 对整个桌面进行截图。由于 Leopard 操作系统使用的是半透明的菜单栏，所以需要先通过“预览”程序（或者 Photoshop 程序）将桌面截图的菜单栏去掉（否则截图上的菜单栏上的文字会和真正桌面上的菜单栏中的文字重合，让人识破）。接下来在苹果系统的菜单中选择“系统偏好设置”，在打开的设置界面中单击“桌面与屏幕保护程序”图标，选择“桌面”选项卡，然后将桌面截图拖动到该选项卡左上角的预览窗口中（如图所示），将桌面截图设置为计算机的桌面壁纸，退出系统偏好设置界面。接下来，在桌面上创建一个新的文件夹，将桌面所有的文件都拖到该文件夹中，然后将该文件夹拖到计算机用户的文件夹下（为了保险起见，拖入到一个不常用的文件夹中，以免被删除）。接下来在 Finder 的菜单栏中选择“Finder – 偏好设置”，在设置界面的“通用”选项卡中取消“在桌面上显示这些项”中的“硬盘”、“外置磁盘”、“CD、DVD 和 iPod”以及“已连接的服务器”前的复选框勾选。最后在苹果系统的菜单中选择“Dock – 启用隐藏”，并将 Dock 的位置设定为屏幕的左侧或右侧以免当鼠标移动到屏幕底部时 Dock 自动弹出。设定完毕，当你的同事或朋友回来后，单击桌面上的任何文件，系统都不会有任何反应（屏幕上的菜单栏除外），因为他们所看到的只是桌面壁纸中的文件图案，而不是真正的文件。即使受害人意识到自己所看到的只是桌面壁纸，并进入系统偏好设置将桌面截图改变为其他壁纸，其计算机的磁盘图标依然是处于隐藏的状态，而且 Dock 也不在其常用的位置。

将计算机的主人拒于门外

恶作剧指数：4 修复难度：2

该方法适用计算机的登录模式为“单用户”的使用者（即计算机仅本人使用，而没有与其他人共用），因为此时，登录系统时无需每次输入用户名和密码。在苹果系统的菜单中选择“系统偏好设置”，在打开的设置界面中单击“桌面与屏幕保护程序”图标，在“屏幕保护程序”选项卡中调整“启动屏幕保护程序”的时间滑动条，如调整为 3 分钟，然后单击窗口上的“显示全部”按钮回到系统偏好设置主界面，选择“安全”，在“通用”选项卡中勾选“从睡眠或者屏幕保护中唤醒电脑时，要求输入密码”选项前的复选框。设置后，如果 3 分钟内计算机无任何操作，则系统自动将打开屏幕保护程序，而当使用者需要恢复到正常的工作状态时，需要输入登录密码，如果使用者不记得自己计算机的登录密码，那可就惨了。

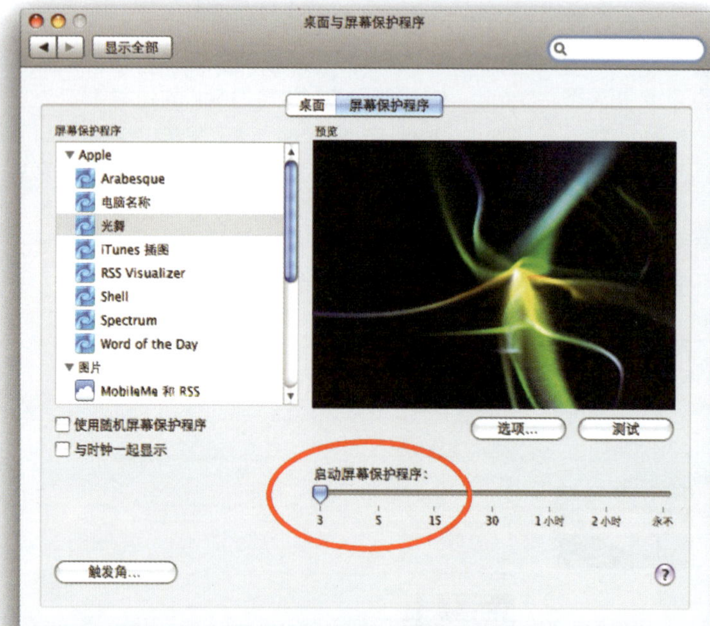

让世界失去色彩

恶作剧指数：4 – 7 修复难度：5

本方法所产生的恶作剧效果从 4 ~ 7 级不定，这取决于设置时的选择。在苹果系统的菜单中选择“系统偏好设置”，在打开的设置界面中单击“万能辅助”图标，在“视觉”选项卡中的“显示”设置中选择“黑底白字”，则计算机上的所有显示都是类似拍照时的“反转片”的效果，如果勾选了“使用灰度”复选框，则所有的显示都变成黑白颜色，如图所示。大多数人出现这种情况都会在系统偏好设置中检查“显示器”中的设置，而不会去查看“万能辅助”中的设置。

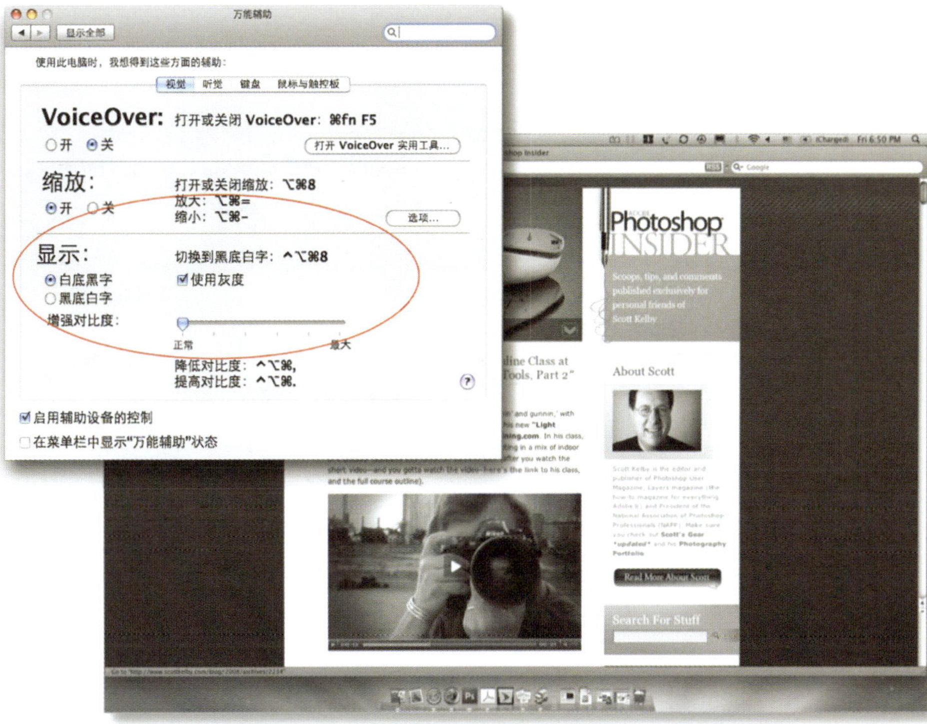

让 Dock 变得拥挤不堪

恶作剧指数：8 修复难度：9

这个方法是让受害的计算机使用者疯狂的方法之一，不但伤人于无形之中，而且需要大量的时间，只能通过手动点击的方式将计算机恢复到正常工作状态。首先浏览一下受害人计算机中所保存的文件，找到包含多个同类型文件的文件夹（任何包含有 50 个或更多文件的文件夹都是理想的操作对象，记住：文件越多，效果越好），通过按住键盘上的 Shift 键和单击的方式每次选择 10 个文件，然后将其拖放到 Dock 上，重复此步骤，将尽可能多的文件添加到 Dock 上，直到 Dock 上挤满不计其数的文件为止，此时不但 Dock 上的文件小得无法看清，而且只能通过手动方式将添加的文件图标从 Dock 上拖出才可以清除（前提是计算机中没有安装相关的软件），相对这种手动方式，重装系统可能更加快捷一些。建议读者在一家公司马上要辞职时再尝试此技巧，否则后果自负。

DAVE GALES

改变默认打开某类型文件的程序

恶作剧指数：8 修复难度：7

如果你清楚计算机使用者经常会用到的文件格式（如图片、文本、PDF 等格式的文件），那么在其计算机中选择其常用文件中的任一类型文件，单击该文件（本例中使用的是 PDF 格式文件），通过键盘上的组合键 Command + I 打开文件的信息简介窗口，在该窗口中找到“打开方式”选项（如果该选项后没有显示下拉菜单，则需单击其左侧的小箭头标志以显示完整的操作选项，在其下拉菜单中当前显示的是系统用来打开该类型文件的默认程序），单击该下拉菜单，然后在弹出的程序列表中选择其他的程序。则再打开该类型文件时（至少是在使用者找到程序变换的原因之前），系统将使用刚才选择的程序来打开。要明确我们这么做的目的是什么，所以要选择一个让人疯狂的程序，本例中我为打开 PDF 格式文件所选择的程序是 Mail 程序，如果仅希望用 Mail 程序打开当前所选择的文件，而不是所有同类型的文件，则不要在文件的简介窗口中单击“改变全部”按钮。这样计算机的使用者会感到很奇怪，为什么只有这个特定的 PDF 格式文件打开时，使用的是 Mail 程序。

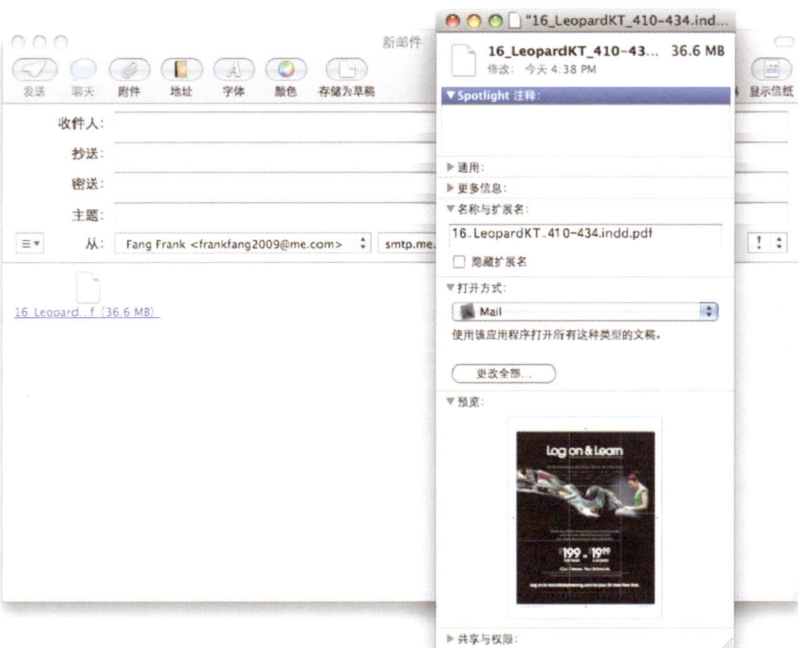

程序也疯狂

引起恐慌的指数：10+ 修复难度：2

想象一下，双击任一程序图标，系统没有启动相应的程序，而打开的是一个空白的 Finder 窗口，这基本会让一个人的工作陷于停顿，使人跌入绝望的谷底。

步骤 1: 通过键盘上的组合键 Command + Shift + N 在桌面上创建一个空白文件夹，将文件夹命名为“大吃一惊”，接着再创建一个空白文件夹（无需命名该文件夹），按 Command + I 组合键打开该文件夹的信息简介窗口。

步骤 2: 在朋友的应用程序文件夹中单击其常用程序的图标（如 Photoshop CS3 程序），按住鼠标左键不放，将该图标拖放到刚才打开的信息简介窗口的右上角的空白文件夹图标上进行替换。

步骤 3: 接下来，再回到朋友的应用程序文件夹中，将 Adobe Photoshop CS3 程序的图标拖放到“大吃一惊”文件夹中。然后将那个未命名的空白文件夹，现在其图标显示的应该是 Adobe Photoshop CS3 程序的图标，拖放到朋友的应用程序文件夹中，并将其命名为“Adobe Photoshop CS3”。如果朋友的 Dock 上本身有 Adobe Photoshop CS3 程序的图标，则需要使用刚刚伪造的“Adobe Photoshop CS3 程序图标”进行替换。

通过以上方法，可以随心所欲地替换多个程序，但要控制其个数在你朋友精神所能承受的范围内。现在，双击已经替换的程序图标，所看到的只是一个空白的 Finder 窗口。待你的朋友处于精神完全崩溃状态时，你再指引其去查看“大吃一惊”文件夹下的内容。

关闭文字平滑显示

恶作剧指数：4 修复难度：4

将此技巧的恶作剧指数评为 4 是因为大多数人不会察觉计算机所做的改变，但是对一些特定的人群（如设计师）来说，却会让他们每天都觉得心情不爽。虽然他们会感觉哪里出现了问题，但这些问题又不至于重装系统，或请求专业人员的帮助，只是让其每天觉得心烦而已。在苹果系统的菜单中选择“系统偏好设置”，在打开的设置界面中单击“外观”图标，在设置界面中的“字体大小为 X 点或更小时关闭文字平滑”选项中的下拉菜单中选择“12”，如果希望做得更隐秘些（这样可提高恶作剧的指数评分），可以选择 9 或 10。改变该选项的主要作用是让系统为所有小于刚才设定字体大小的字体关闭防锯齿功能，比如，在选择了“12”后，则所有小于 12 点的字体，如大小为 10 点的字体看起来就会有锯齿感，显得很难看，但还是可以看清楚的，只是观感很不好。长此以往，日复一日所看的都是这种字体，会让人心里觉得很难受，但由于该方法的隐秘性，很多人却又无法说出觉得难受的原因在哪里。

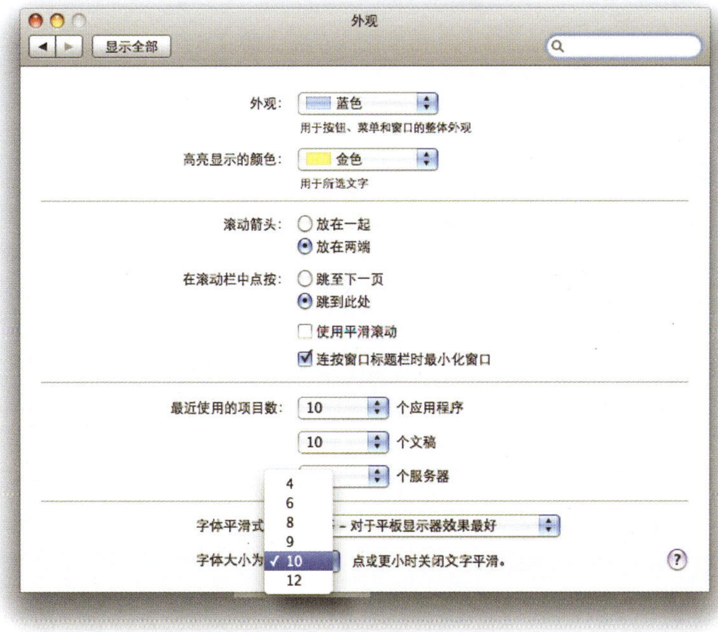

放大鼠标指针

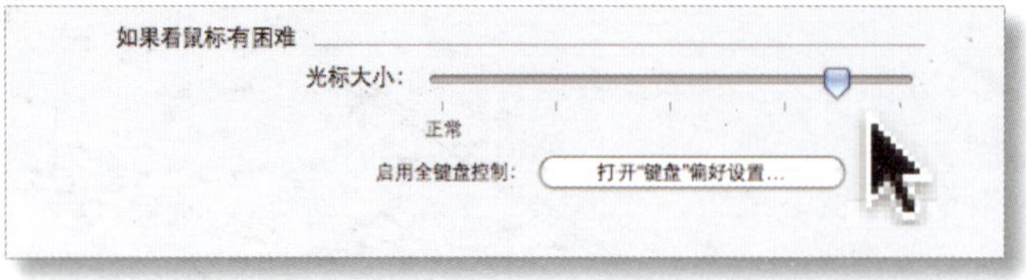

恶作剧指数：3 修复难度：3

如果觉得屏幕上的标准鼠标指针看起来有点小，可以通过设置将其放大显示在屏幕上。在系统偏好设置窗口中单击“万能辅助”图标，在打开的设置界面中选择“鼠标与触控板”选项卡，通过选项卡下方的“光标大小”滑动条可以调节鼠标指针在屏幕上显示的大小，单击滑块，按住鼠标左键不放拖动滑块，随着滑块的移动，则鼠标指针也在实时地改变大小。该功能的使用者在大屏幕上做幻灯片演示时，可以避免观众看不到鼠标。另外，这也是一个用来恶作剧的小方法。

让人以为屏幕出现问题的实现方法

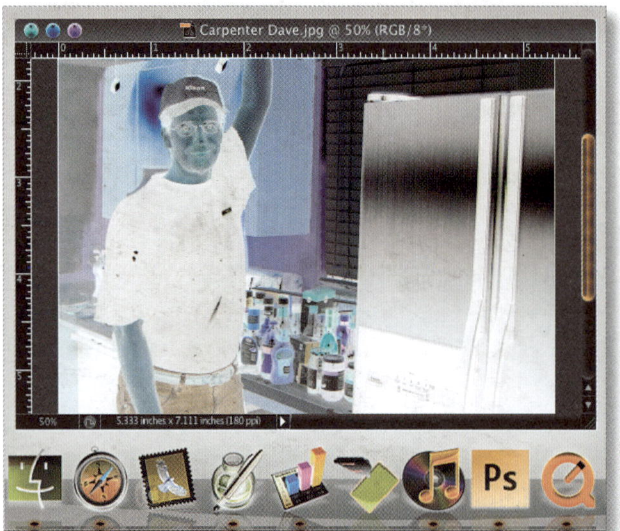

MEGAN GALES

恶作剧指数：4 修复难度：3

使用该方法只需 2 秒钟的时间，这说明你甚至可以在受害人还在办公室时，即可实行你的阴谋，因为谁能想象得到这么短的时间即可完成一次恶作剧的操作呢？只需按下键盘上的组合键 Command + Option + Control + 8，则计算机屏幕上的一切都会以类似照片底片的效果进行显示。更绝的是，如果在其他人的计算机上打开了共享屏幕的功能，你甚至可以在世界上的任何角落里进行该操作，而不会让人怀疑到你。